TRAITÉ
D'ANALYSE

PAR

ÉMILE PICARD,

MEMBRE DE L'INSTITUT,
PROFESSEUR À LA FACULTÉ DES SCIENCES.

TOME II.

Fonctions harmoniques et fonctions analytiques.
Introduction à la théorie des équations différentielles.
Intégrales abéliennes et surfaces de Riemann.

PARIS,

GAUTHIER-VILLARS ET FILS, IMPRIMEURS-LIBRAIRES
DU BUREAU DES LONGITUDES, DE L'ÉCOLE POLYTECHNIQUE,
Quai des Grands-Augustins, 55.

1893

TRAITÉ

D'ANALYSE.

TOME II.

1895   Paris. — Imp. GAUTHIER-VILLARS ET FILS, quai des Grands-Augustins, 55.

COURS DE LA FACULTÉ DES SCIENCES DE PARIS.

TRAITÉ D'ANALYSE

PAR

ÉMILE PICARD,

MEMBRE DE L'INSTITUT,
PROFESSEUR À LA FACULTÉ DES SCIENCES.

TOME II.

Fonctions harmoniques et fonctions analytiques.
Introduction à la théorie des équations différentielles.
Intégrales abéliennes et surfaces de Riemann.

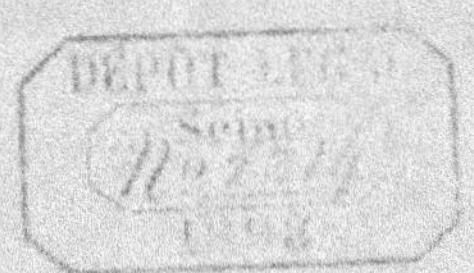

PARIS,

GAUTHIER-VILLARS ET FILS, IMPRIMEURS-LIBRAIRES
DU BUREAU DES LONGITUDES, DE L'ÉCOLE POLYTECHNIQUE,
Quai des Grands-Augustins, 55.

1893

INTRODUCTION.

Ce second Volume contient les Leçons que j'ai faites à la
Sorbonne pendant ces deux dernières années. Il est princi
palement consacré aux fonctions harmoniques et aux fonctions analytiques. Sans négliger le point de vue de Cauchy
dans la théorie de ces dernières fonctions, je me suis surtout
attaché à une étude approfondie des fonctions harmoniques,
c'est-à-dire de l'équation de Laplace; une grande partie de
ce Volume est consacrée à cette équation célèbre, dont dépend toute la théorie des fonctions analytiques. Je me suis
arrêté longuement sur le principe de Dirichlet, qui joue un
si grand rôle dans les travaux de Riemann, et qui est aussi
important pour la Physique mathématique que pour l'Analyse.

Parmi les fonctions particulières que j'étudie, je signa-
lerai les fonctions algébriques et les intégrales abéliennes.
Un Chapitre traite des surfaces de Riemann, dont l'étude a
été laissée un peu trop de côté en France; on peut, par une
représentation géométrique convenable, rendre intuitifs les
principaux résultats de cette théorie. Cette vue claire de la
surface de Riemann une fois obtenue, toutes les applications
se déroulent avec la même facilité que dans la théorie clas-

sique de Cauchy relative au plan simple. Mais il importe de
juger à sa véritable valeur la belle conception de Riemann.
Ce serait une vue incomplète que de la regarder seulement
comme une méthode simplificative pour présenter la théorie
des fonctions algébriques. Si importante que soit la simpli-
fication apportée dans cette étude par la considération de
la surface à plusieurs feuillets, ce n'est pas là ce qui fait le
grand intérêt des idées de Riemann. Le point essentiel de
sa théorie est dans la conception *a priori* de la surface connexe formée d'un nombre limité de feuillets plans, et dans le
fait qu'à une telle surface conçue dans toute sa généralité
correspond une classe de courbes algébriques. Nous n'avons
donc pas voulu mutiler la pensée profonde de Riemann, et
nous avons consacré un Chapitre à la question difficile et
capitale de l'existence des fonctions analytiques sur une
surface de Riemann arbitrairement donnée; le problème
même est susceptible de se généraliser si l'on prend une
surface fermée arbitraire dans l'espace et qu'on considère
l'équation de Beltrami qui lui correspond.

J'avais annoncé dans le premier Volume que je comptais
m'occuper surtout dans ce Traité de la théorie des équations
différentielles. On trouvera ici un seul Chapitre consacré à
cette théorie telle qu'on l'entend ordinairement dans les
Ouvrages classiques. Je pourrais prétexter que l'équation
de Laplace est une équation différentielle; j'aime mieux
avouer que mon plan s'est un peu élargi. Je m'occuperai
particulièrement, dans le Tome III, de l'étude des équations
différentielles, mais je n'oserais pas affirmer cependant que
je n'aurai pas encore plusieurs parenthèses à ouvrir.

M. Simart m'a continué son précieux concours. Je lui

dois plus encore pour ce second Volume que pour le premier; je lui adresse mes affectueux remerciements pour les conseils qu'il m'a donnés en relisant mon manuscrit et pour la peine qu'il a prise à la correction des épreuves.

Em. PICARD.

Paris, le 19 mars 1893.

TABLE DES MATIÈRES

DU TOME II.

CHAPITRE I.

FONCTIONS D'UNE VARIABLE COMPLEXE. — PROBLÈMES FONDAMENTAUX
RELATIFS A L'ÉQUATION DE LAPLACE DANS LE PLAN.

CHAPITRE II.

DÉVELOPPEMENTS EN SÉRIES ET PROLONGEMENT ANALYTIQUE DES FONCTIONS
HARMONIQUES ET DES FONCTIONS D'UNE VARIABLE COMPLEXE.

CHAPITRE III.

DE LA MÉTHODE ALTERNÉE.

CHAPITRE IV.

MÉTHODE DE M. POINCARÉ POUR LA SOLUTION DU PROBLÈME DE DIRICHLET.

CHAPITRE V.

ÉTUDE DIRECTE DES FONCTIONS D'UNE VARIABLE COMPLEXE.

CHAPITRE VI.

APPLICATIONS DES THÉORÈMES GÉNÉRAUX DE CAUCHY SUR LES FONCTIONS D'UNE VARIABLE COMPLEXE.

CHAPITRE VII.

NOMBRE DE RACINES COMMUNES A DEUX ÉQUATIONS SIMULTANÉES.

CHAPITRE VIII.

INTÉGRALES DE FONCTIONS NON UNIFORMES.

CHAPITRE IX.

DES FONCTIONS DE PLUSIEURS VARIABLES INDÉPENDANTES.

CHAPITRE X.

SUR LA REPRÉSENTATION CONFORME.

CHAPITRE XI.

THÉORÈMES GÉNÉRAUX SUR LES ÉQUATIONS DIFFÉRENTIELLES.

CHAPITRE XII.

QUELQUES APPLICATIONS DES THÉORÈMES GÉNÉRAUX.

CHAPITRE XIII.

GÉNÉRALITÉS SUR LES FONCTIONS ALGÉBRIQUES D'UNE VARIABLE. THÉORÈME DE M. NÖTHER. — SURFACES DE RIEMANN.

CHAPITRE XIV.

DES INTÉGRALES ABÉLIENNES.

CHAPITRE XV.

DES FONCTIONS UNIFORMES SUR UNE SURFACE DE RIEMANN.

CHAPITRE XVI.

THÉORÈMES GÉNÉRAUX RELATIFS A L'EXISTENCE D'UNE FONCTION SUR UNE SURFACE DE RIEMANN.

CHAPITRE XVII.

COURBES DES GENRES *zéro* ET *un*.

ERRATA DU TOME II.

Page 110. Substituer aux lignes 2, 3, 4, 5 :

Désignons par x et y les angles que l'élément ds fait respectivement avec l'axe des x et la direction $x'z$; on trouve de suite les relations

$$dz = ds\, e^{x}, \qquad \frac{dr}{ds} = \cos x, \qquad -\frac{dr}{dn} = \sin x,$$

$$z - z' = re^{x}\, dz,$$

et l'on en déduit...

Page 115. Il faut, dans l'expression de A_n et dans l'égalité qui suit, supprimer le facteur $1.2...m$.

Page 117. Dans la sixième ligne avant le § 11, *au lieu de* fonction holomorphe, *lisez* fonction uniforme.

Page 294. A la dixième ligne avant la fin de la page, *il faut lire* :

Nous supposons la première subdivision poussée assez loin pour que

$$x_{a+1} - x_a < \delta \qquad \text{et} \qquad (x_{a+1} - x_a)\, \mathrm{M} < \varepsilon.$$

On aura par suite, ε et δ se correspondant d'après les notations du § 1...

Page 310. Dans la note, *au lieu de* $F(a)$, *lisez* $F(d)$.

Page 352, ligne 7, *au lieu de* ordonnée, *lisez* abscisse.

TRAITÉ D'ANALYSE.

TOME II.

CHAPITRE I.

FONCTIONS D'UNE VARIABLE COMPLEXE. — PROBLÈMES
FONDAMENTAUX RELATIFS A L'ÉQUATION DE LAPLACE
DANS LE PLAN.

**I. — Définition des fonctions d'une variable complexe.
Dérivée. Intégrale. Fonction harmonique.**

1. Désignons par u et v deux fonctions réelles continues, ainsi
que leurs dérivées partielles du premier ordre, des deux variables
réelles x et y, et formons la combinaison

$$u(x, y) + iv(x, y),$$

où i représente le symbole ordinaire des imaginaires. Cette combinaison peut être regardée comme une fonction de la variable
complexe

$$x + iy,$$

ce qui revient simplement à dire qu'à un système de valeurs de
x et y correspondent une valeur de $u + iv$, et par suite des valeurs de u et v. Il est clair que la considération d'une telle fonction de $x + iy$ ne peut présenter aucun intérêt particulier : il n'y

a là qu'une question de mots, et la liaison par le symbole i de
deux fonctions quelconques u et v est absolument inutile. Mais on
peut ne pas laisser complètement arbitraires les fonctions u et v,
et chercher si cette fonction de $x + iy$ ne pourrait avoir des caractères qui la rapprocheraient d'une fonction d'une variable
réelle. C'est ce qu'a fait Cauchy, en cherchant les conditions
pour que cette fonction ait une dérivée *unique*.

Quand la *variable* $x + iy$ reçoit un accroissement

$$dx + i\,dy,$$

la fonction $u + iv$ éprouve un accroissement $du + i\,dv$. La limite
du rapport

$$\frac{du + i\,dv}{dx + i\,dy} = \frac{\dfrac{\partial u}{\partial x}\,dx + \dfrac{\partial u}{\partial y}\,dy + i\left(\dfrac{\partial v}{\partial x}\,dx + \dfrac{\partial v}{\partial y}\,dy\right)}{dx + i\,dy}$$

quand $dx + i\,dy$ tend vers zéro, sera, en désignant par μ la
limite de $\dfrac{dy}{dx}$,

$$(1) \qquad \frac{\dfrac{\partial u}{\partial x} + \dfrac{\partial u}{\partial y}\mu + i\left(\dfrac{\partial v}{\partial x} + \dfrac{\partial v}{\partial y}\mu\right)}{1 + i\mu};$$

elle dépendra de μ. La fonction $u + iv$ de $x + iy$ a donc pour
chaque valeur de la variable une infinité de dérivées, dépendant
de la manière dont $dx + i\,dy$ tend vers zéro.

Cherchons à quelle condition cette dérivée sera unique. Le
rapport (1) ne devra pas dépendre de μ; par suite, on a

$$\frac{\dfrac{\partial u}{\partial x} + i\dfrac{\partial v}{\partial x}}{1} = \frac{\dfrac{\partial u}{\partial y} + i\dfrac{\partial v}{\partial y}}{i},$$

ce qui exige

$$(S) \qquad \begin{cases} \dfrac{\partial u}{\partial x} = \dfrac{\partial v}{\partial y}, \\[2mm] \dfrac{\partial u}{\partial y} = -\dfrac{\partial v}{\partial x}. \end{cases}$$

Si u et v satisfont à ces deux identités, la fonction $u + iv$ a, en
chaque point, une dérivée unique. On dit qu'elle représente *une
fonction analytique* de $x + iy$.

2. Rappelons d'abord que nous avons déjà rencontré ces deux équations dans un important problème de Géométrie (t. I, p. 429). En cherchant à déterminer u et v par la condition que

$$du^2 + dv^2 = \lambda(dx^2 + dy^2),$$

λ ne dépendant pas des différentielles et étant seulement fonction de x et y, nous avons obtenu le système S et celui qui s'en déduit par le changement de v en $-v$. Ce résultat pouvait immédiatement s'obtenir en écrivant l'identité précédente sous la forme

$$(du + i\,dv)(du - i\,dv) = \lambda(dx + i\,dy)(dx - i\,dy);$$

les deux facteurs du premier membre étant des formes linéaires en dx et dy, on doit nécessairement avoir

$$\text{soit} \quad \frac{du + i\,dv}{dx + i\,dy} = \mu, \quad \text{soit} \quad \frac{du - i\,dv}{dx + i\,dy} = v,$$

μ et v ne dépendant que de x et y; c'est-à-dire que $u + iv$ ou $u - iv$ est une fonction *analytique* de $x + iy$.

Voici encore, relativement au système S, une remarque aussi simple qu'importante. Soient $u + iv$ et $u' + iv'$ deux fonctions analytiques de $x + iy$. On pourra regarder $u' + iv'$ comme une fonction de $u + iv$; je dis que cette fonction sera une fonction analytique. On a en effet

$$\frac{du + i\,dv}{dx + i\,dy} = \mu, \quad \frac{du' + i\,dv'}{dx + i\,dy} = \mu',$$

μ et μ' ne dépendant que de x et y, ou, si l'on veut, de u et v. On en conclut

$$\frac{du' + i\,dv'}{du + i\,dv} = \frac{\mu'}{\mu};$$

le second membre ne dépend que de u et v, ce qui démontre que $u' + iv'$ est une fonction analytique de $u + iv$. Cette propriété du système (S) est digne de remarque; on peut la prendre comme point de départ pour chercher à généraliser la théorie des fonctions d'une variable complexe; c'est un point sur lequel nous aurons à revenir.

3. Nous pouvons poser

$$u + iv = f(z),$$

en désignant par z la variable $x + iy$. Les fonctions u et v admettant des dérivées premières sont continues dans une certaine étendue; on dira qu'il en est de même de la fonction $f(z)$, et l'on en conclut immédiatement qu'on pourra donner à la quantité complexe h un module assez petit η, pour que l'on ait, quelque petite que soit la quantité positive ε,

$$|f(z+h) - f(z)| < \varepsilon, \quad \text{pour} \quad |h| < \eta,$$

le signe $|\ |$ représentant maintenant le module de la quantité complexe.

Nous avons dit que $f(z)$ avait une dérivée unique. En la désignant par $f'(z)$, on a

$$f'(z) = \frac{\partial u}{\partial x} + i\frac{\partial v}{\partial x} = \frac{\partial u}{\partial y} + i\frac{\partial v}{\partial y}.$$

Passons à la notion d'*intégrale pour une fonction analytique* $f(z)$. On suppose que la fonction $f(z)$ et sa dérivée $f'(z)$ soient des fonctions bien déterminées et continues pour tout point (x, y) situé dans une certaine région du plan *à contour simple*. On entend par l'intégrale définie

$$\int_C f(z)\,dz,$$

prise le long d'une courbe C située dans cette région et allant du point z_0 au point z_1, l'intégrale curviligne prise suivant cette courbe

$$\int_C (u + iv)(dx + i\,dy),$$

c'est-à-dire

$$\int_C (u\,dx - v\,dy) + i\int_C (v\,dx + u\,dy).$$

Un théorème fondamental de Cauchy est que *cette intégrale est indépendante du chemin suivi pour aller de z_0 en z_1*.

La démonstration est immédiate, si l'on se reporte aux propriétés fondamentales des intégrales curvilignes (t. I, p. 73). Les conditions pour que ces deux intégrales soient indépendantes du chemin suivi s'expriment en effet par les relations

$$\frac{\partial u}{\partial y} = -\frac{\partial v}{\partial x},$$
$$\frac{\partial v}{\partial y} = \frac{\partial u}{\partial x};$$

qui ne sont autre chose que les équations du système (S).

4. Considérons la limite supérieure z, comme variable, et désignons-la par z. L'intégrale

$$F(z) = \int_{z_0}^{z} f(z)\,dz$$

sera une fonction de z. C'est une fonction analytique; écrivons-la en effet sous la forme

$$\int_{(x_0, y_0)}^{(x, y)} (u\,dx - v\,dy) + i \int_{(x_0, y_0)}^{(x, y)} (v\,dx + u\,dy).$$

En désignant par P et Q les deux intégrales qui figurent dans l'expression précédente, on a

$$\frac{\partial P}{\partial x} = u, \qquad \frac{\partial Q}{\partial y} = u,$$
$$\frac{\partial P}{\partial y} = -v, \qquad \frac{\partial Q}{\partial x} = v.$$

Les deux équations $\frac{\partial P}{\partial x} = \frac{\partial Q}{\partial y}$, $\frac{\partial P}{\partial y} = -\frac{\partial Q}{\partial x}$ sont donc vérifiées. La dérivée de $F(z)$ est égale à

$$\frac{\partial P}{\partial x} + i\frac{\partial Q}{\partial x}, \qquad \text{c'est-à-dire} \quad u + iv,$$

et nous avons par suite le théorème fondamental, tout à fait analogue à celui qui se présente dès le début du Calcul intégral pour une fonction d'une variable réelle, et qui est exprimé par l'égalité

$$F'(z) = f(z).$$

5. Les diverses remarques faites à propos des intégrales curvilignes, dans le cas où la condition d'intégrabilité est remplie, s'é-

tendent aux intégrales d'une fonction analytique. Ainsi l'intégrale

$$\int_C f(z)\,dz,$$

prise le long d'un chemin fermé situé dans une région du plan, limitée par plusieurs contours, à l'intérieur de laquelle la fonction $f(z)$ est bien déterminée et continue, ne change pas de valeur quand le contour se déforme sans traverser aucun des contours limites.

6. Reprenons les équations du système (S)

$$\frac{\partial u}{\partial x} = \frac{\partial v}{\partial y}, \qquad \frac{\partial u}{\partial y} = -\frac{\partial v}{\partial x},$$

et supposons que, outre les dérivées du premier ordre, les fonctions u et v aient des dérivées du second ordre elles-mêmes continues (¹). On tire des deux équations précédentes

$$\frac{\partial^2 u}{\partial x^2} = \frac{\partial^2 v}{\partial y\,\partial x}, \qquad \frac{\partial^2 u}{\partial y^2} = -\frac{\partial^2 v}{\partial x\,\partial y}$$

et, par suite,

$$\frac{\partial^2 u}{\partial x^2} + \frac{\partial^2 u}{\partial y^2} = 0,$$

et la fonction v satisfait à la même équation.

Réciproquement, soit une fonction $u(x, y)$ satisfaisant à l'équation

$$(2) \qquad \frac{\partial^2 u}{\partial x^2} + \frac{\partial^2 u}{\partial y^2} = 0.$$

On pourra déterminer une fonction v telle que $u + iv$ soit une fonction analytique de $x + iy$. La fonction v est donnée par l'intégrale curviligne

$$v = \int_{x_0, y_0}^{x, y} -\frac{\partial u}{\partial y}dx + \frac{\partial u}{\partial x}dy,$$

______

(¹) Nous établirons plus tard que l'existence des dérivées partielles de tout ordre pour les fonctions u et v est une conséquence de l'existence des dérivées du premier ordre.

intégrale où la condition d'intégrabilité est satisfaite, puisque
l'équation (2) est supposée vérifiée. La fonction v est déterminée
à une constante près, puisque la limite inférieure (x_0, y_0) est arbitraire.

Le résultat précédent est extrêmement important. Il montre
que l'étude des fonctions d'une variable complexe se ramène à
l'étude de l'équation

$$\frac{\partial^2 u}{\partial x^2} + \frac{\partial^2 u}{\partial y^2} = 0,$$

c'est-à-dire à l'équation de Laplace pour le cas de deux variables.
Suivant une désignation introduite par les géomètres anglais, nous
appellerons *fonction harmonique* toute fonction satisfaisant à
l'équation précédente.

Dans les écrits de Cauchy et de la plupart de ses disciples,
l'équation précédente intervient peu, et l'on raisonne sur la fonction complexe elle-même $f(z)$ de la variable z. La simplicité et
l'uniformité des raisonnements font de cette théorie une des plus
attrayantes et des plus parfaites de l'Analyse mathématique [1]. A
la suite d'un Mémoire fondamental de Riemann [2], l'étude des
fonctions d'une variable complexe a été ramenée de nouveau à sa
véritable origine, à savoir l'étude de l'équation de Laplace ou du
système (S). Ce point de vue est assurément plus philosophique ;
il a le grand avantage de laisser de côté tout symbole, et la théorie
des fonctions d'une variable complexe est, en définitive, l'étude
de deux fonctions *associées* u et v de deux variables réelles x et y
satisfaisant aux deux équations

$$(S) \qquad \frac{\partial u}{\partial x} = \frac{\partial v}{\partial y}, \qquad \frac{\partial u}{\partial y} = -\frac{\partial v}{\partial x}.$$

Il ne faudrait cependant pas être exclusif. Le symbolisme a,
dans certains cas, ses avantages, et bien des résultats extrêmement simples deviendraient d'un énoncé compliqué si l'on voulait

---

[1] Le Traité classique de Briot et Bouquet sur les fonctions elliptiques, dont
la première moitié est un exposé de la théorie générale des fonctions, est fait
systématiquement à ce point de vue.

[2] *Grundlagen für eine allgemeine Theorie der Functionen einer veränderlichen complexen Grösse* (Œuvres complètes).

ne jamais introduire de quantités complexes. Après avoir donc fait l'étude de l'équation de Laplace, que nous allons tout d'abord entreprendre, nous reviendrons ensuite à la fonction complexe $f(z)$.

7. Il ne sera pas sans intérêt d'indiquer, dès à présent, une première généralisation du système (S), qui est due à M. Beltrami (¹). Considérons une surface Σ pour laquelle le carré de l'élément d'arc ds est exprimé, à l'aide des variables p et q, par la formule

$$ds^2 = \mathrm{E}\,dp^2 + 2\mathrm{F}\,dp\,dq + \mathrm{G}\,dq^2,$$

E, F, G étant des fonctions de p et q (t. I, p. 420). Soient u et v deux fonctions de p et q telles que

$$du^2 + dv^2 = \lambda(\mathrm{E}\,dp^2 + 2\mathrm{F}\,dp\,dq + \mathrm{G}\,dq^2),$$

λ ne dépendant pas des différentielles.

En changeant, s'il est nécessaire, v en $-v$ et remarquant que

$$\mathrm{E}\,dp^2 + 2\mathrm{F}\,dp\,dq + \mathrm{G}\,dq^2$$
$$= \left[\sqrt{\mathrm{E}}\,dp + \frac{\mathrm{F}+i\mathrm{H}}{\sqrt{\mathrm{E}}}\,dq\right]\left[\sqrt{\mathrm{E}}\,dp + \frac{\mathrm{F}-i\mathrm{H}}{\sqrt{\mathrm{E}}}\,dq\right],$$

où

$$\mathrm{H} = \sqrt{\mathrm{EG}-\mathrm{F}^2},$$

on aura

$$du + i\,dv = \mu\left[\sqrt{\mathrm{E}}\,dp + \frac{\mathrm{F}+i\mathrm{H}}{\sqrt{\mathrm{E}}}\,dq\right],$$

et, par suite,

$$\frac{\partial u}{\partial p} + i\,\frac{\partial v}{\partial p} = \mu\sqrt{\mathrm{E}},$$
$$\frac{\partial u}{\partial q} + i\,\frac{\partial v}{\partial q} = \mu\,\frac{\mathrm{F}+i\mathrm{H}}{\sqrt{\mathrm{E}}},$$

d'où l'on conclut, en éliminant μ,

$$\mathrm{E}\left[\frac{\partial u}{\partial q} + i\,\frac{\partial v}{\partial q}\right] = [\mathrm{F}+i\mathrm{H}]\left[\frac{\partial u}{\partial p} + i\,\frac{\partial v}{\partial p}\right].$$

(¹) E. BELTRAMI, *Delle variabili complesse sopra una superficie qualunque* (*Annali di Mathematica*, 2ᵉ série, t. I).

ce qui revient à

$$E\frac{\partial u}{\partial q} = F\frac{\partial u}{\partial p} - H\frac{\partial v}{\partial p},$$

$$E\frac{\partial v}{\partial q} = F\frac{\partial v}{\partial p} + H\frac{\partial u}{\partial p},$$

relations que nous mettrons sous la forme

$$(S')\quad\begin{cases}\dfrac{\partial v}{\partial p} = \dfrac{F\dfrac{\partial u}{\partial p} - E\dfrac{\partial u}{\partial q}}{\sqrt{EG - F^2}},\\[3ex] \dfrac{\partial v}{\partial q} = \dfrac{G\dfrac{\partial u}{\partial p} - F\dfrac{\partial u}{\partial q}}{\sqrt{EG - F^2}}.\end{cases}$$

Tel est le système (S') qu'on peut regarder comme une généralisation du système (S). La combinaison $u + iv$ peut être appelée *une fonction complexe du point (p, q) sur la surface* Σ.

La fonction u satisfait évidemment à l'équation

$$\frac{\partial}{\partial p}\left(\frac{F\dfrac{\partial u}{\partial q} - G\dfrac{\partial u}{\partial p}}{\sqrt{EG - F^2}}\right) + \frac{\partial}{\partial q}\left(\frac{F\dfrac{\partial u}{\partial p} - E\dfrac{\partial u}{\partial q}}{\sqrt{EG - F^2}}\right) = 0.$$

Cette équation est sur la surface Σ l'analogue de l'équation de Laplace sur le plan. On reconnaît d'ailleurs immédiatement que la fonction v satisfait à la même équation.

Il existe une dépendance très simple entre deux fonctions complexes $u + iv$ et $u' + iv'$ sur une surface Σ. Des relations

$$du + i\,dv = \mu\left[\sqrt{E}\,dp + \frac{F + iH}{\sqrt{E}}\,dq\right],$$

$$du' + i\,dv' = \mu'\left[\sqrt{E}\,dp + \frac{F + iH}{\sqrt{E}}\,dq\right],$$

on conclut

$$du' + i\,dv' = \frac{\mu'}{\mu}\,(du + i\,dv),$$

c'est-à-dire que *$u' + iv'$ est une fonction analytique de $u + iv$* [1].

---

[1] On consultera avec grand intérêt sur ce sujet le volume de M. Klein intitulé : *Ueber Riemann's Theorie der algebraischen Functionen und ihrer Integrale*; Leipzig, 1882.

II. — Formule fondamentale. Les fonctions harmoniques sont analytiques. Détermination unique des fonctions harmoniques par leurs valeurs sur un contour fermé.

8. La formule de Green établie dans le cas de l'espace (t. I, p. 138) a son analogue dans le plan. Soient U et V deux fonctions continues de x et y ainsi que leurs dérivées du premier et du second ordre à l'intérieur d'un contour C; formons l'intégrale double, étendue à l'aire que limite cette courbe,

$$I = \int\int \left[\frac{\partial U}{\partial x} \frac{\partial V}{\partial x} + \frac{\partial U}{\partial y} \frac{\partial V}{\partial y} \right] dx\,dy.$$

En se servant de l'identité

$$\frac{\partial U}{\partial x} \frac{\partial V}{\partial x} = \frac{\partial}{\partial x}\left(U \frac{\partial V}{\partial x} \right) - U \frac{\partial^2 V}{\partial x^2},$$

on a de suite

$$\int\int \frac{\partial U}{\partial x} \frac{\partial V}{\partial x} dx\,dy = \int_C U \frac{\partial V}{\partial x} dy - \int\int U \frac{\partial^2 V}{\partial x^2} dx\,dy,$$

et pareillement

$$\int\int \frac{\partial U}{\partial y} \frac{\partial V}{\partial y} dx\,dy = -\int_C U \frac{\partial V}{\partial y} dx - \int\int U \frac{\partial^2 V}{\partial y^2} dx\,dy,$$

et, par conséquent,

$$I = \int_C U \left[\frac{\partial V}{\partial x} dy - \frac{\partial V}{\partial y} dx \right] - \int\int U \,\Delta V \, dx\,dy$$

ou

$$I = -\int_C U \frac{dV}{dn} ds - \int\int U \,\Delta V \, dx\,dy,$$

la dérivée $\dfrac{dV}{dn}$ étant prise dans le sens de la normale intérieure à la courbe.

Cette formule nous sera très utile. La formule de Green s'obtiendra en permutant U et V dans le second membre, ce qui ne change pas le premier. On en conclut

$$\int_C \left(U \frac{dV}{dn} - V \frac{dU}{dn} \right) ds + \int\int \left(U \,\Delta V - V \,\Delta U \right) dx\,dy = 0.$$

En particulier, si l'on fait $U = 1$, on aura

$$(3) \qquad \int_C \frac{dV}{dn}\,ds - \int\int \Delta V\,dx\,dy = 0.$$

Une remarque est ici nécessaire, relativement à la dérivée $\frac{dV}{dn}$ prise dans le sens de la normale intérieure. Et, d'abord, comment définir d'une manière générale la normale intérieure? Nous avons défini (t. I, p. 78) le *sens positif* sur un contour C, en nous servant d'une petite circonférence (γ) décrite dans le sens de Ox vers Oy par rapport à son centre P. Cette circonférence (γ), transportée dans le voisinage et à l'*intérieur* du contour C, de manière à être tangente en un point A du contour, fixe sur celui-ci la direction de la *normale intérieure*, qui est celle qui va du point A au point P.

Cette direction fait un angle $+\frac{\pi}{2}$ avec la direction positive de la tangente, mais elle est absolument déterminée, quel que soit la disposition des axes Ox, Oy. Il en est de même des cosinus des angles que la normale intérieure fait avec les axes de coordonnées, de telle sorte que la dérivée

$$\frac{dV}{dn} = \frac{dV}{dx}\cos(x,n) - \frac{dV}{dy}\cos(y,n),$$

prise dans le sens de la normale intérieure, a bien, comme on devait s'y attendre, une signification déterminée indépendante du sens qui se trouvera être le sens positif sur le contour.

Ceci posé, revenons aux intégrales de la forme $\int_C U\,\frac{dV}{dn}\,ds$. Dans une pareille intégrale, on considère ds comme un élément essentiellement positif; elle est complètement déterminée par ce fait que $\frac{dV}{dn}$ est prise dans le sens de la normale intérieure, et, dès lors, il n'y a pas lieu de parler du sens dans lequel on effectue l'intégration sur le contour.

9. Indiquons, comme applications de la relation (3), quelques problèmes de Physique mathématique où intervient l'équation $\Delta V = 0$.

Un de ces problèmes est relatif à la distribution de la température dans une plaque isotrope en équilibre calorifique. Nous n'a-
vons pas à rappeler ici comment Fourier, dans sa Théorie mathématique de la chaleur, a été conduit à montrer que la quantité de
chaleur qui, dans le temps dt, passe à travers un arc ds du plan
est représentée par

$$K \frac{dV}{dn}\, ds\, dt,$$

$\frac{dV}{dn}$ désignant la dérivée de la température V dans le sens de la
normale à l'arc ds et K un coefficient constant. L'équilibre calorifique étant supposé établi, la température V ne dépendra que
de x et y. Considérons une courbe fermée C; la quantité de chaleur passant, dans l'unité de temps, à travers cette courbe C, sera
représentée par l'intégrale

$$K \int_C \frac{dV}{dn}\, ds.$$

Or, cette quantité de chaleur devra être nulle; dans le cas contraire, en effet, la chaleur s'accumulerait à l'intérieur de C et la
température varierait avec le temps. On doit donc avoir, pour
toute courbe fermée,

$$\int \frac{dV}{dn}\, ds = 0,$$

ce qui entraîne, d'après la formule (3),

$$\int \int \Delta V\, dx\, dy = 0,$$

pour une aire quelconque. On doit donc avoir identiquement

$$\Delta V = 0.$$

En transportant, comme l'a fait Ohm, de la chaleur à l'électri-
cité les principes de Fourier, on aura la même équation pour le
potentiel électrique V dans une plaque conductrice traversée par
des courants permanents.

Un troisième exemple nous sera fourni par le mouvement permanent sur un plan d'un fluide incompressible et homogène. Soient
$u(x, y)$ et $v(x, y)$ les projections sur Ox et Oy de la vitesse de
la molécule fluide coïncidant, à un certain moment, avec le point

(x, y). Considérons un élément, que nous pouvons supposer rectiligne ds, et qui passe par (x, y) : nous allons évaluer la masse du fluide passant pendant le temps dt par cet élément. Cette masse sera sensiblement celle d'un parallélogramme de base ds, et dont l'autre côté a pour projections sur les axes $u\,dt$ et $v\,dt$. Si $\cos\alpha$ et $\cos\beta$ désignent les cosinus directeurs de la normale à ds, la masse sera alors

$$\rho(u\cos\alpha + v\cos\beta)\,dt,$$

ρ désignant la densité superficielle du fluide.

Or, la masse contenue à l'intérieur d'une courbe fermée C ne peut changer pendant la durée du mouvement, puisque le fluide est incompressible et homogène ; on aura donc

$$\int_C (u\cos\alpha + v\cos\beta)\,ds = 0.$$

Or, supposons que u et v soient les dérivées partielles d'une fonction $\varphi(x, y)$, ce qui correspond au cas où il n'y a pas de tourbillons dans le fluide. On aura alors

$$\int_C \left(\frac{\partial\varphi}{\partial x}\cos\alpha + \frac{\partial\varphi}{\partial y}\cos\beta \right) ds = 0$$

ou bien

$$\int_C \frac{d\varphi}{dn}\,ds = 0.$$

On en conclut que la fonction φ, appelée *potentiel des vitesses*[1], satisfait à l'équation

$$\Delta\varphi = 0.$$

Les considérations précédentes, relatives au mouvement d'un fluide sur un plan, peuvent être étendues au mouvement permanent d'un fluide sur une surface ; c'est ce qu'a fait M. Klein dans l'Ouvrage que nous avons déjà cité, et auquel nous renverrons (p. 17). On retombe ainsi sur les équations de M. Beltrami indiquées dans la Section précédente.

---

[1] Pour tout ce qui concerne les applications de la théorie de l'équation de Laplace à la Mécanique des fluides, on étudiera surtout l'admirable Traité de Kirchhoff : *Vorlesungen über mathematische Physik*.

40. Nous allons maintenant, relativement à l'équation à deux termes

$$\Delta V = 0,$$

développer une théorie toute semblable à celle que nous avons étudiée (t. I, p. 141) pour l'équation à trois termes. La seule différence va consister en ce que nous nous sommes servi précédemment de la solution particulière $U = \frac{1}{r}$, tandis que, maintenant, c'est la fonction de r, représentée par $\log r$, qui sera prise comme solution particulière [r désignant toujours la distance d'un point variable (x, y) à un point (a, b)].

Si U et V sont deux fonctions harmoniques continues ainsi que leurs dérivées partielles des deux premiers ordres dans un contour C, on a, d'après la formule de Green,

$$\int_C \left(U \frac{dV}{dn} - V \frac{dU}{dn} \right) ds = 0.$$

Nous supposons la dérivée prise dans le sens de la normale intérieure à l'aire.

Une remarque est indispensable. Pour pouvoir appliquer en toute sécurité cette formule, on devra le plus souvent supposer que, non seulement les fonctions U et V sont continues dans l'aire limitée par C et sur C *lui-même*, mais qu'il en est de même des dérivées partielles du premier ordre de U et de V ; dans ces conditions, on est assuré que $\frac{dU}{dn}$ et $\frac{dV}{dn}$ ont un sens bien déterminé, et l'application de la formule ne prête à aucune difficulté.

Ceci posé, V étant une fonction jouissant des propriétés indiquées, prenons

$$U = \log r,$$

où

$$r^2 = (x - a)^2 + (y - b)^2.$$

En supposant le point $A(a, b)$ à l'intérieur de l'aire, décrivons, de A comme centre, avec un rayon ρ, un cercle Γ, et appliquons la formule de Green aux deux fonctions V et $\log r$ pour l'aire limitée par les courbes C et Γ. Il vient ainsi

$$\int \left(\log r \frac{dV}{dn} - V \frac{d \log r}{dn} \right) ds = 0.$$

l'intégrale étant prise le long du contour total. Les dérivées suivant les normales, qui figurent dans cette intégrale, sont prises suivant la normale intérieure à l'aire. Si donc on veut considérer, pour la courbe Γ comme pour la courbe C, les normales intérieures à la courbe géométrique elle-même, on devra écrire

$$\int_{C}\left(\log r\,\frac{dV}{dn} - V\,\frac{d\log r}{dn}\right)ds = \int_{C}\left(\log r\,\frac{dV}{dn} - V\,\frac{d\log r}{dn}\right)ds.$$

Cette dernière intégrale est facile à calculer. La première partie

$$\int_{\Gamma}\log r\,\frac{dV}{dn}\,ds = \log \rho \int_{\Gamma}\frac{dV}{dn}\,ds$$

est nulle d'après la relation (3). D'autre part

$$\frac{d\log r}{dn} = \frac{1}{r}\frac{dr}{dn} = -\frac{1}{r}\cos(r,n),$$

en employant les mêmes notations qu'au Tome I, p. 142 : or, sur la circonférence,

$$\cos(r,n) = -1$$

donc l'intégrale du second membre se réduit à

$$\frac{1}{\rho}\int_{\Gamma}V\,ds.$$

Elle doit être indépendante du rayon ρ du cercle Γ : or, pour ρ très petit, elle diffère très peu de

$$2\pi\,V(a,b),$$

$V(a, b)$ désignant la valeur de V en A ; elle est donc rigoureusement égale à cette quantité, et *l'on a la formule fondamentale*

$$V(a,b) = \frac{1}{2\pi}\int_{C}\left(\log r\,\frac{dV}{dn} - V\,\frac{d\log r}{dn}\right)ds.$$

11. Dans le cas où le contour C se réduit à un cercle, on peut transformer l'intégrale donnant $V(a, b)$ en une autre, qui ne contienne plus que V. C'est la même transformation que nous avons faite (t. I, p. 147). Employant les mêmes notations, nous aurons

les deux relations

$$V(a, b) = \frac{1}{2\pi} \int_C \left(\log r \, \frac{dV}{dn} - V \, \frac{d \log r}{dn} \right) ds,$$

$$o = \frac{1}{2\pi} \int_C \left(\log r_1 \, \frac{dV}{dn} - V \, \frac{d \log r_1}{dn} \right) ds.$$

Il suffira de retrancher ces deux formules pour avoir

$$V(a, b) = \frac{1}{2\pi} \int_C V \left(\frac{d \log r_1}{dn} - \frac{d \log r}{dn} \right) ds,$$

puisque $\dfrac{r}{r_1}$ est constant pour tous les points du cercle.

Des deux relations (*loc. cit.*)

$$l^2 = R^2 - r^2 - 2 R r \cos \varphi,$$
$$l_1^2 = R^2 - r_1^2 - 2 R r_1 \cos \varphi_1,$$

on tire de suite la valeur de

$$\frac{d \log r_1}{dn} - \frac{d \log r}{dn},$$

c'est-à-dire de

$$\frac{\cos \varphi}{r} - \frac{\cos \varphi_1}{r_1},$$

en se rappelant que

$$l l_1 = R^2 \qquad \text{et} \qquad \frac{r}{r_1} = \frac{l}{R}.$$

On trouve ainsi

$$V(a, b) = \frac{1}{2\pi} \int_C \frac{V(R^2 - l^2) \, ds}{R r^2},$$

formule qui donne, dans le cas du cercle, la valeur de la fonction V en un point (a, b) quelconque du cercle en fonction de ses valeurs sur la circonférence.

Si nous introduisons les coordonnées polaires (r, φ) du point (a, b) (on fera attention que r et φ n'ont pas la même signification que précédemment et que r notamment remplace l), la formule précédente pourra s'écrire

$$(4) \qquad V(a, b) = \frac{1}{2\pi} \int_0^{2\pi} \frac{V(R^2 - r^2)}{R^2 - 2 R r \cos(\psi - \varphi) + r^2} \, d\psi.$$

Nous avons déjà étudié l'intégrale précédente (t. I, p. 248) sous le nom d'*intégrale de Poisson*; nous avons seulement fait R = 1, ce qui, à cause du degré zéro d'homogénéité de l'intégrale en R et r, n'a aucune importance.

12. De l'expression (4) de la fonction V, on conclut d'abord que, si une fonction harmonique bien déterminée et continue pour toute valeur de x et y reste toujours moindre, en valeur absolue,

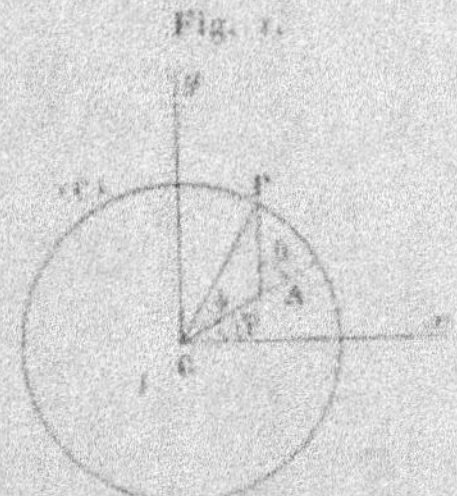

Fig. 1.

qu'une quantité fixe M, elle doit nécessairement se réduire à une constante. On a, en effet, en désignant par V_0 la valeur de la fonction à l'origine, et quel que soit le rayon R $>$ r du cercle C,

$$V(a, b) - V_0 = \frac{1}{2\pi} \int_0^{2\pi} 2rV \frac{R\cos(\psi - \varphi) - r}{R^2 - 2rR\cos(\psi - \varphi) + r^2} d\psi.$$

Or $\dfrac{R\cos(\psi - \varphi) - r}{R^2 - 2Rr\cos(\psi - \varphi) + r^2}$ est moindre en valeur absolue que $\dfrac{R+r}{(R-r)^2}$. On aura donc

$$|V(a, b) - V_0| < \frac{1}{2\pi} \int_0^{2\pi} |V| \frac{2r(R+r)}{(R-r)^2} d\psi < \frac{2r(R+r)}{(R-r)^2} M.$$

Or R est aussi grand que l'on veut; par suite, la quantité fixe $|V(a, b) - V_0|$ est rigoureusement nulle.

Nous retrouverons plus tard cette propriété, sous le nom de *théorème de Liouville*, à propos des fonctions d'une variable complexe.

13. Une autre propriété très importante de la fonction harmonique résulte encore de l'intégrale précédente.

P. — II.

Définissons seulement auparavant ce que nous entendons par fonction analytique de deux variables réelles x et y. Nous dirons qu'une fonction réelle et bien déterminée $f(x, y)$ des deux variables réelles x et y est *analytique* dans une certaine région du plan, quand, dans le voisinage de tout point (x_0, y_0) de cette région, on peut représenter la fonction par un développement en série

$$f(x, y) = \varphi_0 + \varphi_1(x, y) + \ldots + \varphi_n(x, y) + \ldots,$$

φ_m désignant un polynôme homogène de degré m en $x - x_0$ et $y - y_0$, ce développement étant valable pour toute valeur de x et y pour lesquelles

$$|x - x_0| \text{ et } |y - y_0| < \rho,$$

ρ étant une quantité suffisamment petite, et si, de plus, la série ne cesse pas d'être convergente quand on remplace, dans tous les polynômes φ, chaque terme par sa valeur absolue.

Il est aisé de démontrer que la dérivée d'un ordre quelconque de la fonction $f(x, y)$ peut se représenter par la série formée avec les dérivées du même ordre des fonctions φ ; c'est une conséquence immédiate des propriétés des séries entières d'une variable étudiées précédemment (t. I, p. 199), puisque, l'ordre des termes étant indifférent, on pourra, avant chaque différentiation, ordonner la série suivant les puissances de la variable par rapport à laquelle on intègre. Ajoutons que, les coefficients du développement représentant, à un facteur binômial près, les valeurs des dérivées partielles de la fonction pour $x = 0$, $y = 0$, un tel développement ne peut être identiquement nul sans que toutes les fonctions φ soient identiquement nulles.

14. Cette définition bien comprise, nous allons montrer que *toute fonction* V *satisfaisant à l'équation* $\Delta V = 0$, *continue ainsi que ses dérivées partielles des deux premiers ordres dans une certaine aire, est une fonction analytique.*

Soit un point quelconque de l'aire que nous allons prendre pour origine, décrivons de ce point comme centre un cercle de rayon R. Reportons-nous à la formule (4) qui détermine V(a, b)

en un point quelconque (a, b) de ce cercle. On a

$$\frac{R^2 - r^2}{R^2 - 2Rr\cos\theta + r^2} = -1 + \frac{R}{R - re^{\theta i}} + \frac{R}{R - re^{-\theta i}},$$

or

$$\frac{R}{R - re^{\theta i}} = 1 + \frac{r}{R}e^{\theta i} + \dots + \frac{r^n}{R^n}e^{n\theta i} + \frac{r^n}{R^n}\frac{re^{(n+1)\theta i}}{R - re^{\theta i}},$$

avec une identité analogue en changeant i en $-i$. On aura donc

$$\frac{R^2 - r^2}{R^2 - 2Rr\cos(\psi - \varphi) + r^2} = -1 + 2\sum_1^n \frac{r^n}{R^n}\cos n(\psi - \varphi)$$
$$+ \frac{r^n}{R^n}\left[\frac{re^{i(n+1)(\psi-\varphi)}}{R - re^{i(\psi-\varphi)}} + \frac{re^{-i(n+1)(\psi-\varphi)}}{R - re^{-i(\psi-\varphi)}}\right].$$

En substituant dans l'intégrale, et remarquant que le reste tend vers zéro, puisque $\frac{r}{R}$ est plus petit que l'unité, on obtient la relation

$$V(a,b) = \frac{a_0}{2} + \sum_{n=1}^{n=\infty}\left(\frac{r}{R}\right)^n[a_n\cos n\varphi + b_n\sin n\varphi],$$

en posant

$$a_n = \frac{1}{\pi}\int_0^{2\pi} f(\psi)\cos n\psi\, d\psi, \qquad b_n = \frac{1}{\pi}\int_0^{2\pi} f(\psi)\sin n\psi\, d\psi,$$

$f(\psi)$ désignant la valeur de V sur le contour.

Le développement précédent a pour terme général un polynôme homogène et de degré n en a et b; en effet,

$$a = r\cos\varphi, \qquad b = r\sin\varphi,$$
$$(a + ib)^n = r^n\cos n\varphi + ir^n\sin n\varphi;$$

donc $r^n\cos n\varphi$ et $r^n\sin n\varphi$ sont des polynômes homogènes de degré n.

Nous avons donc pour $V(a, b)$ un développement de la forme

$$\varphi_0 + \varphi_1(a, b) + \dots + \varphi_m(a, b) + \dots,$$

Or, si dans $\varphi_m(a, b)$ on remplace chaque terme par sa valeur absolue, l'expression trouvée sera moindre que

$$2\left(\frac{|a|+|b|}{R}\right)^n M,$$

en désignant par M la limite supérieure, évidemment existante, des valeurs absolues des coefficients a_n et b_n. Or soit

$$|a|<\rho, \qquad |b|<\rho,$$

le terme général de la série, chaque terme particulier ayant été remplacé par sa valeur absolue, sera inférieur à

$$2\left(\frac{2\rho}{R}\right)^n M;$$

si donc $\rho<\dfrac{R}{2}$, la nouvelle série sera encore convergente. Nous sommes donc assuré que, pour

$$|a|<\frac{R}{2}, \qquad |b|<\frac{R}{2},$$

la série qui représente $V(a, b)$ converge de la manière indiquée dans notre définition d'une fonction analytique. *La fonction V est donc analytique.*

15. En désignant maintenant par x, y au lieu de a, b les deux variables, nous avons dans le voisinage de tout point (x_0, y_0) le développement

$$V(x,y) = \varphi_0 + \varphi_1(x-x_0, y-y_0) + \cdots + \varphi_m(x-x_0, y-y_0) + \cdots.$$

Chacune des fonctions homogènes φ satisfera à l'équation de Laplace.

De ce développement on peut conclure que *la fonction V ne peut avoir en un point (x_0, y_0) ni maximum ni minimum.* Soit, en effet, dans le voisinage de ce point,

$$V(x,y) = \varphi_0 + \varphi_m(x-x_0, y-y_0) + \cdots \qquad (m>1),$$

la fonction $\varphi_m(x-x_0, y-y_0)$ devra, dans le voisinage de (x_0, y_0), garder un signe invariable. Or, cela est impossible, puisque,

en posant,
$$x - x_0 = r\cos\varphi, \qquad y - y_0 = r\sin\varphi,$$
on a
$$\varphi_m = r^m(a_m\cos m\varphi + b_m\sin m\varphi),$$

et que l'équation $a_m\cos m\varphi + b_m\sin m\varphi = o$ a toujours des racines qui sont simples.

Le même théorème peut s'établir en suivant la même marche que Gauss pour le cas de trois variables (t. I, p. 145). Nous avons vu, en effet, en établissant la formule fondamentale (§ 10), que

$$V_A = \frac{1}{2\pi\rho}\int_\Gamma V\,ds,$$

Γ étant un cercle de rayon ρ ayant A pour centre.

Si le point A correspondait à un maximum de la fonction, on aurait sur la circonférence Γ, pour ρ suffisamment petit,

$$V < V_A,$$

d'où

$$\int_\Gamma V\,ds < \int_\Gamma V_A\,ds,$$

c'est-à-dire

$$\frac{1}{2\pi\rho}\int_\Gamma V\,ds < V_A,$$

ce qui est en opposition avec l'égalité écrite plus haut.

16. Nous allons tirer immédiatement une conséquence importante du théorème établi au paragraphe précédent. Étant donné un contour fermé C, montrons qu'*il ne peut y avoir plus d'une fonction harmonique continue ainsi que ses dérivées partielles des deux premiers ordres dans l'aire limitée par C, et prenant en tous les points de ce contour une succession donnée de valeurs*.

Nous supposons, tout au moins pour le moment, que la succession des valeurs données sur le contour forme une suite *continue*. Désignant, d'une manière générale, par V_m, cette série de valeurs en un point quelconque m du contour, nous entendons par fonction V. prenant ces valeurs sur le contour, une fonction $V(x, y)$

qui tend vers V_m quand le point (x, y) tend vers le point m d'une manière quelconque, en restant à l'intérieur du contour [1].

Ceci posé, s'il existait deux fonctions jouissant des propriétés précédentes, leur différence U satisferait encore à l'équation de Laplace et s'annulerait en tous les points du contour. Dans ces conditions, elle devrait avoir au moins un maximum ou un minimum pour un point situé à l'intérieur du contour, mais cela est impossible, d'après ce que nous avons vu précédemment. La fonction U est donc identiquement nulle, ce qui démontre le théorème.

17. Donnons, du théorème précédent, une autre démonstration, où nous aurons à considérer une intégrale double qui a joué un rôle important dans cette théorie. Faisons, dans la formule préliminaire de Green, $V = U$, elle deviendra

$$\iint \left[\left(\frac{\partial U}{\partial x}\right)^2 + \left(\frac{\partial U}{\partial y}\right)^2 \right] dx\, dy = - \int_C U \frac{dU}{dn}\, ds - \iint U\, \Delta U\, dx\, dy.$$

Supposons maintenant que U soit la fonction du paragraphe précédent, s'annulant en tous les points de C, la formule se réduira à

$$\iint \left[\left(\frac{\partial U}{\partial x}\right)^2 + \left(\frac{\partial U}{\partial y}\right)^2 \right] dx\, dy = 0,$$

et l'on devra avoir, pour tous les points de l'intérieur de l'aire,

$$\frac{\partial U}{\partial x} = 0, \qquad \frac{\partial U}{\partial y} = 0;$$

par suite, la fonction U est constante à l'intérieur de l'aire; nulle sur le bord, elle est donc nulle aussi à l'intérieur.

Il est important de remarquer que, dans le calcul précédent, on fait implicitement une hypothèse dont nous n'avions pas eu besoin dans la première démonstration. Pour que l'intégrale curvi-

---

[1] On trouvera dans un important Mémoire de M. Painlevé (*Annales de la Faculté des Sciences de Toulouse*, t. II, p. 19) des remarques intéressantes relatives à cette notion de fonction prenant une valeur donnée sur un arc de courbe.

ligne

$$\int_C U \frac{dU}{dn} ds$$

soit nulle, il faut supposer, en général, que $\frac{dU}{dn}$ ne devienne pas infini. Aussi, dans cette seconde démonstration, on doit se borner aux intégrales qui restent continues à l'intérieur du contour et sur le contour, *ainsi que leurs dérivées partielles du premier ordre*.

III. — Extension à l'équation linéaire générale du second ordre de quelques-uns des résultats obtenus pour l'équation de Laplace.

18. Quittons maintenant, pour un instant, l'équation particulière

$$\Delta u = 0,$$

et cherchons s'il est possible d'étendre à des équations plus générales quelques-uns des résultats précédents [1]. Nous prendrons d'abord l'équation

$$\frac{d^2 u}{dx^2} + \frac{d^2 u}{dy^2} + 2d\frac{du}{dx} + 2e\frac{du}{dy} + fu = 0,$$

où d, e, f sont des fonctions continues quelconques de x et y.

Supposons qu'il existe deux intégrales de cette équation, continues dans une aire A limitée par un contour C et prenant les mêmes valeurs sur ce contour. Nous supposons de plus que leurs dérivées partielles du premier ordre restent continues sur le contour. Leur différence, que nous désignons par U, s'annulera sur C. Formons l'intégrale double

$$\iint U\left[\frac{d^2 U}{dx^2} + \frac{d^2 U}{dy^2} + 2d\frac{dU}{dx} + 2e\frac{dU}{dy} + fU\right] dx\, dy,$$

étendue à l'aire A; cette intégrale sera évidemment nulle, puisque la quantité entre crochets est nulle. Donc, en intégrant par parties et se rappelant que $U = 0$ sur le bord, on a immédiate-

---

[1] E. Picard, *Comptes rendus*, 1888, et *Journal de Mathématiques*, 1890.

ment.

$$(5) \qquad \iint \left[\left(\frac{\partial U}{\partial x}\right)^2 + \left(\frac{\partial U}{\partial y}\right)^2 + \left(\frac{\partial d}{\partial x} - \frac{\partial e}{\partial y} - f\right) U^2 \right] dx\, dy = 0.$$

Un premier résultat apparaît immédiatement. Si dans l'aire A on a pour tout point (x, y) :

$$\frac{\partial d}{\partial x} + \frac{\partial e}{\partial y} - f > 0,$$

l'intégrale précédente ne pourra être nulle que si l'on a en tous les points de l'aire

$$U = 0.$$

Ainsi, en particulier, l'équation

$$\frac{\partial^2 u}{\partial u^2} + \frac{\partial^2 u}{\partial y^2} + fu = 0$$

satisfera à la condition précédente dans toute région du plan où f est négatif.

19. L'artifice suivant va nous permettre d'aller plus loin. Gardons toujours pour U la même signification que plus haut. Si B et B' sont deux fonctions continues quelconques de x et y, on aura

$$(6) \qquad \iint \left[\frac{\partial(BU^2)}{\partial x} + \frac{\partial(B'U^2)}{\partial y} \right] dx\, dy = 0,$$

puisque $U = 0$ est nul sur le bord.

Nous pouvons donc écrire, en ajoutant (5) et (6),

$$\iint \left[\left(\frac{\partial U}{\partial x}\right)^2 + \left(\frac{\partial U}{\partial y}\right)^2 - 2BU\frac{\partial U}{\partial x} \right.$$
$$\left. + 2B'U\frac{\partial U}{\partial y} + U^2\left(\theta - \frac{\partial B}{\partial x} - \frac{\partial B'}{\partial y}\right) \right] dx\, dy = 0,$$

en posant

$$\theta = \frac{\partial d}{\partial x} - \frac{\partial e}{\partial y} - f.$$

Or la quantité entre crochets sous le signe d'intégration est une forme quadratique en U, $\frac{\partial U}{\partial x}$ et $\frac{\partial U}{\partial y}$. Elle peut s'écrire

$$\left(\frac{\partial U}{\partial x} + BU\right)^2 + \left(\frac{\partial U}{\partial y} + B'U\right)^2 + U^2\left(\theta + \frac{\partial B}{\partial x} + \frac{\partial B'}{\partial y} - B^2 - B'^2\right).$$

Elle sera toujours positive si

$$(7) \qquad\qquad B^2 + B'^2 - \theta < \frac{\partial B}{\partial x} + \frac{\partial B'}{\partial x}.$$

Si donc on peut trouver deux fonctions B et B' de x et y, continues dans l'aire A et vérifiant l'inégalité précédente, on sera assuré que U est nulle en tous les points de l'aire, si elle est nulle en tous les points du contour. De là peut se déduire une conséquence intéressante.

Nous allons faire voir que, quelle que soit la fonction continue $\theta(x, y)$, on peut déterminer deux fonctions B et B' satisfaisant à l'inégalité (7), et continues dans une aire, si celle-ci satisfait à une certaine condition.

Pour le montrer, remplaçons $-\theta$ par sa plus grande valeur absolue $+ m^2$, quand (x, y) reste dans une certaine région du plan. Nous aurons à satisfaire à l'inégalité

$$B^2 + B'^2 - m^2 < \frac{\partial B}{\partial x} + \frac{\partial B'}{\partial y},$$

et cette dernière inégalité entraînera évidemment la précédente.

Or faisons $B' = o$ et prenons B, fonction de x seul, satisfaisant à la relation

$$\frac{dB}{dx} - B^2 = m_1^2,$$

m_1^2 étant une constante supérieure à m^2. On aura

$$B = m_1 \tan(m_1 x + C),$$

C étant une constante.

En choisissant convenablement cette constante, la fonction B reste continue dans tout intervalle donné compris entre deux parallèles à l'axe des y et dont la distance est moindre que $\frac{\pi}{m_1}$. Puisque m_1 diffère aussi peu qu'on veut de m, on peut dire que, pour toute aire comprise dans une bande parallèle à l'axe des y et de largeur moindre que $\frac{\pi}{m}$, on se trouve dans les conditions d'application du théorème. D'autre part, en faisant une transformation de coordonnées rectangulaires, on aura, pour chaque direction nouvelle de l'axe Oy, un nombre m. En désignant par m le plus grand d'entre eux, et posant

$$\frac{\pi}{m} = d,$$

nous pouvons énoncer le théorème suivant :

Pour tout contour situé dans la région considérée du plan, il ne peut y avoir plus d'une intégrale continue prenant des valeurs données sur le contour, pourvu que le contour se trouve compris entre deux droites parallèles dont la distance ne dépasse pas d.

Il est d'ailleurs nécessaire de sous-entendre toujours la condition de continuité sur le contour pour les dérivées partielles du premier ordre.

En particulier, on est assuré de se trouver dans les conditions d'application du théorème *si le contour est suffisamment petit.*

20. Prenons comme application l'équation

$$\frac{\partial^2 u}{\partial x^2} + \frac{\partial^2 u}{\partial y^2} - k^2 u = 0,$$

où k^2 représente une constante positive.

On aura ici $\theta = -k^2$ et, par suite, on peut prendre $m^2 = k^2$. Comme d'autre part, si l'on fait une transformation de coordonnées rectangulaires, l'équation ne change pas de forme, on en conclut que l'équation précédente aura au plus une solution prenant des valeurs données sur un contour, si ce contour se trouve compris entre deux droites parallèles dont la distance ne dépasse pas $\frac{\pi}{k}$.

Il est aisé de voir que cette propriété ne subsiste pas pour tout contour. Il peut arriver qu'une intégrale de l'équation précédente soit nulle sur un contour sans être nulle à l'intérieur. C'est ce que nous allons montrer sur un exemple : l'expression

$$u = \sin \frac{k}{\sqrt{2}}\, x \sin \frac{k}{\sqrt{2}}\, y$$

vérifie l'équation précédente, et elle s'annule sur les côtés du carré ayant pour côtés

$$x = 0, \qquad x = \frac{\sqrt{2}\,\pi}{k}, \qquad y = 0, \qquad y = \frac{\sqrt{2}\,\pi}{k}.$$

21. Au lieu de prendre l'équation

$$\frac{\partial^2 u}{\partial x^2} + \frac{\partial^2 u}{\partial y^2} + 2d\frac{\partial u}{\partial x} + 2e\frac{\partial u}{\partial y} + fu = 0,$$

on eût pu prendre l'équation plus générale

$$(\alpha) \qquad a\frac{\partial^2 u}{\partial x^2} + 2b\frac{\partial^2 u}{\partial x\,\partial y} + c\frac{\partial^2 u}{\partial y^2} + 2d\frac{\partial u}{\partial x} + 2e\frac{\partial u}{\partial y} + fu = 0.$$

Il est, en effet, facile par un changement de variables de ramener l'un des cas à l'autre.

Faisons le changement de variables

$$X = f(x, y),$$
$$Y = \varphi(x, y).$$

L'équation (α) prendra la forme

$$\frac{\partial^2 u}{\partial X^2} + \frac{\partial^2 u}{\partial Y^2} + 2D\frac{\partial u}{\partial X} + 2E\frac{\partial u}{\partial Y} + Fu = 0,$$

si les deux fonctions X et Y satisfont aux équations

$$a\left(\frac{\partial X}{\partial x}\right)^2 + 2b\frac{\partial X}{\partial x}\frac{\partial X}{\partial y} + c\left(\frac{\partial X}{\partial y}\right)^2 = a\left(\frac{\partial Y}{\partial x}\right)^2 + 2b\frac{\partial Y}{\partial x}\frac{\partial Y}{\partial y} + c\left(\frac{\partial Y}{\partial y}\right)^2,$$

$$a\frac{\partial X}{\partial x}\frac{\partial Y}{\partial x} + b\left(\frac{\partial Y}{\partial y}\frac{\partial X}{\partial x} - \frac{\partial Y}{\partial x}\frac{\partial X}{\partial y}\right) + c\frac{\partial X}{\partial y}\frac{\partial Y}{\partial y} = 0.$$

On peut remarquer, et cela est intéressant pour la recherche effective de X et Y, que ces équations sont celles que l'on obtient en écrivant que la forme quadratique

$$c\,dx^2 - 2b\,dx\,dy + a\,dy^2$$

se réduit, à un facteur près, à

$$dX^2 + dY^2$$

Il résulte de cette remarque, d'après ce que nous avons vu (t. I, p. 152), que, pour trouver deux fonctions X et Y de x et y satisfaisant aux deux équations trouvées, il suffira d'intégrer une équation différentielle ordinaire du premier ordre.

Ceci posé, nous pouvons étendre à l'équation (2) le théorème fondamental du § 19 dans le cas où la transformation à employer est réelle, c'est-à-dire si le point (x, y) est dans une région du plan où

$$b^2 - ac < 0.$$

On peut alors énoncer que, dans cette région du plan, *il ne peut y avoir plus d'une intégrale prenant une succession donnée de valeurs sur un contour, si ce contour est suffisamment petit.*

22. Le changement de variables que nous venons de faire n'est pas le seul qu'on puisse utilement effectuer pour l'étude de l'équation (2). On peut encore transformer cette équation par un changement de variables en faisant disparaître les dérivées du premier ordre, comme l'a fait M. Bianchi (¹). Pour que la transformée de (2), après le changement de variable

$$X = f(x, y),$$
$$Y = \varphi(x, y),$$

soit de la forme

$$(\beta) \qquad a' \frac{\partial^2 u}{\partial X^2} + 2 b' \frac{\partial^2 u}{\partial X \, \partial Y} + c' \frac{\partial^2 u}{\partial Y^2} + f' u = 0,$$

il faut que $f(x, y)$ et $\varphi(x, y)$ satisfassent l'une et l'autre à l'équation (2). C'est ce qu'on voit de suite en effectuant le changement de variables; on devra prendre évidemment deux solutions de l'équation (2) qui ne soient pas fonctions l'une de l'autre.

23. Les méthodes employées dans les précédents paragraphes

(¹) Bianchi, *Rendiconti della R. Accad. dei Lincei*, 1889.

supposent que les fonctions étudiées soient continues sur le contour ainsi que leurs dérivées du premier ordre. Elles correspondent à la deuxième démonstration donnée (§ 17) de l'impossibilité d'un maximum ou d'un minimum pour les fonctions satisfaisant à l'équation de Laplace. Nous n'avons pas eu besoin de ces hypothèses dans la première démonstration qui reposait essentiellement sur la propriété de la fonction harmonique d'être analytique. Dans le cas de l'équation (α) du § 21 on peut, en précisant la nature des coefficients, démontrer que les fonctions qui y satisfont sont analytiques, et il est intéressant de rechercher si les résultats obtenus pour l'équation de Laplace, en partant de cette hypothèse, sont susceptibles de généralisation. C'est ce que nous allons montrer.

Nous supposons que dans l'équation (α) du § 21 les coefficients a, b, c, d, e, f soient des *fonctions analytiques* de x et y dans la région considérée du plan. On suppose de plus expressément

$$b^2 - ac < 0$$

dans cette région : a et c, qui sont alors de même signe, peuvent être supposés positifs.

On peut établir que *toute intégrale de cette équation bien déterminée et continue dans la région considérée du plan ainsi que ses dérivées partielles des deux premiers ordres est elle-même une fonction analytique* [1].

Nous admettrons pour le moment ce résultat, et nous allons seulement en poursuivre quelques conséquences, en raisonnant comme nous l'avons fait au § 15 pour l'équation de Laplace. Considérons d'abord le cas où f est identiquement nul, c'est-à-dire où l'équation se réduit à

$$(8) \qquad a\frac{\partial^2 u}{\partial x^2} + 2b\frac{\partial^2 u}{\partial x\,\partial y} + 2c\frac{\partial^2 u}{\partial y^2} + 2d\frac{\partial u}{\partial x} + 2e\frac{\partial u}{\partial y} = 0.$$

Je dis qu'une intégrale u de cette équation *ne pourra admettre ni maximum ni minimum*.

---

[1] E. PICARD, *Sur la détermination des intégrales de certaines équations par leurs valeurs le long d'un contour fermé* (Journal de l'École Polytechnique, 1890).

Soit, en effet, (x_0, y_0) un point dans le voisinage duquel u et ses dérivées partielles des deux premiers ordres sont continues; la fonction u, étant analytique, peut être développée en série de Taylor

$$u = \varphi_0 + \varphi_n(x-x_0, y-y_0) + \varphi_{n+1}(x-x_0, y-y_0) + \ldots,$$

les φ désignant des polynômes homogènes en $x-x_0$ et $y-y_0$; φ_0 représente une constante, et si (x_0, y_0) correspond à un maximum ou à un minimum, on a $n \geq 2$. Substituons cette valeur de u dans l'équation (8) et égalons à zéro l'ensemble des termes homogènes de moindre degré. On aura nécessairement

$$a_0 \frac{d^2\varphi_n}{dx^2} + 2b_0 \frac{d^2\varphi_n}{dx\,dy} + c_0 \frac{d^2\varphi_n}{dy^2} = 0, \qquad b_0^2 - a_0 c_0 < 0,$$

en désignant par a_0, b_0, c_0 les valeurs de a, b, c pour $x = x_0$, $y = y_0$.

Le polynôme φ_n satisfait à une équation analogue à celle de Laplace; on peut la ramener à cette équation par un changement de variables réel

$$X = \alpha(x-x_0) + \beta(y-y_0),$$
$$Y = \gamma(x-x_0) + \delta(y-y_0).$$

Il suffit de suivre la méthode du § 21, et, par conséquent, chercher la substitution précédente transformant

$$c_0\, dx^2 - 2b_0\, dx\, dy + a_0\, dy^2$$

en

$$dX^2 + dY^2,$$

Or c'est un problème d'Algèbre élémentaire que de chercher la substitution linéaire

$$dX = \alpha\, dx + \beta\, dy,$$
$$dY = \gamma\, dx + \delta\, dy,$$

transformant les deux formes l'une dans l'autre. La substitution sera réelle puisque $b_0^2 - a_0 c_0 < 0$, et $a_0 > 0$.

φ_n considérée comme fonction de X et Y satisfait donc à l'équation

$$\frac{d^2\varphi_n}{dX^2} + \frac{d^2\varphi_n}{dY^2} = 0.$$

La fonction φ_0 pourra donc s'annuler en changeant de signe dans le voisinage de $X = 0$, $Y = 0$ et, par suite, dans le voisinage de $x = x_0$, $y = y_0$. Il est donc impossible que u ait un maximum ou un minimum pour $x = x_0$, $y = y_0$.

On en conclut de suite, en répétant le raisonnement fait pour l'équation de Laplace, qu'*il ne peut y avoir deux intégrales de l'équation* (8) *prenant une succession donnée de valeurs sur un contour* C.

On voit que l'équation (8) jouit, au point de vue qui nous occupe, des mêmes propriétés que l'équation de Laplace.

24. Revenons maintenant à l'équation générale

$$(\alpha) \qquad a\,\frac{\partial^2 u}{\partial x^2} + 2b\,\frac{\partial^2 u}{\partial x\,\partial y} + c\,\frac{\partial^2 u}{\partial y^2} + 2d\,\frac{\partial u}{\partial x} + 2e\,\frac{\partial u}{\partial y} + fu = 0,$$

en supposant toujours que le point (x, y) reste dans la région R du plan où $b^2 - ac$ est négatif, et les hypothèses sur les coefficients a, b, c, d, e, f restant les mêmes. Soit A un point quelconque de cette région R. Il existe certainement une intégrale z de cette équation ne s'annulant pas au point A et gardant par conséquent un signe invariable dans un certain domaine D autour de ce point.

Faisons dans l'équation le changement de fonction

$$u = zv.$$

L'équation en v sera du même type que l'équation (8), elle n'aura pas de terme en v. Elle sera de la forme

$$a z\,\frac{\partial^2 v}{\partial x^2} + 2b z\,\frac{\partial^2 v}{\partial x\,\partial y} + c z\,\frac{\partial^2 v}{\partial y^2} + 2d'\,\frac{\partial v}{\partial x} + 2e'\,\frac{\partial v}{\partial y} = 0.$$

Puisque z ne s'annule pas, par hypothèse, dans D, nous pouvons appliquer les résultats du paragraphe précédent. Il ne pourra y avoir deux intégrales de cette équation prenant la même succession de valeurs sur un contour C contenu dans D.

Nous pouvons par suite énoncer pour l'équation (α) le théorème suivant :

Autour d'un point quelconque de la région R, *on peut déli-*

miter un domaine D, *dans lequel le problème de la détermination d'une intégrale par ses valeurs sur un contour quelconque contenu dans* D *ne pourra avoir plus d'une solution.*

C'est le théorème que nous avons obtenu aux § 19 et 21. On
voit que nous n'avons pas eu besoin ici, dans les raisonnements
employés, de faire intervenir les valeurs des dérivées partielles du
premier ordre sur le contour. Le résultat est en ce sens plus pré-
cis, mais nous avons par contre l'inconvénient de démontrer
seulement l'existence de ce domaine suffisamment petit D, sans
indiquer aucune possibilité de trouver effectivement un tel domaine, ce que notre première méthode (§ 19) nous avait au contraire permis de faire. Il resterait à rechercher si, pour les domaines trouvés dans la première méthode, on ne pourrait arriver
à se débarrasser de l'hypothèse supplémentaire relative aux dérivées du premier ordre. Cette discussion trouvera sa place dans
une autre partie de cet Ouvrage.

25. Terminons ces généralités en considérant encore l'équation

$$a\frac{\partial^2 u}{\partial x^2} + 2b\frac{\partial^2 u}{\partial x\, \partial y} + c\frac{\partial^2 u}{\partial y^2} + 2d\frac{\partial u}{\partial x} + 2e\frac{\partial u}{\partial y} + fu = 0,$$

et supposant que, dans la région R où

$$b^2 - ac < 0, \qquad a > 0,$$

on ait de plus $f < 0$.

Nous allons montrer que dans ces nouvelles conditions *il ne
pourra y avoir plus d'une intégrale de l'équation prenant sur
tout contour fermé contenu dans* R *une succession continue
donnée de valeurs.*

Si deux intégrales prennent les mêmes valeurs le long d'un
contour, on aura une intégrale qui s'annulera le long de ce contour. Considérons donc une telle intégrale u de l'équation précédente; elle gardera un signe invariable dans le contour, ou bien
elle s'annulera le long de certaines lignes; dans le second cas,
l'aire se trouvera partagée en plusieurs aires partielles, sur le périmètre desquelles l'intégrale s'annulera, en gardant à l'intérieur
un signe invariable.

Prenons l'une d'elles, et supposons u positif à l'intérieur. Pour un point au moins (x_0, y_0) à l'intérieur, u devra passer par un maximum; soit $u_0 > 0$ la valeur de u pour (x_0, y_0).

Développons u en série

$$u = u_0 + u_n(x - x_0, y - y_0) + \ldots;$$

n, qui est plus grand que *un*, doit être nécessairement égal à *deux*; car, dans le cas contraire, l'ensemble des termes constants dans l'équation se réduirait à $f_0 u_0$, en désignant par f_0 la valeur de f pour (x_0, y_0); on devrait donc avoir $u_0 = 0$, ce qui est impossible si la fonction n'est pas restée constamment nulle à l'intérieur de l'aire. Nous avons donc $n = 2$; soit

$$u_2 = \alpha(x - x_0)^2 + 2\beta(x - x_0)(y - y_0) + \gamma(y - y_0)^2.$$

Puisque (x_0, y_0) correspond à un maximum,

$$\alpha < 0, \qquad \gamma < 0, \qquad \beta^2 - \alpha\gamma < 0.$$

D'autre part, en substituant dans l'équation différentielle la valeur de u, on trouve de suite

$$(9) \qquad 2(a_0\alpha + 2b_0\beta + c_0\gamma) + f_0 u_0 = 0,$$

en désignant par a_0, b_0, c_0 les valeurs de a, b, c pour (x_0, y_0). On a d'ailleurs

$$a_0 > 0, \qquad c_0 > 0, \qquad b_0^2 - a_0 c_0 < 0.$$

Or de l'inégalité évidente

$$(a_0\alpha + c_0\gamma)^2 \geq 4 a_0 c_0 \alpha\gamma,$$

nous concluons successivement, en nous reportant aux inégalités écrites plus haut,

$$(a_0\alpha + c_0\gamma)^2 > 4 a_0 c_0 \beta^2,$$
$$(a_0\alpha + c_0\gamma)^2 > 4 b_0^2 \beta^2.$$

La valeur absolue de $a_0\alpha + c_0\gamma$ est donc supérieure à celle de $2b_0\beta$. Or $a_0\alpha + c_0\gamma$ est négatif; donc

$$a_0\alpha + 2b_0\beta + c_0\gamma$$

est certainement négatif. D'ailleurs $f_0 u_0$ est aussi négatif, puisque

$u_0 > 0$, $f_0 < 0$. Nous sommes ainsi conduit à une contradiction, car la relation (9) devient, dans ces conditions, manifestement impossible. L'hypothèse faite est donc inadmissible : une intégrale nulle sur le contour sera nécessairement nulle à l'intérieur, ce qui démontre le théorème.

Comme exemple, citons l'équation

$$\frac{\partial^2 u}{\partial x^2} + \frac{\partial^2 u}{\partial y^2} - k^2 u = 0.$$

Il ne pourra y avoir plus d'une intégrale de cette équation prenant sur un contour quelconque une succession donnée de valeurs.

26. Nous avons, dans les paragraphes précédents, déduit nos conclusions de ce que les intégrales étaient nécessairement des fonctions analytiques. Dans une Thèse récente ([1]), M. Paraf a montré qu'on pouvait arriver bien simplement aux mêmes conclusions, sans s'appuyer sur aucun résultat antérieur, ce qui dispense même de l'hypothèse que les coefficients soient des fonctions analytiques. Partons de l'équation

$$\frac{\partial^2 u}{dx^2} - \frac{\partial^2 u}{\partial y^2} - a \frac{\partial u}{\partial x} + b \frac{\partial u}{\partial y} + cu = 0.$$

On suppose que, dans une aire A limitée par un contour C, le coefficient c soit constamment négatif (et non nul). Nous voulons montrer qu'il ne pourra y avoir deux intégrales de l'équation, bien déterminées et continues ainsi que leurs dérivées partielles des deux premiers ordres, prenant sur C les mêmes valeurs. Considérons, en effet, la différence u de deux telles intégrales, qui s'annule sur C. Nous allons voir qu'elle ne peut prendre aucune valeur positive dans A. Si, en effet, elle devenait positive, elle aurait une limite supérieure qu'elle atteindrait au moins pour un point (x_0, y_0) de l'intérieur de l'aire. Donnons alors à y la valeur fixe y_0 et considérons la fonction $u(x, y_0)$. Il est clair que $\left(\frac{\partial u}{\partial x}\right)_0$ est nul; d'autre part la formule de Taylor, arrêtée au se-

---

[1] A. PARAF, *Annales de la Faculté des Sciences de Toulouse*, t. VI, 1892.

cond terme,

$$u(x, y_0) = u(x_0, y_0) + \frac{(x - x_0)^2}{2} \left[\frac{\partial^2 u(x, y_0)}{\partial x^2} \right]_{x_0 + \theta(x - x_0)},$$

montre que $\left(\frac{\partial^2 u}{\partial x^2} \right)_0$ doit être négatif ou nul, car, dans le cas contraire, le second terme du second membre serait positif pour x voisin de x_0, ce qui conduirait à $u(x, y_0) > u(x_0, y_0)$. Ainsi donc, pour

$$x = x_0, \qquad y = y_0,$$

on aura

$$\frac{\partial u}{\partial x} = 0, \qquad \frac{\partial^2 u}{\partial x^2} \leqq 0$$

et pareillement

$$\frac{\partial u}{\partial y} = 0, \qquad \frac{\partial^2 u}{\partial y^2} \leqq 0,$$

tandis que

$$u > 0 \qquad \text{et} \qquad c < 0.$$

Ces égalités et inégalités sont incompatibles avec l'équation différentielle. Il est donc établi qu'aucune intégrale ne peut avoir dans A un maximum positif; elle ne peut non plus avoir un minimum négatif, comme on le voit en changeant u en $-u$. Il en résulte que si la fonction u est nulle sur le contour, elle sera nulle à l'intérieur. Ce résultat s'étend même au cas où, à l'intérieur du contour, c serait négatif *ou nul*, tandis que, dans la démonstration précédente, nous avons dû supposer que c ne s'annulait pas; nous renverrons pour ce point au travail de M. Paraf.

IV. — Problème de Dirichlet. Recherche de la fonction harmonique prenant des valeurs données sur un contour. Méthode de M. Neumann.

27. Nous avons maintenant à chercher si, étant donnée une succession continue de valeurs sur un contour, il existe une fonction harmonique continue à l'intérieur de l'aire limitée par le contour et prenant sur celui-ci les valeurs données.

Dans sa célèbre dissertation inaugurale, Riemann a donné de ce problème, qu'il appelle le *principe de Dirichlet*, une démonstration extrêmement simple. Quoique cette démonstration ne présente pas une rigueur suffisante, nous devons l'exposer; elle rend

en effet tout au moins très vraisemblable le théorème en question
et elle est le type d'un genre de raisonnement fréquemment employé en Physique mathématique et dont, faute de mieux, on doit
souvent se contenter.

28. Commençons par démontrer le théorème suivant. Considérons une fonction harmonique u continue ainsi que ses dérivées
partielles des deux premiers ordres dans l'aire limitée par un contour C, et supposons que sur le contour lui-même u et ses dérivées partielles du premier ordre soient continues.

On forme l'intégrale

$$I = \int\int \left[\left(\frac{\partial v}{\partial x} \right)^2 + \left(\frac{\partial v}{\partial y} \right)^2 \right] dx\,dy,$$

v représentant une fonction quelconque satisfaisant aux mêmes
conditions de continuité que u et prenant sur le contour les
mêmes valeurs. Dans ces conditions, *l'intégrale précédente sera
minima pour $v = u$.*

Soit, en effet, $v - u = h$; la fonction h sera nulle sur le contour et l'on aura

$$I = \int\int \left[\left(\frac{\partial u}{\partial x} \right)^2 + \left(\frac{\partial u}{\partial y} \right)^2 \right] dx\,dy + 2 \int\int \left(\frac{\partial u}{\partial x} \frac{\partial h}{\partial x} + \frac{\partial u}{\partial y} \frac{\partial h}{\partial y} \right) dx\,dy$$
$$+ \int\int \left[\left(\frac{\partial h}{\partial x} \right)^2 + \left(\frac{\partial h}{\partial y} \right)^2 \right] dx\,dy.$$

Or la seconde intégrale est nulle d'après la formule préliminaire de Green qui peut s'écrire

$$\int\int \left(\frac{\partial u}{\partial x} \frac{\partial h}{\partial x} + \frac{\partial u}{\partial y} \frac{\partial h}{\partial y} \right) dx\,dy = - \int_C h \frac{\partial u}{\partial n} ds - \int\int h \, \Delta u \, dx\,dy.$$

L'intégrale I est donc moindre pour $v = u$ que pour toute
autre fonction v prenant les mêmes valeurs sur le contour.

À ce théorème, nous pouvons joindre une réciproque. Les conditions de continuité restant toujours les mêmes pour les fonctions
considérées et celles-ci prenant de plus, toutes, les mêmes valeurs
sur le contour, *si l'intégrale I est minima quand on met à la
place de v une certaine fonction u, celle-ci satisfait à l'équation*

$$\Delta u = 0.$$

Posons

$$v = u + zh,$$

z désignant une constante et h une fonction de x et y s'annulant sur C. Pour cette fonction, on aura

$$I = \iint \left[\left(\frac{\partial u}{\partial x}\right)^2 + \left(\frac{\partial u}{\partial y}\right)^2 \right] dx\,dy + 2z \iint \left(\frac{\partial u}{\partial x}\,\frac{\partial h}{\partial x} + \frac{\partial u}{\partial y}\,\frac{\partial h}{\partial y} \right) dx\,dy$$
$$+ z^2 \iint \left[\left(\frac{\partial h}{\partial x}\right)^2 + \left(\frac{\partial h}{\partial y}\right)^2 \right] dx\,dy.$$

Or le coefficient de z peut s'écrire

$$- 2 \iint h\,\Delta u\,dx\,dy.$$

Si ce coefficient n'est pas nul, la somme des deux derniers termes dans l'expression de I sera certainement négative si l'on prend z suffisamment petit et d'un signe convenable. Puisque, par hypothèse, l'intégrale I est minima pour $v = u$, il faut nécessairement que

$$(10) \qquad \iint h\,\Delta u\,dx\,dy = 0.$$

Or la fonction h n'est assujettie qu'à la condition de s'annuler sur C et d'être continue ainsi que ses dérivées partielles des deux premiers ordres. Supposons qu'en un point (x_0, y_0) à l'intérieur de l'aire, Δu ne soit pas nul : il sera d'un signe invariable dans le voisinage, soit à l'intérieur d'un cercle Γ de rayon p ayant (x_0, y_0) pour centre. Définissons alors h par la condition qu'elle soit nulle entre C et Γ, et que, à l'intérieur de Γ,

$$h = [p^2 - (x - x_0)^2 - (y - y_0)^2]^m.$$

Si l'entier m est supérieur à *deux*, la fonction ainsi définie s'annulera sur C et sera continue ainsi que ses dérivées partielles des deux premiers ordres. Mais pour une telle fonction, l'intégrale (10) ne pourra évidemment pas être nulle. Il en résulte qu'en tous les points de l'aire

$$\Delta u = 0,$$

comme nous voulions l'établir.

29. Les deux théorèmes précédents sont à l'abri de toute objection. Il n'en est pas de même de la fin du raisonnement par lequel Riemann établit l'existence d'une fonction harmonique u prenant des valeurs données sur un contour.

Considérons toujours l'intégrale

$$\int\int\left[\left(\frac{\partial v}{\partial x}\right)^{2}+\left(\frac{\partial v}{\partial y}\right)^{2}\right]dx\,dy,$$

v désignant une fonction quelconque assujettie seulement, sauf les conditions indiquées de continuité, à prendre la succession de valeurs données sur le contour. Cette intégrale est nécessairement positive et ne peut s'annuler; il y a donc une limite (¹) au-dessous de laquelle elle ne peut descendre. *Désignons par u la fonction pour laquelle l'intégrale atteindra son minimum*; la fonction u, d'après le théorème précédent, sera harmonique et le problème de Dirichlet se trouve ainsi résolu.

J'ai souligné le point défectueux dans la déduction précédente. On ne peut être certain *a priori* qu'il existe une fonction u, satisfaisant aux conditions de continuité, pour laquelle l'intégrale atteigne effectivement sa limite inférieure. C'est là une objection capitale qu'il semble impossible de tourner. Aussi ce mode de démonstration n'est-il plus aujourd'hui considéré comme suffisant; il présente de plus un autre inconvénient : il ne donne aucun moyen d'obtenir, ne fût-ce qu'approximativement, la solution que l'on cherche.

30. Le problème proposé, que nous avons déjà donné dans le cas du cercle (p. 16), a été traité rigoureusement par M. C. Neumann dans le cas d'un contour convexe. M. Schwarz a montré ensuite comment on pouvait, dans des cas étendus, passer d'un contour convexe à un contour plus compliqué, ce qui lui a permis de traiter la question dans le cas d'un contour limité par des arcs réguliers de courbes analytiques. Enfin M. Poincaré a donné du

---

(¹) Nous admettons ce point sans plus d'explication, mais il ne présente aucune difficulté, comme le montre Riemann dans sa Dissertation. On pourra aussi consulter sur cette question du principe de Dirichlet, d'après Riemann, la Thèse de M. Simart (Paris, 1881).

problème de Dirichlet une méthode extrêmement originale et qui
diffère complètement par le point de départ des méthodes précédentes. Nous nous bornerons dans ce Chapitre à développer la méthode de M. Neumann, qui nous servira en même temps à établir
quelques propriétés importantes de la fonction harmonique. Les
méthodes de MM. Schwarz et Poincaré seront développées dans
d'autres Chapitres.

Nous avons déjà donné, dans le cas de l'espace, la méthode de
M. Neumann, modifiée en mettant à profit une idée de Kirchhoff :
nous suivrons absolument la même voie dans le cas du plan.

Nous avons supposé que la surface considérée était convexe et
avait en chaque point un plan tangent déterminé. Nous garderons
pour le contour plan, que nous avons maintenant à considérer, les
mêmes hypothèses, sauf toutefois que le contour, toujours convexe, pourra avoir un nombre limité de *pointes*. En ces derniers
points, le contour aura deux tangentes.

31. Une intégrale analogue à celle de Gauss (t. I, p. 121) nous
sera fournie par l'intégrale

$$(11) \qquad \int \frac{\cos \varphi}{r}\, d\tau$$

étendue à une courbe fermée C, r désignant la distance d'un point
fixe A à un point M de l'élément d'arc variable $d\tau$ de la courbe,
et l'angle φ représentant l'angle de la direction MA avec la normale
intérieure à la courbe au point M.

La signification géométrique de cette intégrale est immédiate :
elle représente la somme des angles, pris avec un signe, sous lesquels du point A on voit les éléments $d\tau$ de la courbe. L'intégrale (11) sera donc égale à 2π quand le point A sera à l'intérieur
de la courbe C, elle sera nulle quand le point sera extérieur à la
courbe, et elle sera égale à π quand le point sera en un point ordinaire de la courbe. Si enfin le point A est une pointe du contour,
l'intégrale sera égale à l'angle α que font les tangentes aux deux
courbes qui forment la pointe. Dans l'hypothèse où nous sommes
d'un contour convexe, α sera inférieur à π.

Nous pouvons généraliser l'intégrale précédente, comme nous
l'avons fait (t. I, p. 153). Désignant par a, b les coordonnées

de A, nous formons l'intégrale

$$V(a,b) = \int_C \frac{\mu \cos\varphi}{r}\, d\sigma,$$

où μ désigne une fonction continue du paramètre qui fixe la position d'un point sur la courbe. Cette intégrale, considérée comme fonction de (a, b), est une fonction continue, ainsi que ses dérivées partielles quand le point A est à l'intérieur ou à l'extérieur de la surface. De plus, elle satisfait à l'équation de Laplace; c'est ce qu'on voit de suite en mettant l'intégrale sous la forme

$$-\int_C \mu \frac{d\log r}{dn}\, d\sigma,$$

car $\dfrac{dr}{dn} = -\cos\varphi$ (t. I, p. 142).

Or pour un point (x, y) du contour C, $\log r$ considéré comme fonction de (a, b) satisfait à l'équation de Laplace, et il en est par suite de même de

$$\frac{d\log r}{dn},$$

ce qui entraîne la même conclusion pour l'intégrale.

La fonction $V(a, b)$ éprouve une discontinuité pour le passage par la courbe C. Pour étudier cette discontinuité, il n'y a qu'à suivre, sans y rien changer, le mode de raisonnement employé pour l'espace (t. I, p. 154). La seule différence sera que π sera partout remplacé par $\dfrac{\pi}{2}$ dans les formules, puisque la circonférence de rayon un est égale à 2π, tandis que l'aire de la sphère de rayon un est égale à 4π. Prenant un point fixe s sur la courbe C, et désignant par μ_s la valeur de μ en ce point, on montrera que

$$W(a, b) = \int_C \frac{(\mu - \mu_s)\cos\varphi}{r}\, d\sigma$$

est une fonction continue de (a, b), *au point s*, c'est-à-dire qu'elle tend vers la même valeur, de quelque manière que le point (a, b) tende vers s. En conservant les mêmes notations, on aura donc

$$V_{ie} = V_s + \pi\mu_s, \qquad V_{ii} = V_s - \pi\mu_s.$$

Ces formules supposent que le point s ne soit pas une pointe
sur le contour. S'il en était ainsi, z désignant l'angle des tangentes,
on aurait, en écrivant toujours que $W(a, b)$ est continue au
point s,

$$V_{sx} = V_{is} = 2\pi\mu_s = V_s - 2\vartheta_s.$$

32. On établira encore une remarque analogue à celle du § 10
(t. I, p. 155). On partage la courbe C en deux parties α et β, et
soient s et s' deux points quelconques de la courbe. Désignons
d'une manière générale par I_s^γ l'intégrale

$$I_s^\gamma = \int_\gamma \frac{\cos\varphi}{r} d\tau$$

relative au point s et étendue à une portion γ de la courbe. On
peut trouver un nombre λ compris entre *zéro* et *un*, tel que
l'on ait

$$0 < \lambda < \frac{1}{2\pi}(I_s^\alpha + I_{s'}^\beta) < 1,$$

quelles que soient les positions de s et s' sur la courbe.

Je ferai seulement une remarque sur la démonstration, remarque
que nous n'avions pas eu l'occasion de faire pour les surfaces convexes, leur supposant toujours en chaque point un plan tangent
unique. Il est un cas où la somme

$$I_s^\alpha + I_{s'}^\beta$$

peut atteindre *zéro*. Il faut pour cela que chacun des deux termes
s'annule; la partie α devra donc se composer de deux droites dont
s est le point de rencontre, et il en est de même de β, qui se composera de deux droites se rencontrant en s'. La courbe convexe, que
nous considérons, se réduira alors nécessairement à un triangle
ou à un quadrilatère. Ce sont les seuls cas où n'existe pas ce
nombre λ, différent de zéro. Ces deux courbes sont donc exclues
pour l'application de la méthode.

33. On établira enfin une dernière propriété de l'intégrale

$$V_s = \frac{1}{\pi} \int_C \frac{\mu\cos\varphi}{r} d\tau$$

prise pour un point s de la courbe C. Il n'y a, je le répète,
qu'à changer π en $\dfrac{\pi}{2}$ dans tous les raisonnements et calculs (t. I,
p. 157). En désignant par M et m le maximum et le minimum de μ
sur la courbe, on a, pour deux points quelconques s et s_1 de C,

$$V_s - V_{s_1} \leqq (M - m)\rho,$$

où le nombre ρ (qui est égal à $1 - \lambda$) est une constante positive
comprise entre *zéro* et *un*.

En particulier, si M_1 et m_1 désignent le maximum et le minimum de V_s sur C, on a

$$M_1 - m_1 \leqq (M - m)\rho.$$

34. Il suffira maintenant d'indiquer l'énoncé de la solution du
principe de Dirichlet; on se reportera pour la démonstration [1]
au Tome I, p. 158.

Soit une fonction continue U définie sur la courbe C; en désignant toujours par U_s la valeur d'une fonction U au point s, je
forme l'intégrale

$$U^1(a, b) = -\frac{1}{2\pi} \int_C \frac{\cos\varphi}{r}(U - U_s)\,ds.$$

Quand le point (a, b) est en s, elle a une valeur parfaitement déterminée U_s^1. L'ensemble de ces valeurs, quand le point s se dé-
place sur la courbe C, définit une fonction U^1 sur cette courbe.
Formons de même l'intégrale

$$U^2(a, b) = -\frac{1}{2\pi} \int_C \frac{\cos\varphi}{r}(U^1 - U_s^1)\,ds,$$

qui permettra de définir une nouvelle fonction U^2 sur C; et ainsi
de suite en ayant d'une manière générale

$$U^n(a, b) = -\frac{1}{2\pi} \int_C \frac{\cos\varphi}{r}(U^{n-1} - U_s^{n-1})\,ds.$$

La série

$$U + U^1 + U^2 + \ldots + U^n + \ldots$$

---

[1] Je profite de l'occasion pour rectifier une erreur d'impression. *Au lieu de*
puisque $U - U_s$ est compris entre $\frac{1}{2}$M et $\frac{1}{2}m$ (ligne 9 en remontant, page 159),
il faut lire puisque $U - U_s$ est compris entre $M - m$ et $m - M$.

est convergente sur la courbe C, et l'intégrale

$$V(a, b) = \frac{1}{2\pi} \int_C \frac{\cos\varphi}{r} (U + U^1 + \ldots + U^n + \ldots)\, d\sigma$$

résout le problème de Dirichlet, c'est-à-dire qu'elle satisfait à l'équation de Laplace, et que $V(a, b)$ tend vers U_s, quand le point (a, b) intérieur à C tend vers le point s de cette courbe.

35. Dans ce qui précède, nous avons supposé que la succession des valeurs données sur le contour était une fonction *continue*. Il est intéressant, pour diverses applications, d'examiner le cas où la fonction U, donnée sur le contour, tout en étant en général continue, aurait un certain nombre de points de discontinuité où elle passerait brusquement d'une valeur finie à une autre valeur finie. Supposons, par exemple, qu'il y ait sur le contour deux tels points A et B (*fig.* 2), et soient, quand on parcourt le contour dans le sens positif, a et b les valeurs correspondantes des discontinuités, de telle sorte que, si U_{A-z} désigne la valeur de U_M quand

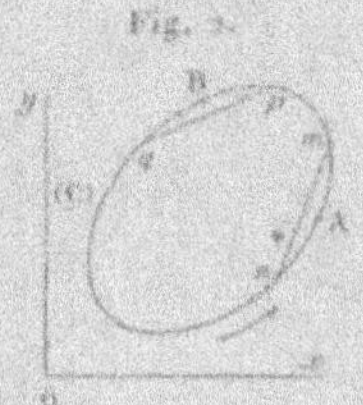
Fig. 2.

le point variable M tend vers A en marchant dans le sens de la flèche, et si U_{A+z} désigne la valeur limite de U_M quand M tend vers A dans le sens inverse, on ait

$$U_{A-z} - U_{A+z} = a$$

et, de même,

$$U_{B-z} - U_{B+z} = b.$$

Pour résoudre, dans ce cas, le problème de Dirichlet, on pourrait suivre la méthode précédente en commençant par discuter l'intégrale généralisée de Gauss, quand la fonction μ éprouve des discontinuités de la nature indiquée. M. Schwarz a montré que le cas où la fonction U est discontinue peut se ramener immédia-

tement au cas où la succession des valeurs données sur le contour
est continue (¹). Concevons, en effet, la fonction U prenant sur
le contour la succession, discontinue en A et B, de valeurs données ;
si l'on désigne par (α, α') et (β, β') les coordonnées de A et B, la
fonction

$$\frac{a}{\pi} \operatorname{arc\,tang} \frac{y - \alpha'}{x - \alpha} - \frac{b}{\pi} \operatorname{arc\,tang} \frac{y - \beta'}{x - \beta}$$

est parfaitement déterminée dans l'aire limitée par C, quand on
a une fois choisi, en un point, la détermination que l'on veut adopter pour les arc tang ; de plus cette fonction est une fonction harmonique. Enfin, quand le point (x, y) tend vers A en suivant le
contour, d'abord dans le sens positif, puis ensuite dans le sens
négatif, la différence des deux valeurs limites est manifestement
égale à a, si, comme nous le supposons, A n'est pas une pointe.
La différence analogue pour B est égale à b. Or formons maintenant l'expression

$$V = U - \frac{a}{\pi} \operatorname{arc\,tang} \frac{y - \alpha'}{x - \alpha} - \frac{b}{\pi} \operatorname{arc\,tang} \frac{y - \beta'}{x - \beta}.$$

La différence des deux valeurs limites que prend cette fonction
quand (x, y), sur le contour C, se rapproche de A d'un côté ou
de l'autre *sera égale à zéro*, et il en sera de même pour B. Admettons que cette expression qui, à proprement parler, n'a pas de
valeur en A, ait pour valeur la limite précédente relative à ce point,
et de même pour B ; nous pourrons dire alors que la fonction V
prend une suite *continue* de valeurs sur le contour C et nous pourrons l'obtenir comme il a été vu plus haut. On en déduira la valeur de U par la formule

$$U = V + \frac{a}{\pi} \operatorname{arc\,tang} \frac{y - \alpha'}{x - \alpha} - \frac{b}{\pi} \operatorname{arc\,tang} \frac{y - \beta'}{x - \beta}.$$

36. Les considérations précédentes nous permettent de déterminer une fonction harmonique U qui, en dehors des points A
et B, prend sur le contour une succession continue de valeurs

---

(¹) M. Jules Riemann a tiré très heureusement parti de la même idée dans
le cas des aires limitées par plusieurs contours. Voir sa Thèse sur le problème
de Dirichlet (*Annales de l'École Normale*, 1888).

données. Il n'est pas certain, d'après ce qui a été vu jusqu'ici, que cette fonction soit unique. Le résultat est cependant exact si l'on ajoute l'hypothèse que *la fonction reste, en valeur absolue, inférieure à un nombre fixe dans le voisinage des points de discontinuité.*

Il faut, pour établir ce théorème, montrer qu'une fonction harmonique U prenant sur C la valeur zéro, sauf en certains points A et B dans le voisinage desquelles on suppose qu'elle reste finie, est nécessairement nulle identiquement.

Nous démontrerons ce résultat en supposant que le contour C se réduise à un cercle. Ce ne sera pas restreindre la généralité du théorème si l'on admet, comme il sera démontré plus tard, qu'on peut faire la représentation conforme de l'aire considérée sur un cercle (Chapitre XI).

Nous considérons donc une circonférence C de rayon R et de centre O et deux points A et B sur cette courbe. Nous donnant d'abord un nombre η fixe, mais aussi petit qu'on voudra, nous traçons deux angles α et β d'ouverture 2η et de sommet O, ayant respectivement OA et OB pour bissectrices. On peut, d'autre part, trouver un cercle R_1 $(R_1 < R)$ tel que, sur la portion de cette circonférence extérieure aux angles α et β, les valeurs absolues de U soient moindres que ε, en désignant par ε une seconde quantité donnée à l'avance aussi petite qu'on voudra. Sur les arcs de la circonférence R_1 correspondant aux angles α et β, on aura, d'après l'hypothèse faite,

$$|U| < M,$$

M étant une constante fixe.

Nous pouvons déterminer la fonction harmonique U en nous servant de la formule de Poisson relativement à la circonférence R_1. On voit alors que, pour un point quelconque P, intérieur à cette circonférence, on a

$$|U_P| < \lambda\varepsilon + \mu\eta,$$

λ et μ étant deux quantités fixes indépendantes de ε et η ; c'est ce qui résulte de suite de la décomposition de l'intégrale en deux parties. Or ε et η sont deux constantes aussi petites que l'on veut.

Il est donc bien établi que *la fonction harmonique* U *est rigoureusement nulle.*

Il est facile de donner un exemple d'une fonction harmonique
s'annulant en tous les points d'une circonférence, sauf un seul,
continue d'ailleurs à l'intérieur et n'étant pas identiquement nulle.
Il suffit de prendre

$$U = \frac{x}{x^2 + y^2} + a,$$

a étant une constante. Cette fonction s'annule sur la circonférence
représentée par l'équation

$$x - a(x^2 + y^2) = 0,$$

sauf à l'origine; son module ne restant pas au-dessous d'une limite
fixe M, le théorème précédent n'est pas applicable.

37. Il est intéressant de rechercher quelle est la limite des valeurs que prend $U(x, y)$ quand le point (x, y) tend vers un
point A du contour où la succession des valeurs données est discontinue. On y parvient de suite, en se reportant à la formule

$$U = V + \sum \frac{\alpha}{\pi} \operatorname{arc\,tang} \frac{y - a'}{x - a};$$

V a en chaque point de discontinuité une valeur déterminée.
Supposons, en premier lieu, que le point (x, y) se rapproche du
point A, en restant sur le contour C et en marchant d'abord dans
le sens positif et ensuite dans le sens négatif. En écrivant U sous
la forme

$$U = W + \frac{\alpha}{\pi} \operatorname{arc\,tang} \frac{y - a'}{x - a},$$

W étant comme V parfaitement déterminée en A, on aura successivement les valeurs limites

$$(\alpha) \qquad\qquad W_A + \frac{\alpha}{\pi}\theta,$$

$$(\beta) \qquad\qquad W_A + \frac{\alpha}{\pi}(\theta - \pi),$$

θ désignant l'angle que fait avec Ox la tangente à la courbe en A
menée dans le sens négatif. On aura donc, quand le point (x, y)

tend vers A, en étant à l'intérieur de la courbe,

$$(\gamma) \qquad W_A - \frac{a}{\pi}\theta',$$

θ' correspondant à la direction limite suivant laquelle (x, y) tend vers A, et l'on a

$$\theta - \pi < \theta' < \theta;$$

l'expression (γ) est comprise entre (α) et (β).

En faisant varier θ' on obtiendra toutes les valeurs comprises entre les deux valeurs extrêmes (α) et (β). Ce résultat est bien d'accord avec ce que nous avions trouvé dans le cas particulier du cercle (t. I, p. 255).

Supposons, en particulier, que la succession des valeurs données soit *zéro* sur une partie de la courbe et *un* sur l'autre. Soit toujours A un des points de discontinuité. Il résulte de ce qui précède que si (x, y) tend vers A en restant sur une courbe qui ne soit pas tangente à la courbe C en A, la limite des valeurs que prend $U(x, y)$ est un nombre λ *plus petit que l'unité*. Nous aurons plus tard à faire usage de ce cas particulier.

CHAPITRE II.

DÉVELOPPEMENTS EN SÉRIES ET PROLONGEMENT ANALYTIQUE DES FONCTIONS HARMONIQUES ET DES FONCTIONS D'UNE VARIABLE COMPLEXE.

I. — Développements en séries et extension des fonctions harmoniques.

1. Nous avons déjà indiqué (Chap. I, § 14) un développement en série d'une fonction harmonique. Il nous faut reprendre avec plus de détail l'étude des développements de cette forme. En partant de l'intégrale

$$V_A = \frac{1}{2\pi} \int_0^{2\pi} \frac{f(\psi)(R^2 - r^2)}{R^2 - 2Rr\cos(\psi - \varphi) + r^2} \, d\psi$$

où r et φ désignent les coordonnées polaires du point A dont x et y désigneront les coordonnées rectangulaires, nous avons obtenu le développement

$$V(x,y) = \frac{a_0}{2} + \sum_{m=1}^{m=\infty} \left(\frac{r}{R}\right)^m (a_m \cos m\varphi + b_m \sin m\varphi),$$

où

$$a_m = \frac{1}{\pi} \int_0^{2\pi} f(\psi) \cos m\psi \, d\psi, \qquad b_m = \frac{1}{\pi} \int_0^{2\pi} f(\psi) \sin m\psi \, d\psi.$$

Ce développement converge pour tous les points intérieurs au cercle de rayon R. On a vu aussi que le terme de rang m dans la série était un polynôme homogène et de degré m en x et y.

2. Ceci rappelé, proposons-nous une question inverse en con-

sidérant *a priori* une série de la forme

$$(1) \qquad A_0 + \sum_{m=1}^{m=\infty} r^m (A_m \cos m\varphi + B_m \sin m\varphi),$$

les A et B désignant des constantes. J'envisage les deux séries

$$\sum A_m r^m \quad \text{et} \quad \sum B_m r^m.$$

Ce sont deux séries ordonnées suivant les puissances croissantes de r. Elles ont donc chacune un certain champ de convergence (t. I, p. 199); prenons le plus petit de ces deux champs de convergence, soit l'intervalle $(-L, +L)$. La série (1) sera uniformément convergente quand le point (x, y), $(x = r \cos\varphi,\ y = r \sin\varphi)$ sera à l'intérieur du cercle de rayon $L - \varepsilon$, ε étant une quantité fixe aussi petite qu'on voudra; les deux séries

$$\sum |A_m| r^m \quad \text{et} \quad \sum |B_m| r^m$$

sont, en effet, convergentes pour $r < L$.

Nous appellerons *cercle de convergence* de la série (1) le cercle de rayon L [1]. Cherchons quelques propriétés de la fonction de r et de φ, ou de x et y, ainsi définie dans ce cercle. Soit

$$r^m \cos m\varphi = u_m(x, y), \qquad r^m \sin m\varphi = v_m(x, y);$$

u_m et v_m, nous l'avons déjà dit, sont des polynômes homogènes et de degré m en x et y, et l'on a

$$u_m + i v_m = (x + iy)^m.$$

Nous avons donc la fonction $V(x, y)$ définie, dans le cercle de rayon L, par le développement

$$V(x, y) = A_0 + \sum_{m=1}^{m=\infty} (A_m u_m + B_m v_m).$$

---

[1] Il n'est pas impossible que la série converge en dehors de ce cercle, mais nous ne nous occupons de la série qu'à l'intérieur de ce que nous appelons le *cercle de convergence.*

Montrons d'abord que la fonction $V(x, y)$ aura des dérivées partielles de tout ordre et qu'on pourra les obtenir en faisant la somme des dérivées correspondantes des termes de la série. Il suffira de démontrer le même théorème pour la série (1) considérée comme fonction de r et de φ; soit donc

$$U(r, \varphi) = A_0 + \sum_{m=1}^{m=\infty} r^m (A_m \cos m\varphi + B_m \sin m\varphi).$$

Nous allons supposer $r \leq L'$, L' étant une quantité plus petite que L mais qui en est aussi voisine qu'on voudra. Les deux séries

$$\sum |A_m| L'^m \quad \text{et} \quad \sum |B_m| L'^m$$

sont convergentes ainsi que les séries

$$\sum m |A_m| L'^m, \quad \sum m |B_m| L'^m.$$

On aura d'abord évidemment, d'après les propriétés des séries entières,

$$\frac{\partial U}{\partial r} = \sum_{m=1}^{m=\infty} m r^{m-1} (A_m \cos m\varphi + B_m \sin m\varphi).$$

Prenons maintenant la série des dérivées par rapport à φ

$$\sum_{m=1}^{m=\infty} m r^m (-A_m \sin m\varphi + B_m \cos m\varphi).$$

Cette série sera convergente, et de plus, si on la considère comme fonction de φ, elle sera uniformément convergente, φ variant de 0 à 2π. Donc, d'après un théorème fondamental (t. I, p. 197), elle représentera $\frac{\partial U}{\partial \varphi}$. Le théorème démontré pour les dérivées du premier ordre, qui sont des séries de même forme que la proposée, s'étend aux dérivées de tout ordre.

Ainsi la série (1), considérée comme fonction de r et de φ, a des dérivées partielles du premier ordre qui s'obtiennent en formant la série des dérivées des termes successifs. Par suite, on aura le même théorème pour la fonction V considérée comme fonction

de x et y. Remarquons de plus que V a des dérivées partielles de
tout ordre qui se trouvent représentées par des séries de même
forme. Ainsi

$$\frac{dV}{dx} = \sum_{m=1}^{m=\infty} \left(A_m \frac{\partial u_m}{\partial x} + B_m \frac{\partial v_m}{\partial x} \right),$$

mais

$$u_m + i v_m = (x + iy)^m,$$
$$u_{m-1} + i v_{m-1} = (x + iy)^{m-1};$$

donc

$$\frac{du_m}{dx} + i \frac{dv_m}{dx} = m(u_{m-1} + i v_{m-1});$$

ou

$$\frac{du_m}{dx} = m u_{m-1}, \qquad \frac{dv_m}{dx} = m v_{m-1}.$$

Par conséquent

$$\frac{dV}{dx} = \sum_{m=1}^{m=\infty} m(A_m u_{m-1} + m B_m v_{m-1}).$$

Nous avons donc une série de même forme.

Prenons maintenant les dérivées secondes

$$\frac{d^2V}{dx^2} = \sum \left(A_m \frac{d^2 u_m}{dx^2} + B_m \frac{\partial^2 v_m}{\partial x^2} \right),$$
$$\frac{d^2V}{dy^2} = \sum \left(A_m \frac{d^2 u_m}{dy^2} + \frac{\partial^2 v_m}{\partial y^2} \right);$$

et puisque

$$\Delta u_m = 0, \qquad \Delta v_m = 0,$$

on aura

$$\Delta V = 0.$$

Ainsi *la fonction $V(x, y)$ représentée par la série, est, comme
chacun de ses termes, une fonction harmonique et continue à
l'intérieur du cercle de rayon 1.*

Cette proposition est, en quelque sorte, l'inverse de celle que
nous rappelions au paragraphe précédent. Il est clair que, si dans
les expressions précédentes nous remplaçons x par $x - x_0$ et y
par $y - y_0$, nous aurons des fonctions définies dans des cercles
ayant pour centre (x_0, y_0).

3. Reprenons une fonction harmonique $V(x, y)$, continue à l'intérieur d'un cercle C de rayon R ayant l'origine pour centre. On suppose qu'on ne sache rien de la nature de la fonction sur la circonférence elle-même. Pour effectuer le développement en série de la fonction, on doit prendre une circonférence de rayon R', moindre que R, et le développement déjà rappelé au § 1 de ce Chapitre, nous donne à l'intérieur du cercle de rayon R'

$$(2) \qquad V(x, y) = A_0 + \sum_{m=1}^{m=\infty} r^m (A_m \cos m\varphi + B_m \sin m\varphi).$$

On peut se demander si ce développement est indépendant de R'. Il est aisé de voir que A_m et B_m ne dépendent pas de R'; soit, en effet, pour $R'' < R'$ un autre développement de $V(x, y)$; en faisant la différence de ces deux séries, on aurait une identité de la forme

$$0 = \alpha_0 + \sum_{m=1}^{m=\infty} r^m (\alpha_m \cos m\varphi + \beta_m \sin m\varphi) \qquad (r < R'').$$

La série ordonnée suivant les puissances croissantes de r, qui figure dans le second membre, ne peut être identiquement nulle que si

$$\alpha_m \cos m\varphi + \beta_m \sin m\varphi = 0,$$

quel que soit φ, c'est-à-dire que $\alpha_m = \beta_m = 0$, et les coefficients des deux développements supposés sont identiques. La série (2) définit donc la fonction pour tous les points intérieurs au cercle C de rayon R.

Ceci posé, prenons à l'intérieur de ce cercle un point arbitraire (x_0, y_0) autre que l'origine. Du point (x_0, y_0) comme centre, décrivons le cercle C' tangent intérieurement au cercle C; la fonction $V(x, y)$ à l'intérieur de ce cercle pourra être développée en une série de la forme

$$V(x, y) = P_0 + \sum_{m=1}^{m=\infty} [P_m u_m(x - x_0, y - y_0) + Q_m v_m(x - x_0, y - y_0)],$$

les P et Q étant des constantes.

Une remarque capitale est à faire sur cette dernière série. Son cercle de convergence a un rayon au moins égal à celui du cercle (γ), mais il ne lui est pas nécessairement égal. Soit Γ (*fig.* 3) ce cercle de convergence; supposons son rayon plus grand que

Fig. 3.

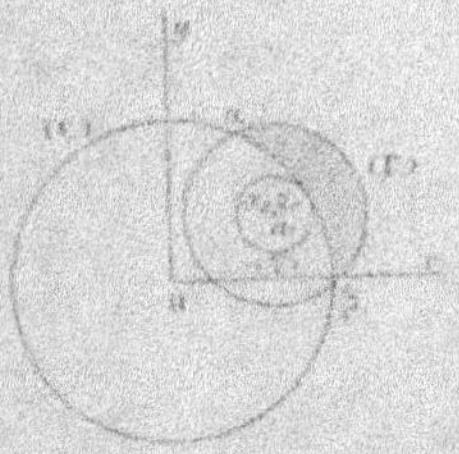

celui de (γ). On voit que la fonction $V(x, y)$ se trouve maintenant définie dans une région où elle n'était pas déterminée par le premier développement en série, à savoir la partie ombrée dans la figure intérieure à Γ et extérieure à C. Ce fait est extrêmement important; on dit alors que l'on *a effectué le prolongement analytique de la fonction* V *au delà de l'arc* $\alpha\beta$ *de la circonférence* C (α et β désignant les points de rencontre des circonférences C et Γ).

On pourrait, de la même manière, chercher à effectuer le prolongement analytique de la fonction au delà d'un arc de la circonférence Γ, et ainsi de suite, de proche en proche.

Les circonstances les plus variées peuvent se produire dans la recherche de ce prolongement analytique. On pourrait tout d'abord être arrêté dès le début, c'est-à-dire qu'il pourrait arriver que, quel que soit (x_0, y_0), le cercle Γ fût le cercle γ; alors le prolongement analytique de la fonction au delà du cercle C est impossible. Dans d'autres cas, en prenant pour les circonférences Γ une succession de centres situés sur un arc de courbe joignant le point O à un point A du plan, on pourra atteindre le point A; il pourra arriver aussi qu'on n'atteigne pas ce point. Enfin, en allant du point O à ce même point A par deux chemins différents, on pourra ne pas trouver la même valeur à l'arrivée : la fonction prolongée présentera alors quelque singularité dans l'aire limitée par les deux chemins.

4. Il est facile de citer des exemples d'une fonction ne pouvant
être prolongée au delà d'un cercle C. Reprenons, en effet, l'intégrale de Poisson

$$V(x,y) = \frac{1}{2\pi} \int_0^{2\pi} \frac{f(\psi)(R^2 - r^2)}{R^2 - 2Rr\cos(\psi - \varphi) + r^2} d\psi$$

qui définit une fonction harmonique $V(x, y)$ prenant sur le
cercle C de rayon R, ayant l'origine pour centre, la succession
des valeurs données par la fonction $f(\psi)$. Si la fonction peut être
prolongée au delà d'un certain arc $\alpha\beta$ de la circonférence C, il faudra nécessairement que $f(\psi)$ soit une fonction analytique de ψ sur
cet arc; en effet, $V(x, y)$ sera alors une fonction analytique de x
et y dans une certaine aire comprenant l'arc $\alpha\beta$ à son intérieur, et
comme x et y, qui sont égaux à $R\cos\psi$ et $R\sin\psi$ sur le cercle,
sont des fonctions analytiques de ψ, il en résulte que $V(x, y)$ sera
une fonction analytique de ψ sur l'arc $\alpha\beta$. Or nous pouvons
prendre pour $f(\psi)$ une fonction continue ayant 2π pour période
et qui ne soit pas une fonction analytique de ψ : telle est la fonction donnée par M. Weierstrass, comme premier exemple d'une
fonction continue n'ayant pas de dérivée,

$$f(\psi) = \sum_0^\infty b^n \cos(a^n \psi),$$

où b est une constante positive plus petite que l'unité, a un entier
impair supérieur à un, et où l'on suppose de plus $ab > 1 + \frac{3\pi}{2}$ (voir
par exemple, pour la démonstration, JORDAN, *Traité d'Analyse*,
t. III, p. 377).

5. Nous allons faire deux remarques générales sur les fonctions
harmoniques, qui nous seront plus tard utiles et où nous aurons
à invoquer la notion de prolongement analytique qui vient d'être
étudiée dans les paragraphes précédents.

La première remarque est relative à une fonction harmonique,
bien déterminée et continue dans une aire A, et que l'on suppose
constante dans une aire B, intérieure à A, et d'ailleurs aussi petite
qu'on veut. La fonction sera constante dans A ; en effet, pour
faire le prolongement analytique de l'expression en dehors de B,

on n'aura à employer des séries de la forme de celles considérées
au § 2.

$$A_0 = \sum r^m (A_m \cos m\varphi - B_m \sin m\varphi).$$

Tous les coefficients, sauf le premier, doivent être nuls, puisque
pour r assez petit, correspondant à des points dans B, la fonction
se réduit à une constante. En étendant donc ainsi la fonction de
proche en proche, on voit qu'elle sera constante dans toute
l'étendue de A.

La seconde remarque est relative aux valeurs d'une fonction
harmonique U à l'intérieur d'un contour G sur lequel elle prend
une succession de valeurs. En supposant d'abord cette succession
continue, soient M et m le maximum et le minimum de la fonction sur le contour. Je dis que, pour tout point à l'intérieur, on
aura

$$m < U < M \qquad \text{(on suppose } M > m\text{)},$$

chaque inégalité excluant l'égalité. La fonction ne peut évidemment prendre de valeurs supérieures à M ou inférieures à m, car
autrement elle aurait, à l'intérieur, un maximum ou un minimum.
De plus, il est impossible qu'en un point a de l'intérieur on ait

$$U = M,$$

car, si l'on décrit, autour de a comme centre, un cercle Γ de rayon
arbitraire ρ, on aurait (Chap. I, § 10)

$$M = \frac{1}{2\pi\rho} \int_\Gamma U\, ds,$$

inégalité impossible puisque, sur Γ, U ne peut être constamment
égal à M.

Si l'on suppose que les valeurs de U sur le contour soient discontinues, comme au Chapitre I (§ 35), désignons toujours par M
et m le maximum et le minimum de ces valeurs (pour les points-
limites, on considérera la valeur comme double, en prenant les
deux limites). Les inégalités

$$m < U < M$$

subsistent pour tout point intérieur. En effet, quand (x, y) tend vers un point de discontinuité, la valeur limite de U est comprise entre M et m (Chap. I, § 15); il n'y a donc rien à changer au raisonnement précédent.

6. Nous terminerons ces généralités en démontrant un théorème dû à M. Harnack (¹). Considérons d'abord, dans un lemme préliminaire, la suite

$$u_0, \ u_1, \ u_2, \ \ldots, \ u_n, \ \ldots$$

de fonctions harmoniques à l'intérieur d'un contour C. On suppose que, sur le contour, la série

(3) $$U_0 + U_1 + \ldots + U_n + \ldots$$

des valeurs de ces fonctions soit *uniformément* convergente. *Je dis que la série*

$$u_0 + u_1 + \ldots + u_n + \ldots$$

sera uniformément convergente à l'intérieur de l'aire et représentera une fonction harmonique.

D'après la définition donnée (t. I, p. 195) de la convergence uniforme, on pourra prendre n assez grand, ε étant donné à l'avance, pour que, *en tout point du contour*, on ait, quel que soit p,

$$|U_n + U_{n+1} + \ldots + U_{n+p}| < \varepsilon.$$

Or, d'après les propriétés des fonctions harmoniques,

$$|u_n + u_{n+1} + \ldots + u_{n+p}|,$$

à l'intérieur de l'aire, est inférieure au maximum de

$$|U_n + U_{n+1} + \ldots + U_{n+p}|$$

sur le contour; il en résulte immédiatement que la série

$$u_0 + u_1 + \ldots + u_n + \ldots$$

est uniformément convergente à l'intérieur de l'aire.

Montrons maintenant que cette série représente une fonction

(¹) Voir l'Ouvrage déjà cité de M. Harnack : *Die Grundlagen der Theorie des logarithmischen Potentiales*, p. 67; 1887.

harmonique. Nous considérons, à cet effet, une circonférence C à l'intérieur de l'aire ; soient

$$V_0, \ V_1, \dots \ V_n, \dots$$

les valeurs des u sur cette circonférence. La série

$$(4) \qquad V_0 + V_1 + \dots + V_n + \dots$$

sera évidemment uniformément convergente sur C.

Prenant alors pour le cercle l'intégrale de Poisson

$$(5) \qquad \frac{1}{2\pi} \int_0^{2\pi} (V_0 + V_1 + \dots + V_n + \dots) \frac{R^2 - r^2}{R^2 - 2Rr\cos(\psi - \varphi) + r^2} \, d\psi$$

et appelant ρ_n le reste de la série (4) correspondant au rang n, nous pourrons, pour les points de l'intérieur du cercle, écrire cette intégrale sous la forme

$$u_0 + u_1 + \dots + u_n + \frac{1}{2\pi} \int_0^{2\pi} \rho_n \frac{R^2 - r^2}{R^2 - 2Rr\cos(\psi - \varphi) + r^2} \, d\psi.$$

Or $|\rho_n| < \varepsilon$ pour tous les points du contour ; par conséquent, la série

$$u_0 + u_1 + \dots + u_n + \dots$$

est représentée par l'intégrale (5) à l'intérieur du cercle ; elle représente donc une fonction harmonique. D'ailleurs, d'après ce qui précède, il est bien évident que cette série tend vers la série des U quand (x, y) se rapproche d'un point du contour.

Nous pouvons maintenant démontrer le théorème suivant : *Soit une série*

$$u_0 + u_1 + \dots + u_n + \dots$$

de fonctions harmoniques toutes positives à l'intérieur de l'aire limitée par un contour C. Si cette série converge en un point O de l'intérieur de l'aire, elle convergera en tous les points de l'intérieur de l'aire et représentera une fonction harmonique.

Soit V une fonction harmonique positive définie le long d'un cercle Γ de centre O et de rayon R ; on a

$$V_0 = \frac{1}{2\pi} \int_0^{2\pi} V \, d\psi.$$

Pour un point A de l'intérieur du cercle, on a

$$V_A = \frac{1}{2\pi} \int_0^{2\pi} V \frac{R^2 - r^2}{\overline{AM}^2} \, d\psi,$$

en désignant par r la distance OA et AM représentant la distance de A au point variable M correspondant à l'angle ψ sur la circonférence. Il est clair que

$$\frac{R - r}{R + r} < \frac{R^2 - r^2}{\overline{AM}^2} < \frac{R + r}{R - r}.$$

Donc, puisque les V sont positifs,

$$\frac{R - r}{R + r} V_0 < V_A < \frac{R + r}{R - r} V_0.$$

Ceci dit, décrivons, du point O de l'énoncé précédent, un cercle qui soit intérieur à l'aire, la série

$$u_0, \; u_1, \ldots, u_n, \ldots$$

convergera pour tout point intérieur à ce cercle.

On a, en effet, quels que soient les entiers n et m,

$$\frac{R - r}{R + r} (u_n^0 + \ldots + u_{n+m}^0) < u_{n+1}^A + \ldots + u_{n+m}^A < \frac{R + r}{R - r} (u_n^0 + \ldots + u_{n+m}^0),$$

les u^0 et les u^A désignant d'une manière générale les valeurs de u en O et en A. La série convergente pour le point O convergera donc pour le point A. Il est évident qu'elle convergera uniformément sur toute circonférence intérieure à la circonférence primitivement tracée ; d'après le lemme, elle représente, à l'intérieur de celle-là, une fonction harmonique. En allant de proche en proche, on peut atteindre, en considérant une suite de circonférences, tout point de l'intérieur de l'aire, et le théorème se trouve, par suite, établi. On remarquera que la série sera uniformément convergente à l'intérieur de toute aire comprise dans l'aire que limite C et n'ayant aucun point commun avec cette courbe.

II. — Fonctions harmoniques à l'infini. Problème de Dirichlet pour l'extérieur d'une aire.

7. Nous avons toujours considéré, jusqu'ici, des fonctions harmoniques pour des valeurs finies de x et y. On étudiera les fonctions harmoniques dans le cas où le point (x, y) s'éloignera indéfiniment, en s'appuyant sur la propriété suivante de la transformation par rayons vecteurs réciproques. On sait que cette transformation, quand l'origine est le centre de la transformation, s'exprime analytiquement par les formules

$$X = \frac{k^2 x}{x^2 + y^2}, \qquad Y = \frac{k^2 y}{x^2 + y^2} \qquad (k \text{ étant une constante}),$$

ou les formules équivalentes

$$x = \frac{k^2 X}{X^2 + Y^2}, \qquad y = \frac{k^2 Y}{X^2 + Y^2}.$$

Ceci posé, si $V(x, y)$ désigne une fonction harmonique,

$$V\left(\frac{k^2 x}{x^2 + y^2}, \ \frac{k^2 y}{x^2 + y^2}\right)$$

sera encore une fonction harmonique.

Ce théorème, que vérifierait immédiatement un calcul direct, peut encore s'établir en se rappelant (t. I, p. 451) que, si la transformation

$$x = P(X, Y), \qquad y = Q(X, Y)$$

conserve les angles, l'équation

$$\frac{d^2 V}{dx^2} + \frac{d^2 V}{dy^2} = 0$$

devient, après le changement de variables,

$$\frac{d^2 V}{dX^2} + \frac{d^2 V}{dY^2} = 0.$$

Du théorème précédent, on conclut que l'étude de la fonction harmonique $V(x, y)$, pour de grandes valeurs de x et de y, revient à l'étude de la fonction harmonique de X et Y,

$$V\left(\frac{k^2 X}{X^2 + Y^2}, \frac{k^2 Y}{X^2 + Y^2}\right),$$

dans le voisinage de $X = o$, $Y = o$.

8. Nous pouvons définir maintenant ce qu'on doit entendre par fonction harmonique *régulière à l'infini*. Soit une fonction harmonique $V(x, y)$, uniforme et continue à l'extérieur d'un cercle Γ ayant l'origine pour centre, pour toute valeur finie de x et y. En faisant la transformation précédente, nous avons à considérer la fonction

$$W(X, Y) = V\left(\frac{k^2 X}{X^2 + Y^2}, \frac{k^2 Y}{X^2 + Y^2}\right).$$

$W(X, Y)$ est une fonction harmonique, bien déterminée et continue, pour tous les points (X, Y) de l'intérieur du cercle Γ' transformé de Γ par rayons vecteurs réciproques, sauf peut-être pour l'origine $X = o$, $Y = o$. Si ce dernier point est aussi un point ordinaire pour la fonction $W(X, Y)$, on dira que *la fonction $V(x, y)$ est régulière à l'infini.*

Indiquons une forme remarquable pour le développement de $V(x, y)$ à l'extérieur de Γ. Nous avons vu qu'à l'intérieur de Γ' on a, pour $W(X, Y)$,

$$(8) \qquad W(X, Y) = \sum_{m=0}^{m=\infty} w_m(X, Y),$$

$w_m(X, Y)$ désignant un polynôme harmonique homogène et de degré m en X et Y. On a, par suite,

$$(9) \qquad V(x, y) = \sum_{m=0}^{m=\infty} \frac{v_m(x, y)}{(x^2 + y^2)^m},$$

$v_m(x, y)$ désignant un polynôme harmonique, homogène et de degré m en x et y.

Cette forme de développement à l'extérieur d'un cercle est d'ailleurs caractéristique pour une fonction régulière à l'infini, car on remonte immédiatement du développement (9) au développement (8).

9. Posons-nous maintenant le problème de Dirichlet pour la partie du plan *extérieur* à un contour donné C. L'énoncé sera alors le suivant :

Trouver une fonction harmonique, continue et uniforme dans l'espace extérieur à C, régulière à l'infini, et prenant sur C une succession donnée de valeurs.

Ce problème se ramène immédiatement au cas du problème relatif à l'intérieur d'une aire. Transformons, en effet, la figure par rayons vecteurs réciproques, en prenant pour centre de transformation un point intérieur à C. Le contour C se transformera en un contour C', et la fonction que nous cherchons $V(x, y)$ deviendra une fonction $W(X, Y)$, uniforme et continue pour tous les points intérieurs à C' et prenant sur C' la succession donnée de valeurs. Le problème *extérieur* est donc ramené au problème *intérieur*, et l'on voit bien que c'est l'hypothèse faite, que la fonction $V(x, y)$ est régulière à l'infini, qui nous permet d'affirmer que la fonction $W(X, Y)$ n'a pas le point $X = 0$, $Y = 0$ comme point singulier.

10. Dans le cas de l'espace, nous n'avons pas parlé au Tome I du problème extérieur. Il y a, à cet égard, une grande différence entre le cas du plan et celui de l'espace, et l'on se tromperait gravement en posant le problème de la même manière dans les deux cas.

Considérons encore la transformation par rayons vecteurs réciproques

$$X = \frac{k^2 x}{x^2 + y^2 + z^2}, \qquad Y = \frac{k^2 y}{x^2 + y^2 + z^2}, \qquad Z = \frac{k^2 z}{x^2 + y^2 + z^2}.$$

On peut vérifier, avec Sir William Thomson ([1]), que, si la fonction $V(x, y, z)$ est harmonique, *la fonction*

$$(10) \qquad \frac{1}{\sqrt{x^2 + y^2 + z^2}} \, V\left(\frac{k^2 x}{x^2 + y^2 + z^2}, \frac{k^2 y}{x^2 + y^2 + z^2}, \frac{k^2 z}{x^2 + y^2 + z^2} \right)$$

sera encore une fonction harmonique. C'est ce que vérifie sans difficulté un calcul direct.

---

[1] *Journal de Liouville*, t. XII (extraits de Lettres adressées à M. Liouville).

Il en résulte qu'une fonction $V(x, y, z)$ harmonique et continue dans le voisinage de l'origine conduit, au moyen de l'expression (10), à une fonction harmonique bien déterminée, quand le point (x, y, z) est suffisamment éloigné de l'origine, et *qui s'annule à l'infini*.

Cette remarque montre immédiatement comment le problème extérieur doit être posé dans le cas de l'espace. Ce problème consiste à trouver une fonction harmonique continue à l'extérieur d'une surface, prenant sur cette surface des valeurs données et s'annulant à l'infini.

III. — Développement en série des fonctions analytiques d'une variable complexe. Théorème de Cauchy. Fonctions élémentaires.

11. Les séries ordonnées suivant les puissances entières et croissantes d'une variable

$$(1) \qquad a_0 + a_1 z + a_2 z^2 + \ldots + a_n z^n + \ldots$$

jouent dans la théorie des fonctions analytiques un rôle essentiel. Nous avons déjà fait leur étude (t. I, p. 191) quand le coefficient a et la variable z sont réels. Il y a simplement à remplacer le mot *valeur absolue* par *module* pour avoir le théorème suivant entièrement analogue à celui qui a été démontré (t. I, p. 191).

Si pour une valeur z_0 de z, on a, quel que soit n,

$$|a_n z_0^n| < M,$$

M étant un nombre fixe, la série sera convergente pour toute valeur de z de module inférieur à $|z_0|$.

En particulier, si la série converge pour une valeur z_0, elle convergera pour toutes les valeurs de z de module moindre. Il en résulte que la courbe séparant les parties du plan où la série converge de celles où la série diverge ne peut être qu'une circonférence ayant son centre à l'origine. Ce cercle est ce qu'on appelle le *cercle de convergence* de la série.

12. Et d'abord il est essentiel de montrer que la série précédente est bien une fonction analytique de la variable complexe z.

En effet, elle rentre dans les séries que nous venons d'étudier. Pour le voir, posons

$$\alpha_n = a_n + ib_n, \qquad z^n = r^n(\cos n\theta + i \sin n\theta),$$

la série (11) devient

$$\sum r^n(a_n \cos n\theta - b_n \sin n\theta) + i \sum r^n(b_n \cos n\theta + a_n \sin n\theta).$$

Soit $(-L, +L)$ le domaine de convergence, commun aux deux séries

$$(12) \qquad \sum a_n r^n \quad \text{et} \quad \sum b_n r^n.$$

Le cercle de convergence de la série (11) sera le cercle de rayon L. En effet, pour une valeur de r supérieure à L, l'une au moins des deux séries (12) est divergente. Or, pour $\theta = 0$, la série (11) se réduit à

$$\sum a_n r^n + i \sum b_n r^n.$$

Le rayon de son cercle de convergence ne peut donc dépasser L.

Ceci posé, les propriétés de la fonction définie par la série (11) à l'intérieur du cercle de rayon L résultent immédiatement des propriétés établies au § 2. Cette fonction peut s'écrire

$$\sum (a_n u_n - b_n v_n) + i \sum (b_n u_n + a_n v_n).$$

C'est une fonction analytique de z, car

$$\sum \left(a_n \frac{\partial u_n}{\partial x} - b_n \frac{\partial v_n}{\partial x} \right) = \sum \left(b_n \frac{\partial u_n}{\partial y} + a_n \frac{\partial v_n}{\partial y} \right),$$

$$\sum \left(a_n \frac{\partial u_n}{\partial y} - b_n \frac{\partial v_n}{\partial y} \right) = -\sum \left(b_n \frac{\partial u_n}{\partial x} + a_n \frac{\partial v_n}{\partial x} \right),$$

puisque

$$\frac{\partial u_n}{\partial x} = \frac{\partial v_n}{\partial y}, \qquad \frac{\partial u_n}{\partial y} = -\frac{\partial v_n}{\partial x}.$$

Il résulte encore, des règles de dérivation établies (§ 2), que la série (11) a une dérivée qui sera représentée par la série

$$\alpha_1 + 2\alpha_2 z + \ldots + n\alpha_n z^{n-1} + \ldots,$$

d'où l'on conclut encore l'existence des dérivées de tout ordre à l'intérieur du cercle de convergence.

13. Nous venons de voir qu'une série telle que (11) représente, à l'intérieur de son cercle de convergence, une fonction analytique uniforme et continue. Nous allons maintenant établir la réciproque, qui constitue un théorème fondamental dû à Cauchy et qui s'énonce de la manière suivante :

Si une fonction analytique $f(z)$ est uniforme et continue à l'intérieur d'un cercle ayant l'origine pour centre, on peut, à l'intérieur de ce cercle, la représenter par une série ordonnée suivant les puissances entières et croissantes de la variable z.

Soit

$$f(z) = u + iv.$$

D'après le théorème établi pour les fonctions harmoniques, on a

$$u = \sum (a_m u_m + b_m v_m),$$
$$v = \sum (a'_m u_m + b'_m v_m).$$

Or l'identité

$$\frac{\partial u}{\partial x} = \frac{\partial v}{\partial y}$$

est ici satisfaite ; elle nous donne

$$\sum \left(a_m \frac{\partial u_m}{\partial x} + b_m \frac{\partial v_m}{\partial x} \right) = \sum \left(a'_m \frac{\partial u_m}{\partial y} + b'_m \frac{\partial v_m}{\partial y} \right),$$

ou encore

$$\sum \left(a_m \frac{\partial u_m}{\partial x} + b_m \frac{\partial v_m}{\partial x} \right) = \sum \left(- a'_m \frac{\partial v_m}{\partial x} + b'_m \frac{\partial u_m}{\partial x} \right),$$

ce qui exige que

$$a'_m = - b_m, \qquad b'_m = a_m.$$

Si donc nous formons $f(z)$, il vient

$$(13) \qquad \left\{ f(z) = u + iv = \sum (a_m - ib_m)(u_m + iv_m) = \sum z_m z^m \right.$$
$$(z_m = a_m - ib_m),$$

puisque

$$u_m + iv_m = r^m(\cos m\varphi + i \sin m\varphi) = z^m.$$

Le développement (13) *constitue le théorème de Cauchy.* Si, au lieu d'avoir l'origine pour centre, le cercle avait son centre en a, la série procéderait suivant les puissances croissantes de $z - a$. On aurait ainsi le développement

$$f(z) = \beta_0 + \beta_1(z-a) + \ldots + \beta_m(z-a)^m + \ldots$$

convergent à l'intérieur d'un certain cercle ayant pour centre a. C'est la formule de Taylor, car, en différentiant m fois d'après la règle du § 12, et faisant $z = a$, on a

$$\beta_m = \frac{f^m(a)}{1.2\ldots m}.$$

Faisons, à propos de ce développement, une remarque qui nous sera utile dans la suite. Soient (C) (*fig.* 4) le cercle de con-

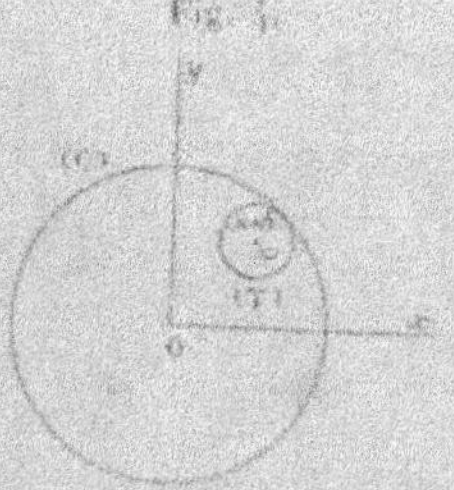

vergence de la fonction $f(z)$, z et $z + h$ deux points à l'intérieur de ce cercle. Considérons la différence

$$f(z+h) - f(z),$$

dans laquelle nous supposons z fixe et h variable. Ce sera encore une fonction analytique de h qui sera *certainement* développable en une série convergente si le point $z + h$ est à l'intérieur du cercle (γ), ayant pour centre le point z et tangent intérieurement au cercle de convergence (C). On aura donc, pour tout point $z + h$ intérieur au cercle (γ),

$$f(z+h) = f(z) + h f'(z) + \ldots + \frac{h^m}{1.2\ldots m} f^m(z) + \ldots$$

Cette série est toujours convergente dans le cercle γ et nous verrons que, dans bien des cas, elle peut converger au delà.

P. — II.

14. Donnons quelques applications des généralités qui précèdent, et proposons-nous tout d'abord le problème suivant :

Trouver une série ordonnée suivant les puissances croissantes de z

$$f(z) = \alpha_0 + \alpha_1 z + \ldots + \alpha_m z^m + \ldots,$$

satisfaisant à la condition

$$f(z) f(t) = f(z + t).$$

La série considérée est convergente à l'intérieur d'un certain cercle (R), dans lequel nous supposons situés le point z et le point t ; nous prenons, en outre, le point t tel que

$$|z| + |t| < R,$$

c'est-à-dire de manière que $f(z + t)$ soit certainement développable suivant les puissances de t.

On devra avoir alors l'identité

$$(\alpha_0 + \alpha_1 t + \ldots + \alpha_m t^m + \ldots) f(z)$$
$$= f(z) + t f'(z) + \ldots + \frac{t^m}{1 . 2 \ldots m} f^{(m)}(z) + \ldots,$$

d'où l'on conclut les égalités

$$\alpha_0 = 1, \qquad \alpha_m f(z) = \frac{1}{1 . 2 \ldots m} f^{(m)}(z), \qquad (m = 1, 2, \ldots),$$

et, en changeant m en $m - 1$ et dérivant,

$$\alpha_{m-1} f'(z) = \frac{1}{1 . 2 \ldots m - 1} f^{(m)}(z).$$

On en déduit la relation récurrente

$$\alpha_m = \frac{1}{m} \alpha_{m-1} \alpha_1,$$

et, par suite,

$$\alpha_m = \frac{\alpha_1^m}{1 . 2 . 3 \ldots m}.$$

La série jouissant de la propriété demandée sera donc, si elle existe, de la forme

$$(14). \qquad f(z) = 1 + \alpha_1 z + \frac{\alpha_1^2 z^2}{1 . 2} + \ldots + \frac{\alpha_1^m z^m}{1 . 2 \ldots m} + \ldots.$$

On vérifie immédiatement qu'elle est convergente dans tout le plan, c'est-à-dire que son rayon de convergence est infini et elle est bien telle que

$$f(z+t) = f(z) f(t).$$

15. La série précédente, dans le cas où z et t sont réels, représente e^{zt}. Faisons, en particulier, $z=1$, nous obtenons la série

$$1 + z + \frac{z^2}{1.2} + \ldots + \frac{z^m}{1.2\ldots m} + \ldots,$$

que nous prenons *comme définition de* e^z quand z est une quantité complexe et il y a bien accord avec les résultats connus. On a, quels que soient z et t,

$$e^{z+t} = e^z e^t.$$

La fonction e^z est uniforme et continue dans tout le plan; sa dérivée est la fonction e^z elle-même.

16. De même qu'on définit e^z par une série, pareillement, lorsque z sera imaginaire, $\cos z$ et $\sin z$ seront définis par les séries

$$\cos z = 1 - \frac{z^2}{1.2} + \frac{z^4}{1.2.3.4} - \ldots,$$
$$\sin z = \frac{z}{1} - \frac{z^3}{1.2.3} + \frac{z^5}{1.2.3.4.5} - \ldots$$

Le rayon de convergence de ces séries est infini. La dérivée de $\sin z$ est $\cos z$, et la dérivée de $\cos z$ est $- \sin z$.

Les trois transcendantes e^z, $\cos z$, $\sin z$ ne forment pas trois transcendantes distinctes. C'est un résultat bien connu dû à Euler, et que je ne ferai que rappeler. En remplaçant z par zi dans e^z, on obtient immédiatement les relations suivantes

$$e^{zi} = \cos z + i \sin z,$$
$$e^{-zi} = \cos z - i \sin z,$$

d'où l'on conclut

$$\cos z = \frac{e^{zi} + e^{-zi}}{2},$$
$$\sin z = \frac{e^{zi} - e^{-zi}}{2i}.$$

Il est facile ensuite de vérifier les formules fondamentales

$$\cos(z+t) = \cos z \cos t - \sin z \sin t,$$
$$\sin(z+t) = \sin z \cos t + \sin t \cos z,$$
$$1 = \cos^2 z + \sin^2 z.$$

17. Une conséquence des formules d'Euler sur laquelle j'insisterai un peu plus est relative à la périodicité de $f(z)$.

D'une manière générale, on dit qu'une fonction uniforme d'une variable complexe z est *périodique*, s'il existe une constante a telle qu'on ait

$$f(z + a) = f(z),$$

et cela quelle que soit la valeur attribuée à la variable z.

La fonction e^z admet la période $2\pi i$; on a, en effet,

$$e^{z + 2\pi i} = e^z e^{2\pi i} = e^z.$$

L'addition d'une demi-période πi change e^z en $- e^z$

$$e^{z + \pi i} = e^z e^{\pi i} = - e^z.$$

Terminons en rappelant que, si a et b sont réels, on a

$$e^{a + ib} = e^a (\cos b + i \sin b),$$

et que, par suite, le module de $e^{a + ib}$ est e^a, et que son argument est b à un multiple près de 2π.

18. La notion de l'extension analytique d'une fonction représentée par une série entière

$$f(z) = a_0 + a_1 z + \ldots + a_n z^n + \ldots$$

repose sur la même idée que pour les fonctions harmoniques (§ 3).

Soit (*fig.* 5) (C) le cercle de convergence de la série précé-

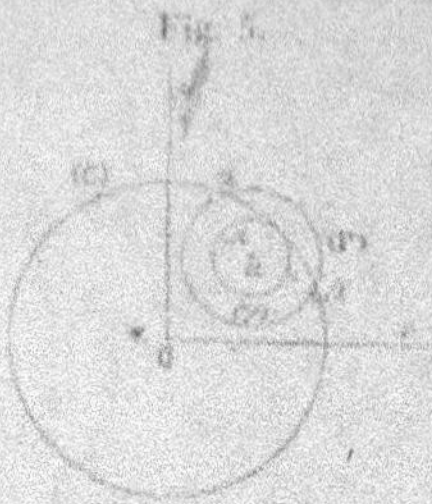

dente. Si l'on considère le point (x_0, y_0), on pourra, dans le voisinage de ce point, développer la fonction suivant les puissances de $(z - a)$, $(a = x_0 + iy_0)$, et nous avons vu que ce développement était certainement possible, du moment que le point z était à l'intérieur du cercle (γ) décrit du point (a) comme centre, tangent intérieurement au cercle de convergence (C). Mais il se peut que le cercle de convergence (Γ) de la nouvelle série

$$f(z) = f(a) + (z - a) f'(a) + \ldots$$

soit plus grand que (γ) et sorte du cercle (C). On aura réalisé alors l'extension analytique de la fonction le long de l'arc $a\beta$. C'est ce qui arrive d'ailleurs pour la plupart des fonctions.

Considérons, par exemple, la série

$$1 + z + z^2 + \ldots + z^m + \ldots$$

Elle est convergente pour $|z| < 1$ et divergente pour $|z| > 1$; donc son cercle de convergence est le cercle de rayon un décrit de l'origine comme centre. A l'intérieur de ce cercle, la série représente la fonction $\dfrac{1}{1 - z}$.

Effectuons le développement de cette fonction, autour d'un point a intérieur au cercle C, par la formule de Taylor; on obtient

$$\frac{1}{1 - z} = \frac{1}{1 - a}\left[1 + \frac{z - a}{1 - a} + \left(\frac{z - a}{1 - a}\right)^2 + \ldots + \left(\frac{z - a}{1 - a}\right)^m + \ldots \right].$$

La série entre crochets est convergente pour

$$|z - a| < |1 - a|,$$

c'est-à-dire lorsque z sera à l'intérieur d'un cercle (Γ) décrit du

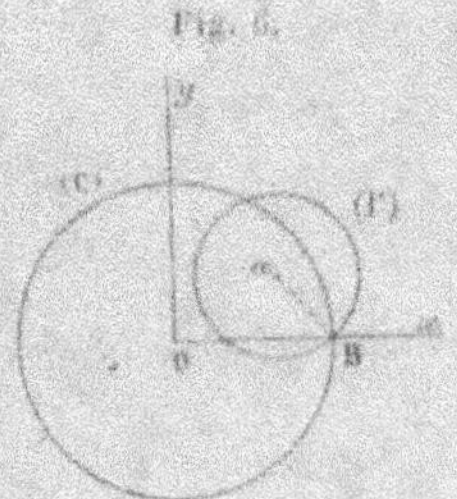

Fig. 6.

point a comme centre avec un rayon aB égal à $|1 - a|$. Le point z

pourra donc sortir du cercle (C) (*fig.* 6), et, en continuant de proche en proche, on effectuera successivement le prolongement analytique de la fonction $\dfrac{1}{1-z}$ sur tout le plan.

Voici maintenant un exemple simple d'une fonction analytique ne pouvant être étendue au delà de la circonférence de convergence. Il est dû à M. Weierstrass.

Considérons la série

$$\sum b^n z^{c^n},$$

b désignant une constante quelconque et c un entier positif.

Cette série est convergente à l'intérieur du cercle de rayon un et sur le cercle lui-même, elle diverge, au contraire, à l'extérieur de ce cercle, puisque le rapport d'un terme au précédent étant

$$b z^{c^{n+1}-c^n}$$

augmente indéfiniment si $|z| > 1$.

Le cercle de rayon un est donc le cercle de convergence de la série précédente. M. Weierstrass a *montré* que la fonction ne pouvait pas être étendue analytiquement au delà de ce cercle. Voici une démonstration très simple de ce théorème que l'on trouve dans la Thèse de M. Hadamard. Nous allons montrer que, si l'extension analytique de la fonction est possible le long d'un arc déterminé $\alpha\beta$ de la circonférence de rayon un, elle est possible pour tout arc de la circonférence. En effet, remplaçons, dans la série, z par

$$z e^{\frac{2ki\pi}{c^h}},$$

k et h étant des entiers positifs ; la série ne changera pas à partir du rang h. Or on peut prendre k et h assez grand pour que $\dfrac{k}{c^h}$ soit aussi voisin que l'on voudra de tout nombre positif ; par suite, au point z de la circonférence correspond, par cette transformation, un point aussi voisin que l'on veut de tout point de la circonférence. Si donc *la fonction peut s'étendre le long d'un arc*, si petit qu'il soit, de la circonférence, *l'extension sera possible pour la circonférence tout entière*. Mais alors la fonction serait certainement uniforme et continue à l'intérieur d'un cercle de rayon plus grand que un; la série devrait converger à l'extérieur de son cercle de convergence, ce qui est absurde.

Dans l'exemple précédent, la série dont l'extension est impossible est convergente sur sa circonférence de convergence si b a un module inférieur à un, mais la série des dérivées des termes successifs ne converge pas. M. Freedholm a indiqué récemment un exemple dans lequel la série et toutes ses dérivées sont convergentes sur le cercle de convergence, et où l'extension est d'ailleurs impossible. Cet exemple est fourni par la série très simple

$$\sum_0^\infty a^{n^2} z^n,$$

où a est une quantité positive inférieure à l'unité. Le cercle de convergence de cette série est le cercle de rayon un; la série et toutes ses dérivées convergent sur ce cercle. Je me bornerai à affirmer que cette fonction ne peut s'étendre au delà du cercle de rayon un, renvoyant, pour la démonstration, à la Note de M. Freedholm ([1]).

19. Nous avons fait connaître (t. I, p. 211) un théorème de M. Hadamard relatif au domaine de convergence d'une série entière. Il n'y a qu'à remplacer les valeurs absolues par les modules pour avoir une proposition applicable aux séries que nous étudions maintenant. Soit donc une série entière

$$(13) \qquad a_0 + a_1 z + \ldots + a_n z^n + \ldots$$

Nous envisageons la suite à termes positifs

$$|a_1|, \sqrt{|a_2|}, \ldots, \sqrt[m]{|a_m|}, \ldots$$

Si cette suite contient des termes augmentant indéfiniment, la série donnée n'est jamais convergente, sauf pour $z = 0$. Car il existera toujours des valeurs de m en nombre infini pour chacune

---

([1]) *Comptes rendus des séances de l'Académie des Sciences*, 24 mars 1890.

desquelles on aura

$$\sqrt[m]{|a_m|} > \frac{1}{|z|},$$

et le terme correspondant $a^m z^m$ ayant un module supérieur à u_n, la série ne pourra être convergente. Tous les termes de la suite précédente restant compris entre deux quantités fixes, nous pouvons définir un nombre α correspondant à cette suite (t. I, p. 212), et, par conséquent, *le rayon du cercle de convergence sera égal à* $\frac{1}{\alpha}$.

Un cas particulier intéressant est celui où $\alpha = 0$. Puisque, d'après la définition même de α, on peut, étant donné ε aussi petit qu'on voudra, déterminer m assez grand pour que *tous* les termes de la suite à partir du rang m soient inférieurs à $\alpha + \varepsilon$, il en résulte que $\sqrt[m]{|a_m|}$ aura zéro pour limite, et nous pouvons énoncer le théorème suivant : *La condition nécessaire et suffisante pour que le rayon du cercle de convergence de la série* (15) *soit infini est*

$$\lim \sqrt[m]{|a_m|} = 0.$$

20. L'étude de la série (15), sur son cercle de convergence, présente de grandes difficultés. On trouvera, sur ce sujet, d'intéressantes propositions générales dans la Thèse de M. Hadamard [1], qui s'est efforcé de trouver les points singuliers de la fonction sur son cercle de convergence. Dans son Mémoire sur la théorie générale des séries [2], M. O. Bonnet a utilisé autrefois les rapports entre la théorie des séries entières et celle des séries trigonométriques ; citons encore le beau Mémoire de M. Darboux [3] sur l'approximation des fonctions de grands nombres où la nature des points singuliers supposés connus sur le cercle de convergence est utilisée pour la recherche d'une valeur approchée des coefficients.

[1] *Essai sur l'étude des fonctions données par leur développement de Taylor* (*Journal de Mathématiques*, 1892).

[2] *Mémoire sur la théorie générale des séries* (*Mémoires des Savants étrangers publiés par l'Académie de Belgique*, t. XXIII).

[3] *Mémoire sur l'approximation des fonctions de très grands nombres* (*Journal de Liouville*, 1878).

Nous nous bornerons à renvoyer à ces Mémoires, et nous nous contenterons de montrer comment le théorème démontré (t. I, p. 202), dans le cas où les coefficients et la variable sont réels, peut être étendu au cas actuel.

Soit z_0 un point du cercle de convergence, et supposons que la série (15) converge pour $z = z_0$; on peut déduire immédiatement, comme l'a fait Abel, du théorème cité, que la limite des valeurs que prend la série quand z tend vers z_0, *en suivant le rayon allant de l'origine au point z_0*, est égale à la valeur même de la série pour $z = z_0$. Mais, comme nous l'allons voir, on peut aller un peu plus loin en montrant que le théorème subsiste, quand z (restant bien entendu à l'intérieur du cercle) tend vers z_0 *suivant une courbe qui n'est pas tangente en z_0 au cercle de convergence*. Il n'y a d'ailleurs presque rien à changer au raisonnement d'Abel. Nous supposerons, comme il est évidemment permis, grâce à une rotation préalable d'axes, que z_0 est réel et positif. La série

$$a_0 + a_1 z + \ldots + a_n z^n + \ldots,$$

étant convergente pour $z = z_0$, on peut prendre n assez grand pour que les sommes suivantes

$$s_0 = a_n z_0^n,$$
$$s_1 = a_n z_0^n + a_{n+1} z_0^{n+1},$$
$$\ldots\ldots\ldots\ldots\ldots\ldots\ldots\ldots\ldots\ldots\ldots\ldots$$
$$s_p = a_n z_0^n + \ldots + a_{n+p} z_0^{n+p}$$

aient, quel que soit p, leur module compris entre $-\varepsilon$ et $+\varepsilon$, ε étant une quantité donnée à l'avance aussi petite que l'on voudra.

Ceci posé, on peut écrire

$$a_n z^n + \ldots + a_{n+p} z^{n+p}$$
$$= a_n z_0^n \left(\frac{z}{z_0}\right)^n + \ldots + a_{n+p} z_0^{n+p} \left(\frac{z}{z_0}\right)^{n+p}$$
$$= s_0 \left(\frac{z}{z_0}\right)^n + (s_1 - s_0)\left(\frac{z}{z_0}\right)^{n+1} + \ldots + (s_p - s_{p-1})\left(\frac{z}{z_0}\right)^{n+p}$$
$$= \left(\frac{z}{z_0}\right)^n \left[1 - \frac{z}{z_0}\right]\left[s_0 + s_1\left(\frac{z}{z_0}\right) + \ldots + s_{p-1}\left(\frac{z}{z_0}\right)^{p-1}\right] + s_p\left(\frac{z}{z_0}\right)^{n+p}.$$

On aura, par conséquent, en posant

$$\left|\frac{z}{z_0}\right| = \rho, \qquad 1 - \frac{z}{z_0} = r(\cos\alpha + i\sin\alpha),$$

et remarquant que ρ est inférieur à un,

$$|a_n z^n + \ldots + a_{n+p} z^{n+p}| < r_n \cdot \frac{1 - \rho^p}{1 - \rho} + \varepsilon < \varepsilon \left[\frac{r}{1 - \rho} + 1 \right];$$

or, quand z tend vers z_0, r tend vers zéro et ρ tend vers l'unité, et, comme on a

$$\rho^2 = (1 - r\cos\alpha)^2 + r^2\sin^2\alpha = 1 - 2r\cos\alpha + r^2,$$

il en résulte

$$\frac{r}{1 - \rho} = \frac{1 + \rho}{2\cos\alpha - r}.$$

Or l'angle α représente l'angle fait par la droite (zz_0) avec le rayon allant en z_0; donc, d'après l'hypothèse faite, $\cos\alpha$ ne tend pas vers zéro, par suite $\frac{r}{1 - \rho}$ reste fini. La démonstration s'achève maintenant bien aisément. Il résulte de l'inégalité ci-dessus que le reste de la série, correspondant au rang n, sera, quel que soit z, de module moindre que $M\varepsilon$, M étant un nombre fixe. D'autre part, la somme des n premiers termes, étant un polynôme, est une fonction continue de z: si donc z est suffisamment voisin de z_0, la différence des valeurs de ce polynôme en z et en z_0 aura un module moindre que ε. Les deux séries pour z et z_0 différeront donc d'une quantité dont le module n'atteindra pas

$$(2M + 1)\varepsilon,$$

ce qui revient à dire, puisque ε est une quantité donnée à l'avance aussi petite qu'on voudra, que la limite des valeurs de la série, quand z tend vers z_0, est égale à la valeur même de la série pour $z = z_0$.

21. Examinons, comme exemple de l'étude d'une série sur son cercle de convergence, le cas particulier assez étendu suivant :

On suppose que, dans la série entière

$$a_0 + a_1 z + a_2 z^2 + \ldots + a_n z^n + \ldots,$$

les coefficients a_0, a_1, ..., a_n, ... soient tous réels, positifs, et aillent en décroissant, que la limite de $\frac{a_{n+1}}{a_n}$ soit l'unité, et la limite de a_n, zéro.

Remarquons de suite que, si la série était à termes alternativement positifs et négatifs et que, si les coefficients satisfaisaient en valeur absolue aux conditions précédentes, il suffirait de changer z en $-z$ pour obtenir une série à termes positifs de la nature de celles que nous avons en vue.

Le rayon de convergence de la série précédente est évidemment *l'unité*, puisque la limite de $\dfrac{a_{n+1}}{a_n} \cdot z$ est z.

Cela étant, nous allons démontrer que : *La série entière considérée est convergente pour tous les points du cercle de convergence, sauf peut-être pour le point $z = 1$.*

Pour un point quelconque du cercle de convergence ($R = 1$), on a

$$z = \cos\theta + i\sin\theta.$$

La série que nous avons à étudier est donc de la forme, en séparant la partie réelle et la partie imaginaire,

$$A + iB = a_0 + a_1\cos\theta + a_2\cos 2\theta + \ldots + a_n\cos n\theta + \ldots$$
$$+ i\,[a_1\sin\theta + a_2\sin 2\theta + \ldots + a_n\sin n\theta + \ldots].$$

Or nous avons vu (t. I, p. 251) que les deux séries A et B étaient convergentes pour toutes les valeurs de θ, sauf peut-être pour $\theta = 2k\pi$; notre proposition est donc démontrée.

22. Deux séries importantes rentrent dans le type précédent. Considérons d'abord la série

$$\frac{z}{1} - \frac{z^2}{2} + \frac{z^3}{3} - \ldots + (-1)^{n+1}\frac{z^n}{n} + \ldots$$

Lorsque z est réel et compris entre -1 et $+1$, elle représente $\log(1 + z)$. Ses coefficients satisfont aux conditions précédentes : le rayon de son cercle de convergence est *un* et elle est convergente pour tous les points de ce cercle, sauf peut-être pour le point $z = -1$ qu'il y a lieu de considérer en particulier. En ce point on a la série harmonique qui est divergente.

23. Considérons en second lieu la série

$$(16) \quad 1 + \frac{m}{1}z + \frac{m(m-1)}{1.2}z^2 + \ldots + \frac{m(m-1)\ldots(m-n+1)}{1.2\ldots n}z^n + \ldots$$

dans laquelle nous supposerons m réel. Cette série représente $(1+z)^m$ lorsque z est réel et compris entre -1 et $+1$: son cercle de convergence a pour rayon l'unité.

Cherchons dans quel cas la série des coefficients

$$1 + m + \frac{m(m-1)}{1.2} + \ldots + \frac{m(m-1)\ldots(m-n+1)}{1.2\ldots n} + \ldots$$

satisfait aux conditions précédentes.

Nous avons déjà étudié cette série (t. I, p. 203).

Si $m+1 < 0$, les coefficients iront certainement en croissant à partir d'une certaine limite. On ne peut donc pas appliquer à la série (16) les conclusions qui précèdent. Elle sera divergente sur tout le cercle de convergence.

Si au contraire on a $m+1 > 0$, la série des coefficients est convergente, et ses termes à partir d'une valeur suffisamment grande de n seront alternativement positifs et négatifs. La série proposée (16) est donc convergente sur tout le cercle de convergence, sauf peut-être pour le point $z = -1$. En ce point même elle sera convergente si m est positif.

On trouvera des exemples plus étendus dans le Mémoire de M. Weierstrass [*Ueber die Theorie der analytischen Facultäten* (*Journal de Crelle*, Band 51)].

CHAPITRE III.

DE LA MÉTHODE ALTERNÉE.

I. — Procédé alterné de M. Schwarz.

1. Comme nous l'avons dit (Chap. I, § 30), on peut, dans des cas étendus, passer, pour le problème de Dirichlet, d'un contour convexe à un contour plus compliqué. C'est ce qu'a montré M. Schwarz en faisant usage d'une méthode que nous allons exposer (*).

Un lemme préliminaire nous sera nécessaire. Étant donné un contour $\widehat{aCbC'}$ et une courbe $\widehat{adb}$ rencontrant le contour en a et b sans lui être tangent, nous avons considéré (*fig.* 7) la fonc-

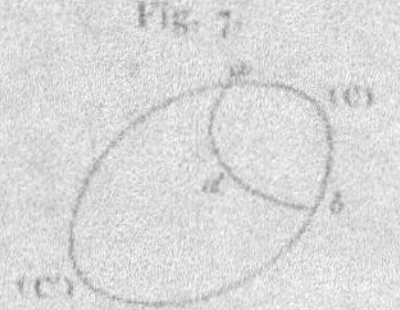

Fig. 7.

tion u harmonique prenant sur $\widehat{aCb}$ la valeur *zéro* et sur $\widehat{aC'b}$ la valeur *un*. Nous avons vu que cette fonction tend vers une quantité comprise entre *zéro* et *un* quand (x, y) tend vers a ou b sur la courbe $\widehat{adb}$. D'autre part (Chap. I, § 37), pour tout point de l'intérieur de l'aire, u n'atteint pas la valeur *un*; il en résulte que la fonction sur l'arc $\overset{\frown}{adb}$ est inférieure à un nombre q plus petit que un. Nous avons donc

$$u < q \qquad (\text{sur l'arc } \overset{\frown}{adb}),$$

q étant plus petit que l'unité.

De cette remarque, on déduit une conséquence qui va jouer, dans la suite, un rôle fondamental. Désignons par v une fonction harmonique, prenant sur aCb la valeur *zéro* et sur $aC'b$ des valeurs dont le module (valeur absolue) ne dépasse pas g. La fonction

$$gu + v$$

sera nulle sur aCb et positive sur $aC'b$. Donc, pour tout point de l'intérieur de l'aire,

$$gu + v > 0;$$

mais nous pouvons écrire cette inégalité sous la forme

$$g(u - q) + v + gq > 0,$$

et, puisque sur adb, $u < q$, il faut nécessairement que

$$v + gq > 0 \qquad (\text{sur } adb).$$

De même, on a

$$-gu + v < 0$$

à l'intérieur de l'aire, et l'on en conclut

$$v - gq < 0 \qquad (\text{sur } adb).$$

On a donc, sur l'arc adb,

$$|v| < gq;$$

c'est l'inégalité fondamentale que nous voulions obtenir.

2. Nous abordons maintenant l'étude du procédé alterné de M. Schwarz, et, pour plus de netteté dans l'exposition, plaçons-nous dans les circonstances les plus simples.

Nous considérons deux contours limitant deux aires qui ont une partie commune. Appelons a la portion du premier contour extérieure au second, et α la portion intérieure à ce second contour. De même b et β désigneront respectivement les portions du

second contour extérieure et intérieure au premier. On suppose
que l'on sache résoudre le problème de Dirichlet pour le contour
(αz) et pour le contour $(b\beta)$; *nous allons montrer qu'on pourra
résoudre le problème pour le contour (ab).*

Nous supposons donnée une succession continue de valeurs sur

Fig. 8.

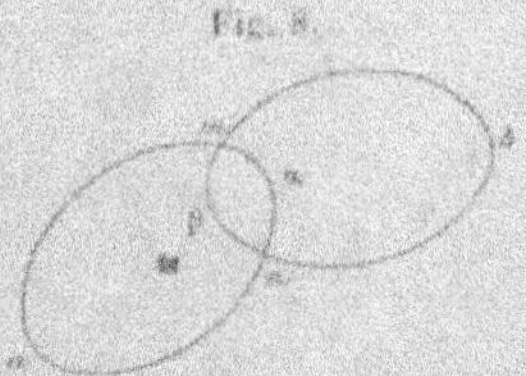

(ab); on désignera par g le maximum de leur valeur absolue.
D'autre part, à l'arc β considéré par rapport au contour (αz),
correspond un nombre plus petit que *un*, d'après le paragraphe
précédent, et de même pour l'arc z considéré par rapport au contour $(b\beta)$ correspond un autre nombre plus petit que l'unité;
soit q le plus grand de ces deux nombres.

Formons une fonction harmonique u_1 définie dans le contour
(αz), prenant sur α la succession donnée de valeurs et sur z une
succession continue de valeurs uniquement assujettie à la condition de prendre en m et p les mêmes valeurs que la première.
Cette fonction aura certaines valeurs sur β. Nous formons alors
une fonction v_1 définie dans $(b\beta)$, prenant sur b la succession
donnée de valeurs et sur β les mêmes valeurs que u_1. La fonction
v_1 prend certaines valeurs sur z; on formera une fonction u_2,
définie dans (αz), prenant sur α la succession donnée de valeurs
et sur z les mêmes valeurs que v_1 et l'on continue ainsi indéfiniment. On obtient, de cette manière, deux suites de fonctions

$$u_1, \quad u_2, \quad \dots, \quad u_n, \quad \dots$$
$$v_1, \quad v_2, \quad \dots, \quad v_n, \quad \dots$$

définies respectivement dans (αz) et dans $(b\beta)$. Les u prennent
sur α les valeurs données et les v prennent aussi sur b les valeurs
données; u_n et v_n prennent les mêmes valeurs sur β, tandis que
u_n et v_{n-1} prennent les mêmes valeurs sur z: c'est ce que nous

indiquons, pour plus de facilité dans la suite des raisonnements, par les flèches placées à gauche des deux suites. Nous allons établir le théorème suivant :

Les fonctions u_n et v_n tendent chacune vers une limite quand n augmente indéfiniment. Ces limites représentent deux fonctions harmoniques qui coïncident dans l'aire comprise entre α et β.

Remarquons que

$$u_3 - u_2 = v_2 - v_1 \qquad \text{(sur l'arc } \alpha\text{)}.$$

Or, $v_2 - v_1$ est nul sur b, et l'on a

$$v_2 - v_1 = u_2 - u_1 \qquad \text{(sur l'arc } \beta\text{)}.$$

Donc, sur l'arc α, $|v_2 - v_1|$ est moindre que le maximum de $|u_2 - u_1|$ sur β multiplié par q. Si, d'autre part, on remarque que $u_2 - u_1$ s'annule sur a, on voit que le maximum de $|u_2 - u_1|$ sur β sera moindre que le maximum de $|u_2 - u_1|$ sur α, multiplié par q ; on aura donc, d'après ces inégalités successives,

$$|u_3 - u_2| < q^2 . (\text{maximum de } |u_2 - u_1|) \qquad \text{(sur l'arc } \alpha\text{)}.$$

Le raisonnement est général ; on a, de même,

$$|u_n - u_{n-1}| < q^3 . (\text{maximum de } |u_{n-1} - u_{n-2}|) \qquad \text{(sur l'arc } \alpha\text{)}.$$

Si donc l'on pose : maximum de $|u_2 - u_1| = g$ sur l'arc α, on aura

$$|u_n - u_{n-1}| < q^{2(n-2)} g \qquad \text{(sur l'arc } \alpha\text{)}.$$

Or

$$u_n = u_1 + (u_2 - u_1) + \ldots + (u_n - u_{n-1}).$$

Il en résulte que u_n tend vers une limite déterminée en tous les points de l'arc α ; de plus, pour tous ces points, u_n tend *uniformément* vers sa limite.

La série

$$u_1 + (u_2 - u_1) + \ldots + (u_n - u_{n-1}) + \ldots$$

formée avec des fonctions harmoniques, étant uniformément convergente sur le contour (α, a), est donc convergente à l'intérieur de ce contour, d'après le théorème de M. Harnack (Chap. II, § 6) et représente une fonction harmonique que nous désignerons par u. La fonction u prend sur a la succession donnée des valeurs. Des raisonnements tout semblables montrent que v_n a pour limite une fonction harmonique v, définie pour le contour $(b\beta)$, et prenant sur b les valeurs données. Or, sur β, $u_n = v_n$ et sur α, $u_n = v_{n-1}$. Par conséquent, sur l'arc α et sur l'arc β, on a

$$u = v.$$

Ces deux fonctions harmoniques, prenant la même succession continue de valeurs sur les arcs α et β, coïncident nécessairement dans l'aire limitée par ces deux courbes. Une conséquence immédiate en découle ; la fonction v est le prolongement analytique de la fonction u au delà de l'arc α. L'ensemble des deux fonctions u et v sert donc à définir une même fonction harmonique à l'intérieur de l'aire limitée par a et b ; à l'intérieur de la courbe $(a\alpha)$, on se servira de u pour avoir la valeur de cette fonction, et l'on se servira de v pour avoir sa valeur à l'intérieur de la courbe $(b\beta)$. L'unique fonction ainsi définie prend sur a et b la succession donnée de valeurs, *et le problème de Dirichlet est, par suite, résolu pour l'aire limitée par ces deux courbes.*

3. Nous nous sommes placé, dans l'exposé précédent, dans des circonstances particulièrement simples. Les deux courbes considérées avaient seulement deux points communs m et p. D'autres cas pourraient se présenter, un peu plus compliqués, mais où la méthode s'appliquerait pour ainsi dire sans modification. Ainsi, par exemple (*fig.* 9), dans le cas où les deux courbes auraient

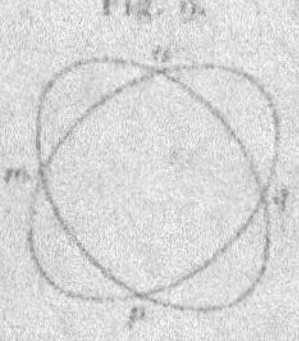

quatre points communs m, n, p, q, si l'on sait résoudre le problème de Dirichlet pour chacune des deux courbes, on pourra le résoudre pour la courbe extérieure à chacune des deux aires considérées. Les arcs appelés, tout à l'heure, α et β seront ici formés chacun de deux arcs distincts, ce qui n'entraîne aucune différence dans la suite des raisonnements.

Indiquons encore un cas un peu différent où l'on pourrait employer le procédé alterné. Je suppose que l'on sache résoudre le problème de Dirichlet pour toute aire limitée par un seul contour; nous voulons montrer que le procédé alterné permet de le résoudre pour une aire limitée par un nombre quelconque de contours. Il suffira de considérer une aire limitée par deux contours C et C' (*fig.* 10).

Nous traçons deux courbes *mn*, *pq* ne se coupant pas et reliant,

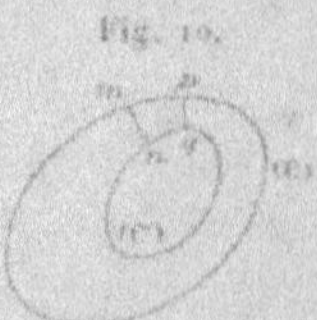

Fig. 10.

l'une et l'autre, un point de C à un point de C'. Si l'on considère la courbe *mn* comme une courbe ayant deux bords, on peut dire que les courbes C, C' et *mn* limitent une aire A, et, par hypothèse, on sait résoudre le problème de Dirichlet pour une telle aire. De la même manière, la courbe *pq* avec les courbes C et C' limitera aussi une aire B qui n'a qu'un contour. Ceci posé, donnons-nous sur les deux bords de *mn* une succession continue, d'ailleurs arbitraire, de valeurs; nous supposons seulement que ces valeurs, en *m* et *n*, coïncident avec les valeurs données sur C et C'. On résoudra le problème de Dirichlet, pour l'aire A, en prenant ces valeurs sur *mn* et les valeurs données sur C et C'; on obtiendra ainsi une fonction u_1 prenant certaines valeurs sur *pq*. Considérant alors l'aire B, nous résolvons, pour cette aire, le problème de Dirichlet, en prenant sur C et C' les valeurs données, et sur les deux bords de *pq* les valeurs de u_1; on obtient ainsi la fonction v_1. On continue ainsi indéfiniment, en considérant alternativement les aires A et B. Les fonctions u_n et v_n ont respectivement deux limites u et v, qui prennent les mêmes valeurs le long de *mn* et le long de *pq*. Les deux fonctions u et v coïncident donc pour tous les points de l'aire limitée par C et C'.

Les valeurs de u, de part et d'autre de *mn*, pourraient n'être pas le prolongement analytique les unes des autres, et, pour la fonction v, la coupure pourrait être pq. Mais, puisque $u = v$ en tous les points de l'aire, il s'ensuit que ni mn, ni pq ne sont des coupures et que la fonction représentée par u ou par v résout le problème de Dirichlet pour l'aire limitée par C et C'.

Quant à la démonstration des résultats précédents, ils résultent de ce que le lemme du § 1 est ici applicable. Si l'on considère une fonction définie dans l'aire A, prenant sur C et C' la valeur zéro et sur les deux bords de mn la valeur un, on aura évidemment, en tous les points de pq,

$$u < q.$$

q étant inférieur à l'unité, et c'est cette remarque qui a joué le rôle essentiel dans l'exposition de la méthode alternée.

4. Faisons une application importante du procédé alterné. Nous avons démontré plus haut la possibilité de résoudre le problème de Dirichlet pour tout polygone convexe, à l'exclusion seulement du quadrilatère et du triangle. Il est clair que le procédé alterné nous permet de considérer ces deux cas. Soit, en effet, le triangle abc (*fig.* 11). Nous pouvons tracer le pentagone $c\alpha\beta\gamma\delta$

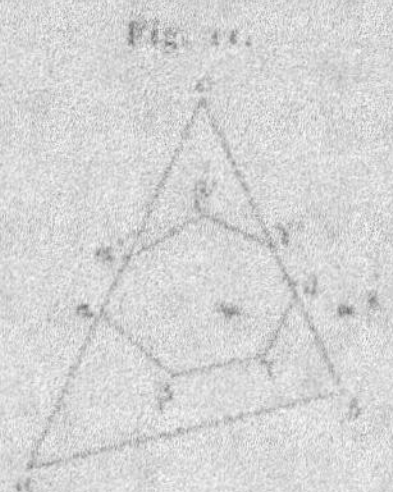

Fig. 11.

et le pentagone $ab\gamma'\beta'\alpha'$. Pour ces deux pentagones, on peut résoudre le problème, et par suite le procédé alterné nous conduira, en prenant ces deux polygones, au triangle abc.

Montrons maintenant que le problème pourra être résolu pour tout polygone, qu'il soit ou non convexe. Il suffira de prendre le quadrilatère concave $abcd$ (*fig.* 12); en prolongeant ad et dc nous avons les deux triangles aba' et bcd', et, par suite, nous pouvons passer, à l'aide de ces deux triangles, au quadrilatère $abcd$.

Il est inutile d'insister pour montrer que, dans un polygone ayant
un certain nombre n d'angles rentrants, on peut résoudre le pro-

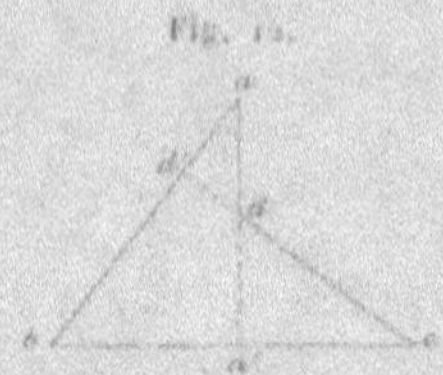

blème si l'on suppose qu'il ait été résolu pour un polygone ayant
seulement $n - 1$ angles rentrants.

En définitive, nous savons maintenant résoudre le problème de
Dirichlet *pour une aire limitée par une ou plusieurs lignes polygonales fermées absolument quelconques.* Pour le cas des
aires limitées par plus d'une ligne polygonale, on emploiera
des lignes droites comme coupures mn, pq du paragraphe précédent.

II. — Application du procédé alterné à d'autres équations que l'équation de Laplace.

5. L'emploi du procédé alterné n'est pas limité à l'équation de
Laplace; j'ai montré qu'il pouvait être appliqué à toutes les équations linéaires à caractéristiques imaginaires et aussi à certaines
équations non linéaires [1]. Nous nous bornerons pour le moment
à l'équation dont nous avons déjà parlé (Chap. I, § 25)

$$\frac{\partial^2 u}{\partial x^2} + \frac{\partial^2 u}{\partial y^2} - k^2 u = 0.$$

Nous avons vu qu'il ne pouvait y avoir plus d'une intégrale de
cette équation prenant des valeurs données sur un contour fermé.
De plus, d'après un théorème général énoncé, les intégrales de
l'équation sont analytiques.

Ceci rappelé, supposons que l'on sache résoudre le problème
de la détermination de l'intégrale par ses valeurs sur le contour

<hr>

[1] E. Picard, *Acta mathematica*, t. XII, et *Journal de l'École Polytechnique*, 1890.

($a\alpha$) (*fig.* 8) et sur le contour ($b\beta$). Nous voulons montrer qu'on
pourra le résoudre pour le contour formé par les arcs a et b.

Remarquons d'abord qu'une intégrale de l'équation précédente
prenant des valeurs positives ou nulles sur un contour fermé ne
peut prendre des valeurs négatives à l'intérieur. Nous avons vu
en effet (Chap. I, § 25) qu'une équation de la forme précédente
ne pouvait avoir d'intégrale possédant un maximum positif; il ne
pourra donc y avoir d'intégrale avec un minimum négatif; or
c'est précisément ce qui arriverait si une intégrale positive ou
nulle sur un contour devenait négative à l'intérieur. Ajoutons que,
si cette intégrale n'est pas nulle sur tout le contour, elle ne pourra
pas s'annuler à l'intérieur, car si elle s'annulait en un point (x_0, y_0),
on aurait le développement

$$u = u_n(x - x_0, y - y_0) + u_{n+1}(x - x_0, y - y_0) + \ldots,$$

et $u_n(x - x_0, y - y_0)$ serait toujours positif dans le voisinage de
(x_0, y_0), ce qui est impossible, puisque le résultat de la substitution de u dans l'équation donne

$$\Delta u_n = 0.$$

Désignons par u une telle intégrale prenant des valeurs positives ou nulles sur le contour C, et appelons u_0 la fonction harmonique prenant sur C les mêmes valeurs. Des deux équations

$$\Delta u_0 = 0,$$
$$\Delta u - k^2 u = 0,$$

on conclut

$$\Delta(u - u_0) = k^2 u.$$

Or considérons une fonction v satisfaisant à l'équation

$$\Delta v = p(x, y),$$

$p(x, y)$ étant une fonction qui n'est jamais négative ni nulle à
l'intérieur d'un contour C. Si la fonction v s'annule sur ce contour, montrons qu'elle sera *négative* à l'intérieur de l'aire limitée
par ce contour (toutes les fonctions considérées sont, bien entendu,
continues et même analytiques à l'intérieur). On pourrait tirer
immédiatement ce résultat de l'expression de v par une intégrale
double, mais comme nous n'avons pas fait jusqu'ici l'étude de la

fonction de Green qui enterait dans cette expression, nous allons suivre une autre voie. Si v devenait positif, il faudrait nécessairement que pour une certaine valeur de x et y, on ait un maximum de la fonction ; on peut toujours supposer que ce maximum sera atteint pour $x = o$, $y = o$. En développant v par la formule

$$v = v_0 + \alpha x^2 + 2\beta xy + \gamma y^2 + \ldots,$$

on aura

$$2(\alpha + \gamma) = p(o,o) > o.$$

Comme, d'ailleurs, α et γ sont nécessairement de même signe, on a $\alpha > o$, $\gamma > o$, ce qui implique contradiction, puisque $x = o$, $y = o$ correspondent à un maximum.

Nous déduisons de là que pour tous les points de l'intérieur de l'aire

$$v < v_0.$$

6. Ce point établi, le lemme démontré au § 1 pour l'équation de Laplace subsiste pour l'équation

$$\frac{\partial^2 u}{\partial x^2} + \frac{\partial^2 u}{\partial y^2} - k^2 u = o.$$

Soit u la solution prenant la valeur zéro sur l'arc $a\overset{\frown}{C}b$ (fig. 7) et la valeur un sur $a\overset{\frown}{C'}b$, on aura sur l'arc $a\overset{\frown}{d}b$

$$u < q,$$

q étant plus petit que l'unité ; on a, en effet, $u < u_0$, u_0 désignant la fonction harmonique prenant les mêmes valeurs que u sur le contour, et, puisque $u_0 < q$, l'inégalité est manifeste. Les conséquences du lemme subsistent évidemment, et, puisque le procédé alterné repose uniquement sur ce lemme, nous pourrions maintenant répéter ce qui a été dit plus haut : les fonctions u_n et v_n, obtenues en intégrant alternativement l'équation proposée pour le contour $(a\alpha)$ et le contour $(b\beta)$, auront des limites nous donnant la solution du problème pour le contour (ab).

CHAPITRE IV.
MÉTHODE DE M. POINCARÉ POUR LA SOLUTION
DU PROBLÈME DE DIRICHLET.

I. — Propriétés fondamentales du potentiel logarithmique.

1. Avant d'exposer la méthode de M. Poincaré, nous devons faire connaître les propriétés fondamentales de la fonction connue sous le nom de *potentiel logarithmique*.

Le potentiel logarithmique est, pour le cas du plan, l'analogue du potentiel ordinaire que nous avons étudié au Tome I pour le cas de l'espace. Dans l'espace, la loi de l'attraction était la loi de la raison inverse du carré de la distance. Dans le plan, on suppose que les points s'attirent en raison inverse de la distance ; les composantes de l'attraction exercée par un point $A(a, b)$ de masse m sur un point $M(x, y)$ de masse un, seront alors

$$X = \frac{m(a - x)}{r^2}, \qquad Y = \frac{m(b - y)}{r^2},$$

où $r^2 = (x - a)^2 + (y - b)^2$. En posant

$$V = m \log \frac{1}{r},$$

on aura

$$X = \frac{dV}{dx}, \qquad Y = \frac{dV}{dy},$$

et V sera dit le potentiel logarithmique.

Si l'on a des masses remplissant d'une manière continue une certaine aire, avec une densité ρ fonction continue de (a, b), on a

$$X = \int\int \frac{(a-x)\rho\, da\, db}{r^2}, \qquad Y = \int\int \frac{(b-y)\rho\, da\, db}{r^2},$$

les intégrales étant étendues aux masses agissantes. Dans tout ce qui suit, ρ sera une quantité essentiellement positive, comme nous l'avons d'ailleurs supposé dans la théorie de l'attraction pour le cas de l'espace. Le potentiel V sera défini par l'intégrale double

$$V = \int\int \rho \log \frac{1}{r}\, da\, db.$$

2. L'étude de cette fonction V est entièrement semblable à l'étude de la fonction désignée par la même lettre, que nous avons étudiée au Tome I (p. 163 et suiv.). Nous ne croyons pas utile d'insister sur les démonstrations, et il nous suffira d'énoncer les résultats.

Le potentiel logarithmique est une fonction continue de x et y dans tout le plan, ainsi que ses dérivées partielles du premier ordre, et l'on a pour tout point (x, y)

$$X = \frac{\partial V}{\partial x}, \qquad Y = \frac{\partial V}{\partial y}.$$

L'étude des dérivées secondes se fait (voir *loc. cit.*) en supposant que ρ ait des dérivées partielles du premier ordre pour tous les points *intérieurs* à la masse.

Des raisonnements analogues montrent encore que les dérivées secondes sont aussi continues à l'intérieur et à l'extérieur des masses agissantes, mais elles sont discontinues pour *la courbe de séparation*.

Pour tout point extérieur aux masses, la fonction V est harmonique; pour tout point (x, y) intérieur, on a, au contraire,

$$\Delta V = -2\pi\rho,$$

ρ désignant la densité au point (x, y).

Ajoutons que la fonction V ne s'annule pas à l'infini et qu'elle peut avoir un signe quelconque; ces deux circonstances sont fort importantes et, dans les applications, elles rendent souvent plus difficiles les questions concernant le cas de deux dimensions. En effet, pour l'espace, V est toujours positif et s'annule à l'infini.

3. Nous venons de considérer le cas où la distribution des masses est superficielle; nous aurons à considérer tout à l'heure des masses dont la distribution est linéaire, de telle sorte qu'on a alors

$$V = \int \rho \log \frac{1}{r} \, ds,$$

l'intégrale étant étendue à la courbe sur laquelle est étalée la couche attirante de densité linéaire ρ. Dans ce cas V est encore une fonction continue dans tout le plan, mais les dérivées du premier ordre éprouvent une discontinuité en traversant les courbes attirantes. C'est ce que nous avons rencontré pour les surfaces attirantes (t. I, p. 177); les démonstrations sont entièrement analogues dans les deux cas.

4. Développons davantage deux propriétés du potentiel logarithmique qui vont jouer un rôle essentiel dans la méthode de M. Poincaré.

La première est relative à la substitution aux points attirants à l'intérieur d'un cercle d'une couche linéaire placée sur sa circonférence.

Soient un cercle de centre O et de rayon R, A un point extérieur et P un point intérieur.

La quantité $\log \frac{1}{AP}$, dans laquelle nous considérons le point A comme fixe et P comme variable, est une fonction des coordonnées de P, harmonique dans tout le cercle. En tout point M de la circonférence, elle prend la valeur $\log \frac{1}{AM}$. On aura donc

$$(1) \qquad \log \frac{1}{AP} = \int \log \frac{1}{AM} \, \frac{R^2 - \overline{OP}^2}{2\pi R . \overline{MP}^2} \, ds,$$

d'après la formule de Poisson qui résout le problème de Dirichlet pour le cas du cercle. Nous savons d'autre part, d'après la même formule, que

$$(2) \qquad 1 = \int \frac{R^2 - \overline{OP}^2}{2\pi R . \overline{MP}^2} \, ds.$$

Des formules (1) et (2) on conclut le fait suivant :

Si l'on a sur la circonférence une couche attirante dont la densité, en chaque point M, est la quantité positive

$$\mu = \frac{R^2 - \overline{OP}^2}{2\pi R . \overline{MP}^2},$$

la masse totale de cette couche sera égale à l'unité [d'après la formule (2)], et le potentiel de cette couche, sur un point extérieur A, sera le même que si toute la masse était concentrée en P.

Cherchons maintenant ce que devient le potentiel de la couche quand le point A est intérieur au cercle. Le potentiel est toujours donné par la même intégrale, mais l'égalité (1) n'a plus lieu, quand A est intérieur; elle a encore lieu quand A est sur la circonférence, à cause de la continuité du potentiel. Or la différence

$$\log \frac{1}{AP} - \int \log \frac{1}{AM} \frac{R^2 - \overline{OP}^2}{2\pi R . \overline{MP}^2} ds$$

est une fonction harmonique des coordonnées de A; elle est continue à l'intérieur de la circonférence sauf quand A est en P, et dans ce cas elle est égale à $+\infty$. Étant nulle sur la circonférence, elle sera donc positive pour tous les points de l'intérieur. On a donc, en tout point A intérieur,

$$\int \log \frac{1}{AM} \frac{R^2 - \overline{OP}^2}{2\pi R . \overline{MP}^2} ds \lessgtr \log \frac{1}{AP}.$$

Nous avons donc démontré le théorème suivant : Quand une masse égale à l'unité est placée en un point P de l'intérieur d'un cercle, si l'on répartit cette masse sur toute la circonférence de manière que la densité en un point quelconque M de celle-ci soit inversement proportionnelle au carré de MP, *la couche circulaire ainsi obtenue aura même potentiel que la masse primitive en tout point extérieur et un potentiel plus petit en tout point intérieur.*

Si, au lieu d'un seul point, on en a plusieurs ou bien une couche, soit linéaire, soit superficielle, on pourra substituer aux points attirants à l'intérieur du cercle une couche linéaire placée sur sa circonférence ; cette couche aura même potentiel sur les points extérieurs et un potentiel plus petit pour les points intérieurs.

5. La seconde propriété que nous avons à développer est relative à la moyenne du potentiel logarithmique le long d'une circonférence.

Soit une circonférence C de centre O et de rayon R ; si un point attirant P est extérieur à la circonférence, le potentiel

$$V = m \log \frac{1}{r},$$

r désignant la distance de (x, y) à P, sera harmonique et continue dans C, et par conséquent, d'après un théorème établi au début de l'étude des fonctions harmoniques, la moyenne de V sur le cercle, c'est-à-dire

$$\frac{1}{2\pi R} \int V \, ds,$$

sera égale à la valeur au centre, c'est-à-dire à $m \log \frac{1}{OP}$. On a donc

$$\mathfrak{M}.V = m \log \frac{1}{OP} \qquad (\mathfrak{M}.V = \text{moyenne de V sur la circonférence}).$$

Si le point attirant P est à l'intérieur de la circonférence, cette formule n'est plus applicable. Pour obtenir la moyenne de V, nous procéderons de la manière suivante : décrivons des points O et P des

Fig. 13.

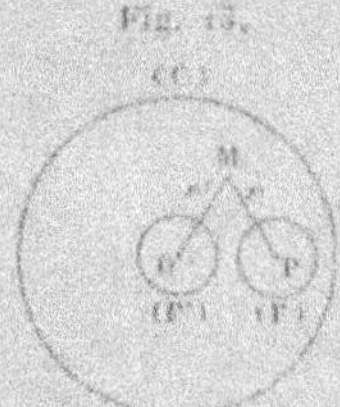

circonférences Γ' et Γ de rayons γ' et γ, suffisamment petits pour qu'elles soient intérieures à C et extérieures l'une par rapport à l'autre, et désignons par r' la distance du point attiré $M(x, y)$ au point O (*fig.* 13). On a, en posant $V = m \log \frac{1}{r}$, et en appliquant la formule de Green à la surface limitée par les trois courbes C, Γ et Γ',

$$\int_{\mathrm{C}} \left(\mathrm{V} \frac{d\mathrm{V}'}{dn} - \mathrm{V}' \frac{d\mathrm{V}}{dn} \right) ds = \int_{\Gamma} \left(\mathrm{V} \frac{d\mathrm{V}'}{dn} - \mathrm{V}' \frac{d\mathrm{V}}{dn} \right) ds$$
$$+ \int_{\Gamma'} \left(\mathrm{V} \frac{d\mathrm{V}'}{dn} - \mathrm{V}' \frac{d\mathrm{V}}{dn} \right) ds,$$

les dérivées étant prises suivant les normales aux courbes géométriques.

Les deux intégrales qui forment le second membre de cette égalité sont égales et de signe contraire, car, puisque la grandeur du rayon de la circonférence sur laquelle on intègre est indifférente, on passe de l'une à l'autre en permutant r et r' et en changeant le signe. On a donc

$$\int_{\mathrm{C}} \left(\mathrm{V} \frac{d\mathrm{V}'}{dn} - \mathrm{V}' \frac{d\mathrm{V}}{dn} \right) ds = 0$$

ou

$$\log \frac{1}{\mathrm{R}} \int_{\mathrm{C}} \frac{d\mathrm{V}}{dn}\, ds - \frac{1}{\mathrm{R}} \int_{\mathrm{C}} \mathrm{V}\, ds = 0.$$

D'autre part, on a

$$\int_{\mathrm{C}} \frac{d\mathrm{V}}{dn}\, ds = \int_{\Gamma} \frac{d\mathrm{V}}{dn}\, ds = 2\pi m ;$$

donc

$$m \log \frac{1}{\mathrm{R}} \cdot 2\pi - \frac{1}{\mathrm{R}} \int_{\mathrm{C}} \mathrm{V}\, ds = 0$$

ou

$$\mathfrak{M}\, \mathrm{V} = m \log \frac{1}{\mathrm{R}} \cdot$$

D'une manière générale, en désignant par m les masses extérieures et par μ les masses intérieures, on aura

$$\mathfrak{M}\, \mathrm{V} = \sum m \log \frac{1}{r} + \log \frac{1}{\mathrm{R}} \sum \mu,$$

r désignant la distance du point de masse m au centre de la circonférence. On a supposé les masses isolées; la formule s'étend d'elle-même à des masses continues, linéaires ou superficielles, et elle conserve sa signification si les masses attirantes rencontrent la circonférence C; les sommes $\sum$ sont, bien entendu, à remplacer par des intégrales.

6. De cette valeur de la moyenne, on conclut que le potentiel logarithmique V provenant de *masses positives* n'est pas susceptible de minimum. Il suffit pour cela de démontrer que, quel que soit le point B considéré sur le plan, on ne peut avoir

$$V > V_B$$

pour tout point d'un cercle, concentrique au point B, ayant un rayon R assez petit. On a, en effet, les notations étant les mêmes que précédemment,

$$\mathfrak{M}\,V = \sum m \log \frac{1}{r} = \log \frac{1}{R} \sum \mu;$$

d'autre part,

$$V_B = \sum m \log \frac{1}{r} = \sum \mu \log \frac{1}{r},$$

d'où, en retranchant,

$$\mathfrak{M}\,V - V_B = \sum \mu \left(\log \frac{1}{R} - \log \frac{1}{r} \right) = \sum \mu \log \left(\frac{r}{R} \right).$$

Or $\log \frac{r}{R}$ est négatif, les masses μ sont positives, donc

$$\mathfrak{M}\,V < V_B,$$

et ceci est en contradiction avec l'hypothèse du minimum qui entraînerait

$$\mathfrak{M}\,V \geq V_B.$$

Plus généralement, on pourrait démontrer que, quel que soit le signe des masses superficielles attirantes, la fonction V n'est pas susceptible de minimum dans les régions du plan qui appartiennent à des masses positives et qu'elle n'est pas susceptible de maximum dans les régions du plan qui appartiennent à des masses négatives.

7. Terminons par une dernière remarque qui trouvera aussi son application. Supposons tracé sur le plan un contour simple ou multiple pour lequel on sache résoudre le problème de Di-

richlet, la fonction V étant d'ailleurs supposée provenir uniquement de *masses positives*. Désignons par ω la fonction, harmonique à l'intérieur du contour, et qui prend sur ce contour les mêmes valeurs que V. Comme, pour tout point intérieur B, on a $\mathfrak{M}\omega = \omega_B$, il en résulte que la fonction V — ω n'est pas susceptible de minimum; or elle est nulle sur le contour : donc elle est positive à l'intérieur.

II. — Méthode de M. Poincaré [1].

8. Nous partons d'une aire quelconque S limitée par un ou plusieurs contours s. Je dis tout d'abord que *l'on peut toujours trouver des cercles C_i tout entiers intérieurs à S, formant une suite indéfinie à indices entiers positifs*

$$C_1, \quad C_2, \quad \ldots, \quad C_n, \quad \ldots$$

et tels que tout point intérieur à S soit intérieur au moins à l'un de ces cercles.

Pour le faire voir, considérons dans S une région R dont tous les points soient à une distance de s supérieure à une quantité δ. Soit δ' une longueur plus petite que δ; traçons une série de parallèles aux axes de coordonnées, ayant entre elles la distance $\dfrac{\delta'}{\sqrt{2}}$. Nous formons ainsi une infinité de carrés dont la diagonale est δ'. Nous ne retiendrons parmi eux que ceux qui sont en totalité ou en partie intérieurs à R : soit n le nombre de ces carrés. Tout point de R est alors intérieur à un de ces n carrés ou sur son contour. Ceux mêmes de ces carrés qui sont partiellement extérieurs à R sont encore intérieurs à S, puisque leur plus grande dimension δ' est inférieure à δ.

---

[1] M. Poincaré a développé sa méthode dans son Mémoire de l'*American Journal of Mathematics* (t. IX) en considérant le cas de l'espace à trois dimensions. Pour le principe de la méthode, il n'y a aucune différence entre le cas de l'espace et celui du plan; il n'en est pas tout à fait de même des démonstrations qui doivent être assez notablement modifiées. Dans sa Thèse, soutenue récemment devant la Faculté des Sciences de Paris, M. Paraf a exposé, pour le plan, la méthode de M. Poincaré; nous avons tiré grand parti, pour notre rédaction, de ce travail fait avec beaucoup de soin.

Soient O_1, O_2, ..., O_n les centres de ces carrés : de chacun de ces points comme centre, avec un rayon intermédiaire entre $\frac{\delta}{2}$ et $\frac{\delta}{2}$, décrivons une circonférence. Chaque carré est alors tout entier intérieur au cercle correspondant, lequel est toujours intérieur à S; chaque point de R est alors *intérieur* à l'un de ces n cercles. Imaginons alors une série de longueurs δ_1, δ_2, ..., δ_n, ... décroissant et tendant vers zéro. Appelons R_0 la région formée par l'ensemble des points de S dont la distance à s est supérieure à δ_1, puis, d'une manière générale, appelons R_i l'ensemble des points de S dont la distance à s est comprise entre δ_i et δ_{i+1}. Ces diverses régions ne seront d'ailleurs pas nécessairement connexes, mais cela n'est pas utile. Construisons dans R_0 les cercles

$$C_1, \quad C_2, \quad \ldots, \quad C_{p_0},$$

comme plus haut, puis dans R_1 les cercles

$$C_{p_0+1}, \quad C_{p_0+2}, \quad \ldots, \quad C_{p_1},$$

et ainsi de suite indéfiniment. L'ensemble de tous ces cercles forme une suite

$$C_1, \quad C_2, \quad \ldots, \quad C_n, \quad \ldots,$$

qui remplit manifestement les conditions énoncées.

9. Après avoir construit dans S la famille des courbes C_i, traçons encore une courbe fermée L qui contienne dans son intérieur l'aire S; nous pouvons supposer que ce soit une circonférence L d'un rayon suffisamment grand. Désignons par T la partie du plan intérieure à L.

On se donne par hypothèse sur la courbe s, qui limite S, une succession continue U de valeurs.

Admettons que l'on puisse trouver une fonction $V_0(x, y)$, continue ainsi que ses dérivées partielles des trois premiers ordres dans T, et se réduisant à U sur s. C'est en partant de cette fonction $V_0(x, y)$, prise en quelque sorte comme première approximation, que nous voulons arriver à la solution du problème de Dirichlet.

Supposons d'abord que ΔV_0 soit constamment négatif dans T.

Si alors on pose

$$-\frac{\Delta V_0}{4\pi} = \rho,$$

ρ sera une fonction positive dans T. Imaginons une masse répandue d'une manière continue sur T et dont la densité en chaque point soit justement la fonction ρ. Cette masse aura un potentiel W_0, et l'on aura dans toute la région T

$$\Delta W_0 = -4\pi\rho = \Delta V_0, \qquad \text{donc} \quad \Delta(W_0 - V_0) = 0.$$

La différence $W_0 - V_0$ est donc une fonction harmonique; elle est parfaitement déterminée, puisque nous connaissons W_0 et V_0 pour tous les points de T. En posant $W_0 - V_0 = \vartheta$, on aura sur le contour s

$$\vartheta = W_0 - U,$$

et la fonction ϑ sera harmonique.

Les masses qui donnent naissance au potentiel W_0 sont toutes positives, et une partie d'entre elles est intérieure à S. Envisageons en particulier celles qui sont intérieures au cercle C_i; nous avons appris à former sur le cercle une couche équivalente à ces masses. Ayant à répéter souvent cette opération, nous l'appellerons, pour abréger, le *balayage du cercle* C_i. On peut dire alors que le balayage du cercle C_i ne change pas le potentiel en un point quelconque extérieur à C_i, mais le diminue en tout point intérieur. Cette opération n'introduit d'ailleurs jamais de masses négatives.

Balayons alors successivement tous les cercles, dans un ordre tel que chacun d'eux soit balayé un nombre infini de fois. Il suffira pour cela de les balayer dans l'ordre

$$1, \ 2, \ 1, \ 2, \ 3, \ 1, \ 2, \ 3, \ 4, \ \ldots$$

on ne tiendra aucun compte de ceux qui ne contiendront plus aucune masse quand viendra leur tour d'être balayé.

Appelons enfin W_k ce que devient le potentiel après la $k^{\text{ième}}$ opération; nous allons comparer entre elles les valeurs des différentes fonctions W_k en un même point A de T et démontrer qu'en chacun de ces points W_k tend vers une valeur déterminée.

10. Il est évident que, si A est extérieur au cercle balayé à la

$k^{ième}$ opération, on aura

$$W_k = W_{k-1}.$$

Dans le cas contraire, on aura

$$W_k < W_{k-1}.$$

Donc, dans tous les cas,

$$W_k \leqq W_{k-1};$$

et remarquons que, pour tous les points à l'extérieur de S, on a

$$W_k = W_0.$$

Ainsi W_k ne va jamais en croissant quand l'indice augmente. D'autre part, en vertu de la propriété du potentiel logarithmique dû à des masses positives, établie au § 7, W_k est, en chaque point, supérieur à la valeur de la fonction harmonique ω, qui prend sur la circonférence T, ou sur toute autre circonférence comprenant S à son intérieur, les mêmes valeurs que W_0. Donc W_k tend vers une limite bien déterminée W en chaque point A de T.

11. Nous allons démontrer maintenant que cette limite W, bien déterminée en chaque point A de S, tend vers

$$U_\sigma + \theta_\sigma,$$

quand A tend vers le point σ du contour [1]. La même propriété (§ 7) va encore nous servir. Nous allons considérer comme résolu le problème de Dirichlet dans le cas d'un contour formé de deux circonférences concentriques et dans celui d'un contour formé par une ellipse et la portion de droite qui unit les deux foyers, considérée comme droite double [2].

---

[1] La démonstration dans le cas de l'espace est beaucoup plus simple que dans le cas du plan et l'on n'a pas besoin d'employer les artifices auxquels nous avons dû recourir.

[2] Le cas de deux cercles sera traité à la fin de ce Chapitre et le cas de deux ellipses homofocales au Chapitre X.

Cela posé, considérons d'abord les points σ du contour s qui admettent une tangente bien déterminée. Nous pouvons construire un premier cercle tangent en σ au contour s et tout entier extérieur à S, et ensuite un second cercle concentrique au premier, contenu tout entier dans T et comprenant S à son intérieur, ce qui est possible, si la région T a été prise assez grande et si le rayon du premier cercle est assez petit. Soit ω la fonction harmonique entre les deux cercles, et prenant sur ces cercles les mêmes valeurs que W_0, on aura, pour tout point A de S,

$$W_A > W \tfrac{1}{2} \omega.$$

Imaginons maintenant que le point A tende vers σ; W_A et ω tendent tous deux vers la valeur de W_0 en σ; donc W *tend aussi vers cette valeur, qui est*

$$(1) \qquad\qquad\qquad U_\sigma + \vartheta_\sigma.$$

Lorsque la tangente en σ est complètement extérieure à S, nous aurions pu, au lieu des deux circonférences précédentes, n'en considérer qu'une tangente en σ à s et comprenant S à son intérieur, et cette construction s'applique même au cas où le point σ serait une pointe, pourvu qu'on puisse, par ce point, mener une droite complètement extérieure à S.

En général, lorsque le point σ est une pointe, telle que A, par exemple (*fig.* 14), on ne pourra pas tracer toujours une ou deux

Fig. 14.

circonférences, remplissant les conditions précédentes, mais si l'on peut mener par A un petit segment de droite AA' extérieur à l'aire S, on prendra alors pour déterminer ω le contour formé par une ellipse extérieure à S, ayant pour foyers A et A', et par la portion de droite AA' considérée comme droite double.

La méthode précédente ne s'appliquerait pas si l'on avait un point A une pointe rentrante formant un rebroussement de seconde espèce. Une discussion plus approfondie est alors nécessaire; on la trouvera dans le travail déjà cité de M. Paraf.

12. Nous avons constaté dans les paragraphes précédents l'existence d'une fonction $W(x, y)$ définie dans l'intérieur de S, et tendant vers l'expression (3) quand le point (x, y) se rapproche d'un point quelconque z du contour. Nous allons maintenant établir que cette fonction est harmonique.

Envisageons un des cercles, C_α par exemple, et supposons que ce cercle soit balayé aux opérations $\alpha_1, \alpha_2, \ldots, \alpha_n, \ldots$. Après chacune de ces opérations, le cercle C_α ne contient plus aucune masse. On a donc à l'intérieur de ce cercle

$$\Delta W_\alpha = o;$$

or les fonctions

$$W_{\alpha_1}, \quad W_{\alpha_2}, \quad \ldots, \quad W_{\alpha_n}, \quad \ldots$$

sont des fonctions harmoniques décroissantes, et ayant W pour limite. La série

$$W_{\alpha_1} + (W_{\alpha_2} - W_{\alpha_1}) + \ldots + (W_{\alpha_n} - W_{\alpha_{n-1}}) + \ldots$$

a donc tous ses termes positifs, sauf peut-être le premier. Tous ces termes sont harmoniques, et la série converge évidemment. Elle définit donc une fonction harmonique dans C_α, d'après le théorème de Harnack (Chap. II, § 6); or la limite de la série étant W, il en résulte que cette fonction est harmonique dans C_α et, par suite, dans toute l'aire S.

Si l'on forme alors la fonction

$$W - \theta,$$

on aura une fonction harmonique dans S *et prenant la valeur* U *sur le contour* s. Le problème de Dirichlet est donc résolu.

Dans la méthode précédente, on part d'une fonction quelconque W_0, assujettie seulement à prendre les valeurs données sur le contour. Nous avons dû faire quelques restrictions sur cette fonction; nous allons les lever dans un moment. Mais on voit dès maintenant combien la méthode de M. Poincaré est originale. Tandis que, dans les méthodes de Neumann et de Schwarz, on part toujours d'une fonction harmonique, et que les approximations successives, qui doivent faire approcher de plus en plus de la fonction cherchée, sont toujours des fonctions harmoniques, il en est tout autrement chez M. Poincaré. Ici, on part d'une fonction quelconque prenant les valeurs données sur le contour, et l'on forme une succession de fonctions qui ne sont pas harmoniques dans toute l'aire S; c'est seulement leur limite qui donne une fonction harmonique dans cette aire tout entière.

13. On a supposé, dans la démonstration précédente, que ΔV_0 conserverait un signe constant. S'il en était autrement, on pourrait toujours partager T en deux régions T_1 et T_2, la première contenant tous les points pour lesquels $-\dfrac{\Delta V_0}{2\pi}$ est positif, la deuxième tous ceux pour lesquels la même quantité est négative. Définissons alors des fonctions ρ_1 et ρ_2 par les conditions suivantes

$$\rho_1 = \rho \text{ dans } T_1, \qquad \rho_1 = \quad \text{o dans } T_2,$$
$$\rho_2 = \text{o dans } T_1, \qquad \rho_2 = -\rho \text{ dans } T_2.$$

Ces deux fonctions sont continues dans toute l'étendue de T, et elles sont positives ou nulles. De plus, on a

$$\rho = \rho_1 - \rho_2.$$

Considérons alors deux systèmes de masses ayant des densités ρ_1 et ρ_2; elles engendreront deux potentiels W_0^1 et W_0^2, qui, dans toute l'étendue de T, donneront lieu aux relations

$$\frac{\Delta W_0^1}{-2\pi} = \rho_1, \qquad \frac{\Delta W_0^2}{-2\pi} = \rho_2.$$

Donc

$$\frac{\Delta(W_0^1 - W_0^2)}{-2\pi} = \rho_1 - \rho_2 = \rho$$

et, par suite,

$$\Delta(W_0^1 - W_0^2 - V_0) = 0.$$

On a donc

$$W_0^1 - W_0^2 - V_0 = \theta,$$

θ étant harmonique dans T et complètement connu. Les raisonvements précédents s'appliquent aux deux fonctions W_0^1 et W_0^2. Elles engendrent respectivement deux fonctions W^1 et W^2 harmoniques dans S et prenant sur le contour les mêmes valeurs que W_0^1 et W_0^2. La fonction $W^1 - W^2 - \theta$ résout donc le problème.

14. La méthode qu'on vient de lire, suppose qu'on a déterminé une fonction $V_0(x, y)$, continue dans T, ainsi que ses dérivées partielles des trois premiers ordres, et prenant sur la courbe s la succession continue donnée des valeurs représentée par U. On pourra évidemment, pour une infinité de fonctions U sur s, trouver une fonction $V_0(x, y)$ satisfaisant aux conditions requises. Toutefois, certaines conditions seront nécessaires : ainsi U devra sur le contour admettre aussi des dérivées des trois premiers ordres. Si donc on ne veut faire sur U d'autres hypothèses que la continuité, il est indispensable de compléter la méthode.

15. Examinons donc le cas général où la succession donnée des valeurs U sur s satisfait à l'unique condition d'être continue. M. Paraf a montré de la manière suivante que ce cas général pouvait être ramené au cas particulier que nous venons de traiter.

On peut toujours, et d'une infinité de manières, construire une fonction $\psi(x, y)$, continue dans la région T et prenant sur s les valeurs données U. Ceci fait, nous allons construire une infinité de polynômes

$$F_1, F_2, \ldots, F_4, \ldots,$$

croissant et tendant uniformément vers ψ dans la région T. Appelons

$$U_1, U_2, \ldots, U_n, \ldots$$

les valeurs de ces polynômes sur s ; ces fonctions U_n sont croissantes et tendent uniformément vers U. Sachant résoudre maintenant le problème de Dirichlet pour chacune des valeurs

$$U_1, U_2, \ldots, U_n, \ldots$$

données sur le contour, nous aurons une suite de fonctions harmoniques dans S

$$V_1, V_2, \ldots, V_n, \ldots$$

Nous montrerons que ces fonctions V_n tendent vers une limite V qui est la fonction cherchée.

16. D'après ce que nous avons démontré (t. I, p. 262), on peut toujours trouver un polynôme $F(x, y)$ qui représente, avec une erreur moindre qu'un nombre ε donné à l'avance, une fonction $\psi(x, y)$, arbitrairement définie dans une aire T et assujettie à la seule condition d'être continue.

Soit $\psi(x, y)$ une telle fonction prenant sur s la succession de valeurs U; nous pouvons la supposer positive; car, dans la solution du problème de Dirichlet, on peut toujours ajouter une constante à U. Désignons par

$$\lambda_1, \lambda_2, \ldots, \lambda_n, \ldots$$

une succession de nombres positifs croissants, tendant vers l'unité. On suppose que

$$\delta_i > \delta_{i+1} \qquad (\lambda_{i+1} - \lambda_i = \delta_i),$$

conditions qui peuvent être réalisées d'une infinité de manières, par exemple avec $\lambda_i = 1 - \dfrac{1}{i}$.

Considérons enfin la suite des fonctions continues, positives, croissantes et tendant vers ψ,

$$\lambda_1 \psi, \quad \lambda_2 \psi, \ldots, \lambda_n \psi, \ldots$$

En appelant m la limite inférieure de ψ dans T, je construis le polynôme $F_i(x, y)$, qui représente $\lambda_i \psi$ avec une erreur moindre que $\frac{1}{2}\delta_i m$. Ces polynômes F_i forment une suite croissante, car on a

$$F_{i+1} > \lambda_{i+1}\psi - \frac{1}{2}\delta_{i+1}m, \qquad F_i < \lambda_i \psi + \frac{1}{2}\delta_i m,$$

donc

$$F_{i+1} - F_i > \lambda_{i+1}\psi - \lambda_i \psi - \frac{1}{2}(\delta_i + \delta_{i+1})m$$

$$> \delta_i m - \frac{1}{2}(\delta_i + \delta_{i+1})m = \frac{1}{2}m(\delta_i - \delta_{i+1}) > 0.$$

et cette suite croissante tend uniformément vers ψ. Si donc on appelle U_i la valeur de F_i sur s, les U_i forment aussi une suite croissante tendant uniformément vers U.

Maintenant nous savons, au moyen de chaque fonction F_i, construire une fonction V_i harmonique dans S et se réduisant à U_i sur s. Ces fonctions V_i forment une suite croissante, puisque la différence $V_{i+1} - V_i$ prend sur s des valeurs positives; d'ailleurs V_i est toujours inférieur à la limite supérieure M de ψ, puisqu'il en est de même de U_i.

Les fonctions V_i ont donc une limite V; je dis que V est la fonction cherchée. Considérons en effet la série convergente

$$V = V_1 + (V_2 - V_1) + \ldots + (V_n - V_{n-1}) + \ldots$$

Chaque terme de la série est harmonique dans S, et le terme général $V_n - V_{n-1}$ tend vers $U_n - U_{n-1}$ quand le point mobile s'approche du contour. D'ailleurs la série de ces valeurs sur le contour s

$$U_1 + (U_2 - U_1) + \ldots + (U_n - U_{n-1}) + \ldots$$

converge uniformément vers U sur tout le contour; donc, d'après le théorème de Harnack, la fonction V est harmonique dans S et prend la valeur U sur s.

17. Nous terminerons ce Chapitre par l'examen du cas particulier dont nous avons eu besoin au § 11, où le contour se compose de deux cercles concentriques.

Soient donc C et C' les deux cercles, R et R' leurs rayons, r et φ les coordonnées polaires d'un point de la couronne

$$R' > r > R.$$

Nous voulons trouver une fonction $f(r, \varphi)$, harmonique dans la couronne (S), se réduisant à des fonctions données $U(\varphi)$ sur (C), $V(\varphi)$ sur (C'), quand le point (r, φ) tend vers C ou vers C' par un chemin quelconque.

Nous supposerons seulement que ces deux fonctions de φ satisfont aux conditions de Dirichlet, et forment sur le contour une suite continue. Nous pouvons donc poser

$$U(\varphi) = \alpha_0 + \sum_{m=1}^{m=\infty} U_m(\varphi),$$

$$V(\varphi) = \alpha'_0 + \sum_{m=1}^{m=\infty} V_m(\varphi),$$

où U_m et V_m désignent, par abréviation,

$$U_m = \alpha_m \cos m\varphi + \beta_m \sin m\varphi,$$
$$V_m = \alpha'_m \cos m\varphi + \beta'_m \sin m\varphi,$$

et ces deux séries sont uniformément convergentes sur les contours respectifs (C) et (C') (t. I, p. 239).

Supposons d'abord que les valeurs de U et V données sur les contours C et C' se réduisent respectivement à 1 et 0, ou à 0 et 1. La solution est immédiate : ce sont les fonctions harmoniques

$$\frac{\log \frac{R'}{r}}{\log \frac{R'}{R}} \quad \text{et} \quad \frac{\log \frac{r}{R}}{\log \frac{R'}{R}}.$$

Soit, en second lieu, $\cos m\varphi$ et 0, ou 0 et $\cos m\varphi$ les valeurs de U et V données sur les contours C et C'. Les solutions apparaissent encore d'elles-mêmes. Ce sont les fonctions harmoniques

$$\frac{\left(\frac{R'}{r}\right)^m - \left(\frac{r}{R'}\right)^m}{\left(\frac{R'}{R}\right)^m - \left(\frac{R}{R'}\right)^m} \cos m\varphi \quad \text{et} \quad \frac{\left(\frac{r}{R}\right)^m - \left(\frac{R}{r}\right)^m}{\left(\frac{R'}{R}\right)^m - \left(\frac{R}{R'}\right)^m} \cos m\varphi.$$

En remplaçant $\cos m\varphi$ par $\sin m\varphi$, on a les solutions correspondantes aux valeurs 0 et $\sin m\varphi$ sur les contours.

Cela posé, la solution générale va s'obtenir bien facilement. Posons, d'une part,

$$u_0 = \alpha_0 \frac{\log \frac{R'}{r}}{\log \frac{R'}{R}}, \qquad u_m = \frac{\left(\frac{R'}{r}\right)^m - \left(\frac{r}{R'}\right)^m}{\left(\frac{R'}{R}\right)^m - \left(\frac{R}{R'}\right)^m} U_m(\varphi)$$

et, d'autre part,

$$v_0 = \alpha'_0 \frac{\log \frac{r}{R}}{\log \frac{R'}{R}}, \qquad v_m = \frac{\left(\frac{r}{R}\right)^m - \left(\frac{R}{r}\right)^m}{\left(\frac{R'}{R}\right)^m - \left(\frac{R}{R'}\right)^m} V_m(\varphi);$$

on obtient ainsi deux suites de fonctions harmoniques dans la couronne (S)

$$u_0, \quad u_1, \quad u_2, \quad \ldots, \quad u_m, \quad \ldots,$$
$$v_0, \quad v_1, \quad v_2, \quad \ldots, \quad v_m, \quad \ldots.$$

Sur le contour C, la série des valeurs que prennent ces deux suites sont respectivement $U(\varphi)$ et o; et sur le contour C', o et $V(\varphi)$.

Donc, en appliquant le théorème de M. Harnack (Chap. II, § 6), chacune des deux séries

$$u(r, \varphi) = u_0 + u_1 + u_2 + \ldots + u_m + \ldots,$$
$$v(r, \varphi) = v_0 + v_1 + v_2 + \ldots + v_m + \ldots$$

sera uniformément convergente à l'intérieur de l'aire (S) et représentera une fonction harmonique. La première tend vers $U(\varphi)$ ou vers o, quand le point (r, φ) se rapproche de C ou C' par un chemin quelconque. La seconde tend vers o ou vers $V(\varphi)$ dans les mêmes conditions.

La somme de ces deux séries

$$f(r, \varphi) = (u_0 + v_0) + (u_1 + v_1) + \ldots + (u_m + v_m) + \ldots$$

répond à la question proposée. C'est une fonction harmonique uniformément convergente à l'intérieur de (S) et qui tend vers $U(\varphi)$ ou vers $V(\varphi)$, suivant que le point (r, φ) se rapproche de C ou de C'.

On peut lui donner encore une autre forme en l'écrivant de la manière suivante

$$f(r, \varphi) = \frac{1}{\log \frac{R'}{R}} \left(\alpha_0 \log \frac{R'}{r} + \alpha'_0 \log \frac{r}{R} \right)$$
$$+ \sum_{m=1}^{m=\infty} \frac{1}{\left(\frac{R'}{R}\right)^m - \left(\frac{R}{R'}\right)^m} \left\{ \left(\frac{R}{r}\right)^m \left[\left(\frac{R'}{R}\right)^m U_m - V_m \right] + \left(\frac{r}{R'}\right)^m \left[\left(\frac{R'}{R}\right)^m V_m - U_m \right] \right\}.$$

et, par suite,

$$f(r, \varphi) = \frac{1}{\log \frac{R}{R'}} \left(z_0 \log \frac{R'}{r} + z'_0 \log \frac{r}{R} \right) + \sum_{m=1}^{m=\infty} \left(\frac{R}{r} \right)^m \left[\frac{\left(\frac{R'}{R} \right)^m U_m - V_m}{\left(\frac{R'}{R} \right)^m - \left(\frac{R}{R'} \right)^m} \right]$$

$$- \sum_{m=1}^{m=\infty} \left(\frac{r}{R} \right)^m \left[\frac{\left(\frac{R'}{R} \right)^m V_m - U_m}{\left(\frac{R'}{R} \right)^m - \left(\frac{R}{R'} \right)^m} \right].$$

puisque chacune des séries sous le signe $\sum$ est évidemment absolument convergente.

CHAPITRE V.

ÉTUDE DIRECTE DES FONCTIONS D'UNE VARIABLE COMPLEXE.

I. — Théorèmes généraux de Cauchy.

1. Nous avons déjà obtenu les résultats généraux relatifs aux fonctions d'une variable complexe, en les déduisant des propriétés générales des fonctions harmoniques. Nous sommes arrivés ainsi à la formule fondamentale de Cauchy (Chap. II, § 13) et à son théorème relatif aux fonctions bien déterminées et continues à l'intérieur d'un cercle. Il est indispensable que nous retrouvions ces résultats par la voie même qui y a conduit le célèbre auteur.

Soit $f(x)$ une fonction analytique uniforme et continue à l'intérieur de l'aire limitée par un contour C (formé d'une ou de plusieurs courbes distinctes) [1]; *nous allons montrer que l'on a*

$$(1) \qquad f(x) = \frac{1}{2\pi i} \int_0 \frac{f(z)}{z-x} dz,$$

l'intégrale étant prise le long du contour C dans le sens positif et x désignant un point quelconque de l'intérieur de l'aire. Pour démontrer cette formule, décrivons de x comme centre un cercle γ, de rayon ρ, intérieur à l'aire. La fonction

$$\frac{f(z)}{z-x}$$

---

[1] Nous appellerons souvent *fonction holomorphe* dans une aire une fonction analytique uniforme et continue dans cette aire.

est continue dans l'aire intérieure à C et extérieure à γ : on a donc

$$\int_C \frac{f(z)}{z-x}\,dz = \int_\gamma \frac{f(z)}{z-x}\,dz,$$

le sens d'intégration étant positif sur γ comme sur C. La seconde intégrale ne dépend pas du rayon ρ; prenons ce rayon ρ assez petit pour que l'on ait, z étant sur γ,

$$f(z) = f(x) + \tau_1,$$

$|\tau_1|$ étant moindre qu'une quantité positive ε, donnée à l'avance, aussi petite que l'on voudra. On aura

$$\int_C \frac{f(z)}{z-x}\,dz = \int_\gamma \frac{f(x)}{z-x}\,dz + \int_\gamma \frac{\tau_1\,dz}{z-x};$$

or, dans le second membre, nous avons d'abord l'intégrale

$$\int_\gamma \frac{f(x)}{z-x}\,dz = f(x)\int_\gamma \frac{dz}{z-x}.$$

Si l'on pose

$$z = x + \rho\, e^{\theta i},$$

on a

$$\int_\gamma \frac{dz}{z-x} = \int_0^{2\pi} \frac{\rho i\, e^{\theta i}\,d\theta}{\rho\, e^{\theta i}} = 2\pi i.$$

La première partie du second membre est donc $2\pi i f(x)$; d'autre part

$$\int_\gamma \frac{\tau_1\,dz}{z-x} = \int_0^{2\pi} \tau_1 i\, d\theta;$$

le module de cette dernière intégrale est donc moindre que $2\pi\varepsilon$, mais elle est indépendante de ρ, puisqu'elle est la différence de deux expressions qui ne dépendent pas de cette grandeur; la seconde partie du second membre est donc rigoureusement nulle, et l'on a par suite *la formule fondamentale*

$$f(x) = \frac{1}{2\pi i}\int_C \frac{f(z)}{z-x}\,dz.$$

2. Cette formule n'est autre chose qu'une forme particulière

de la formule fondamentale de Green

$$(2) \qquad V(a,b) = \frac{1}{2\pi}\int\left(\log r\,\frac{dV}{dn} - V\,\frac{d\log r}{dn}\right)ds.$$

démontrée au Chapitre I (§ 10). Il est facile de s'en assurer. Dési-

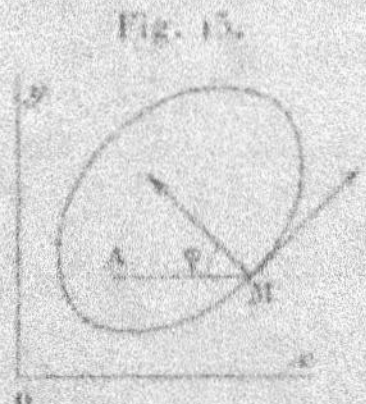

Fig. 13.

gnons le point x par z', pour éviter toute confusion, et posons

$$f(z) = u + iv,$$

u et v étant deux fonctions harmoniques qui satisfont aux équations

$$\frac{\partial u}{\partial x} = \frac{\partial v}{\partial y}, \qquad \frac{\partial u}{\partial y} = -\frac{\partial v}{\partial x}.$$

On vérifie sans peine que, pour tout point du contour C, en désignant par s l'arc de courbe, les relations précédentes prennent la forme

$$(3) \qquad \frac{du}{ds} = \frac{dv}{dn}, \qquad \frac{du}{dn} = -\frac{dv}{ds}.$$

Exprimons les deux fonctions u et v au moyen de la formule (2), et ajoutons les résultats après avoir multiplié la seconde par i; on obtient

$$f(z) = u + iv = \frac{1}{2\pi}\int_C\left[\log r\,\frac{d(u+iv)}{dn} - (u+iv)\,\frac{d\log r}{dn}\right]ds$$

ou, en vertu des relations (3),

$$f(z) = \frac{1}{2\pi i}\int_C\left[-\log r\,\frac{d(u+iv)}{ds} - (u+iv)\,i\,\frac{d\log r}{dn}\right]ds$$

$$= \frac{1}{2\pi i}\int_C\left\{-\frac{d}{ds}[(u+iv)\log r] - (u+iv)\left[\frac{d\log r}{ds} - i\,\frac{d\log r}{dn}\right]\right\}ds.$$

Cette intégrale se réduit donc à

$$(4) \qquad f(z) = \frac{1}{2\pi i} \int_C (u + iv) \left(\frac{d\log r}{ds} - i \frac{d\log r}{dn} \right) ds.$$

Désignons par α et φ les angles que la normale intérieure fait respectivement avec l'axe des x et l'axe des y; on trouve, par un calcul bien simple, les relations

$$ds = - dz\, e^{i\alpha}, \qquad \frac{dr}{ds} - i \frac{dr}{dn} = e^{-i\varphi}$$

et l'on en déduit, en substituant dans (4), la formule fondamentale de Cauchy

$$f(z) = \frac{1}{2\pi i} \int_C \frac{(u + iv)\, dz}{z - z'}.$$

3. Les expressions des dérivées successives de $f(x)$ résultent immédiatement de la formule (1). En donnant à x l'accroissement Δx, on aura

$$f(x + \Delta x) - f(x) = \frac{1}{2\pi i} \int_C f(z) \left(\frac{1}{z - x - \Delta x} - \frac{1}{z - x} \right) dz.$$

Divisons par Δx, et remarquons que

$$\frac{\dfrac{1}{z - x - \Delta x} - \dfrac{1}{z - x}}{\Delta x}$$

est, pour $\Delta x = 0$, égale à la dérivée de $\frac{1}{z - x}$ par rapport à x, c'est-à-dire $\frac{1}{(z - x)^2}$, ce rapport tendant d'ailleurs uniformément vers cette limite quand z décrit le contour C. Il en résulte

$$f'(x) = \frac{1}{2\pi i} \int_C \frac{f(z)}{(z - x)^2}\, dz,$$

et d'une manière générale, en continuant de la même manière,

$$(5) \qquad f^{(n)}(x) = \frac{1.2 \ldots n}{2\pi i} \int_C \frac{f(z)}{(z - x)^{n+1}}\, dz.$$

Il n'est pas sans intérêt de remarquer que l'établissement de la formule (1) suppose seulement que la fonction analytique $f(z)$

ait une dérivée du premier ordre, c'est-à-dire qu'en posant

$$f(z) = P + iQ,$$

P et Q ont des dérivées continues et bien déterminées du premier ordre, satisfaisant d'ailleurs aux deux relations tant de fois écrites. La formule générale (3) montre que $f(z)$ a des dérivées de tout ordre; *ainsi l'existence de la dérivée première, pour une fonction analytique, entraîne l'existence des dérivées de tout ordre.*

4. Une conséquence de la formule (3) nous sera plus tard très utile. Supposons que la courbe C se réduise à un cercle de rayon R ayant l'origine pour centre, et que $x = 0$: on aura, en posant $z = Re^{\theta i}$,

$$f^{(n)}(0) = \frac{1 \cdot 2 \cdots n}{2\pi R^n} \int_0^{2\pi} f(Re^{\theta i}) e^{-n\theta i} \, d\theta.$$

Soit M le module maximum de $f(z)$ sur le cercle, il vient

$$|f^{(n)}(0)| < \frac{1 \cdot 2 \cdots n}{R^n} M.$$

Nous en concluons facilement qu'on peut construire une fonction uniforme et continue à l'intérieur du cercle de rayon R ayant pour centre l'origine, dont toutes les dérivées soient positives pour $z = 0$ et égales, pour chaque valeur de n, à la limite que nous venons de trouver pour $|f^{(n)}(0)|$. Il suffit, en effet, de prendre la fonction

$$\varphi(z) = \frac{M}{1 - \dfrac{z}{R}},$$

qui est bien telle que

$$\varphi^{(n)}(0) = \frac{1 \cdot 2 \cdots n}{R^n} M.$$

5. De la formule fondamentale (1), Cauchy a déduit le développement d'une fonction uniforme et continue à l'intérieur d'un cercle en série de Maclaurin. Soit un cercle C de rayon R, ayant l'origine pour centre; on a, x étant à l'intérieur de ce cercle,

$$f(x) = \frac{1}{2\pi i} \int_C \frac{f(z)}{z - x} \, dz;$$

or on a l'identité

$$\frac{1}{z-x} = \frac{1}{z} + \frac{x}{z^2} + \ldots + \frac{x^n}{z^{n+1}} + \left(\frac{x}{z}\right)^{n+1} \frac{1}{z-x}$$

et, par suite,

$$f(x) = \frac{1}{2\pi i} \int_C \frac{f(z)\,dz}{z} + \frac{x}{2\pi i} \int_C \frac{f(z)}{z^2}\,dz + \ldots$$
$$+ \frac{x^n}{2\pi i} \int_C \frac{f(z)}{z^{n+1}}\,dz + \frac{1}{2\pi i} \int_C \frac{f(z)}{z-x} \left(\frac{x}{z}\right)^{n+1}\,dz$$

On voit que $f(x)$ est représenté par un polynôme de degré n, augmenté d'un terme complémentaire. Si donc celui-ci tend vers zéro pour n infini, nous aurons un développement de $f(x)$ en série entière, c'est-à-dire en série ordonnée suivant les puissances positives entières et croissantes de la variable x. Or, lorsque z décrit le cercle C, $\frac{f(z)}{z-x}$ a un module qui ne dépasse pas une certaine limite M; si donc on pose

$$r = |x|,$$

on aura

$$\left| \frac{f(z)}{z-x} \left(\frac{x}{z}\right)^{n+1} \right| < M \left(\frac{r}{R}\right)^{n+1}.$$

Par conséquent le module du terme complémentaire sera moindre que le produit de $M \left(\frac{r}{R}\right)^{n+1}$ par la longueur de l'arc d'intégration, c'est-à-dire que

$$M \left(\frac{r}{R}\right)^{n+1} 2\pi R \qquad \text{ou} \qquad 2\pi r\, M \left(\frac{r}{R}\right)^{n},$$

expression qui tend bien vers zéro puisque $r < R$. On a donc la série

$$f(x) = \frac{1}{2\pi i} \int_C \frac{f(z)}{z}\,dz + \ldots + \frac{x^n}{2\pi i} \int_C \frac{f(z)}{z^{n+1}}\,dz + \ldots$$

Ce développement n'est d'ailleurs autre chose que la série de Maclaurin, puisque, d'après la formule (5),

$$f^{n}(o) = \frac{1.2\ldots n}{2\pi i} \int_C \frac{f(z)}{z^{n+1}}\,dz.$$

Le théorème que nous venons d'établir joue dans la théorie des fonctions un rôle capital. Nous l'avions déjà établi (Chap. II, § 13), en développant séparément la partie réelle et la partie imaginaire de $f(z)$. Les deux méthodes ne sont d'ailleurs distinctes qu'en apparence; dans les deux cas, on fait au fond usage de la même formule, puisque la formule fondamentale de Cauchy n'est qu'une forme de la formule de Green, comme nous venons de le voir (§ 2).

6. Nous dirons quelquefois, pour abréger, qu'un point est, pour une fonction, un point *ordinaire* si l'on peut, dans le voisinage de ce point, développer la fonction par la formule de Taylor, ou encore si elle est *holomorphe* dans le voisinage de ce point.

Si tous les points de l'intérieur d'une aire A et de son périmètre sont des points ordinaires pour une fonction, on pourra pour chacun d'eux, d'après la définition précédente, trouver une quantité ρ telle que la fonction soit développable dans un cercle de rayon ρ autour de ce point. Il est clair que, pour l'ensemble de ces points, ρ aura un minimum différent de zéro. Nous allons établir qu'une fonction satisfaisant aux conditions précédentes, à l'intérieur et sur le périmètre d'une aire A, ne peut avoir dans cette région qu'un nombre limité de racines.

Faisons d'abord la remarque suivante : une série $f(z)$, ordonnée suivant les puissances croissantes de $z - a$ et s'annulant pour $z = a$, ne s'annule pour aucun autre point à l'intérieur d'un cercle de centre a et d'un rayon ρ' suffisamment petit. On a, en effet, $f(z)$ s'annulant pour $z = a$, une puissance entière et finie de $(z - a)$ en facteur, et, par suite,

$$f(z) = (z - a)^m [A_0 + A_1(z - a) + \ldots].$$

A_0 n'étant pas nul. Si donc $|z - a|$ est inférieur à un nombre ρ' suffisamment petit, la quantité entre parenthèse sera différente de zéro.

Pour toutes les racines, ce rayon ρ' est différent de zéro; il a donc un minimum qui n'est pas nul. Ceci suffit à établir que *les racines sont en nombre limité dans la région indiquée*.

7. L'analyse de Cauchy a été généralisée en 1843 par le com-

mandant Laurent, qui a considéré une fonction $f(x)$ holomorphe entre deux circonférences concentriques C et C'. Supposons que l'origine soit le centre commun et désignons par R et R' les rayons de C et C' ($R > R'$). L'application de la formule fondamentale donne

$$f(x) = \frac{1}{2\pi i}\int_C \frac{f(z)}{z-x}\,dz - \frac{1}{2\pi i}\int_{C'} \frac{f(z)}{z-x}\,dz.$$

Nous prenons la seconde intégrale avec le signe *moins*, parce que nous la prenons dans le même sens géométrique que la première.

Développons en série chacune des deux intégrales; pour la première, nous n'avons qu'à appliquer ce que nous avons dit au paragraphe précédent. Mais la seconde donne naissance à un développement en série d'une forme différente. En effet, puisque sur la circonférence C' le module de z est inférieur à celui de x, nous partirons de l'identité

$$\frac{1}{z-x} = -\frac{1}{x} - \frac{z}{x^2} - \cdots - \frac{z^n}{x^{n+1}} + \frac{\left(\dfrac{z}{x}\right)^{n+1}}{z-x}.$$

Nous avons donc

$$\int_{C'} \frac{f(z)}{z-x}\,dz = -\frac{1}{x}\int_{C'} f(z)\,dz - \cdots$$
$$-\frac{1}{x^{n+1}}\int_{C'} f(z)\,z^n\,dz + \int_{C'} \frac{f(z)}{z-x}\left(\frac{z}{x}\right)^{n+1}dz.$$

On montrera, comme précédemment, que le terme complémentaire tend vers *zéro* quand n augmente indéfiniment; la seconde intégrale est donc développée en une série entière par rapport à $\frac{1}{x}$. Il en résulte que la fonction $f(x)$ *se trouve développée en une somme de deux séries ordonnées, la première par rapport aux puissances croissantes et entières de x, la seconde par rapport aux puissances croissantes de* $\frac{1}{x}$.

La première de ces séries est convergente pour tout point *intérieur* au cercle C, la seconde série converge pour tout point *extérieur* au cercle C'. L'ensemble des deux séries sera convergent dans la couronne comprise entre les deux circonférences.

Il pourra arriver que la seconde circonférence ait un rayon nul, on aura alors un développement de la fonction valable pour tous les points du cercle C, *à l'exception de l'origine*. Ainsi, si l'on a une fonction $f(z)$, uniforme à l'intérieur d'un cercle C ayant l'origine pour centre, et continue pour tous les points de ce cercle, *sauf pour le centre*, on peut développer $f(z)$ en série de la forme

$$f(z) = \sum_{p=-\infty}^{p=-1} B_p z^p + \sum_{p=0}^{p=\infty} A_p z^p.$$

8. Les développements précédents permettent d'établir facilement quelques résultats généraux relatifs aux fonctions uniformes. Considérons une fonction $f(z)$, uniforme et continue dans tout le plan de la variable z; on suppose de plus que son module reste toujours inférieur à une quantité fixe M, quelque grand que soit z. Nous allons montrer, avec Liouville, que la fonction doit se réduire nécessairement à une constante. Nous pouvons en effet développer $f(z)$ en série entière

$$f(z) = A_0 + A_1 z + \ldots + A_m z^m + \ldots,$$

et cette série sera convergente à l'intérieur d'un cercle C, ayant l'origine pour centre et un rayon arbitraire R. Or on a (§ 5)

$$A_m = \frac{1.2\ldots m}{2\pi i} \int_C \frac{f(z)}{z^{m+1}} dz,$$

et, puisque sur le cercle
$$|f(z)| < M,$$

on a (§ 4)

$$|A_m| < \frac{1.2\ldots m}{R^m} M.$$

Or R est aussi grand qu'on voudra, par suite la quantité fixe A_m est rigoureusement nulle (sauf pour $m = 0$), et *la fonction $f(z)$ se réduit à la constante A_0*.

Nous avions déjà rencontré ce théorème de Liouville, car il n'est pas distinct du théorème établi (Chap. 1, § 12) et relatif aux fonctions harmoniques. Nous avons vu, en effet, que si une telle fonction, bien déterminée et continue pour toute valeur de

x et y, restait toujours moindre en valeur absolue qu'une quantité fixe, elle devait nécessairement se réduire à une constante. Or, en posant ici

$$f(z) = P + Qi,$$

on aura évidemment, si $|f(z)| < M$, les deux inégalités

$$|P| < M, \qquad |Q| < M,$$

et, par suite, P et Q seront des constantes.

9. Le théorème de Liouville se généralise immédiatement, en supposant non plus que le module de $f(z)$ reste toujours inférieur à M, mais que, pour des valeurs de $|z|$ supérieures à une quantité déterminée, on ait

$$\left|\frac{f(z)}{z^m}\right| < M,$$

m étant un entier positif déterminé. En prenant toujours le développement de $f(z)$, on a, p étant un entier positif arbitraire et en intégrant le long du cercle de rayon R,

$$A_{m+p} = \frac{1}{2\pi i} \int_C \frac{f(z)}{z^{m+p+1}}\,dz,$$

et, par suite,

$$|A_{m+p}| < \frac{M}{R^p},$$

et l'on en conclut, R étant aussi grand qu'on voudra,

$$A_{m+p} = 0 \qquad (p = 1, 2, \ldots, \infty).$$

La fonction $f(z)$ se réduit donc à un polynôme de degré m.

II. — Pôles et points singuliers essentiels d'une fonction uniforme.

10. Nous avons jusqu'ici supposé que la fonction $f(z)$ était holomorphe dans la région considérée. Soit dans cette région un point a, pour lequel la fonction cesse d'être continue; on suppose que si de a comme centre on décrit un cercle C d'un rayon assez petit, la fonction $f(z)$ est uniforme dans ce cercle et continue pour tous les points, sauf le point a. Dans ces condi-

tions nous avons (§ 7) le développement

$$f(z) = \sum_{p=-n}^{p=-1} B_p (z-a)^p + \sum_{p=0}^{p=\infty} A_p (z-a)^p.$$

Si les termes B_p sont en nombre limité, *on dira que le point a est un pôle*. On aura donc, dans ce cas,

$$(6) \qquad f(z) = \frac{B_m}{(z-a)^m} + \cdots + \frac{B_1}{z-a} + \sum_{p=0}^{p=\infty} A_p (z-a)^p,$$

ce développement étant valable pour les points d'un cercle d'un rayon suffisamment petit décrit autour du poin a. On aurait pu prendre la possibilité de ce développement comme définition du pôle. Le pôle a est dit un pôle *d'ordre m*, si $-m$ est la plus petite puissance de $z-a$ qui figure dans le développement. On voit que le produit

$$f(z)(z-a)^m$$

est uniforme et continu dans le voisinage de $z=a$, et prend pour $z=a$ une valeur finie et différente de zéro.

D'après la définition même du pôle, il est clair que, si une fonction holomorphe n'a, dans l'intérieur d'une aire et sur son contour, d'autres points singuliers que des pôles, ceux-ci sont en nombre fini. On doit pouvoir, en effet, autour de chaque point de ce domaine, tracer un cercle de rayon déterminé et différent de zéro, à l'intérieur duquel la fonction sera développable soit par la formule de Taylor, soit par la formule (6).

11. Parmi les coefficients B, il en est un particulièrement important : c'est le coefficient B_1 que Cauchy a appelé *résidu de la fonction relatif au pôle a*. L'importance de ce coefficient va apparaître dans la recherche de l'intégrale

$$(7) \qquad \int_C f(z)\,dz,$$

prise le long d'un contour simple entourant le pôle a. Nous pouvons substituer au contour C une circonférence C' ayant son centre

en a et un rayon assez petit pour que la fonction puisse être dans
ce cercle représentée par l'expression (6). On aura alors

$$\int_{\Gamma} f(z)\, dz = \mathrm{B}_m \int_{\Gamma} \frac{dz}{(z-a)^m} + \ldots + \mathrm{B}_1 \int_{\Gamma} \frac{dz}{z-a}.$$

Or on a

$$\int_{\Gamma} \frac{dz}{(z-a)^m} = 0 \qquad (m \neq 1),$$

comme on le voit de suite, en posant

$$z = a + \rho\, e^{\theta i}$$

et faisant l'intégration de $\theta = 0$ à $\theta = 2\pi$. On a de même

$$\int_{\Gamma} \frac{dz}{(z-a)} = 2\pi i.$$

Nous avons donc

$$\int_{C} f(z)\, dz = 2\pi i.\mathrm{B}_1.$$

Si l'on suppose d'une manière plus générale que le contour
simple C entoure un nombre quelconque de pôles a, b, ..., l,
on aura en ajoutant les résultats partiels dus à chaque pôle

$$\int_{C} f(z)\, dz = 2\pi i \sum \mathrm{R},$$

$\sum \mathrm{R}$ désignant la somme des résidus relatifs aux différents pôles
situés à l'intérieur de C.

Nous pouvons donc énoncer le théorème fondamental suivant,
dont Cauchy a fait d'innombrables applications :

*L'intégrale d'une fonction uniforme prise le long d'un
contour simple est égale au produit de $2\pi i$ par la somme des
résidus de la fonction relatifs aux pôles situés à l'intérieur
du contour.*

12. Les fonctions uniformes peuvent présenter d'autres points
singuliers que les pôles. Nous dirons d'une manière générale qu'un
point O qui n'est pour une fonction uniforme $f(z)$ ni un pôle, ni

un point ordinaire, est un *point singulier essentiel isolé* pour
cette fonction, si, à l'intérieur d'un cercle ayant O pour centre,
la fonction est uniforme, et si, en dehors de O, elle ne possède
dans ce cercle d'autres points singuliers que des pôles.

Ainsi, par exemple, la fonction $e^{\frac{1}{z}}$ a au point $z = o$ un point
singulier essentiel isolé. Ce point n'est en effet pour la fonction
ni un pôle, ni un point ordinaire. L'étude de cette fonction si
simple va nous montrer de suite l'indétermination d'une fonction
dans le voisinage d'un point singulier essentiel. Considérons en
effet l'équation

$$e^{\frac{1}{z}} = A,$$

A étant une constante quelconque différente de zéro. Il est facile
d'avoir ses racines. Soit en effet

$$A = Re^{\alpha i}$$

et

$$\frac{1}{z} = p + qi;$$

on aura

$$e^{p+qi} = Re^{\alpha i}.$$

Le module du premier membre est égal à e^p et son argument
à q; on a donc

$$e^p = R \qquad \text{ou} \qquad p = \log R,$$

ce logarithme étant le logarithme arithmétique, et

$$q = \alpha + 2k\pi,$$

donc

$$z = \frac{1}{\log R + (\alpha + 2k\pi)i},$$

k étant un entier arbitraire positif ou négatif.

Quand k augmente indéfiniment, ces valeurs de z tendent vers
zéro. On en conclut que l'équation

$$e^{\frac{1}{z}} = A \qquad (A \gtrless o)$$

a une infinité de racines dans le voisinage de $z = o$, c'est-à-dire
que, *quelque petit que soit le rayon d'un cercle décrit de l'ori-*

gine comme centre, il y aura toujours une infinité de racines de
cette équation contenues à l'intérieur de ce cercle. Cet exemple
montre combien est profonde l'indétermination d'une fonction dans
le voisinage d'un point singulier essentiel.

13. C'est M. Weierstrass qui a fait le premier, d'une manière
systématique, l'étude des points singuliers essentiels ([1]). L'illustre auteur a montré que, dans le voisinage d'un point essentiel, *la fonction $f(z)$ s'approche autant qu'on veut de toute valeur donnée*, c'est-à-dire que, étant donné un nombre ε aussi
petit qu'on voudra et un nombre quelconque A, il y aura toujours, à l'intérieur d'un cercle ayant a pour centre et un rayon si
petit qu'il soit, des points z où

$$|f(z) - A| < \varepsilon.$$

M. Weierstrass déduit cette proposition de ses théorèmes généraux sur les fonctions uniformes. Nous en donnerons une démonstration différente ([2]).

Tout d'abord remarquons que, dans le voisinage d'un point
singulier essentiel, la fonction peut admettre une infinité de
pôles. Ainsi la fonction

$$\frac{1}{\sin\left(\frac{1}{z}\right)}$$

a pour point singulier essentiel $z = 0$, et elle admet les pôles en
nombre infini $z = \dfrac{1}{k\pi}$ (k entier).

Pour établir le théorème général qui vient d'être énoncé, considérons la fonction

$$(8) \qquad\qquad \frac{1}{f(z) - A}.$$

Deux cas pourront se présenter. La fonction (8) pourra avoir une

---

([1]) K. WEIERSTRASS, *Mémoire sur les fonctions uniformes d'une variable*
(*Mémoires de l'Académie de Berlin*, 1876).

([2]) J'ai donné pour la première fois cette démonstration dans mon Cours lithographié de 1880.

infinité de pôles dans le voisinage du point singulier essentiel a; dans ce cas, l'équation

$$f(z) - A = o$$

aura une infinité de racines dans le voisinage de a, et le théorème est alors évident : la fonction non seulement s'approche autant qu'on veut de A, mais lui devient rigoureusement égale.

En second lieu, la fonction (8) n'a pas une infinité de pôles dans le voisinage de a. On peut alors dans ce voisinage se servir de la formule de Laurent, et l'on a, dans l'intérieur d'un certain cercle C,

$$\frac{1}{f(z) - A} = A_0 + A_1(z - a) + \dots$$
$$+ \frac{B_1}{(z - a)} + \frac{B_2}{(z - a)^2} + \dots$$

La première série sera convergente à l'intérieur du cercle C, la seconde est convergente dans tout le plan, sauf au point a. Or, si l'on pose $\frac{1}{z - a} = x$, nous savons qu'on peut choisir x de module supérieur à tout nombre donné R, de façon que le module de

$$B_1 x + B_2 x^2 + \dots$$

soit lui-même supérieur à telle quantité positive qu'on voudra donnée à l'avance. A cette valeur de x correspond un point z aussi rapproché qu'on veut de a, pour lequel le module de $f(z) - A$ est inférieur à tout nombre ε, si petit qu'il soit, ce qui démontre le théorème.

14. La proposition précédente ne nous apprend rien sur les racines de l'équation

$$f(z) - A = o$$

dans le voisinage du point a. Bornons-nous à énoncer un théorème sur lequel nous reviendrons plus tard [1] :

L'équation précédente a en général une infinité de racines dans le voisinage de a. Il peut arriver cependant qu'il n'en soit

---

[1] E. PICARD, *Mémoire sur les fonctions entières* (*Annales de l'École Normale*, 1880).

*pas ainsi pour certaines valeurs exceptionnelles de la con-
stante* A, *mais il ne peut exister plus de deux valeurs exceptionnelles.*

Dans cet énoncé la valeur A $= \infty$ est à considérer comme une
valeur que rien ne distingue des autres.

De ce théorème résulte une classification pour les points singuliers essentiels isolés d'une fonction uniforme $f(z)$. On peut
les partager en trois classes :

1° La fonction $f(z)$ peut prendre sans exception toutes les valeurs que l'on voudra dans le voisinage de α; on peut dire que
c'est le cas général.

2° Il peut y avoir une valeur exceptionnelle que la fonction ne
prendra pas dans le voisinage de α. Ainsi, par exemple, la fonction

$$\sin\left(\frac{1}{z}\right)$$

ne devient pas nulle dans le voisinage de $z = 0$. Nous avons ici
l'unique valeur exceptionnelle A $= 0$.

3° Deux valeurs exceptionnelles peuvent enfin se rencontrer.

La fonction $e^{\frac{1}{z}}$ en offre un exemple; l'équation

$$e^{\frac{1}{z}} = A$$

n'aura pas de racines dans le voisinage de l'origine si A $= 0$ et si
A $= \infty$.

15. Nous avons toujours supposé jusqu'ici que le point, dans le
voisinage duquel on faisait l'étude de la fonction, est à distance
finie. Dans la théorie des fonctions d'une variable complexe, on
considère les valeurs de z d'un module infiniment grand comme
formant un point; on le désigne sous le nom de *point à l'infini.*
Il suffit de poser

$$z = \frac{1}{z'}$$

pour que le point à l'infini dans le plan des z soit ramené à l'origine dans le plan des z'.

Les définitions et les théorèmes qui en résultent s'étendent donc sans difficulté au point à l'infini. Celui-ci, par exemple, sera un pôle pour la fonction $f(z)$, si la fonction

$$f\left(\frac{1}{z'}\right)$$

admet comme pôle le point $z' = 0$: on aura alors

$$f\left(\frac{1}{z'}\right) = \frac{A_m}{z'^m} + \ldots + \frac{A_1}{z'} + G(z'),$$

$G(z')$ étant holomorphe dans le voisinage de $z' = 0$: donc

$$f(z) = A_m z^m + \ldots + A_1 z + G\left(\frac{1}{z}\right),$$

$G\left(\frac{1}{z}\right)$ étant une série entière en $\frac{1}{z}$, convergente quand $|z|$ est suffisamment grand.

Si nous considérons en particulier un polynôme d'ordre m, nous pouvons le regarder comme une fonction de z ayant, pour toute singularité, le point à l'infini comme pôle d'ordre m. La réciproque est vraie, c'est-à-dire qu'*une fonction uniforme dans tout le plan, ayant comme seule singularité le point à l'infini supposé pôle d'ordre m, se réduit à un polynôme de degré m*. Il est clair en effet, que, dans ce cas,

$$\left|\frac{f(z)}{z^m}\right|$$

reste, à partir d'une certaine valeur de $|z|$, inférieur à un nombre fixe ; par conséquent, d'après le théorème de Liouville généralisé (§ 9), la fonction entière $f(z)$ doit se réduire à un polynôme qui devra être nécessairement de degré m, puisque le point à l'infini est un pôle d'ordre m.

Ce théorème peut se généraliser. Une fonction rationnelle est une fonction uniforme qui n'a dans tout le plan, y compris le point à l'infini, d'autres points singuliers que des pôles. La réciproque est exacte et se déduit de suite du théorème précédent. Soient en effet a, b, …, l les pôles de notre fonction $f(z)$, à distance finie et de degrés de multiplicité α, β, ..., λ. Formons le produit

$$f(z)(z - a)^\alpha \ldots (z - l)^\lambda,$$

il n'aura plus de pôle à distance finie, et le point à l'infini ne pourra être qu'un pôle ou qu'un point ordinaire. Ce produit est donc un polynôme ou une constante et il est bien établi que $f(z)$ *est une fraction rationnelle.*

III. — Fonctions analytiques élémentaires d'une variable complexe.

16. Nous avons déjà, à propos de la théorie des séries entières (Chap. II), défini les fonctions élémentaires e^z, $\sin z$ et $\cos z$, qui sont uniformes et continues dans tout le plan. Nous nous occuperons dans ce paragraphe des fonctions élémentaires qui admettent des points singuliers et de celles qui ne sont pas uniformes.

17. Les fonctions $\tan g\, z$ et $\cot z$ sont définies par les quotients $\frac{\sin z}{\cos z}$ et $\frac{\cos z}{\sin z}$. La fonction $\cos z$ s'annulant pour certaines valeurs de z, $\tan g\, z$ deviendra infini. Cherchons les racines de $\cos z$, on devra avoir

$$e^{zi} + e^{-zi} = 0$$

ou

$$e^{2zi} = -1 ;$$

donc, en posant $z = \alpha + i\beta$,

$$e^{2i(\alpha + i\beta)} = -1.$$

Or, -1 ayant l'unité pour module et son argument pouvant être pris égal à π, on aura

$$e^{-2\beta} = 1,$$

$$2\alpha = \pi + 2k\pi.$$

Par conséquent, les racines z sont données par la formule

$$z = \frac{\pi}{2} + k\pi,$$

k étant un entier positif ou négatif. Ces points sont des *pôles simples* de $\tang z$.

On verra de la même manière que les pôles de $\cot z$ sont donnés par

$$z = k\pi.$$

Ainsi, tandis que les fonctions e^z, $\sin z$ et $\cos z$ sont des fonctions *entières*, les fonctions $\tang z$ et $\cot z$, qui sont aussi uniformes dans tout le plan, ont un nombre infini de pôles.

Nous verrons dans le Chapitre suivant comment on peut les développer en séries de fractions rationnelles.

18. Nous n'avons considéré jusqu'ici que des fonctions uniformes, c'est-à-dire n'ayant qu'une valeur pour chaque valeur de z. Prenons maintenant l'expression

$$u = \sqrt{z - a};$$

pour une valeur de z, u a deux déterminations, mais on ne doit pas considérer ces deux déterminations comme représentant deux fonctions distinctes de z. En effet, partons d'une valeur $z_0\,(z_0 \neq a)$, et soit u_0 une des déterminations du radical $\sqrt{z_0 - a}$. Traçons dans le plan de la variable z un chemin allant de z_0 à un point z_1 et ne passant pas par a; suivons *par continuité* la valeur de u à partir de la détermination choisie u_0 pour $z = z_0$, c'est-à-dire prenons, pour z voisin de z_0, la valeur de u voisine de u_0 et ainsi de suite de proche en proche. Nous arrivons ainsi au point z_1 avec une valeur déterminée pour u. Deux chemins différents allant de z_0 à z_1 donneront, à l'arrivée en z_1, la même valeur pour u, si le point a n'est pas compris dans l'aire limitée par l'ensemble des deux chemins. En effet, en posant

$$z - a = \rho(\cos\theta + i\sin\theta),$$

prenons pour u_0 la détermination

$$\sqrt{z_0 - a} = \sqrt{\rho_0}\left(\cos\frac{\theta_0}{2} + i\sin\frac{\theta_0}{2}\right)$$

et pour valeur générale de $\sqrt{z - a}$

$$\sqrt{z - a} = \sqrt{\rho}\left(\cos\frac{\theta}{2} + i\sin\frac{\theta}{2}\right).$$

En faisant varier ρ et θ d'une manière continue depuis (ρ_0, θ_0) correspondant à z_0, jusqu'à (ρ_1, θ_1) correspondant à z_1, l'argument θ_1 est bien le même, que l'on ait suivi l'un ou l'autre chemin, si le point a est extérieur à l'aire limitée par les deux chemins. Il en est autrement si l'on a deux chemins C et C' formant la limite d'une aire comprenant le point a (*fig.* 16). Si l'on

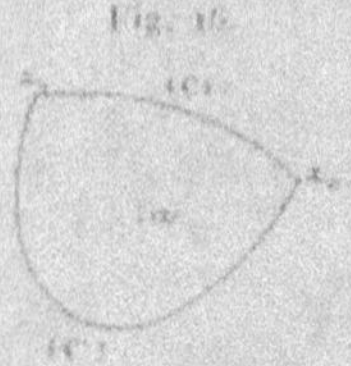

part de z_0 avec l'argument θ_0 pour $z_0 - a$, et si θ_1 désigne encore l'argument obtenu en arrivant en z_1 par le chemin C, il est clair que le chemin C' nous conduira en z_1 avec l'argument $\theta_1 - 2\pi$; nous trouverons donc, par le chemin C, la valeur

$$u_1 = \sqrt{\rho_1}\left(\cos\frac{\theta_1}{2} + i\sin\frac{\theta_1}{2}\right)$$

et par le chemin C'

$$u_1 = -\sqrt{\rho_1}\left(\cos\frac{\theta_1}{2} + i\sin\frac{\theta_1}{2}\right).$$

Les deux déterminations de la fonction ne forment donc pas des fonctions distinctes. Ainsi, en particulier, si l'on part de z_0 avec une certaine détermination, on reviendra en ce point avec l'autre détermination si l'on tourne une fois autour de l'origine.

Ces remarques sont bien simples; elles n'en ont pas moins joué un rôle considérable dans la Science, en appelant l'attention sur les fonctions *non uniformes*. On a considéré longtemps les deux valeurs de

$$u = \sqrt{z - a}$$

comme formant deux fonctions distinctes de z; c'est qu'on ne s'attachait pas à l'idée de continuité pour définir au juste ce que l'on entendait par fonction. Nous venons de voir que c'est en suivant *par continuité* la succession des valeurs de u sur un chemin donné, que la valeur finale se déduit sans ambiguité de la valeur initiale.

19. Un autre exemple de fonction non uniforme va nous être fourni par la *fonction logarithmique*. Cherchons les racines de l'équation en u

$$e^u = z,$$

z étant une quantité donnée; u est *par définition* le logarithme de z. En posant

$$u = X + iY, \qquad z = r(\cos\alpha + i\sin\alpha),$$

on a

$$e^X e^{iY} = re^{i\alpha},$$

donc

$$r = e^X, \qquad Y = \alpha + 2k\pi$$

et, par suite,

$$(10) \qquad u = \operatorname{Log} r + (\alpha + 2k\pi)i,$$

$\operatorname{Log} r$ désignant le logarithme arithmétique de r; k est un entier arbitraire. Ces valeurs en nombre infini sont les déterminations multiples de $\log z$.

Si maintenant nous voulons considérer u comme fonction de z, nous partirons d'un point z_0 avec une de ces déterminations et nous suivrons par continuité, comme nous l'avons fait au paragraphe précédent. On voit ainsi que la fonction $\log z$ reprend la même valeur quand z revient au point de départ sans avoir tourné autour de l'origine. Au contraire, si le chemin partant de z_0 revient en ce point après avoir tourné une fois dans le sens direct autour de l'origine, α_0 augmentera de 2π et par suite $\log z$ reprendra sa valeur initiale augmentée de $2\pi i$.

La fonction $\log z$ a donc une infinité de déterminations qui peuvent s'échanger les unes dans les autres en tournant autour de l'origine qui est un point singulier.

Cette fonction a une dérivée qu'il est facile de calculer; on a

$$e^u = z, \qquad e^{u+\Delta u} = z + \Delta z.$$

Donc

$$e^u(e^{\Delta u} - 1) = \Delta z.$$

ou

$$e^{v}\,\Delta u\left(1 + \frac{\Delta u}{1\,.\,2} + \dots\right) = \Delta z$$

et, par suite,

$$\lim \frac{\Delta u}{\Delta z} = \frac{1}{e^{u}} = \frac{1}{z}.$$

Ainsi

$$\frac{du}{dz} = \frac{1}{z}.$$

Il en résulte que $\log z$ est bien une fonction analytique de z. On aurait pu le voir en partant de l'expression (9) et remarquant que $\operatorname{Log} r$ et $z + 2k\pi$ satisfont bien aux relations fondamentales

$$\frac{\partial u}{\partial x} = \frac{\partial v}{\partial y}, \qquad \frac{\partial u}{\partial y} = -\frac{\partial v}{\partial x}.$$

20. Considérons maintenant la fonction $\log(1 + z)$. Elle admet comme point critique le point $z = -1$. Soit (C) (*fig.* 17) le

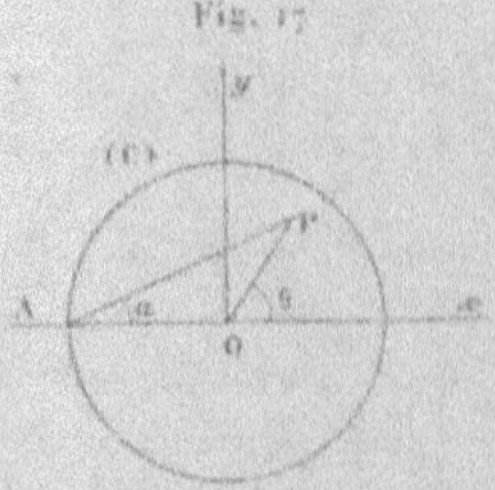

Fig. 17

cercle qui a pour centre l'origine et qui passe par ce point singulier A. A l'intérieur de (C), l'une quelconque des déterminations multiples de la fonction $\log(1 + z)$ est uniforme et continue. Si l'on choisit celle qui s'annule avec z, on reconnaît facilement que sa détermination est $\log AP + i\alpha$, α désignant l'angle des deux directions Ax et AP.

D'après le théorème de Cauchy, cette détermination est développable en série entière relativement à z, pour tous les points intérieurs à C, et l'on obtient

$$\log(1 + z) = \frac{z}{1} - \frac{z^{2}}{2} + \dots + (-1)^{n+1}\frac{z^{n}}{n} + \dots$$

Nous avons déjà étudié ce développement (Chap. II, §22). Nous avons vu qu'il coïncide avec celui que l'on obtient pour z réel. Cette série est convergente dans tous les points de C sauf au point A; elle représente donc $\log(1+z)$ pour tous ces points, et peut être prolongée analytiquement dans tout le plan. En allant du point P à un point P' extérieur par deux chemins différents, on obtiendra pour $\log(1+z)$ la même valeur, pourvu que ces chemins ne contiennent pas dans leur intérieur le point A.

Soit $M(1, \theta)$ un point du cercle de convergence

$$z = \cos\theta + i\sin\theta.$$

On a

$$\log(1+z) = \log 2\left(\cos\frac{\theta}{2}\right) + i\frac{\theta}{2}$$

et

$$\log(1+z) = \frac{\cos\theta + i\sin\theta}{1} - \frac{(\cos\theta + i\sin\theta)^2}{2} + \ldots$$

ce développement étant valable pour toutes les valeurs de θ, sauf $\theta = \pm\pi$. On en conclut les deux développements

$$\log\left(2\cos\frac{\theta}{2}\right) = \frac{\cos\theta}{1} - \frac{\cos 2\theta}{2} + \frac{\cos 3\theta}{3} - \ldots$$

et

$$\frac{\theta}{2} = \frac{\sin\theta}{1} - \frac{\sin 2\theta}{2} + \frac{\sin 3\theta}{3} - \ldots$$

Nous avons vu plus haut que la fonction $u = \log z$ a pour dé-

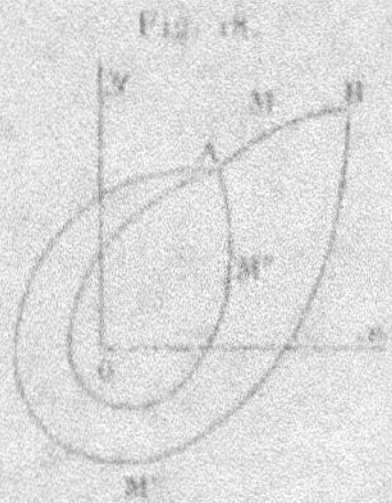

Fig. 18.

rivée $\frac{1}{z}$; elle peut donc être représentée par l'intégrale curviligne

$$u = \int_{z_0}^{z} \frac{dz}{z},$$

le chemin qui va de z_0 à z étant donné. Si l'on va du point $A(z_0)$ au point $B(z)$ (*fig.* 18) par deux chemins qui ne comprennent pas l'origine, le résultat sera le même. Mais si l'on va de A en B par deux chemins qui comprennent l'origine, tels que AMB et AM'B, on aura

$$\int_{AM'B} \frac{dz}{z} = \int_{AMB} - \int_{AMB}$$

Or la première intégrale est égale à $2i\pi$; donc on a, en désignant par u' la seconde détermination de u,

$$u' = u + 2i\pi.$$

Si le contour AM'B faisait k fois le tour de O, on aurait

$$u' = u + 2ki\pi.$$

Nous retrouvons bien de la sorte les déterminations en nombre infini de la fonction $\log z$.

20. La définition de la fonction z^m se déduit de celle de $\log z$, en posant

$$z^m = e^{m \log z}$$

qui donne un sens à z^m, quel que soit m. On voit que la fonction z^m a comme point critique le point $z = 0$, et, quand z tourne autour de l'origine, la fonction se reproduit multipliée par $e^{2m\pi i}$, puisque $\log z$ s'augmente de $2\pi i$.

Considérons en particulier la fonction $(1 + z)^m$. Elle est développable en série convergente en tout point intérieur au cercle qui a pour centre l'origine et qui passe par le point singulier $z = -1$. Considérons celle des déterminations de $(1 + z)^m$ qui devient égale à 1 pour $z = 0$. Elle sera, d'après le théorème de Cauchy, représentée par la série

$$1 + \frac{m}{1} z + \frac{m(m-1)}{1.2} z^2 + \ldots + \frac{m(m-1)\ldots(m-n+1)}{1.2\ldots n} z^n + \ldots$$

que nous avons déjà étudiée précédemment (Chap. II, § 23). De sorte que cette série, qui représente $(1 + z)^m$ lorsque z est réel, le représente encore quand z est imaginaire et de module inférieur à *un*. Sur la circonférence de convergence nous savons que le développement est ou n'est pas convergent suivant la valeur de *m*.

21. Le développement de l'irrationnelle

$$\frac{1}{\sqrt{1-2zx+z^2}}$$

suivant les puissances de z se rattache à la question précédente. Bornons-nous au cas où x est réel. Cette irrationnelle est une fonction algébrique de z qui a deux déterminations. Choisissons celle qui, pour $z = o$, est égale à $+1$. Le rayon du cercle de convergence de son développement suivant les puissances entières de z est évidemment égal au module de la racine du polynôme $1 - 2zx + z^2$ qui est la plus voisine de l'origine.

Si $|x| < 1$, les deux racines $x \pm i\sqrt{1-x^2}$ sont imaginaires et leur module, indépendant de x, est égal à *un*. Le rayon du cercle de convergence est donc aussi égal à *un* quel que soit $|x|$. Si $|x| > 1$, les deux racines sont réelles et le rayon du cercle de convergence variable avec $|x|$. Dans les deux cas, on aura, pour tout point z pris à l'intérieur de ce cercle, un développement convergent de la forme

$$\frac{1}{\sqrt{1-2zx+z^2}} = X_0 + X_1 z + X_2 z^2 + \ldots + X_n z^n + \ldots$$

Les coefficients X_n sont connus sous le nom de polynômes de Legendre; X_n est de degré n en x.

Cherchons d'abord une relation de récurrence qui existe entre trois coefficients X_n successifs. En posant

$$(10) \qquad y = \frac{1}{\sqrt{1-2zx+z^2}},$$

on déduit, en dérivant par rapport à z,

$$(11) \qquad \frac{dy}{dz}(1-2zx+z^2) = y(x-z).$$

Prenons la dérivée $n^{\text{ième}}$ par rapport à z des deux membres de cette égalité. En appliquant la formule bien connue qui donne la dérivée d'un produit de deux facteurs, et en faisant $z = o$, on obtient

$$\left(\frac{d^{n+1}y}{dx^{n+1}}\right)_0 - (2n+1)x\left(\frac{d^n y}{dx^n}\right)_0 + n^2\left(\frac{d^{n-1}y}{dx^{n-1}}\right)_0 = 0.$$

D'ailleurs, on a

$$\left(\frac{d^n y}{dx^n}\right)_0 = 1.2\ldots n.X_n$$

et finalement la formule de récurrence cherchée est

$$(12) \qquad (n+1)X_{n+1} - (2n+1)xX_n + nX_{n-1} = 0.$$

On en déduit que X_n est un polynôme de degré n en x : les deux premiers sont

$$X_0 = 1, \qquad X_1 = x.$$

Pour $x = +1$, on a $X_n = 1$. Pour $x = -1$, on a $X_n = \pm 1$ suivant que n est pair ou impair.

Ces polynômes jouissent de toutes les propriétés des fonctions de Sturm, comme on le reconnaît immédiatement. Pour $x = -1$, la suite des polynômes $X_0, X_1, \ldots, X_n$ présente manifestement n variations. Pour $x = +1$, elle n'en a plus ; donc, x croissant de -1 à $+1$, la suite a perdu n variations ; donc X_n a passé au moins par n racines ; et comme ce polynôme est de degré n, ses n racines sont comprises entre -1 et $+1$.

Pour établir maintenant l'identité, à un facteur près, des polynômes X_n avec les polynômes que nous avons déjà étudiés (t. I, p. 16), il suffira de démontrer que l'intégrale

$$\int_{-1}^{+1} f(x) X_n \, dx$$

est nulle lorsque $f(x)$ est un polynôme arbitraire de degré au plus égal à $n-1$. Nous nous servirons à cet effet d'une seconde relation obtenue en dérivant par rapport à x les deux membres de (10). On a

$$\frac{dy}{dx}(1 - 2\alpha x + \alpha^2) = \alpha y$$

et, en comparant avec (11),

$$(x - \alpha)\frac{dy}{dx} = \alpha\frac{dy}{d\alpha};$$

d'où la relation cherchée

$$(\mathrm{11}) \qquad x X'_n - X'_{n-1} = n X_n.$$

Multipliant les deux membres par $x^m\,dx$ et intégrant de -1 à $+1$, il vient

$$n \int_{-1}^{+1} x^m X_n\,dx = \int_{-1}^{+1} x^{m+1} X'_n\,dx - \int_{-1}^{+1} x^m X'_{n-1}\,dx,$$

d'où, en intégrant par partie,

$$n \int_{-1}^{+1} x^m X_n\,dx = \left[\, x^m(x X_n - X_{n-1}) \right]_{-1}^{+1}$$
$$- (m+1) \int_{-1}^{+1} x^m X_n\,dx + m \int_{-1}^{+1} x^{m-1} X_{n-1}\,dx.$$

Or $(x X_n - X_{n-1})$ est nul pour les limites $+1$ et -1 : donc finalement

$$(\mathrm{14}) \qquad \int_{-1}^{+1} x^m X_n\,dx = \frac{m}{m+n+1} \int_{-1}^{+1} x^{m-1} X_{n-1}\,dx.$$

On a d'ailleurs

$$\int_{-1}^{+1} X_0\,dx = 2, \qquad \int_{-1}^{+1} X_n\,dx = 0 \qquad (n \gtrless 1).$$

Le résultat est maintenant immédiat : si m est $\leqq n-1$, l'intégrale (14) se ramène à une intégrale de la forme

$$\int_{-1}^{+1} X_n\,dx \qquad (n \geqq 1)$$

et est nulle. Il en est de même de l'intégrale

$$\int_{-1}^{+1} f(x) X_n\,dx,$$

où $f(x)$ est un polynôme arbitraire de degré $\leqq n-1$. Donc X_n satisfait à l'identité

$$X_n = A \frac{d^n (x^2 - 1)^n}{dx^n},$$

où A est une constante dont on trouve facilement la valeur

$$A = \frac{1}{2.4.6\ldots 2n}.$$

22. Parlons enfin, pour achever l'énumération des fonctions élémentaires, des fonctions circulaires inverses. La fonction

$$u = \operatorname{arc\,tang} z$$

sera définie par l'équation

$$\operatorname{tang} u = z.$$

On peut trouver aisément l'expression générale de u, en remplaçant $\operatorname{tang} u$ par sa valeur en fonction d'exponentielles

$$\operatorname{tang} u = \frac{\sin u}{\cos u} = \frac{e^{ui} - e^{-ui}}{i(e^{ui} + e^{-ui})} = \frac{e^{2ui} - 1}{i(e^{2ui} + 1)},$$

donc

$$e^{2ui} = \frac{1 + zi}{1 - zi} = \frac{i - z}{i + z},$$

et enfin

$$u = \frac{1}{2i} \log \frac{i - z}{i + z} = \frac{\pi}{2} - \frac{1}{2i} \log \frac{z - i}{z + i}.$$

La fonction $\operatorname{arc\,tang} z$ se ramène donc à la fonction logarithmique. Ses points singuliers sont $z = +i$ et $z = -i$.

On définira d'une manière analogue la fonction

$$u = \operatorname{arc\,sin} z$$

par l'équation

$$\sin u = z,$$

qui donne

$$e^{ui} - e^{-ui} = 2zi,$$

ou

$$e^{2ui} - 2zi\, e^{ui} - 1 = 0,$$

et par suite

$$e^{ui} = zi + \sqrt{1 - z^2},$$

d'où se conclut

$$u = \frac{1}{i} \log(zi + \sqrt{1 - z^2}).$$

La fonction $\operatorname{arc\,sin} z$ s'exprime donc à l'aide de la fonction logarithmique.

23. Nous ne nous sommes occupé jusqu'à présent que des développements suivant les puissances entières de la variable. On peut, dans certains cas, par un simple changement de variable, développer une fonction sous une forme différente. L'exemple suivant est relatif au développement d'une fonction en série d'exponentielles.

Soit $f(z)$ une fonction uniforme et continue de z à l'intérieur d'une aire définie par deux parallèles à Oy. On suppose que cette fonction est périodique, l'amplitude de la période étant $2\pi i$,

$$f(z + 2n\pi i) = f(z),$$

de sorte que la valeur de la fonction au point A ($fig.$ 19) est la

Fig. 19.

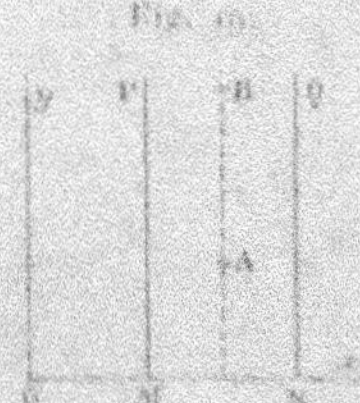

même qu'au point B, si le segment AB parallèle à Oy est égal à $2n\pi$, n étant un entier quelconque.

Posons

$$z' = e^z,$$

et cherchons quelle est dans le plan des z' ($fig.$ 20) la région qui correspond à la bande, indéfinie dans les deux sens, comprise

Fig. 20.

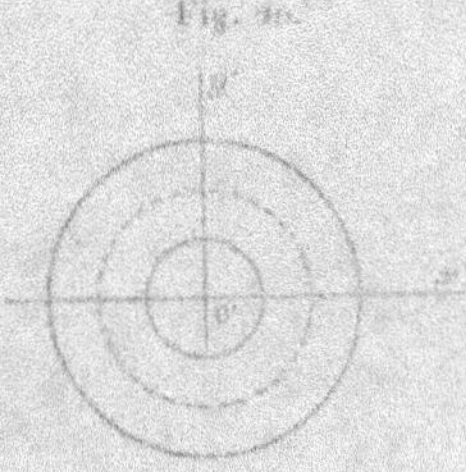

entre les parallèles MP et NQ. Soit $x = a$ l'équation de la droite

AB; l'affixe d'un quelconque de ses points est

$$z = u + iy,$$

et le point correspondant du plan des z' est

$$z' = e^a e^{iy},$$

c'est-à-dire qu'à la droite AB correspond dans le plan des z' une circonférence de rayon e^a et de centre O'. Il s'ensuit qu'à l'aire MNPQ correspond l'aire limitée par les deux circonférences concentriques qui correspondent aux parallèles MP et NQ.

La fonction $f(z)$ va devenir une certaine fonction $\varphi(z')$ uniforme et continue dans l'espace annulaire compris entre ces deux circonférences. Elle sera par conséquent développable dans cette région par la formule de Laurent

$$\varphi(z') = \sum_{m=-\infty}^{m=+\infty} A_m z'^m.$$

Par suite $f(z)$ sera représentée dans toute la bande MNPQ par la série

$$f(z) = \sum_{m=-\infty}^{m=+\infty} A_m e^{miz}.$$

Si, au lieu de supposer la période égale à $2i\pi$, on supposait son amplitude égale à a, et que l'aire soit limitée par deux droites parallèles à celle qui joint le point z au point $z + a$, on obtiendrait l'expression

$$f(z) = \sum_{m=-\infty}^{m=+\infty} A_m e^{\frac{2mi\pi z}{a}}.$$

IV. — Sur les produits convergents.

24. Quoique nous devions faire peu d'usage de la représentation des fonctions sous forme de produit, il ne sera pas inutile d'indiquer quelques propositions générales relatives aux produits convergents. La théorie des produits convergents ne présente d'ailleurs aucune idée nouvelle, puisque la convergence d'un tel produit se ramène toujours à la convergence d'une série.

Nous commencerons par démontrer le théorème suivant :

Le produit

$$(1 + a_1)(1 + a_2)\ldots(1 + a_n)\ldots$$

sera convergent si la série

$$|a_1| + |a_2| + \ldots + |a_n| + \ldots$$

est convergente.

Nous pouvons supposer que $|a_n| < 1$, quel que soit n, puisque nous pouvons laisser de côté des facteurs nécessairement en nombre limité où cette condition ne serait pas remplie.

Ceci dit, supposons d'abord les a réels. Le produit sera convergent, si la série

$$\log(1 + a_1) + \log(1 + a_2) + \ldots + \log(1 + a_n) + \ldots$$

est convergente. Désignons par b les termes positifs et par $- c$ les termes négatifs parmi les a. La série

$$\log(1 + b_1) + \log(1 + b_2) + \ldots + \log(1 + b_n) + \ldots$$

sera convergente, car $\log(1 + x) < x$ quand x est positif.

Pareillement, la série

$$\log(1 - c_1) + \ldots + \log(1 - c_n) + \ldots$$

sera convergente, car on a

$$\log(1 - c_n) = - \frac{c_n}{1 - \theta c_n}, \qquad o < \theta < 1,$$

or le facteur $\dfrac{1}{1 - \theta c_n}$ tend vers un : la série convergera donc puisque la série de terme général c_n est convergente.

Passons maintenant à la série

$$(1 + u_1)(1 + u_2)\ldots(1 + u_n)\ldots$$

les u étant complexes. Soit $u_n = a_n + b_n i$; les séries $\Sigma|a_n|$ et $\Sigma|b_n|$ sont convergentes par hypothèse. Le carré du module de $(1 + u_n)$ est

$$(1 + a_n)^2 + b_n^2 \qquad \text{ou} \qquad 1 + 2a_n + a_n^2 + b_n^2.$$

La série de terme général

$$2\,a_n + a_n^2 + b_n^2$$

converge évidemment ; par suite le module du produit tend vers une limite. Passons à l'argument ; celui-ci est pour $1 + u_n$

$$\arcsin \frac{b_n}{\sqrt{(1 + a_n)^2 + b_n^2}},$$

et il faut montrer que la somme des arguments a une limite déterminée. Or cet arcsin est comparable à b_n, ce qui rend évident le résultat que l'on veut établir.

25. Passons maintenant aux produits convergents représentant une fonction de z. On considère le produit

$$(15) \qquad [1 + f_1(z)][1 + f_2(z)]\dots[1 + f_n(z)]\dots$$

les fonctions $f_1(z)$, ..., $f_n(z)$, ... sont des fonctions uniformes et continues dans le même cercle C de convergence. On suppose de plus, en représentant d'une manière générale par

$$F_i(Z) \qquad (Z = |z|)$$

la série obtenue en remplaçant dans $f_i(z)$ chaque terme par son module, que la série

$$F_1(Z) + F_2(Z) + \dots + F_n(Z) + \dots$$

converge quand Z est inférieur au rayon du cercle C.

Dans ces conditions *nous voulons montrer que le produit* (15) *représente une fonction holomorphe de z à l'intérieur de* C.

Considérons d'abord le produit convergent

$$P(Z) = [1 + F_1(Z)][1 + F_2(Z)]\dots[1 + F_n(Z)]\dots$$

Soit $P_n(Z)$ le produit des n premiers facteurs ; nous pourrons mettre $P_n(Z)$ sous la forme

$$P_n(Z) = A_n^0 + A_n^1 Z + \dots + A_n^m Z^m + \dots$$

A_n^0 étant une constante positive. Or $P_n(Z)$ est plus petit que $P(Z)$; donc tous les termes

$$A_n^m Z^m$$

sont moindres que $P(Z)$. Mais quand n augmente indéfiniment (m restant fixe) les A_m^n augmentent. Par suite A_m^n pour $n = \infty$ tend vers une limite que nous désignerons par A_m. Ceci dit, remarquons que l'on a

$$P_n(Z) > A_0^n + A_1^n Z + \ldots + A_m^n Z^m$$

(en ne prenant que m termes); donc, m restant fixe et n augmentant indéfiniment, $P(Z)$ est *au moins égal à*

$$A_0 + A_1 Z + \ldots + A_m Z^m.$$

Puisque la somme des m premiers termes de la série

$$(\Sigma) \qquad A_0 + A_1 Z + \ldots + A_m Z^m + \ldots$$

est moindre que $P(Z)$, on en conclut que cette série (Σ) est convergente et *a au plus* $P(Z)$ *pour limite*. D'autre part, on a

$$P_n(Z) < A_0 + A_1 Z + \ldots + A_m Z^m + \ldots$$

On a donc les inégalités

$$P_n(Z) < A_0 + \ldots + A_m Z^m + \ldots < P(Z),$$

ce qui établit que la série (Σ) *a* $P(Z)$ *pour limite*.

Nous allons maintenant achever aisément la démonstration. En prenant le produit des n premiers facteurs dans le produit (15), on a

$$Q_n(z) = a_0^n + a_1^n z + \ldots + a_m^n z^m + \ldots;$$

a_m^n est une somme de termes complexes; pour $n = \infty$, c'est la somme des termes d'une série pour laquelle la série des modules est convergente; nous aurons donc une limite pour a_m^n, soit a_m. La série

$$\varphi(z) = a_0 + a_1 z + \ldots + a_m z^m + \ldots$$

convergera manifestement, et $\varphi(z)$ coïncide avec la valeur $Q(z)$ du produit convergent (15); on le voit de suite en remarquant que

$$|\varphi(z) - Q_n(z)| < P(Z) - P_n(Z);$$

or le second membre de cette inégalité tend vers zéro. Il en résulte bien que $\varphi(z)$ est égal à la limite de $Q_n(z)$, c'est-à-dire à $Q(z)$. Ce produit convergent est donc mis sous la forme d'une série entière dans le cercle C et la proposition énoncée est complétement établie.

V. — Décomposition en facteurs des fonctions uniformes.

26. La décomposition d'un polynôme en un produit de facteurs linéaires est la proposition fondamentale de l'Algèbre. Considérant une fonction $G(z)$, uniforme et continue dans tout le plan, on a cherché pareillement à décomposer $G(z)$ en un produit de facteurs qui mette en évidence les racines de cette fonction. Cauchy y est arrivé dans des cas étendus, mais sans pouvoir toutefois traiter la question dans toute sa généralité. C'est à M. Weierstrass que l'on doit d'avoir étendu aux fonctions $G(z)$, que nous appellerons avec lui *fonctions entières*, le théorème fondamental de l'Algèbre. Cet admirable résultat est le point capital du Mémoire de l'illustre auteur que nous avons cité plus haut [1].

Soit une suite de quantités

$$a_1, \ a_2, \ \dots, \ a_n, \ \dots,$$

rangées par ordre croissant de leurs modules et telles que

$$\lim_{n=\infty} \frac{1}{a_n} = 0.$$

Si plusieurs de ces quantités ont même module, on rangera les quantités de même module dans un ordre arbitraire. D'après la définition même du mot *limite*, il est clair qu'étant donné un nombre quelconque R il n'y a qu'un nombre *limité* de valeurs des a dont le module soit inférieur à R.

Ceci posé, nous allons montrer qu'*on peut former une fonction entière* $G(z)$ *ayant pour racines les quantités a et celles-là seulement*. Si plusieurs quantités a sont égales, la racine sera d'un degré de multiplicité égal au nombre de fois que figure cette quantité.

27. Une remarque préliminaire nous sera indispensable. Soit une série

$$(6) \qquad f_0(z) + f_1(z) + \dots + f_n(z) + \dots$$

---

[1] On trouvera une traduction de ce Mémoire dans les *Annales de l'École Normale supérieure* (1879).

dont les termes sont des séries entières convergentes dans un cercle C de rayon R ayant l'origine pour centre. Désignons par

$$F_n(Z) \qquad (Z = |z|)$$

la série obtenue en remplaçant dans $f_n(z)$ chaque terme par son module. On suppose que la série à termes positifs

$$(17) \qquad F_0(Z) + F_1(Z) + \ldots + F_n(Z) + \ldots$$

soit convergente pour $Z < R$. Dans ces conditions, il est manifeste que la série (16) sera convergente dans le cercle C, et sera susceptible de se mettre sous la forme d'une série entière convergente dans ce même cercle; on peut, en effet, dans la série (16) modifier l'ordre des termes, puisque la série des modules de tous les termes, représentée par (17) est par hypothèse convergente.

28. Ceci posé, laissons de côté celles des quantités a qui pourraient être égales à zéro, et considérons l'expression

$$u_\nu = \left(1 - \frac{z}{a_\nu}\right) e^{\frac{z}{a_\nu} + \frac{1}{2}\left(\frac{z}{a_\nu}\right)^2 + \ldots + \frac{1}{\nu-1}\left(\frac{z}{a_\nu}\right)^{\nu-1}}$$

Si l'on suppose que $|z|$ soit inférieur à $|a_\nu|$, nous pouvons envisager

$$\log u_\nu = \log\left(1 - \frac{z}{a_\nu}\right) + \frac{z}{a_\nu} + \frac{1}{2}\left(\frac{z}{a_\nu}\right)^2 + \ldots + \frac{1}{\nu-1}\left(\frac{z}{a_\nu}\right)^{\nu-1},$$

$\log\left(1 - \frac{z}{a_\nu}\right)$ représentant une fonction uniforme et continue dans le cercle de rayon $|a_\nu|$ et s'annulant pour $z = 0$. On aura, par suite,

$$\log u_\nu = -\frac{1}{\nu}\left(\frac{z}{a_\nu}\right)^\nu - \frac{1}{\nu+1}\left(\frac{z}{a_\nu}\right)^{\nu+1} - \ldots,$$

d'où l'on conclut

$$u_\nu = e^{-\frac{1}{\nu}\left(\frac{z}{a_\nu}\right)^\nu - \frac{1}{\nu+1}\left(\frac{z}{a_\nu}\right)^{\nu+1} - \ldots}.$$

Nous voulons maintenant montrer que le produit infini

$$(18) \qquad u_1 u_2 \ldots u_\nu \ldots$$

est convergent et représente une fonction entière de z s'annulant pour

$$a_1,\ a_2,\ \ldots,\ a_\nu,\ \ldots,$$

ν étant un entier quelconque. A cet effet, montrons que le produit (18) représente une fonction uniforme et continue de z dans le cercle de rayon a_ν. Laissant de côté les facteurs en nombre limité correspondant à des valeurs des a de module moindre que a_ν, nous avons

$$u_\nu u_{\nu+1}\ldots = e^{-\sum\limits_{n=\nu}^{n=\infty}\left[\frac{1}{n}\left(\frac{z}{a_n}\right)^n+\frac{1}{n+1}\left(\frac{z}{a_n}\right)^{n+1}+\ldots\right]}, \qquad |z|<|a_\nu|.$$

La convergence du produit sera rétablie, si nous montrons que la série

$$(19)\qquad \sum_{n=\nu}^{n=\infty}\left[\frac{1}{n}\left(\frac{z}{a_n}\right)^n+\frac{1}{n+1}\left(\frac{z}{a_n}\right)^{n+1}+\ldots\right]$$

est convergente pour $|z|<|a_\nu|$.

Nous avons là une série dont chaque terme est lui-même une série ordonnée suivant les puissances de z; or on a

$$\frac{1}{n}\left|\frac{z}{a_n}\right|^n+\frac{1}{n+1}\left|\frac{z}{a_n}\right|^{n+1}+\ldots<\frac{\frac{1}{n}\left|\frac{z}{a_n}\right|^n}{1-\left|\frac{z}{a_n}\right|}.$$

Nous devons montrer, pour pouvoir appliquer le lemme du paragraphe précédent, que la série dont le terme général est

$$\frac{\frac{1}{n}\left|\frac{z}{a_n}\right|^n}{1-\left|\frac{z}{a_n}\right|}$$

est convergente. Il en est ainsi, car le rapport d'un terme au précédent est

$$\frac{n}{n+1}\,\frac{1-\left|\frac{z}{a_n}\right|}{1-\left|\frac{z}{a_{n+1}}\right|}\left|\frac{a_n}{a_{n+1}}\right|^n\frac{z}{a_{n+1}},$$

qui tend vers zéro à cause du facteur $\frac{z}{a_{n+1}}$.

Nous sommes donc assuré que la série (19) représente une fonction holomorphe dans le cercle de rayon $|a_\nu|$. Le produit (18) représente donc une fonction de z holomorphe dans ce cercle; cette fonction s'annule pour

$$a_1, \quad a_2, \quad \ldots, \quad a_{\nu-1}$$

et elle n'a pas d'autres racines dans ce cercle.

L'entier ν est d'ailleurs absolument arbitraire. On en conclut donc bien que le produit

$$u_1 u_2 \ldots u_\nu \ldots$$

représente une fonction entière de z ayant pour zéros les valeurs données et celles-là seulement. Les facteurs u ont été appelés par M. Weierstrass *facteurs primaires*; on voit que, outre le facteur linéaire $\left(1 - \dfrac{z}{a_\nu}\right)$, le facteur primaire u_ν contient une exponentielle. C'est la présence de cette exponentielle qui rend possible la convergence du produit infini formé avec les facteurs u. Dans le cas où $z = 0$ devrait être racine multiple d'ordre λ, on mettrait z^λ en facteur devant le produit trouvé.

29. Nous venons de nous placer dans le cas le plus général. Dans certains cas particuliers, il sera possible d'employer des facteurs primaires un peu plus simples. Ainsi, supposons que la série de terme général

$$\left|\frac{1}{a_n}\right|^p,$$

p étant un entier déterminé, soit convergente. On pourra prendre pour u_ν

$$u_\nu = \left(1 - \frac{z}{a_\nu}\right) e^{\frac{z}{a_\nu} + \frac{1}{2}\left(\frac{z}{a_\nu}\right)^2 + \cdots + \frac{1}{p-1}\left(\frac{z}{a_\nu}\right)^{p-1}}.$$

On le voit de suite, en se reportant à l'analyse précédente ; la série dont on a alors à montrer la convergence se réduit à la série de terme général

$$\frac{1}{p}\frac{\left|\dfrac{z}{a_n}\right|^p}{1 - \left|\dfrac{z}{a_n}\right|},$$

dont la convergence est évidente d'après l'hypothèse faite plus
haut.

30. Une première conséquence bien remarquable déduite par
M. Weierstrass du théorème précédent est relative à la forme
d'une fonction $f(z)$ uniforme dans tout le plan et n'ayant à distance finie que des pôles.

On peut, en effet, former une fonction entière $G(z)$ ayant pour
racines les pôles de $f(z)$ et avec le même degré de multiplicité;
le produit

$$f(z)G(z)$$

sera alors une fonction entière $G_1(z)$, et l'on aura par suite

$$f(z) = \frac{G_1(z)}{G(z)};$$

*$f(z)$ peut donc se mettre sous la forme d'un quotient de deux
fonctions entières.* On remarquera que les fonctions G et G_1, obtenues par les considérations précédentes, n'ont pas de racines
communes, car les racines de $G(z)$ donnent au produit $f(z)G(z)$
des valeurs finies et différentes de zéro.

31. Si au lieu d'une succession de points

$$(20) \qquad\qquad a_1, \quad a_2, \quad \ldots, \quad a_n, \quad \ldots$$

s'éloignant à l'infini, on a des points pour lesquels

$$\lim_{n = \infty} a_n = a,$$

on pourra former une fonction ayant pour point singulier essentiel
le point a et les racines a_1, a_2, …, a_n, …. Il n'y a en effet qu'à
prendre pour facteur primaire

$$\left(1 - \frac{a_n - a}{z - a}\right) e^{\frac{a_n - a}{z - a} + \frac{1}{2}\left(\frac{a_n - a}{z - a}\right)^2 + \cdots + \frac{1}{p-1}\left(\frac{a_n - a}{z - a}\right)^{p-1}}$$

et il n'y a rien à changer au raisonnement fait plus haut pour
établir que le produit converge pour toute valeur de z différente
de a. On suppose, bien entendu, les a disposés dans un ordre tel
que $|a_n - a|$ ne croisse pas avec n. La fonction ainsi trouvée sera

une fonction entière de $\dfrac{1}{z-a}$, et, en désignant d'une manière générale par $G(z)$ une fonction entière de z, on obtient de cette manière une fonction

$$G\left(\frac{1}{z-a}\right)$$

ayant comme unique singularité le point essentiel a et les zéros donnés par la série (20).

32. On peut bien aisément généraliser le résultat précédent [1], en l'étendant aux fonctions uniformes, continues pour tous les points du plan, à l'exception de ceux qui sont situés sur une circonférence C de rayon R et dont le centre est à l'origine.

Soit une suite de quantités

$$(21) \qquad A_1, \ A_2, \ \ldots, \ A_n, \ \ldots$$

telles que, en posant $A_n = \rho_n e^{i\alpha_n}$, ρ_n étant le module et α_n l'argument, on ait

$$|\rho_n - R| \geq |\rho_{n+1} - R|$$

et de plus

$$\lim_{n=\infty} \rho_n = R.$$

Nous allons montrer qu'on peut former une expression, dépendant de z, uniforme et continue dans tout le plan en dehors de la circonférence, qui représentera une fonction analytique de z à l'intérieur et à l'extérieur de la circonférence et s'annulera pour tous les termes de la suite (21).

A la suite (21), associons une seconde suite

$$B_1, \ B_2, \ \ldots, \ B_n, \ \ldots$$

représentant des points situés sur la circonférence C et telle que

$$\lim_{n=\infty} (A_n - B_n) = 0.$$

Ce choix peut être fait d'une infinité de manières; il en est une

---

[1] É. Picard, *Sur la décomposition en facteurs primaires des fonctions uniformes ayant une ligne de points singuliers essentiels* (*Comptes rendus,* 21 mars 1881).

immédiate obtenue en faisant

$$B_n = R e^{i\theta_n}.$$

Ceci posé, on prendra la fonction

$$G(z) = \prod_{n=1}^{n=\infty} \frac{z - A_n}{z - B_n}\, e^{\Phi_n(z)}$$

en posant

$$\Phi_n(z) = \frac{A_n - B_n}{z - B_n} + \frac{1}{2}\left(\frac{A_n - B_n}{z - B_n}\right)^2 + \ldots + \frac{1}{n-1}\left(\frac{A_n - B_n}{z - B_n}\right)^{n-1}.$$

La démonstration de la convergence de ce produit infini est immédiate. Écrivons en effet le facteur primaire sous la forme

$$u_n = \left(1 - \frac{A_n - B_n}{z - B_n}\right) e^{\Phi_n(z)}.$$

Pour un point donné z qui n'est pas sur la circonférence, nous considérons les facteurs primaires à partir du rang ν tel que

$$|z - B_n| > |A_n - B_n| \qquad (n > \nu),$$

ce qui est possible, puisque le second membre de cette inégalité tend vers zéro avec $\frac{1}{n}$. On peut alors mettre u_n sous la forme

$$u_n = e^{-\frac{1}{n}\left(\frac{A_n - B_n}{z - B_n}\right)^n - \frac{1}{n+1}\left(\frac{A_n - B_n}{z - B_n}\right)^{n+1} - \ldots},$$

tout à fait analogue à celle que nous avons obtenue dans le cas du seul point singulier a. Il ne reste plus qu'à montrer que la série

$$(22) \qquad \sum_{n=\nu}^{n=\infty}\left[\frac{1}{n}\left(\frac{A_n - B_n}{z - B_n}\right)^n + \frac{1}{n+1}\left(\frac{A_n - B_n}{z - B_n}\right)^{n+1} + \ldots\right]$$

représente une fonction analytique de z dans l'une et l'autre région du plan où

$$|z - B_n| > |A_n - B_n| \qquad (n = \nu, \nu+1, \ldots, \infty).$$

On pourra prendre pour une de ces régions l'intérieur d'un cercle Γ décrit de l'origine comme centre, dont le rayon convenablement choisi sera moindre que R, et pour l'autre l'extérieur d'un cercle Γ'

dont le rayon sera supérieur à R. Ces deux circonférences sont d'ailleurs bien évidemment d'autant plus rapprochées de la circonférence C que ν est plus grand.

Il nous suffira de supposer z dans le cercle Γ. Chaque terme de la série (22) est une fonction analytique continue dans ce cercle. De plus, développons le terme général

$$f_n(z) = \frac{1}{n}\left(\frac{A_n - B_n}{z - B_n}\right)^n - \frac{1}{n+1}\left(\frac{A_n - B_n}{z - B_n}\right)^{n+1} + \dots$$

suivant les puissances de z et voyons ce que devient ce développement quand on remplace chaque terme par son module. Or, quand on développe en série un terme quelconque de la suite précédente, et qu'on remplace chaque terme par son module, on obtient le développement de ce terme où $A_n - B_n$, z et B_n ont été remplacés par leurs modules. On a donc, en employant les notations du lemme (§ 27)

$$F_n(Z) = \frac{1}{n}\frac{|A_n - B_n|^n}{(R - Z)^n} + \frac{1}{n+1}\frac{|A_n - B_n|^{n+1}}{(R - Z)^{n+1}} + \dots, \qquad Z = |z|$$

et, par suite,

$$F_n(Z) < \frac{1}{n}\frac{|A_n - B_n|^n}{(R - Z)^n} + \frac{1}{n}\frac{|A_n - B_n|^{n+1}}{(R - Z)^{n+1}} + \dots$$

$$= \frac{1}{n}\frac{|A_n - B_n|^n}{(R - Z)^n}\cdot\frac{1}{1 - \dfrac{|A_n - B_n|}{(R - Z)}}$$

Il n'y a plus rien à changer à la suite du raisonnement : on voit de suite que la série de terme général $F_n(Z)$ est convergente, et, par suite, d'après le lemme, l'expression (22) est une fonction analytique dans le cercle Γ. On verrait de la même manière qu'elle jouit de la même propriété à l'extérieur du cercle Γ'.

D'ailleurs, comme nous l'avons dit, ces deux cercles, si l'on prend ν assez grand, sont aussi rapprochés que l'on veut du cercle C. *Le produit convergent* $G(z)$ *représente donc une fonction analytique et continue de z à l'intérieur et à l'extérieur du cercle C; il a de plus pour racines les points de la suite* (21).

Il est clair que si la série de terme général

$$|A_n - B_n|^p,$$

p étant un entier fixe, est convergente, on pourra prendre comme facteur primaire

$$\frac{z - A_n}{z - B_n} e^{\Phi_n(z)},$$

en posant

$$\Phi_n(z) = \frac{A_n - B_n}{z - B_n} + \frac{1}{2}\left(\frac{A_n - B_n}{z - B_n}\right)^2 + \ldots + \frac{1}{p-1}\left(\frac{A_n - B_n}{z - B_n}\right)^{p-1}.$$

On remarquera qu'en général l'expression précédente représentera deux fonctions analytiques *distinctes* à l'intérieur et à l'extérieur de C, c'est-à-dire que les deux fonctions ne seront pas le prolongement analytique l'une de l'autre (Chap. II, § 18). *La circonférence pourra être pour la fonction une ligne de points singuliers essentiels.* Nous sommes ainsi conduit au type de fonctions, dont nous avons déjà indiqué quelques exemples (Chap. II, § 18), pour lesquels le prolongement analytique n'est pas possible au delà d'une certaine courbe.

33. Indiquons deux exemples très simples. Soit R = 1; posons

$$A_k = \left(1 - \frac{k}{n}\right) e^{\frac{2ki\pi}{n}} \qquad [k = 0, 1, \ldots, (n-1)].$$

On aura, sur le cercle de rayon $1 - \dfrac{1}{n}$, n points A formant les sommets d'un polygone régulier. Quand n augmente indéfiniment, on a ainsi une suite de points tendant vers la circonférence de rayon un. Nous prendrons, comme point B_k correspondant à A_k

$$B_k = e^{\frac{2ki\pi}{n}};$$

le terme $A_k - B_k$ sera donc

$$-\frac{1}{n} e^{\frac{2ki\pi}{n}}$$

et, par suite,

$$|A_k - B_k| = \frac{1}{n},$$

et il ne faut pas oublier que n racines de même module correspondent à l'indice n. Cherchons s'il y a une puissance p telle que la série

$$|A_k - B_k|^p$$

soit convergente. Cette série peut s'écrire

$$\sum_n \frac{1}{n^p},$$

puisqu'il y a n termes pour lesquels $|A_n - B_n|$ a la même valeur $\frac{1}{n}$. On pourra donc prendre

$$p = 3,$$

et le facteur primaire sera

$$\frac{z - A_n}{z - B_n}\, e^{\frac{1}{z - B_n} + \frac{1}{1 \cdot 2 (z - B_n)^2}}.$$

La fonction représentée par le produit de ces facteurs *ne pourra certainement pas s'étendre au delà du cercle de rayon un*, car dans le voisinage de tout point du cercle elle a une infinité de racines, ce qui est incompatible avec la possibilité d'une extension analytique.

Je donnerai un second exemple où le choix des quantités B sera fait d'une manière différente. Supposons que l'expression générale des racines soit

$$A = \frac{b - c - (a - d)i}{a + d + (b - c)i},$$

a, b, c, d étant quatre entiers réels satisfaisant à la relation $ad - bc = 1$; on a ici $B = 1$.

Nous prendrons $B = \frac{b - di}{d - bi}$; le point B est bien sur la circonférence de rayon un et l'on aura

$$|A - B| = \frac{2}{\sqrt{(b^2 + d^2)(a^2 + b^2 + c^2 + d^2 - 2)}}.$$

La série multiple dont le terme général est $|A - B|^2$, a, b, c, d pouvant prendre toutes les valeurs entières possibles satisfaisant à la relation

$$ad - bc = 1,$$

est convergente : c'est ce que l'on reconnaît en considérant à la place de la série une intégrale triple convenable dont la valeur reste finie quand les limites deviennent infinies. On pourra, par conséquent, poser

$$G(z) = \prod \frac{z-A}{z-B} e^{\frac{A-B}{B}},$$

le signe $\prod$ indiquant le produit de tous ces facteurs correspondant à toutes les valeurs entières de a, b, c, d qui satisfont à la relation $ad - bc = 1$.

34. Revenons à la décomposition d'une fonction entière en facteurs primaires. Nous nous sommes donné les racines, et nous avons obtenu une fonction entière $G(z)$ ayant ces racines. Toute autre fonction entière $G_1(z)$ ayant les mêmes racines avec le même degré de multiplicité sera telle que

$$\frac{G_1(z)}{G(z)}$$

sera une fonction entière $\varphi(z)$ ne s'annulant pas. Or, dans ces conditions, $\frac{\varphi'(z)}{\varphi(z)}$ sera encore une fonction entière; donc

$$\varphi(z) = e^{H(z)},$$

$H(z)$ représentant une fonction entière. Par suite on a

$$G_1(z) = G(z) e^{H(z)}.$$

Dans la pratique, pour une fonction donnée $G_1(z)$, la recherche de la fonction $H(z)$ et l'étude de ses propriétés pourra présenter bien des difficultés. Ainsi, soit la fonction $\sin z$; ses racines sont données par

$$z = n\pi,$$

n étant un entier positif ou négatif. Nous pouvons former une fonction $G(z)$ ayant ces racines; ce sera

$$z \prod \left(1 - \frac{z}{n\pi}\right) e^{\frac{z}{n\pi}},$$

le produit $\prod$ étant étendu aux valeurs entières positives et négatives de n, à l'exclusion de $n = 0$. On peut, dans le cas actuel, simplifier beaucoup en groupant deux à deux les facteurs correspondant à des valeurs de n égales et de signe contraire. Ce

groupement est d'ailleurs celui auquel conduit l'application de la
méthode, puisque, les racines étant rangées par ordre croissant de
modules, les deux racines $+\,n\pi$ et $-\,n\pi$ se suivent nécessairement. On obtient ainsi

$$G(z) = z \prod_{n=1}^{n=\infty} \left(1 - \frac{z^2}{n^2\pi^2} \right);$$

il en résulte que

$$\sin z = G(z)\, e^{H(z)}.$$

Quant à la détermination de la fonction entière $H(z)$, elle ne
peut résulter en rien de la théorie précédente. Nous verrons dans
le Chapitre suivant que $H(z) = 0$.

35. De la décomposition de la fonction désignée d'une manière
générale par $G(z)$, on conclut un développement de la dérivée
logarithmique

$$\frac{G'(z)}{G(z)};$$

on a

$$\frac{G'(z)}{G(z)} = \sum_{n=1}^{n=\infty} \left[\frac{1}{z - a_\nu} - \frac{1}{a_\nu} - \dots - \left(\frac{z}{a_\nu} \right)^{\nu-2} \right].$$

Nous obtenons donc ainsi un développement de $\dfrac{G'(z)}{G(z)}$ en une
série de termes rationnels en z. Cette fonction a pour pôles simples
les points

$$a_1, \ a_2, \ \dots, \ a_\nu, \ \dots,$$

et le résidu correspondant à chacun de ces pôles est $+\,1$.

Ce résultat conduit à se poser une question plus générale. En
se donnant les points singuliers (pôles et points singuliers essentiels isolés)

$$a_1, \ a_2, \ \dots, \ a_n, \ \dots, \ \lim_{n=\infty} a_n = \infty,$$

et pour chaque point singulier a_n la portion

$$G_d\left(\frac{1}{z - a_n} \right)$$

(G_n étant une fonction entière donnée) qui, dans le voisinage de

$z = a_n$, ne sera pas holomorphe, peut-on former une fonction $f(z)$ ayant les points a comme points singuliers, et telle que

$$f(z) - G_n\left(\frac{1}{z - a_n}\right)$$

soit holomorphe dans le voisinage de a_n? Il en est bien ainsi, comme l'a montré M. Mittag-Leffler; nous nous contenterons d'énoncer ce beau théorème, renvoyant pour la démonstration au Cours d'Analyse de M. Hermite (4ᵉ édition, Hermann; 1891) où l'on en trouvera de nombreuses applications.

La décomposition en facteurs primaires d'une fonction, pouvant avoir une ligne de points singuliers essentiels, dont j'ai donné le premier exemple en traitant le cas de la circonférence, conduisait à une question analogue relativement au cas où les points singuliers peuvent tendre vers les points d'une ou plusieurs lignes. M. Mittag-Leffler, s'inspirant toujours de la même idée, a traité ce genre de questions dans toute sa généralité; nous renverrons à son remarquable Mémoire où l'on trouvera le développement complet de cette théorie (¹).

36. Nous terminerons ces généralités en indiquant un théorème élégant dû à M. Painlevé (²), et qui se déduit de la formule fondamentale de Cauchy

$$F(x) = \frac{1}{2\pi i} \int_C \frac{F(z)}{z - x}\, dz.$$

Supposons que le contour C limitant l'arc S soit convexe; de plus admettons qu'on puisse, en chaque point M de ce contour, tracer un cercle tangent en M au contour et le comprenant à son intérieur; la position du centre de ce cercle variera d'une manière continue, sauf aux points anguleux s'il y en a. On vérifie sans peine que la construction de ces cercles est possible si, en

____

(¹) G. Mittag-Leffler, *Sur la représentation analytique des fonctions monogènes uniformes d'une variable indépendante* (*Acta mathematica*, t. IV, 1884). On consultera aussi avec un grand intérêt, pour tout ce qui concerne ces généralités, le Mémoire de M. Painlevé : *Sur les lignes singulières des fonctions analytiques* (*Annales de la Faculté des Sciences de Toulouse*, 1888).

(²) Voir le Mémoire que nous venons de citer (p. 85).

chaque point d'un contour convexe C, la courbe a un contact
simple avec sa tangente. M étant donc un point quelconque du
contour, soit Γ le cercle tangent à C en M. Désignons par z l'affixe
de M, par a l'affixe du centre de Γ; nous aurons, x étant intérieur
à S,

$$\frac{1}{z-x} = \frac{1}{z-a} + \frac{x-a}{(z-a)^2} + \ldots + \frac{(x-a)^n}{(z-a)^{n+1}} + \ldots = \Lambda(x).$$

Faisons parcourir au point M la courbe C, a variant avec z
d'une manière continue (sauf aux points anguleux de C). La
série $\Lambda(x)$ converge sur C uniformément et représente $\frac{1}{z-x}$. En
remplaçant donc $\frac{1}{z-x}$ par ce développement dans la formule de
Cauchy, il vient

$$F(x) = \frac{1}{2\pi i} \sum_{n=0}^{n=\infty} \int_C \frac{F(z)(x-a)^n dz}{(z-a)^{n+1}} = \sum_{n=0}^{n=\infty} P_n(x),$$

$P_n(x)$ désignant un polynôme en x de degré n. Nous sommes
donc conduit à ce théorème :

*Toute fonction holomorphe dans une aire limitée par un
contour convexe peut être développée dans cette aire en une
série de polynômes* ([1]).

([1]) Voir, dans un ordre d'idées analogues, le Mémoire de M. Appell *Sur les
développements en séries dans des aires limitées par des arcs de cercle* (*Acta
mathematica*, t. I).

CHAPITRE VI.

APPLICATIONS DES THÉORÈMES GÉNÉRAUX DE CAUCHY SUR LES FONCTIONS D'UNE VARIABLE COMPLEXE.

I. — Recherches de quelques intégrales définies. Développement en séries de fractions rationnelles.

1. Cauchy a donné de nombreux exemples de recherches d'intégrales définies effectuées à l'aide de ses théorèmes généraux, particulièrement du théorème sur les résidus.

Prenons tout d'abord le cas très simple de l'intégrale

$$\int_{-\infty}^{+\infty} \frac{P(x)}{Q(x)}\, dx,$$

P et Q désignant des polynômes. On sait que cette intégrale aura un sens si le polynôme $Q(x)$ n'a pas de racines réelles, et si le degré de P est inférieur d'au moins deux unités à celui de Q.

Dans le plan de la variable complexe $z = x + yi$, considérons la partie supérieure correspondant à $y > 0$, et traçons dans ce demi-plan une demi-circonférence de très grand rayon l ayant l'origine pour centre. Cette demi-circonférence, avec son diamètre, limite une certaine aire; nous pouvons appliquer le théorème des résidus à l'intégrale

$$\int \frac{P(z)}{Q(z)}\, dz,$$

on a ainsi

$$\int_{-l}^{+l} \frac{P(x)}{Q(x)}\, dx + \int_{C} \frac{P(z)}{Q(z)}\, dz = 2i\pi \Sigma R,$$

ΣR désignant la somme des résidus relatifs aux différents pôles de

$\frac{P(z)}{Q(z)}$ contenus dans la partie supérieure du plan. Or, quand l augmente indéfiniment, la seconde de ces intégrales tend vers zéro, puisque, en posant $z = \rho e^{\theta i}$, le degré de $P(z)\,dz$ en ρ est inférieur d'au moins une unité à celui de $Q(z)$. On aura donc

$$\int_{-\infty}^{+\infty} \frac{P(x)}{Q(x)}\,dx = 2i\pi\,\Sigma R;$$

il suffira de calculer les résidus de $\frac{P(z)}{Q(z)}$ correspondant aux différents pôles situés au-dessus de Ox.

Voici un second exemple tout aussi élémentaire. Soit à calculer l'intégrale

$$\int_0^{2\pi} f(\sin x, \cos x)\,dx,$$

f étant une fonction rationnelle de $\sin x$ et $\cos x$. Si l'on remplace $\sin x$ et $\cos x$ par leurs valeurs

$$\sin x = \frac{e^{xi} - e^{-xi}}{2i}, \qquad \cos x = \frac{e^{xi} + e^{-xi}}{2}$$

et si l'on pose

$$e^{xi} = z,$$

on aura l'intégrale

$$\int F(z)\,dz,$$

$F(z)$ étant une certaine fonction rationnelle de z. Quand x varie de 0 à 2π, le point z décrit la circonférence de rayon un; l'intégrale précédente doit donc être effectuée le long du cercle de rayon un. On aura sa valeur en appliquant le théorème des résidus.

Soit, par exemple, à calculer par cette méthode

$$\int_0^{2\pi} \frac{dx}{\cos x - a} \qquad (a > 1).$$

En posant $\cos x = \dfrac{e^{xi} + e^{-xi}}{2}$ et $e^{xi} = z$, elle se réduit à

$$\frac{1}{i}\int \frac{dz}{z^2 - 2az + 1}.$$

Des deux racines de $z^2 + 2az + 1$, une seule $z = -a + \sqrt{a^2-1}$
est comprise à l'intérieur du cercle C de rayon égal à un, et le
résidu correspondant à cette racine est

$$\frac{1}{2\sqrt{a^2-1}},$$

d'où l'on conclut

$$\int_0^{2\pi} \frac{dx}{\cos x + a} = 2i\pi\left[\frac{2}{i}\,\frac{1}{2\sqrt{a^2-1}}\right] = \frac{2\pi}{\sqrt{a^2-1}}.$$

2. Les intégrales précédentes se calculent de suite par des méthodes élémentaires. Voici d'autres cas où la recherche directe de
l'intégrale est plus difficile.

Prenons l'intégrale

$$\int_0^\infty \frac{\sin x}{x}\,dx,$$

que nous avons déjà étudiée (t. I, p. 34). On peut la remplacer
par l'intégrale

$$\int_{-\infty}^{+\infty} \frac{\sin x}{x}\,dx,$$

dont la valeur est évidemment double.

Or considérons l'intégrale

$$\int \frac{e^{iz}\,dz}{z}$$

effectuée le long du contour suivant. On trace dans le demi-plan

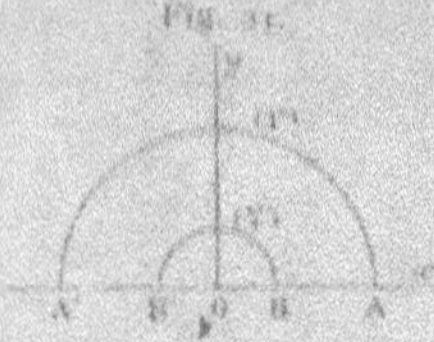

Fig. 31.

supérieur un demi-cercle γ d'un très petit rayon OB et un demi-
cercle Γ d'un très grand rayon OA (fig. 31). On intègre le long
du contour formé par A'B', le demi-cercle γ, la droite BA et le
demi-cercle Γ. Cette intégrale est nulle, puisque la fonction $\frac{e^{iz}}{z}$ est

continue à l'intérieur de l'aire. Quand le rayon de Γ augmente indéfiniment, l'intégrale correspondante à ce demi-cercle tend vers zéro, car, en posant

$$z = R(\cos\theta + i\sin\theta),$$

on a

$$\int \frac{e^{iz}\,dz}{z} = \int_0^\pi e^{iR\cos\theta - R\sin\theta}\,i\,d\theta = \int_0^\pi e^{-R\sin\theta}\,e^{iR\cos\theta}\,i\,d\theta,$$

et l'on voit que l'intégrale est nulle pour $R = \infty$, puisque $\sin\theta > 0$.

Prenons maintenant l'intégrale le long du demi-cercle γ. On aura

$$\int_\gamma \frac{e^{iz}\,dz}{z} = \int_\pi^0 e^{-R\sin\theta}\,e^{iR\cos\theta}\,i\,d\theta,$$

et pour $R = 0$, cette intégrale sera égale à $-\pi i$.

Il reste les intégrales le long de $A'B'$ et le long de BA : les parties réelles se détruisent. Finalement on obtient, en passant à la limite,

$$\int_{-\infty}^{+\infty} \frac{i\sin x}{x}\,dx - \pi i = 0,$$

d'où se conclut

$$\int_0^\infty \frac{\sin x\,dx}{x} = \frac{\pi}{2}.$$

3. Soit encore à calculer l'intégrale

$$\int_{-\infty}^{+\infty} \frac{x\sin mx}{x^2 + a^2}\,dx \qquad (m > 0,\ a > 0),$$

qui est une généralisation de la précédente.

On va considérer l'intégrale

$$\int \frac{z e^{miz}}{z^2 + a^2}\,dz$$

effectuée le long du périmètre d'un demi-cercle tracé dans le demi-plan. On voit, comme plus haut, que l'intégrale le long de la demi-circonférence tend vers zéro quand le rayon augmente indéfiniment, et il reste comme valeur de l'intégrale le long du contour

$$i\int_{-\infty}^{+\infty} \frac{x\sin mx}{x^2 + a^2}\,dx.$$

D'autre part, dans le demi-plan supérieur, existe le seul pôle $z = ai$, dont le résidu est

$$\frac{1}{2}e^{-ma},$$

On a donc la formule

$$\int_{-\infty}^{+\infty}\frac{x\sin mx}{x^2+a^2}\,dx = \pi e^{-ma},$$

qui, pour $a = o$, donne le résultat du paragraphe précédent.

4. L'intégration de la fonction e^{-z^2} le long d'un contour convenable conduit à des résultats intéressants.

Menons ($fig.$ 22) au-dessus de l'axe des x la demi-droite OB,

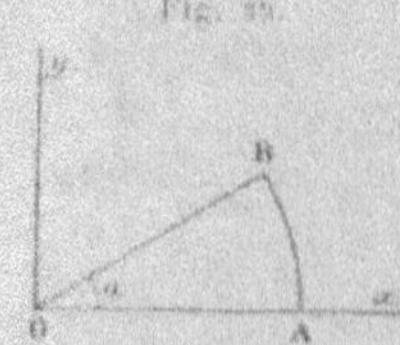

faisant avec Ox un angle α inférieur à $\frac{\pi}{4}$, et décrivons avec un rayon OA l'arc de cercle AB. On a

$$\int e^{-z^2}\,dz = o,$$

l'intégration étant faite le long de OABO. Or, quand le rayon du cercle augmente indéfiniment, l'intégrale le long de $\widehat{AB}$ tend vers zéro; en effet, en posant

$$z = R(\cos\theta + i\sin\theta),$$

cette intégrale prend la forme

$$\int_0^\alpha R e^{-R^2\cos 2\theta} e^{-iR^2\sin 2\theta} i e^{i\theta}\,d\theta,$$

or le produit

$$(1)\qquad\qquad R e^{-R^2\cos 2\theta},$$

θ variant de o à α, $\left(\alpha < \frac{\pi}{4}\right)$, tend vers zéro quand R augmente indéfiniment. On aura donc

$$\int_0^\infty e^{-x^2}\,dx = \int_0^\infty e^{-z^2}\,dz;$$

dans la première intégrale x va de 0 à ∞ sur l'axe réel, dans la seconde z va de 0 à ∞ en suivant la demi-droite OB. Or le premier membre est égal (t. I, p. 104) à $\frac{1}{2}\sqrt{\pi}$: par suite on a

$$\int_0^\infty e^{-\rho^2\cos 2\alpha + i\rho^2\sin 2\alpha}(\cos\alpha + i\sin\alpha)\,d\rho = \frac{1}{2}\sqrt{\pi}.$$

Cette relation qu'on peut mettre sous la forme

$$(2)\qquad \int_0^\infty e^{-\rho^2\cos 2\alpha}\left[\cos(\rho^2\sin 2\alpha) - i\sin(\rho^2\sin 2\alpha)\right](\cos\alpha + i\sin\alpha)\,d\rho = \frac{1}{2}\sqrt{\pi},$$

fait connaître les valeurs des deux intégrales

$$(3)\qquad \int_0^\infty e^{-\rho^2\cos 2\alpha}\cos(\rho^2\sin 2\alpha)\,d\rho,\qquad \int_0^\infty e^{-\rho^2\cos 2\alpha}\sin(\rho^2\sin 2\alpha)\,d\rho;$$

je ne m'arrête pas à les écrire. Le cas le plus intéressant est le cas limite de $\alpha = \frac{\pi}{4}$; *a priori* il n'est pas rigoureux de faire directement dans la formule (2) $\alpha = \frac{\pi}{4}$, cette formule n'ayant été établie que pour $\alpha < \frac{\pi}{4}$, puisque pour $\theta = \frac{\pi}{4}$ l'expression (1) ne tend pas vers zéro pour R infiniment grand.

Le résultat est cependant exact, et la raison en est que les deux intégrales (3) sont des fonctions continues de α, quand α est *inférieur ou égal à* $\frac{\pi}{4}$. C'est ce que l'on peut établir en considérant la courbe

$$y = e^{-\rho^2\cos 2\alpha}\sin(\rho^2\sin 2\alpha)$$

qui se compose d'une infinité de branches alternativement au-dessus et au-dessous de Ox, de sorte que la seconde des intégrales (3) se trouve représentée par une série à termes alternativement positifs et négatifs : c'est ce que nous avions déjà vu (t. I, p. 26) pour le cas de $\alpha = \frac{\pi}{4}$. Or le reste, dans une telle série, est moindre en valeur absolue que le dernier terme conservé, et ce terme est évidemment une fonction continue de α, pour α inférieur ou égal à $\frac{\pi}{4}$. Par suite, la série est elle-même une fonction continue de α dans les mêmes conditions. On raisonnerait de même pour la première des intégrales (3).

Faisons donc $\alpha = \frac{\pi}{4}$, dans la formule (2) : il vient ainsi

$$\int_0^\infty \cos x^2\, dx = \int_0^\infty \sin x^2\, dx = \frac{1}{2}\sqrt{\frac{\pi}{2}}.$$

5. Une application d'un caractère plus général du théorème des résidus nous sera fournie par la méthode de Cauchy pour *le développement d'une fonction en une somme d'une infinité de termes rationnels*.

Soit $f(z)$ une fonction uniforme dans toute l'étendue du plan, et n'ayant pour points singuliers que des pôles. On considère un contour fermé C, qui va s'étendre indéfiniment dans tous les sens. L'intégrale

$$(4) \qquad\qquad \frac{1}{2\pi i}\int \frac{f(z)}{z-x}\, dz,$$

prise le long de C, x désignant un point quelconque à l'intérieur, sera égale à

$$f(x) + \Sigma\, \mathrm{R}(x),$$

$\mathrm{R}(x)$ désignant les résidus de $\dfrac{f(z)}{z-x}$ par rapport aux différents pôles de $f(z)$ contenus dans C.

Remarquons d'abord que ces résidus sont des fonctions rationnelles de x : car, dans l'entourage du pôle $z = a$, $f(z)$ étant représenté par un développement de la forme

$$f(z) = \frac{\mathrm{B}_n}{(z-a)^n} + \ldots + \frac{\mathrm{B}_1}{(z-a)} + \sum_{p=0}^{p=\infty} \mathrm{A}_p (z-a)^p,$$

le résidu de $\dfrac{f(z)}{z-x}$, relatif à ce pôle, est

$$\frac{\mathrm{B}_n}{(x-a)^n} + \ldots + \frac{\mathrm{B}_1}{(x-a)},$$

Cela posé, effectuons le développement de $\dfrac{1}{z-x}$ en nous arrêtant au premier terme : l'intégrale (4) pourra s'écrire sous la forme

$$\frac{1}{2\pi i}\int_C \frac{f(z)}{z}\,dz + \frac{x}{2i\pi}\int_C \frac{f(z)(1-z)}{z^2}\,dz,$$

z tendant vers zéro quand $|z|$ augmente indéfiniment, et finalement on aura l'égalité

$$(5)\qquad f(x)=\frac{1}{2\pi i}\int_C \frac{f(z)}{z}\,dz - \sum_C R(x) + \frac{x}{2i\pi}\int_C \frac{f(z)(1-z)}{z^2}\,dz,$$

le signe $\displaystyle\sum_C$ exprimant la somme des résidus $R(x)$, relatifs aux pôles contenus dans C.

Supposons maintenant que l'on puisse étendre indéfiniment le contour C dans tous les sens, de façon que, sur les contours successifs

$$C_1,\; C_2,\; \ldots,\; C_n,\; \ldots$$

le module $f(z)$ reste toujours moindre qu'un nombre fixe M. Dans ces conditions, la deuxième intégrale, dans le second membre de (5), tend nécessairement vers zéro quand on prend un contour C_n suffisamment grand. Il suffit, en effet, de supposer, comme il arrive en général, que la longueur S_n du contour de C_n soit du même ordre que la distance minima R_n de l'origine au contour; le module du terme considéré est alors moindre que

$$\frac{|x|}{2\pi}\frac{MS_n}{R_n^2}.$$

Or, $\dfrac{S_n}{R_n}$ restant fini par hypothèse, ce terme tend vers zéro avec $\dfrac{1}{n}$.

Deux cas pourront alors se présenter. Supposons, en premier lieu, que l'intégrale

$$\frac{1}{2i\pi}\int_{C_n} \frac{f(z)}{z}\,dz$$

ait une limite; ce sera une constante A qui ne dépendra pas de x, et l'on aura, moyennant ces diverses hypothèses,

$$f(x)=A - \Sigma R(x).$$

Les termes R sont en général en nombre infini; l'ordre dans

lequel ils sont écrits est déterminé par la succession des contours C_1, C_2, ..., C_n, ... On obtient donc, de cette manière, le
développement de $f(x)$ en une somme d'une infinité de termes
rationnels.

En second lieu, il se peut que l'intégrale

$$\int_{C_n} \frac{f(z)}{z}\, dz.$$

n'ait pas de limite : la série $\Sigma R(x)$ est alors certainement divergente. Dans ce cas, on peut encore représenter $f(x)$ par une série
convergente, mais à la condition de retrancher de chaque terme
de la série divergente $\Sigma R(x)$ une constante convenable.

Pour le montrer, supposons d'abord que le point $x = 0$ soit
un point ordinaire de $f(x)$. L'égalité (5) donne, en faisant $x = 0$,

$$f(0) = \frac{1}{2i\pi} \int_{C_n} \frac{f(z)}{z}\, dz - \sum_{C_n} R(0),$$

d'où

$$f(x) - f(0) = - \sum_{C_n} [R(x) - R(0)] + \frac{x}{2i\pi} \int_{C_n} \frac{f(z)(1+z)}{z^2}\, dz;$$

et, en passant à la limite,

$$(6) \qquad f(x) = f(0) - \sum_{C_n}^{n=\infty} [R(x) - R(0)].$$

Les $R(0)$ ont une valeur finie puisque le point $z = 0$ est un
point ordinaire. La série qui forme le second membre est convergente.

Si le point $z = 0$ était un pôle, en sorte que, dans l'entourage
de ce point, on ait

$$f(z) = \frac{B_m}{z^m} + \ldots + \frac{B_1}{z} + \sum_{p=q}^{p=\infty} A_p z^p,$$

il suffirait, dans les calculs précédents, de substituer à $f(z)$ la
fonction

$$\Phi(z) = f(z) - \frac{B_m}{z^m} - \ldots - \frac{B_1}{z},$$

6. Le raisonnement, que nous venons de faire, repose sur ce que
le module de $f(z)$ reste toujours inférieur à un nombre fixe M

sur les contours successifs $C_1, \ldots, C_n$. Il se peut que cette condition, n'étant pas satisfaite pour $f(z)$, *puisse l'être pour* $\dfrac{f(z)}{z^p}$. Nous effectuerons alors le développement de $\dfrac{1}{z-x}$ jusqu'au terme en $\dfrac{1}{z^{p+2}}$; d'où l'égalité

$$(7) \quad \begin{cases} f(x) = \dfrac{1}{2i\pi} \int_{C_n} \dfrac{f(z)}{z}\, dz + \dfrac{x}{2i\pi} \int_{C_n} \dfrac{f(z)}{z^2}\, dz + \ldots \\[2ex] \quad + \dfrac{x^p}{2i\pi} \int_{C_n} \dfrac{f(z)}{z^{p+1}}\, dz + \dfrac{x^{p+1}}{2i\pi} \int_{C_n} \dfrac{f(z)(1+z)}{z^{p+2}}\, dz - \sum_{C_n} \mathrm{R}(x). \end{cases}$$

Nous supposons d'ailleurs que $z = 0$ n'est pas un pôle de $f(z)$. Or considérons l'une des intégrales

$$\frac{1}{2i\pi} \int_{C_n} \frac{f(z)}{z^k}\, dz, \quad k \leq p+1.$$

Elle est égale à la somme des résidus r_k de la fonction $\dfrac{f(z)}{z^k}$, relatifs aux pôles de $f(z)$ contenus dans le contour C_n et au point $z = 0$; en sorte que l'on a

$$\frac{1}{2i\pi} \int_{C_n} \frac{f(z)}{z^k}\, dz = \frac{1}{1.2 \ldots k} f^{(k-1)}(0) + \sum_{C_n} r_k.$$

Réunissant ensemble tous les résidus relatifs au même pôle, l'égalité (7) se transforme ainsi dans la suivante

$$f(x) = f(0) + \frac{x}{1} f'(0) + \ldots + \frac{x^p}{1.2 \ldots p} f^{(p)}(0)$$
$$- \sum_{C_n} \left[\mathrm{R}(x) - r_1 - r_2 x - \ldots - r_{p+1} x^p \right]$$
$$+ \frac{x^{p+1}}{2i\pi} \int_{C_n} \frac{f(z)(1+z)}{z^{p+2}}\, dz.$$

d'où l'on conclut

$$f(x) = f(0) + \frac{x}{1} f'(0) + \ldots + \frac{x^p}{1.2 \ldots p} f^{(p)}(0)$$
$$- \sum_{C_n} \left[\mathrm{R}(x) - r_1 - r_2 x - \ldots - r_{p+1} x^p \right]$$
$$+ \frac{x^{p+1}}{2i\pi} \int_{C_n} \frac{f(z)(1+z)}{z^{p+2}}\, dz.$$

En passant à la limite, l'intégrale qui entre dans le second membre tend nécessairement vers zéro, et l'on a

$$(8)\quad \left\{\begin{aligned} f(x) = f(0) + \frac{x}{1} f'(0) + \ldots + \frac{x^p}{1.2\ldots p} f^{(p)}(0) \\ - \lim_{n=\infty} \sum_{C_n} [R(x) - r_1 - r_2 x - \ldots - r_{p+1} x^p]. \end{aligned}\right.$$

7. Un cas intéressant à considérer est celui où $F(z)$, désignant une fonction uniforme et continue dans tout le plan, dont les racines rangées par ordre de module sont

$$a_1,\quad a_2,\quad \ldots,\quad a_m,\quad \ldots,$$

on pose

$$f(z) = \frac{F'(z)}{F(z)},$$

avec l'hypothèse $\left|\frac{F'(z)}{F(z)}\right| \left|\frac{1}{z^p}\right| < M$, sur les contours successifs C_n.

Supposons, en outre, pour plus de simplicité, que les racines soient simples et que le point $z = 0$ n'en fasse pas partie.

Le résidu de $\frac{f(z)}{z-x}$ relatif au pôle a_m est $\frac{1}{a_m - x}$, celui de $\frac{f(z)}{z^k}$ est $\frac{1}{a_m^k}$ et l'on trouve, en appliquant la formule (8),

$$\begin{aligned} \frac{F'(x)}{F(x)} = f(0) + \frac{x}{1} f'(0) + \ldots + \frac{x^p}{1.2\ldots p} f^{(p)}(0) \\ - \lim_{n=\infty} \sum_{C_n} \left(\frac{1}{a_m - x} - \frac{1}{a_m} - \frac{x}{a_m^2} - \ldots - \frac{x^p}{a_m^{p+1}} \right). \end{aligned}$$

D'où, en intégrant entre les limites 0 et x, et en posant $\alpha_k = \frac{f^{(k)}(0)}{1.2\ldots k}$,

$$\begin{aligned} \log \frac{F(x)}{F(0)} = \alpha_0 x + \frac{\alpha_1 x^2}{2} + \ldots + \frac{\alpha_p x^{p+1}}{p+1} \\ + \sum \left[\log\left(1 - \frac{x}{a_m}\right) + \frac{x}{a_m} + \frac{1}{2}\left(\frac{x}{a_m}\right)^2 + \ldots + \frac{1}{p+1}\left(\frac{x}{a_m}\right)^{p+1} \right], \end{aligned}$$

et, en prenant les exponentielles,

$$F(x) = F(0) e^{\alpha_0 x + \frac{\alpha_1 x^2}{2} + \ldots + \frac{\alpha_p x^{p+1}}{p+1}} \prod \left(1 - \frac{x}{a_m}\right) e^{\frac{x}{a_m} + \frac{1}{2}\left(\frac{x}{a_m}\right)^2 + \ldots + \frac{1}{p+1}\left(\frac{x}{a_m}\right)^{p+1}}.$$

Nous obtenons ainsi la décomposition de $F(x)$ en facteurs pri-

maires dans le cas particulier où cette fonction satisfait à la condition

$$\left|\frac{F'(z)}{F(z+z_0)}\right| < M,$$

sur les contours C_n, et cette méthode nous donne en même temps
la fonction $H(z)$ dont il a été parlé dans le Chapitre précédent
(§ 34). On voit que l'on obtient ainsi la *décomposition de la
fonction en facteurs primaires*. À la vérité, nous avons dû faire
une hypothèse très particulière sur $F(z)$, mais nous avons l'avantage de déterminer le facteur exponentiel qui reste inconnu dans
la théorie de M. Weierstrass.

8. Bornons-nous, comme application, au développement de la
fonction $\cot z$. Cette fonction a une infinité de pôles simples, donnés par la formule

$$z = n\pi \qquad (n = 0, \pm 1, \pm 2, \ldots)$$

et qui sont les racines de $\sin z$. On va prendre comme contour
d'intégration C_n un carré tel que $BCB'C'$ (*fig.* 32) dont le centre

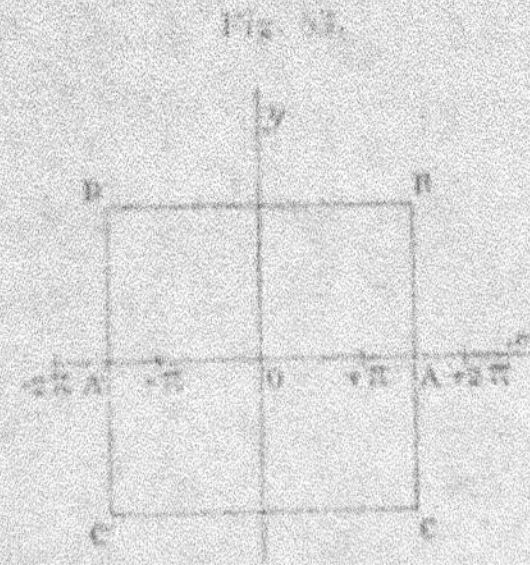

Fig. 32.

est à l'origine, et dont les côtés, parallèles aux axes, ont pour demi-
longueur

$$\overline{OA} = n\pi + \frac{\pi}{2} = z_n,$$

de telle sorte qu'aucun pôle ne se trouve sur ce contour. Cela posé, le carré du module de $\cot z$ est

$$\frac{e^{2y}+e^{-2y}+2\cos 2x}{e^{2y}+e^{-2y}-2\cos 2x} \qquad (z=x+iy).$$

Sur les côtés $\overline{CB}$ et $\overline{C'B'}$, on a $\cos 2x = -1$: le module est donc toujours inférieur à *un*.

Sur les côtés BB' et $C'C$ ce module est inférieur à

$$\frac{e^{2y}-e^{-2y}+2}{e^{2y}+e^{-2y}-2} = \left|\frac{1+e^{-2y}}{1-e^{-2y}}\right|^2.$$

Cette expression reste finie, lorsque y augmente indéfiniment.

Donc $\cot z$ satisfait bien à la condition que nous avons imposée à $f(z)$: son module reste sur le contour C_n moindre qu'un nombre fixe M, quelque grand que soit n.

Le résidu de $\dfrac{\cot z}{z-x}$ pour $z=n\pi$ est $\dfrac{1}{n\pi - x}$, et par suite on a

$$(9) \qquad R(x) = \frac{1}{n\pi - x} \qquad (n=0, \pm 1, \pm 2, \ldots).$$

Or la série $\sum \dfrac{1}{n\pi - x}$ est divergente. Nous devons donc employer le second procédé de calcul, et, comme le point $z=0$ est un pôle simple, nous substituerons à la fonction $\cot z$ la fonction

$$\Phi(z) = \cot z - \frac{1}{z},$$

qui admet les mêmes pôles, sauf $z=0$. Les résidus de cette fonction sont encore donnés par la formule (9), en supprimant $n=0$. Finalement, en appliquant la relation (6), on trouve

$$\cot x - \frac{1}{x} = -\lim_{n\to\infty} \sum_{C_n}\left(\frac{1}{n\pi - x} - \frac{1}{n\pi}\right),$$

ou

$$\cot x = \frac{1}{x} + \sum\left(\frac{1}{x-n\pi} + \frac{1}{n\pi}\right) \qquad (n=\pm 1, \pm 2, \ldots).$$

Du développement précédent on peut déduire la formule de décomposition de $\sin x$ en facteurs primaires. On a en effet

$$\frac{d}{dx} \log \frac{\sin x}{x} = \sum \left[\frac{d}{dx} \log(x - n\pi) + \frac{d}{dx} \frac{x}{n\pi} \right].$$

Multipliant les deux membres de cette égalité par dx, et intégrant de o à x, on trouve

$$\log \frac{\sin x}{x} = \sum \left[\log \left(1 - \frac{x}{n\pi} \right) + \frac{x}{n\pi} \right],$$

d'où

$$\sin x = x \prod e^{\frac{x}{n\pi}} \left(1 - \frac{x}{n\pi} \right) \qquad (n = \pm 1, \pm 2, \ldots),$$

et, en groupant deux à deux les facteurs correspondants à des valeurs de x égales et de signe contraire,

$$\sin x = x \prod_{n=1}^{n=\infty} \left(1 - \frac{x^2}{n^2 \pi^2} \right),$$

Nous avons déjà obtenu cette formule, mais affectée d'un facteur $e^{H_{(x)}}$ (Chap. V, § 34) qui était resté indéterminé.

II. — Méthode de Cauchy pour obtenir la série de Fourier et des séries analogues.

9. Une des applications les plus remarquables que Cauchy ait faite du calcul des résidus est relative à certaines séries comprenant en particulier la série de Fourier. Nous allons traiter avec quelques détails de cette belle méthode [1].

Soit $f(z)$ une fonction analytique ayant, à l'intérieur d'un cercle de centre O et de rayon r, un certain nombre de pôles; on aura

$$(10) \qquad \frac{1}{2\pi i} \int f(z) \, dz = \Sigma R,$$

---

[1] On trouvera plusieurs Mémoires sur ce sujet dans le tome VII (2ᵉ série) des *Œuvres complètes de Cauchy*; voir particulièrement : *Sur les résidus des fonctions exprimées par des intégrales définies* (p. 393). Nous avons cherché à combler quelques lacunes dans les démonstrations de l'illustre géomètre.

l'intégrale étant prise le long du cercle et la sommation du second
membre s'étendant aux résidus R des pôles situés dans le cercle.
En posant

$$z = re^{\varphi i},$$

l'égalité (10) s'écrit

$$\frac{1}{2\pi} r \int_0^{2\pi} f(re^{\varphi i}) e^{\varphi i} d\varphi = \Sigma R,$$

qui peut encore prendre la forme

$$\frac{r}{2\pi} \int_{-\frac{\pi}{2}}^{+\frac{\pi}{2}} f(re^{\varphi i}) e^{\varphi i} d\varphi + \frac{r}{2\pi} \int_{+\frac{\pi}{2}}^{\frac{3\pi}{2}} f(re^{\varphi i}) e^{\varphi i} d\varphi = \Sigma R,$$

ou, enfin, en changeant dans la seconde intégrale φ en $\varphi + \pi$,

$$\frac{r}{\pi} \int_{-\frac{\pi}{2}}^{+\frac{\pi}{2}} \frac{1}{2} [f(re^{\varphi i}) - f(-re^{\varphi i})] e^{\varphi i} d\varphi = \Sigma R.$$

Ceci posé, attribuons à r une suite de valeurs $r_1, r_2, \ldots, r_n, \ldots,$
augmentant indéfiniment, et supposons que, n augmentant indéfiniment, le produit

$$(11) \quad \frac{z}{2}[f(z) - f(-z)] \quad \text{ou} \quad \frac{r_n}{2} e^{\varphi i}[f(r_n e^{\varphi i}) - f(-r_n e^{\varphi i})]$$

tende *uniformément* vers une limite F indépendante de φ, quand
cet argument est compris entre $-\frac{\pi}{2}$ et $\frac{\pi}{2}$, c'est-à-dire quand z
augmente indéfiniment, sa partie réelle n'étant pas négative. On en
conclut

$$(12) \qquad\qquad F = \Sigma R,$$

le second membre étant une sommation indéfinie étendue aux résidus de tous les pôles de la fonction $f(z)$.

On pourra, en particulier, appliquer la formule (12), si le produit $z\,f(z)$ tend *uniformément* vers une limite fixe F indépendante de φ (variant de o à 2π), auquel cas l'expression (11) aura
précisément cette valeur F comme limite. On peut aussi supposer
que les produits $z\,f(z)$ et $(-z)\,f(-z)$ tendent séparément et

uniformément vers deux limites différentes quand z augmente indéfiniment, sa partie réelle n'étant pas négative.

Enfin la formule précédente (12) subsistera si l'on fait l'hypothèse que, pour un nombre limité de directions φ_0 de φ, l'expression (11) n'a pas F pour limite, pourvu que cette expression reste finie dans le voisinage de φ_0. On pourra en effet isoler un certain nombre d'intervalles angulaires $(\varphi_0 - \varepsilon, \varphi_0 + \varepsilon)$, ε étant aussi petit que l'on voudra : la part de ces intervalles, dans l'intégration (10), tendant vers zéro avec ε, la formule (12) subsistera.

10. Appliquons les considérations générales qui précèdent au cas où

$$f(z) = \frac{\psi(z) f(z,x)}{\pi(z)},$$

x étant un paramètre qui va être supposé réel ; les fonctions ψ, π, f sont des fonctions holomorphes de z.

S'il existe ici une limite F, cette limite dépendra généralement de x ; nous la désignerons par $F(x)$, et la formule (12) deviendra ici

$$(13) \qquad F(x) = \sum \frac{\psi(\lambda)}{\pi'(\lambda)} f(\lambda, x),$$

la sommation dans le second membre étant étendue aux racines λ de l'équation

$$\pi(z) = 0.$$

C'est de la formule (13) que Cauchy a déduit divers développements intéressants, en particulier le développement de Fourier. Nous allons approfondir les conditions dans lesquelles ces développements sont légitimes, en particularisant la fonction $f(z, x)$.

Nous prenons pour $f(z, x)$ la fonction

$$f(z,x) = \int_{x_0}^{x} e^{z(x-\mu)} f(\mu) \, d\mu, \qquad x > x_0 ;$$

$f(\mu)$ désigne une fonction de μ satisfaisant aux conditions que nous avons appelées *conditions de Dirichlet* dans l'étude de la série de Fourier (t. I, p. 201).

Nous devons d'abord étudier l'expression (11) qui devient ici

$$(14)\qquad \frac{1}{2}z\frac{\psi(z)}{\pi(z)}\int_{x_0}^{x} e^{z(x-\mu)}f(\mu)\,d\mu - \frac{1}{2}z\frac{\psi(-z)}{\pi(-z)}\int_{x_0}^{x} e^{-z(x-\mu)}f(\mu)\,d\mu.$$

Il faut chercher la limite de cette expression, quand z augmente indéfiniment de telle manière *que sa partie réelle ne soit pas négative et que son module reste dans la suite* $r_1, r_2, \ldots, r_n, \ldots$.

Supposons que $\frac{\psi(-z)}{\pi(-z)}$ tende, dans ces conditions, vers une limite c, à l'exception peut-être seulement de certaines directions φ_0 en nombre limité, pour lesquelles d'ailleurs le quotient précédent aura un module inférieur à une quantité déterminée ; ce que nous exprimerons en disant que $\frac{\psi(-z)}{\pi(-z)}$ a, *en général*, c pour limite. On suppose pareillement que

$$\frac{\psi(z)}{\pi(z)}e^{z(x-x_0)}$$

tend en général vers zéro.

Remarquons d'abord que le produit

$$z\int_{x_0}^{x} e^{-z(\mu-x_0)}f(\mu)\,d\mu$$

reste fini. Il suffit évidemment de le montrer pour l'intégrale

$$z\int_{x_0}^{x_0+\varepsilon} e^{-z(\mu-x_0)}f(\mu)\,d\mu,$$

dans laquelle on suppose ε assez petit pour que $f(\mu)$ varie dans le même sens, par exemple en décroissant, de x_0 à $x_0+\varepsilon$. Or, en posant

$$z e^{-z(\mu-x_0)} = \mathrm{P} + \mathrm{Q}i,$$

nous avons à étudier les intégrales

$$\int_{x_0}^{x_0+\varepsilon} \mathrm{P} f(\mu)\,d\mu \quad \text{et} \quad \int_{x_0}^{x_0+\varepsilon} \mathrm{Q} f(\mu)\,d\mu.$$

Bornons-nous à la première ; elle peut s'écrire, d'après le second théorème de la moyenne (t. I, p. 201)

$$f(x_0)\int_{x_0}^{x_0+\varepsilon} P\,d\mu \quad (0<\varepsilon<\delta).$$

Or l'intégrale figurant dans ce produit est la partie réelle de

$$\int_{x_0}^{x_0+\varepsilon} z\,e^{-z(\mu-x_0)}\,d\mu = 1-e^{-\varepsilon z};$$

elle reste donc finie.

Ces diverses hypothèses faites, nous pouvons trouver la limite de l'expression (14). Le premier terme de cette expression peut s'écrire

$$\frac{\varphi(z)}{\pi(z)}e^{z(x-x_0)}\frac{1}{2}z\int_{x_0}^{x} e^{-z(\mu-x_0)}f(\mu)\,d\mu;$$

il tendra donc vers zéro. Le second tend vers

$$-\frac{1}{2}c\lim z\int_{x_0}^{x} e^{-z(x-\mu)}f(\mu)\,d\mu,$$

en supposant que cette dernière limite existe. Nous allons voir qu'il en est ainsi et qu'elle se réduit précisément à $f(x)$.

Il est évident d'abord que

$$\lim z\int_{x_0}^{x-\delta} e^{-z(x-\mu)}f(\mu)\,d\mu = 0 \quad (\delta>0),$$

quand z s'éloigne indéfiniment dans une autre direction que l'axe des y. Nous pouvons donc nous borner à étudier l'intégrale

$$z\int_{x-\delta}^{x} e^{-z(x-\mu)}f(\mu)\,d\mu;$$

or elle peut s'écrire

$$(15)\quad f(x)\int_{x-\delta}^{x} e^{-z(x-\mu)}z\,d\mu+\int_{x-\delta}^{x} e^{-z(x-\mu)}[f(\mu)-f(x)]z\,d\mu;$$

le premier terme se réduit à

$$f(x)[1-e^{-\delta z}].$$

Dans le second, en supposant ε assez petit, la différence

$$f(\mu) - f(x)$$

variera dans le même sens, puisque la fonction n'a pas un nombre
infini de maxima et de minima; supposons, pour fixer les idées,
qu'elle aille en décroissant quand μ variera de $x - \varepsilon$ à x. Si nous
posons

$$ze^{-z^2(x-\mu)^2} = P + Qi,$$

l'intégrale que nous discutons ici devient

$$\int_{x-\varepsilon}^{x} P[f(\mu) - f(x)]\,d\mu + i\int_{x-\varepsilon}^{x} Q[f(\mu) - f(x)]\,d\mu,$$

ou bien, d'après le second théorème de la moyenne,

$$[f(x-\varepsilon) - f(x)]\left[\int_{x-\varepsilon}^{\xi} P\,d\mu + i\int_{x-\varepsilon}^{\xi'} Q\,d\mu\right],$$

ξ et ξ' étant compris entre $x - \varepsilon$ et x. Or chacune des intégrales
figurant dans la parenthèse a, quel que soit z, une valeur finie ;
ainsi la première est la partie réelle de

$$\int_{x-\varepsilon}^{\xi} ze^{-z^2(x-\mu)^2}\,d\mu = e^{z(x-\xi)} - e^{z\varepsilon},$$

expression finie, quel que soit z, sa partie réelle n'étant pas supposée négative.

La quantité ε étant aussi petite que l'on veut, il en résulte
que le second membre de (15) a zéro pour limite quand z augmente
indéfiniment, et le premier a $f(x)$ pour limite, si toutefois z ne
s'éloigne pas à l'infini dans la direction de l'axe des y. Dans ce
dernier cas, on ne peut pas affirmer que l'expression

$$z\int_{x_0}^{x} e^{-z^2(x-\mu)^2} f(\mu)\,d\mu$$

a $f(x)$ pour limite, mais seulement qu'elle reste finie, comme on
le voit par un calcul analogue où l'on applique le théorème de la
moyenne.

En résumé, la fonction $F(x)$ du paragraphe précédent se réduit ici à

$$-\frac{1}{2} c f(x).$$

Les directions singulières appelées plus haut φ_0, pour lesquelles il n'y a pas la limite F, sont ici $-\frac{\pi}{2}$ et $+\frac{\pi}{2}$, mais nous sommes dans les conditions où la formule (12) n'en sera pas moins applicable, comme il résulte de la remarque faite à la fin du § 9.

Nous avons donc la formule

$$(2) \qquad -\frac{1}{2} c f(x) = \sum \frac{\psi(\lambda)}{\pi'(\lambda)} \int_{x_0}^{x} e^{\lambda(x-\mu)} f(\mu)\, d\mu \qquad (x > x_0),$$

la sommation dans le second membre étant étendue aux racines λ de l'équation $\pi(\lambda) = 0$.

Si la fonction $f(x)$ n'était pas continue pour la valeur considérée de x, mais éprouvait, en passant par cette valeur, un saut brusque fini, il y aurait simplement à remplacer dans la conclusion précédente $-\frac{1}{2} c f(x)$ par

$$-\frac{1}{2} c f(x - \varepsilon),$$

$f(x - \varepsilon)$ désignant la limite des valeurs que prend la fonction quand la variable tend vers x en lui étant inférieure; c'est d'ailleurs la notation dont nous nous sommes servi jadis dans la théorie des séries trigonométriques.

11. La formule précédente ne conduit pas à un développement simple, les termes étant des fonctions compliquées de x. Nous allons établir une seconde formule, qui, jointe à la précédente, nous donnera un développement remarquable.

Dans la formule du paragraphe (10), posons

$$f(z, x) = \int_{x}^{x_1} e^{z(x-\mu)} f(\mu)\, d\mu \qquad (x < x_1),$$

et soit

$$\mathfrak{f}(z) = \frac{\chi(z) f(z, x)}{\pi(z)}.$$

Nous supposons que $\frac{\chi(z)}{\pi(z)}$ tend, en général, vers une limite C,

z augmentant toujours indéfiniment dans les mêmes conditions. De plus, nous admettons que

$$\frac{\chi(-z)}{\pi(-z)}\, e^{z(b-x)}$$

tend, en général, vers zéro. Ces deux hypothèses sont parallèles à celles que nous avons faites au paragraphe (10). On établira encore, par des raisonnements entièrement analogues à ceux qui ont été employés plus haut, que

$$z\int_{x}^{b} e^{z(x-y)} f(y)\,dy$$

reste fini et que

$$z\int_{x}^{b} e^{z(x-y)} f(y)\,dy$$

tend vers $f(x)$, et l'on arrive alors à la formule

$$(\beta) \qquad \frac{C}{4} f(x) = \sum \frac{f(\lambda)}{\pi'(\lambda)\,\chi(\lambda)} \int_{x}^{b} e^{\lambda(x-y)} f(y)\,dy,$$

qui présente la plus grande analogie avec la formule (α).

Dans le cas où x serait un point de discontinuité, on aurait à remplacer $\frac{C}{4} f(x)$ par

$$\frac{C}{4} f(x-\tau).$$

12. Des formules (α) et (β) nous allons déduire un nouveau développement. Supposons que

$$\chi(z) + \varphi(z) = \pi(z),$$

on aura nécessairement alors

$$\lim \frac{\chi(z)}{\pi(z)} = 1,$$

en effet

$$\lim \frac{\varphi(z)}{\pi(z)} = 0,$$

comme il résulte de l'hypothèse

$$\lim \frac{\varphi(z)}{\pi(z)}\, e^{z(b-x)} = 0.$$

Ainsi la quantité désignée par C doit être égale à l'unité. On voit de la même manière que $c = 1$.

Nous avons donc, en supposant x compris entre x_0 et x_1, les deux formules

$$-\frac{1}{2}f(x) = \sum \frac{\phi(\lambda)}{\pi(\lambda)} \int_{x_0}^{x} e^{\lambda(x-\mu)} f(\mu)\, d\mu,$$

$$\frac{1}{2}f(x) = \sum \frac{\chi(\lambda)}{\pi(\lambda)} \int_{x}^{x_1} e^{\lambda(x-\mu)} f(\mu)\, d\mu.$$

Or

$$\chi(\lambda) + \phi(\lambda) = 0,$$

nous aurons, par suite, en retranchant,

$$(\gamma) \qquad f(x) = -\sum \frac{\phi(\lambda)}{\pi'(\lambda)} e^{\lambda x} \int_{x_0}^{x_1} e^{-\lambda\mu} f(\mu)\, d\mu \qquad [\pi(\lambda) = 0],$$

développement remarquable dont les termes sont des exponentielles. Cette formule ne sera évidemment légitime que si les diverses hypothèses faites sur les fonctions $\phi(z)$ et $\pi(z)$ sont vérifiées.

13. Un exemple très intéressant est obtenu en faisant

$$\pi(z) = e^{az} - 1, \quad \phi(z) = -1 \qquad (a > 0).$$

Les racines de l'équation

$$e^{az} - 1 = 0$$

sont données par

$$z = \frac{2k\pi i}{a} \qquad (k \text{ entier positif ou négatif}).$$

La succession des rayons $r_1, r_2, \ldots, r_n, \ldots$ sera obtenue en faisant

$$r_n = \frac{(2n+1)\pi}{a} \qquad (n > 0),$$

de telle sorte que les circonférences successives ne passeront pas par les pôles.

Nous devons d'abord constater que $\dfrac{\phi(-z)}{\pi(-z)}$ a une limite, qui, si elle existe, doit être égale à l'unité. Or

$$\frac{\psi(-z)}{\pi(-z)} = \frac{-1}{e^{-az}-1}.$$

Par suite, *en général*,

$$\lim \frac{\psi(-z)}{\pi(-z)} = +1.$$

Si z est sur l'axe des quantités imaginaires, le quotient $\frac{\psi(-z)}{\pi(-z)}$, qui est infini pour les pôles $z = \frac{2k\pi i}{a}$, reste, au contraire, fini et égal à $\frac{1}{2}$, quand on donne à z les valeurs $\frac{(2n+1)\pi i}{a}$.

Il faut ensuite montrer que $\frac{\psi(z)}{\pi(z)} e^{z(x-x_0)}$ a zéro pour limite. Or cette expression se réduit à

$$-\frac{e^{z(x-x_0)}}{e^{az}-1} = \frac{e^{z(x-x_0-a)}}{e^{-az}-1}.$$

Si donc $x < x_0 + a$, ce quotient tend en général vers zéro; il reste fini pour la direction singulière de l'axe des quantités complexes, le point z restant, bien entendu, sur les circonférences de rayon r_0.

Il faut encore vérifier les conditions relatives à la fonction $\chi(z)$. Celle-ci est définie par l'égalité

$$\psi(z) + \chi(z) = \pi(z)$$

et, par suite,

$$\chi(z) = e^{az}.$$

Nous aurons

$$\frac{\chi(z)}{\pi(z)} = \frac{e^{az}}{e^{az}-1} = \frac{1}{1-e^{-az}}.$$

Sa limite sera donc *un* en général. De plus

$$\frac{\chi(-z)}{\pi(-z)} e^{z(x_1-x)} = \frac{e^{z(x_1-x-a)}}{e^{-az}-1},$$

et sa limite sera en général zéro si

$$x_1 - x - a < 0;$$

et, pour la direction de l'axe des quantités complexes, l'une et l'autre expressions précédentes resteront finies.

Nous arrivons ainsi à la formule (7) qui devient ici

$$f(x) = \sum_{k=-\infty}^{k=+\infty} \frac{e^{\frac{2k\pi i x}{a}}}{a} \int_{x_0}^{x_1} e^{-\frac{2k\pi i \mu}{a}} f(\mu)\, d\mu,$$

sous la condition que

$$x_1 - a < x < x_0 + a.$$

Prenons, en particulier,

$$x_0 = 0, \quad x_1 = a.$$

Nous aurons, pour x compris entre 0 et a,

$$f(x) = \sum_{k=-\infty}^{k=+\infty} \frac{1}{a} e^{\frac{2k\pi i x}{a}} \int_0^a e^{-\frac{2k\pi i \mu}{a}} f(\mu)\, d\mu.$$

En réunissant les termes correspondant à des valeurs de k égales et de signes contraires, on obtient le développement

$$(16) \qquad f(x) = \frac{1}{a}\int_0^a f(\mu)\, d\mu + \sum_{k=1}^{k=\infty} \frac{2}{a}\int_0^a \cos\frac{2k\pi}{a}(x-\mu) f(\mu)\, d\mu,$$

c'est-à-dire le développement en série de Fourier.

Dans le cas où, pour la valeur considérée de x, la fonction $f(x)$ serait discontinue, il suffit de se reporter aux deux développements d'où nous avons tiré la formule précédente pour voir que $f(x)$ devra être remplacé par

$$\frac{f(x+0) + f(x-0)}{2}.$$

Remarquons encore que la série de Fourier est démontrée, par la méthode précédente, pour toute valeur de x comprise entre 0 et a, mais *à l'exclusion de ces valeurs*. On peut trouver facilement la valeur de la série pour $x = 0$ et $x = a$. Considérons la série (16) comme définissant une fonction de x; ce sera donc, si l'on veut, notre fonction primitive $f(x)$, prolongée en dehors de l'intervalle $(0, a)$ d'une manière périodique. Appelons $\varphi(x)$ la fonction représentée par la série : c'est une fonction ayant a pour période. Pour $x = 0$ et $x = a$, elle n'a pour nous aucun sens; mais, d'après la définition même de φ, on a

$$\varphi(-\eta) = f(a), \qquad \varphi(+\eta) = f(0).$$

Ceci posé, développons $\varphi(x)$ en série de Fourier, dans l'intervalle $\left(-\dfrac{a}{2}, +\dfrac{a}{2}\right)$; on aura

$$(17) \quad \varphi(x) = \frac{1}{a} \int_{-\frac{a}{2}}^{+\frac{a}{2}} \varphi(\mu)\,d\mu + \sum_{k=1}^{k=\infty} \frac{2}{a} \int_{-\frac{a}{2}}^{+\frac{a}{2}} \cos\frac{2k\pi}{a}(x-\mu)\varphi(\mu)\,d\mu.$$

Mais la fonction φ, dans l'intervalle de $-\dfrac{a}{2}$ à 0, est égale à la fonction f dans l'intervalle de $\dfrac{a}{2}$ à a; il en résulte que le développement (17) est identique, terme à terme, au développement (16).

Donc la série (16), pour $x = 0$, aura la même valeur que la série (17); or la valeur de cette dernière série est égale à

$$\frac{\varphi(-\eta) + \varphi(+\eta)}{2} \qquad \text{ou} \qquad \frac{f(a) + f(0)}{2};$$

la valeur de la série (16) pour $x = 0$ et pour $x = a$ est donc donnée par la demi-somme précédente.

14. Prenons, comme second exemple,

$$\pi(z) = z(e^{az} + e^{-az}) + h(e^{az} - e^{-az}) \quad (a > 0,\ h > 0),$$
$$\chi(z) = e^{az}(z + h), \qquad \psi(z) = e^{-az}(z - h).$$

Nous allons choisir, comme succession des rayons $r_1, r_2, \ldots,$ $r_n, \ldots$

$$r_n = \frac{n\pi}{a}.$$

On aura

$$\frac{\psi(-z)}{\pi(-z)} = \frac{-e^{az}(+z+h)}{e^{-az}(-z+h) + e^{+az}(-z-h)};$$

par suite, en général,

$$\lim \frac{\psi(-z)}{\pi(-z)} = 1.$$

D'autre part

$$\frac{\psi(z)}{\pi(z)} e^{a(z-x)} = \frac{e^{a(x-x_0-a)}(z-h)}{e^{az}(z+h) - e^{-az}(z-h)}.$$

qui tend vers zéro, si $x < x_0 + 2a$.

On vérifiera de même que les conditions requises sont remplies pour la fonction $\chi(z)$. On a

$$\frac{\chi(-z)}{\pi(-z)} e^{a(x_1-x)} = \frac{e^{a(x_1-x-a)}(-z+h)}{e^{-az}(-z+h) - (z+h)e^{az}};$$

la limite sera zéro si

$$x_1 - x - 2a < 0 \qquad \text{ou} \qquad x \geq x_1 - 2a.$$

Ceci posé, nous avons à étudier l'équation $\pi(z) = 0$. Il est d'abord manifeste que cette équation ne peut avoir des racines réelles, sauf $z = 0$, car

$$z(e^{az} + e^{-az}) \qquad \text{et} \qquad e^{az} - e^{-az}$$

sont de mêmes signes quand z est réel, et d'autre part h est positif.

Je dis que toutes les racines de l'équation sont de la forme $z = \lambda i$, λ étant réel.

Pour le voir posons dans cette équation, $az = x + iy$. En séparant les parties réelles et les parties imaginaires on obtient les deux équations

$$
\left.
\begin{aligned}
kx(e^x + e^{-x}) + (e^x - e^{-x})(1 - ky\operatorname{tang} y) &= 0 \\
kx(e^x - e^{-x}) + (e^x + e^{-x})\left(1 + \frac{ky}{\operatorname{tang} y}\right) &= 0
\end{aligned}
\right\}
\qquad
\left(k = \frac{1}{ah} > 0\right).
$$

Pour $x \gtrless 0$, les rapports $kx\,\dfrac{e^x + e^{-x}}{e^x - e^{-x}}$, $kx\,\dfrac{e^x - e^{-x}}{e^x + e^{-x}}$ sont positifs : par suite $ky\operatorname{tang} y$ et $\dfrac{ky}{\operatorname{tang} y}$ seraient de signes contraires, ce qui est impossible. Il faut donc faire $x = 0$; la première équation est alors satisfaite quel que soit y, et la seconde se réduit à l'équation

$$ky + \operatorname{tang} y = 0.$$

Il est d'ailleurs très aisé de montrer que cette équation a une infinité de racines réelles. Il suffit pour cela de construire les deux

courbes
$$x = \tang y, \qquad x = -hy,$$
et l'on voit de suite qu'elles ont une infinité de points de rencontre.

En définitive, l'équation $\pi(z) = 0$ a une infinité de racines de la forme $z = \lambda i$, λ étant réel; en faisant cette substitution, l'équation devient

$$(18) \qquad \lambda \cos(a\lambda) + h \sin(a\lambda) = 0.$$

On a

$$\pi'(\lambda i) = 2[(1 + ah)\cos a\lambda - \lambda a \sin a\lambda] = \frac{\sin 2a\lambda - 2a\lambda}{\sin a\lambda},$$

d'où, par suite, le développement

$$f(x) = \sum \frac{2a\lambda(\lambda i + h)}{\sin 2a\lambda - 2a\lambda} \sin a\lambda \int_{x_0}^{x_1} e^{i(x-\mu)} f(\mu)\, d\mu,$$

la sommation étant étendue aux racines de l'équation (18).

En groupant les valeurs de λ égales et de signe contraire, il vient

$$f(x) = \frac{h}{2(1 + ah)} \int_{x_0}^{x_1} f(\mu)\, d\mu$$

$$+ \sum \frac{2\lambda}{2a\lambda - \sin 2a\lambda} \int_{x_0}^{x_1} f(\mu) \cos \lambda (x - \mu)\, d\mu,$$

la sommation s'étendant seulement aux valeurs positives de λ. Si, en particulier, on prend $x_0 = -a$, $x_1 = +a$, on aura le développement d'une fonction $f(x)$ définie entre $-a$ et $+a$.

15. Il ne sera pas sans intérêt d'indiquer dans quel problème Fourier a rencontré pour la première fois le développement précédent, mais sans traiter rigoureusement de sa convergence, comme permet de le faire la méthode de Cauchy. Partons de ce résultat fondamental, dû à l'illustre auteur, que, dans un corps isotrope, l'équation à laquelle satisfait la température V d'un point est

$$(19) \qquad \frac{\partial V}{\partial t} = k\left(\frac{\partial^2 V}{\partial x^2} + \frac{\partial^2 V}{\partial y^2} + \frac{\partial^2 V}{\partial z^2} \right),$$

k étant une constante. Supposons que l'on ait un solide terminé par une surface S; on donne l'état calorifique initial du solide pour $t = 0$, c'est-à-dire la valeur de la fonction $V(x, y, z, t)$ pour $t = 0$. De plus, nous avons une condition à la surface, en écrivant que la loi de la déperdition à la surface est la loi de Newton; si l'on suppose que le milieu ambiant soit à la température zéro, cette condition, qui doit être vérifiée pour toute valeur de t, peut s'écrire

$$\frac{dV}{dn} + hV = 0 \qquad (h > 0),$$

$\frac{dV}{dn}$ désignant la dérivée de V dans le sens de la normale extérieure à la surface S [1]. Prenons maintenant le cas particulier d'une sphère de rayon R, ayant son centre à l'origine, et supposons que la température soit fonction seulement de t et de r

$$\left(r = \sqrt{x^2 + y^2 + z^2} \right).$$

L'équation (19) se réduit alors à

$$(20) \qquad \frac{\partial V}{\partial t} = k \left(\frac{\partial^2 V}{\partial r^2} + \frac{2}{r} \frac{\partial V}{\partial r} \right),$$

et la condition à la surface devient

$$(21) \qquad \frac{\partial V}{\partial r} + hV = 0 \qquad (\text{pour } r = R),$$

et cela quel que soit t. Nous avons, d'autre part, pour $t = 0$, la donnée

$$(22) \qquad V = F(r)$$

relative à l'état initial; $F(r)$ est une fonction arbitrairement donnée de $r = 0$ à $r = R$.

L'équation (20) se simplifie immédiatement, si l'on pose

$$y = Vr;$$

on a alors, pour y, l'équation

$$\frac{\partial y}{\partial t} = k \frac{\partial^2 y}{\partial r^2}.$$

---

[1] Voir Fourier, *Théorie analytique de la chaleur* (*Œuvres de Fourier*, publiées par les soins de M. G. Darboux).

Fourier commence par chercher ce qu'il appelle une solution simple de cette équation. En posant

$$y = e^{mt}u,$$

u étant une fonction de r, l'équation devient

$$mu = k\frac{d^2u}{dr^2}.$$

En posant alors $m = -kn^2$, n étant une constante arbitraire, on obtient la solution

$$y = e^{-kn^2 t}(A\cos nr + B\sin nr)$$

et, par suite,

$$V = \frac{e^{-kn^2 t}}{r}(A\cos nr + B\sin nr).$$

Comme nous voulons avoir une solution restant finie à l'intérieur de la sphère, nous devons prendre seulement la solution

$$V = e^{-kn^2 t}\frac{\sin nr}{r}.$$

La constante n jusqu'ici est arbitraire, mais si nous voulons que cette solution particulière satisfasse à l'équation à la surface, nous aurons

$$nr\cos nr + (hr - 1)\sin nr = 0, \qquad \text{pour} \quad r = R,$$

ou

$$(23) \qquad\qquad \tan nR + \frac{Rn}{hR - 1} = 0.$$

Nous allons supposer, pour ne pas avoir à sortir du cas examiné plus haut, que $hR - 1$ est positif; nR satisfait à une équation transcendante de la nature de celle que nous avons étudiée. Soient $n_1, n_2, \ldots$ les valeurs de n en nombre infini satisfaisant à cette condition, la série

$$A_1 e^{-kn_1^2 t}\frac{\sin n_1 r}{r} + A_2 e^{-kn_2^2 t}\frac{\sin n_2 r}{r} + \ldots,$$

si elle est convergente, satisfera à l'équation (20) et à la condition limite (21). On voit quel problème fort intéressant se pose alors : *peut-on déterminer les coefficients A, de façon que la série* *converge et représente* $F(r)$ *pour* $t=0$, c'est-à-dire soit telle que

$$rF(r) = A_1 \sin n_1 r + A_2 \sin n_2 r + \ldots. \tag{24}$$

Il s'agit donc du développement d'une fonction définie entre 0 et R en une série procédant suivant des sinus dont les arguments sont de la forme nx, les n étant racines d'une équation transcendante. Or, si nous considérons une fonction $\varphi(r)$ définie de $-R$ à $+R$, égale à $rF(r)$ de 0 à R et prenant de 0 à $-R$ des valeurs égales et de signes contraires, on peut développer $\varphi(r)$, en série de la forme (paragraphe précédent)

$$\varphi(r) = \frac{H}{2(1+RH)} \int_{-R}^{+R} \varphi(\mu)\, d\mu + \sum \frac{2\lambda}{2R\lambda - \sin 2R\lambda} \int_{-R}^{+R} \varphi(\mu) \cos\lambda(r-\mu)\, d\mu,$$

la sommation étant étendue aux racines positives de l'équation

$$\operatorname{tang} R\lambda - \frac{\lambda}{H} = 0,$$

équation qui coïncidera avec (23) si l'on pose $\frac{1}{H} = \frac{R}{hR-1}$.

D'ailleurs, d'après la définition même de $\varphi(r)$, le développement de cette fonction ne renfermera que des termes en sinus, les termes en cosinus ayant des coefficients nuls. Nous obtiendrons donc ainsi le développement (24) dont nous avons besoin, et la solution du problème est donnée par la formule

$$V(r,t) = A_1 \frac{\sin n_1 r}{r} e^{-kn_1^2 t} + A_2 \frac{\sin n_2 r}{r} e^{-kn_2^2 t} + \ldots,$$

les n étant les racines positives de l'équation (23).

III. — Nombre des racines d'une équation contenues dans un contour. Théorie des indices.

16. Nous ferons encore une application du théorème des résidus en recherchant le nombre des racines d'une équation

$$f(z) = 0.$$

contenues dans un contour C, à l'intérieur duquel $f(z)$ est une fonction holomorphe.

Considérons, en effet, l'intégrale

$$\int_C \frac{f'(z)}{f(z)}\,dz.$$

Les pôles de la fonction

$$\frac{f'(z)}{f(z)}$$

sont les racines de la fonction $f(z)$. Or, si a désigne une racine d'ordre m, on aura

$$f(z) = (z-a)^m \varphi(z) \qquad [\varphi(a) \neq 0],$$

donc

$$\frac{f'(z)}{f(z)} = \frac{m}{z-a} + \frac{\varphi'(z)}{\varphi(z)};$$

le résidu correspondant est donc égal à m. Par suite, en désignant par N le nombre des racines de l'équation contenues dans C, comptées avec leur degré de multiplicité, il vient

$$N = \frac{1}{2\pi i} \int_C \frac{f'(z)}{f(z)}\,dz.$$

17. On peut donner une autre forme au résultat précédent : l'intégrale précédente est égale à la variation de

$$\log f(z),$$

quand z décrit le contour. Or

$$\log f(z) = \mathrm{Log}\,[\mathrm{mod}\,f(z)] + i\,\arg f(z),$$

et $\mathrm{Log}\,[\mathrm{mod}\,f(z)]$, qui est un logarithme arithmétique, reprend la même valeur quand z revient au point de départ. La variation de $\log f(z)$ est donc égale à la variation de son argument multiplié par i. La variation de $\arg f(z)$ sera de la forme

$$2n\pi,$$

n étant un entier, et l'on aura

$$N = n.$$

18. Prenons, comme application, le cas d'un polynôme $f(z)$ de degré m. Il résulte de ce que nous avons vu (Chap. V, § 15) que, à l'extérieur d'un cercle d'un rayon suffisamment grand, on a le développement

$$\frac{f'(z)}{f(z)} = \frac{A_1}{z} + \frac{A_2}{z^2} + \ldots$$

cette série étant ordonnée suivant les puissances croissantes de $\frac{1}{z}$. Il est clair d'ailleurs que $A_1 = m$, comme on le voit en multipliant par z les deux membres de cette identité et faisant $z = \infty$.

Le calcul de l'intégrale

$$\int_C \frac{f'(z)}{f(z)}\, dz,$$

le long d'un cercle C de très grand rayon, est maintenant immédiat : on aura

$$\int_C \frac{f'(z)}{f(z)}\, dz = m \int_C \frac{dz}{z} = 2m\pi i,$$

puisque

$$\int_C \frac{dz}{z^p} = 0 \qquad (p > 1).$$

On en conclut donc

$$N = m,$$

c'est-à-dire qu'un *polynôme de degré m a m racines.*

19. Considérons particulièrement, avec Cauchy, le cas où le contour C, à l'intérieur duquel on veut calculer le nombre des racines de l'équation

$$f(z) = 0,$$

$f(z)$ étant un polynôme, serait formé de segments de courbes unicursales. On peut alors, par un calcul régulier, trouver le nombre des racines, et Cauchy a donné à ce sujet des développements extrêmement intéressants. Soit un segment Γ de courbe unicursale obtenu en faisant varier le paramètre t, dont dépendent rationnellement x et y, depuis $t = a$ jusqu'à $t = b$ $(a < b)$; on a, pour cet arc,

$$(25) \qquad \int_\Gamma \frac{f'(z)}{f(z)}\, dz = \frac{1}{2}\operatorname{Log}[\operatorname{mod} f(z)]_a^b - i \int_a^b \frac{F'(t)\, dt}{1 + F^2(t)},$$

en posant

$$F(t) = \frac{Q}{P},$$

P et Q étant deux polynômes en t faciles à former.

L'intégrale qui figure dans le second membre doit être calculée; c'est elle qui nous intéresse.

L'intégrale indéfinie est

$$\arctan F(t).$$

On peut partir d'une détermination quelconque de cet arc tang pour $t = a$, et *il faut suivre d'une manière continue* (voir t. I, p. 9) la détermination choisie depuis la valeur initiale $t = a$ jusqu'à la valeur finale $t = b$.

On remarquera d'abord que l'intégrale

$$\int_a^t \frac{F'(t)\,dt}{1 + F^2(t)}$$

a un sens déterminé même quand $F(t)$ devient infinie. Supposons en effet P et Q premiers entre eux; l'intégrale pouvant s'écrire

$$\int_a^t \frac{PQ' - P'Q}{P^2 + Q^2}\,dt$$

sera finie pour toute racine t du polynôme P.

Ceci posé, en désignant par $\arctan F(a)$ l'arc ayant $F(a)$ pour tangente et compris entre $-\frac{\pi}{2}$ et $+\frac{\pi}{2}$, on aura, sans ambiguïté,

$$\int_a^t \frac{F'(t)\,dt}{1 + F^2(t)} = \arctan F(t) - \arctan F(a),$$

tant que t en variant d'une manière continue ne passe pas par une valeur rendant F infinie. Dans cette formule $\arctan F(t)$ représente toujours l'arc compris entre $-\frac{\pi}{2}$ et $+\frac{\pi}{2}$. Mais supposons que t en croissant d'une manière continue passe par une valeur t_1 rendant infinie la fonction rationnelle F. Si $F(t)$ passe de $+\infty$ à

$-\infty$, on pourra écrire pour t un peu supérieur à t_1

$$\int_a^t \frac{F'(t)\,dt}{1+F^2(t)} = \operatorname{arc\,tang} F(t) - \operatorname{arc\,tang} F(a) + \pi,$$

$\operatorname{arc\,tang} F(t)$ étant toujours l'arc compris entre $-\frac{\pi}{2}$ et $+\frac{\pi}{2}$. En effet, une fois que t a dépassé t_1, c'est

$$\operatorname{arc\,tang} F(t) + \pi$$

que l'on doit prendre pour suivre l'arc choisi d'une manière continue. Si, au contraire, la fonction $F(t)$ avait passé de $-\infty$ à $+\infty$, on aurait eu, après $t = t_1$,

$$\int_a^t \frac{F'(t)\,dt}{1+F^2(t)} = \operatorname{arc\,tang} F(t) - \operatorname{arc\,tang} F(a) - \pi.$$

Lorsque t varie de a à b, on aura donc

$$\int_a^b \frac{F'(t)\,dt}{1+F^2(t)} = \operatorname{arc\,tang} F(a) - \operatorname{arc\,tang} F(b) + n\pi,$$

les arc tang étant toujours compris entre $-\frac{\pi}{2}$ et $+\frac{\pi}{2}$ et n désignant l'excès du nombre de fois pour lesquelles $F(t)$ a passé de $+\infty$ à $-\infty$ sur celui pour lesquelles cette fonction a passé de $-\infty$ à $+\infty$ quand t varie de a à b. Cauchy a appelé ce nombre *indice de la fonction entre a et b*; nous poserons

$$n = I_a^b[F(t)].$$

20. Montrons maintenant, en suivant toujours Cauchy, comment on peut trouver par un calcul régulier l'indice d'une fraction rationnelle entre deux limites a et b.

Une première remarque sera très utile dans cette recherche; elle a pour objet de chercher une relation entre

$$I_a^b[F(t)] \quad \text{et} \quad I_a^b\left(\frac{1}{F(t)}\right);$$

on a

$$\int_a^b \frac{F'(t)\,dt}{1+F^2(t)} = \operatorname{arc\,tang} F(a) - \operatorname{arc\,tang} F(b) + \pi I_a^b[F(t)],$$

et, en changeant $F(t)$ en $\frac{1}{F(t)}$,

$$-\int_a^b \frac{F'(t)\,dt}{1+F^2(t)} = \text{arc tang}\,\frac{1}{F(a)} - \text{arc tang}\,\frac{1}{F(b)} - \pi I_a^b\left[\frac{1}{F(t)}\right];$$

par suite, en additionnant,

$$\begin{aligned} 0 = {} & \text{arc tang}\,F(a) + \text{arc tang}\,\frac{1}{F(a)} \\ & - \text{arc tang}\,F(b) - \text{arc tang}\,\frac{1}{F(b)} - \pi\left\{ I_a^b[F(t)] + I_a^b\left[\frac{1}{F(t)}\right]\right\}. \end{aligned}$$

Il en résulte que, si $F(a)$ et $F(b)$ sont de même signe,

$$I_a^b(F) + I_a^b\left(\frac{1}{F}\right) = 0.$$

Si $F(a) > 0$, $F(b) < 0$, on aura

$$I_a^b(F) + I_a^b\left(\frac{1}{F}\right) = -1.$$

Si $F(a) < 0$, $F(b) > 0$, on a, au contraire,

$$I_a^b(F) + I_a^b\left(\frac{1}{F}\right) = +1.$$

Tout ceci résulte immédiatement de ce que

$$\text{arc tang}\,x + \text{arc tang}\,\frac{1}{x} = \pm\frac{\pi}{2},$$

suivant que x est positif ou négatif.

Nous posons donc

$$I_a^b(F) + I_a^b\left(\frac{1}{F}\right) = \varepsilon,$$

et l'on a

$$\begin{aligned} \varepsilon &= 0 && \text{pour } F(a)\,F(b) > 0, \\ \varepsilon &= +1 && \quad\text{»}\quad F(a) < 0,\ F(b) > 0, \\ \varepsilon &= -1 && \quad\text{»}\quad F(a) > 0,\ F(b) < 0. \end{aligned}$$

Faisons encore la remarque évidente que deux fonctions rationnelles, dont la différence est un polynôme, ont même indice, et que deux fonctions égales et de signes contraires ont des indices égaux et de signes contraires.

Ceci posé, soit

$$F(x) = \frac{V_1}{V}$$

V et V_1 étant deux polynômes premiers entre eux, on peut supposer que le degré de V est supérieur au degré de V_1. Effectuons sur V et V_1 les opérations que l'on fait sur le polynôme et sa dérivée dans l'application du théorème de Sturm; soit donc

$$V = V_1 Q_1 - V_2$$
$$V_1 = V_2 Q_2 - V_3$$
$$\cdots\cdots\cdots\cdots\cdots$$
$$V_{n-1} = V_n Q_n,$$

on aura, en supprimant les indices a et b,

$$I\left(\frac{V}{V_1}\right) - I\left(\frac{V_2}{V_1}\right) = a_1,$$
$$I\left(\frac{V_1}{V_2}\right) - I\left(\frac{V_3}{V_2}\right) = a_2,$$
$$\cdots\cdots\cdots\cdots\cdots$$
$$I\left(\frac{V_{n-1}}{V_n}\right) = a_n.$$

D'autre part,

$$I\left(\frac{V}{V_1}\right) + I\left(\frac{V_1}{V}\right) = b_1,$$
$$I\left(\frac{V_1}{V_2}\right) + I\left(\frac{V_2}{V_1}\right) = b_2,$$
$$\cdots\cdots\cdots\cdots\cdots$$
$$I\left(\frac{V_{n-1}}{V_n}\right) - I\left(\frac{V_n}{V_{n-1}}\right) = b_n,$$

les i étant égaux à o, $+1$, -1 et étant déterminés d'après la règle indiquée plus haut.

En additionnant ces égalités et tenant compte des précédentes, il vient

$$I\left(\frac{V_1}{V}\right) = a_1 - b_2 + \ldots \pm b_n.$$

Le calcul de l'indice de la fraction $\dfrac{V_1}{V}$ peut donc être complètement effectué par de simples opérations algébriques.

Nous pouvons trouver facilement, d'après ce qui précède, le nombre des racines de l'équation algébrique

$$f(z) = 0,$$

dans un contour formé de segments de courbes unicursales; il suffira de calculer l'indice d'une fonction rationnelle convenable pour chacun de ces segments. D'après la formule

$$N = \frac{1}{2\pi i} \int_C \frac{f'(z)}{f(z)}\, dz,$$

et en se reportant à la formule (25), on voit que le nombre cherché sera égal à la demi-somme de ces indices.

On peut, dans beaucoup d'autres cas, trouver par un calcul régulier le nombre des racines de l'équation $f(z) = 0$, contenues dans un contour : c'est un sujet sur lequel nous reviendrons au Chapitre suivant.

21. Nous allons terminer ce Chapitre en démontrant le théorème fondamental relatif à la continuité des racines d'une équation algébrique. Cauchy énonce ce théorème de la manière suivante. Soit

$$(26) \qquad\qquad f(x, y) = 0$$

une équation algébrique avec les deux variables x et y. *Si, pour $x = 0$, l'équation*

$$f(0, y) = 0$$

a p racines nulles, l'équation (26) aura, pour x voisin de zéro, p racines et p seulement voisines de zéro.

La démonstration précisera complètement ce qui reste d'un peu vague dans cet énoncé. Écrivons le polynôme $f(x, y)$ sous la forme

$$f(x, y) = A_0 + A_1 y + \ldots + A_p y^p + \ldots + A_m y^m;$$

les A sont des polynômes en x, et l'on a

$$(27) \qquad A_0 = A_1 = \ldots = A_{p-1} = 0 \qquad \text{pour} \qquad x = 0,$$

tandis que A_p ne s'annule pas pour $x = 0$.

On peut écrire

$$f(x, y) = A_p\, y^p (1 + U + V),$$

en posant

$$U = \frac{A_{p+1}}{A_p} y + \ldots + \frac{A_m}{A_p} y^{m-p},$$

$$V = \frac{1}{y^p} \frac{A_0}{A_p} + \ldots + \frac{1}{y} \frac{A_{p-1}}{A_p}.$$

Décrivons autour de $x = 0$, $y = 0$ comme centres, dans les plans respectifs des variables x et y, deux circonférences C et Γ de rayon r et ρ. On peut prendre r et ρ suffisamment petits pour que les deux conditions suivantes soient vérifiées.

On veut d'abord que, les points x et y étant quelconques à l'intérieur des deux cercles précédents, on ait

$$|U| < \frac{1}{2}.$$

En second lieu, on veut que, y étant *sur la circonférence* Γ, et x quelconque à l'intérieur du cercle C, on ait

$$|V| < \frac{1}{2}.$$

Pour la première condition, aucune explication n'est nécessaire. Pour la seconde, il suffit de remarquer que

$$|V| < \frac{1}{\rho^p} \left| \frac{A_0}{A_p} \right| + \ldots + \frac{1}{\rho} \left| \frac{A_{p-1}}{A_p} \right|,$$

et, d'après les équations (27), si r est assez petit, il est clair que $|V| < \frac{1}{2}$.

Ceci posé, nous pouvons aisément trouver le nombre des racines de l'équation en y

$$f(x, y) = 0,$$

contenues dans le cercle Γ, x étant un point quelconque à l'intérieur de C. Le nombre de ces racines est en effet égal au quotient par 2π de la variation de l'argument de

$$A_p\, y^p(1 + U + V),$$

quand y parcourt la circonférence Γ. Or, puisque $|U| < \tfrac{1}{2}$, $|V| < \tfrac{1}{2}$, l'argument de

$$1 + U + V$$

redevient le même quand y revient au point de départ. L'argument de y^p a augmenté de $2p\pi$; par suite, *le nombre des racines que nous cherchons est égal à p.* C'est dans ce résultat fondamental que consiste le théorème de la continuité des racines d'une équation algébrique. Nous verrons bientôt comment ce théorème peut s'étendre à une fonction $f(x, y)$ holomorphe par rapport à x et à y.

CHAPITRE VII.

NOMBRE DE RACINES COMMUNES A DEUX ÉQUATIONS SIMULTANÉES.

1. La recherche du nombre des racines de l'équation

$$F(z) = 0,$$

contenues dans un contour C, revient à chercher le nombre des racines des deux équations

$$(1) \qquad \left\{ \begin{array}{l} f(x,y)=0 \\ \varphi(x,y)=0 \end{array} \right\} \qquad [F(z)=f(x,y)+i\varphi(x,y)];$$

contenues dans C. Dans ce cas les fonctions réelles f et φ ne sont pas arbitraires (t. I, p. 86). Nous allons nous poser maintenant le problème dans toute sa généralité. En ne faisant aucune hypothèse sur les fonctions f et φ, que nous supposons seulement continues dans C, nous nous proposons de trouver le nombre des racines communes à ces deux équations contenues dans un contour.

Nous allons avoir à reprendre une intégrale déjà étudiée dans le Tome I : c'est l'intégrale de M. Kronecker (t. I, p. 123). Dans cette étude, nous avons posé *a priori* une certaine intégrale ; il est intéressant de montrer comment on peut y être conduit : c'est par quoi nous allons commencer.

La formule de M. Kronecker se déduit immédiatement d'une propriété élémentaire des fonctions V, continues dans un certain domaine et satisfaisant à l'équation de Laplace ; nous la présenterons de la manière suivante.

Si la fonction $V(X, Y, Z)$ est uniforme et continue dans un espace limité par une surface S et satisfait à l'équation

$$\frac{\partial^2 V}{\partial X^2} + \frac{\partial^2 V}{\partial Y^2} + \frac{\partial^2 V}{\partial Z^2} = 0,$$

on a

$$(1) \qquad \iint \frac{dV}{dn}\, d\sigma = 0,$$

l'intégrale étant étendue à la surface S.

Appliquons cette formule à la fonction

$$V = \frac{1}{r} \qquad (r = \sqrt{X^2 + Y^2 + Z^2}).$$

et transformons-la en faisant le changement de variables

$$X = f(x, y, z),$$
$$Y = \varphi(x, y, z),$$
$$Z = \psi(x, y, z),$$

f, φ et ψ étant continues dans le volume où nous aurons à les considérer.

L'intégrale (1) peut s'écrire

$$\iint \frac{X\, dY\, dZ + Y\, dZ\, dX + Z\, dX\, dY}{(X^2 + Y^2 + Z^2)^{\frac{3}{2}}}$$

Pour trouver l'élément de l'intégrale transformée, concevons que x, y, z aient été exprimés en fonction de deux paramètres u et v. L'élément $dY\, dZ$ devra être remplacé par

$$\left[\frac{D(\varphi,\psi)}{D(x,y)}\frac{D(x,y)}{D(u,v)} + \frac{D(\varphi,\psi)}{D(y,z)}\frac{D(y,z)}{D(u,v)} + \frac{D(\varphi,\psi)}{D(z,x)}\frac{D(z,x)}{D(u,v)} \right] du\, dv,$$

comme on le voit de suite en calculant

$$\frac{D(Y,Z)}{D(u,v)},$$

et l'on a des expressions analogues pour $dZ\, dX$ et $dX\, dY$. En substituant dans l'intégrale, on trouve alors de suite la nouvelle intégrale

$$(2) \qquad \iint A\, dy\, dz + B\, dz\, dx + C\, dx\, dy \ldots$$

où

$$
A = \frac{\begin{vmatrix} f & \dfrac{\partial f}{\partial y} & \dfrac{\partial f}{\partial z} \\[2mm] \varphi & \dfrac{\partial \varphi}{\partial y} & \dfrac{\partial \varphi}{\partial z} \\[2mm] \psi & \dfrac{\partial \psi}{\partial y} & \dfrac{\partial \psi}{\partial z} \end{vmatrix}}{(f^2+\varphi^2+\psi^2)^{\frac{3}{2}}}, \quad
B = \frac{\begin{vmatrix} f & \dfrac{\partial f}{\partial z} & \dfrac{\partial f}{\partial x} \\[2mm] \varphi & \dfrac{\partial \varphi}{\partial z} & \dfrac{\partial \varphi}{\partial x} \\[2mm] \psi & \dfrac{\partial \psi}{\partial z} & \dfrac{\partial \psi}{\partial x} \end{vmatrix}}{(f^2+\varphi^2+\psi^2)^{\frac{3}{2}}}, \quad
C = \frac{\begin{vmatrix} f & \dfrac{\partial f}{\partial x} & \dfrac{\partial f}{\partial y} \\[2mm] \varphi & \dfrac{\partial \varphi}{\partial x} & \dfrac{\partial \varphi}{\partial y} \\[2mm] \psi & \dfrac{\partial \psi}{\partial x} & \dfrac{\partial \psi}{\partial y} \end{vmatrix}}{(f^2+\varphi^2+\psi^2)^{\frac{3}{2}}}.
$$

D'après l'égalité (1), l'intégrale (2), étendue à une surface fermée S, sera nulle si, à l'intérieur de S, il n'y a pas de points (x, y, z) pour lesquels f, φ et ψ s'annulent à la fois.

Si, au contraire, les fonctions f, φ, ψ s'annulent à l'intérieur de S, l'intégrale (2) ne sera pas nulle en général. En supposant que les racines du système d'équations

$$
\begin{cases} f(x, y, z) = 0, \\ \varphi(x, y, z) = 0, \\ \psi(x, y, z) = 0 \end{cases}
$$

soient simples, c'est-à-dire que le déterminant fonctionnel

$$
D = \begin{vmatrix} \dfrac{\partial f}{\partial x} & \dfrac{\partial f}{\partial y} & \dfrac{\partial f}{\partial z} \\[2mm] \dfrac{\partial \varphi}{\partial x} & \dfrac{\partial \varphi}{\partial y} & \dfrac{\partial \varphi}{\partial z} \\[2mm] \dfrac{\partial \psi}{\partial x} & \dfrac{\partial \psi}{\partial y} & \dfrac{\partial \psi}{\partial z} \end{vmatrix}
$$

ne soit pas nul pour les racines considérées, nous avons montré (*loc. cit.*) que *l'intégrale* (2) *est égale à*

$$
4\pi m,
$$

m désignant la *différence* entre le nombre des racines contenues dans S, pour lesquelles le déterminant fonctionnel D est positif et celles pour lesquelles il est négatif.

2. Le problème de la recherche du nombre exact des racines n'est donc pas résolu par la formule de M. Kronecker. Je me propose maintenant de montrer qu'en s'appuyant sur le résultat de l'illustre géomètre, on peut arriver à représenter par une inté-

grale double le nombre des racines communes à deux équations simultanées contenues dans un contour C [1].

Considérons, à cet effet, le système des trois équations

$$(1) \qquad \begin{cases} f = 0, \\ \varphi = 0, \\ zD = 0, \end{cases}$$

aux trois inconnues x, y, z, en posant

$$D = \frac{\partial f}{\partial x}\frac{\partial \varphi}{\partial y} - \frac{\partial f}{\partial y}\frac{\partial \varphi}{\partial x}.$$

J'envisage dans l'espace à trois dimensions (x, y, z) l'ensemble des valeurs de ces variables correspondant à des points (x, y), contenus à l'intérieur de C, et à des valeurs de z comprises entre $-\varepsilon$ et $+\varepsilon$ (ε désignant une constante positive arbitraire). Cet ensemble définit un domaine Δ, et le nombre des racines du système (4) correspondant à des points de ce domaine sera précisément le nombre des racines du système (1) contenues dans C (nous supposons que toutes les racines considérées sont simples, c'est-à-dire que D ne s'annule pas pour ces racines). Or le déterminant fonctionnel des trois fonctions, formant les premiers membres des équations (4), se réduit à la quantité essentiellement positive

$$D^2.$$

La difficulté relative au signe du déterminant fonctionnel a donc disparu, et l'on pourra, par suite, *représenter par une intégrale double le nombre des racines communes aux équations* (1) *contenues dans* C.

3. On peut remarquer qu'une méthode analogue s'applique au cas d'une seule équation

$$f(x) = 0,$$

dont on veut avoir le nombre des racines comprises entre a et b.

____

[1] Dans deux articles publiés dans les *Comptes rendus* (t. CXIII, 1891) et dans un Mémoire du *Journal de Mathématiques* (1892), j'ai traité de la détermination du nombre des racines communes à n équations simultanées.

Nous formons les deux équations

$$f(x) = o,$$
$$\varepsilon f'(x) = o,$$

et nous avons à chercher le nombre des racines, communes à ces deux équations, contenues dans le rectangle formé par les droites

$$x = a, \quad x = b, \quad y = +\varepsilon, \quad y = -\varepsilon.$$

Or le nombre des racines communes aux deux équations

$$f(x, y) = o, \quad \varphi(x, y) = o,$$

contenues dans un contour C, est représenté par l'intégrale curviligne

$$\frac{1}{2\pi}\int_C \frac{f\,d\varphi - \varphi\,df}{f^2 + \varphi^2},$$

prise positivement le long du contour, quand on est assuré que le déterminant fonctionnel ne change pas de signe (t. I, p. 86). Appliquons ici cette formule : on aura de suite, en intégrant le long du rectangle, pour le nombre n des racines,

$$n = -\frac{1}{\pi}\int_a^b \frac{\varepsilon(ff'' - f'^2)}{f^2 + \varepsilon^2 f'^2}\,dx + \frac{1}{\pi}\,\text{arc tang}\,\frac{\varepsilon f'(b)}{f(b)} - \frac{1}{\pi}\,\text{arc tang}\,\frac{\varepsilon f'(a)}{f(a)},$$

les *arc tang* étant compris entre $-\frac{\pi}{2}$ et $+\frac{\pi}{2}$.

L'intégrale qui figure dans le second membre pourrait être calculée; du moins, on a de suite l'intégrale indéfinie qui est

$$\text{arc tang}\left[\frac{\varepsilon f'(x)}{f(x)}\right],$$

et alors on voit bien, *a priori*, que le second membre représente le nombre des racines. Il faut donc garder l'intégrale telle qu'elle est écrite, et cette formule ne pourrait être intéressante qu'au point de vue pratique : elle permet, en calculant par approximation le second membre, d'avoir la valeur exacte de n.

4. Prenons maintenant le cas de deux équations

$$f(x, y) = o,$$
$$\varphi(x, y) = o.$$

Comme nous l'avons dit, nous devons considérer le système des
trois équations

$$f(x, y) = 0,$$
$$\varphi(x, y) = 0,$$
$$z\left(\frac{\partial f}{\partial x}\frac{\partial \varphi}{\partial y} - \frac{\partial f}{\partial y}\frac{\partial \varphi}{\partial x}\right) = 0.$$

Nous allons chercher le nombre des racines de ce système, comprises dans le volume limité par le cylindre, ayant pour section
droite la courbe C, et les deux plans

$$z = -l, \qquad z = +l.$$

Calculons d'abord la partie de l'intégrale relative à la surface latérale du cylindre. En prenant les notations du n° 1, elle se réduira
à l'intégrale

$$\iint A\,dy\,dz + B\,dz\,dx.$$

D'une manière générale, on a

$$dy\,dz = d\sigma \cos\alpha, \qquad dz\,dx = d\sigma \cos\beta,$$

$d\sigma$ désignant l'élément positif de la surface, α et β les angles que
fait avec les axes la normale extérieure à la surface. Ici nous pouvons prendre pour α et β les angles que fait la normale extérieure
à la courbe C avec les axes Ox et Oy et

$$d\sigma = ds\,dz,$$

ds étant l'élément d'arc de C, et dz étant positif. Nous aurons
donc, pour l'intégrale précédente,

$$\int_{-l}^{+l}\int (A\cos\alpha + B\cos\beta)\,ds\,dz;$$

mais, sur la courbe C,

$$dx = -ds\cos\beta,$$
$$dy = +ds\cos\alpha.$$

Nous pouvons, par suite, écrire l'intégrale sous la forme

$$\int_{-l}^{+l}\int (A\,dy - B\,dx)\,dz.$$

et l'on a

$$A = \frac{\left(f\frac{d\varphi}{dy} - \varphi\frac{\partial f}{\partial y}\right)D}{\left(f^2 + \varphi^2 + D^2 z^2\right)^{\frac{3}{2}}}, \qquad \left(D = \frac{\partial f}{\partial x}\frac{\partial \varphi}{\partial y} - \frac{\partial f}{\partial y}\frac{\partial \varphi}{\partial x}\right).$$

$$B = -\frac{\left(f\frac{d\varphi}{dx} - \varphi\frac{\partial f}{\partial x}\right)D}{\left(f^2 + \varphi^2 + D^2 z^2\right)^{\frac{3}{2}}},$$

Il en résulte que, dans l'évaluation du nombre des racines, la portion de l'intégrale double provenant de la surface latérale du cylindre se réduit à l'intégrale curviligne, prise positivement le long du contour C,

$$(\alpha) \qquad \int P\,dx + Q\,dy,$$

où

$$P = \frac{1}{4\pi}\left(f\frac{d\varphi}{dx} - \varphi\frac{\partial f}{\partial x}\right)\int_{-\varepsilon}^{+\varepsilon} \frac{D\,dz}{\left(f^2 + \varphi^2 + D^2 z^2\right)^{\frac{3}{2}}},$$

$$Q = \frac{1}{4\pi}\left(f\frac{d\varphi}{dy} - \varphi\frac{\partial f}{\partial y}\right)\int_{-\varepsilon}^{+\varepsilon} \frac{D\,dz}{\left(f^2 + \varphi^2 + D^2 z^2\right)^{\frac{3}{2}}}.$$

L'intégrale qui figure dans P et Q peut s'obtenir immédiatement; on trouve ainsi

$$P = \frac{1}{2\pi}\frac{f\frac{d\varphi}{dx} - \varphi\frac{\partial f}{\partial x}}{f^2 + \varphi^2}\frac{D\varepsilon}{\left(f^2 + \varphi^2 + D^2 \varepsilon^2\right)^{\frac{1}{2}}},$$

$$Q = \frac{1}{2\pi}\frac{f\frac{d\varphi}{dy} - \varphi\frac{\partial f}{\partial y}}{f^2 + \varphi^2}\frac{D\varepsilon}{\left(f^2 + \varphi^2 + D^2 \varepsilon^2\right)^{\frac{1}{2}}},$$

Passons à la portion de l'intégrale relative aux deux premiers plans de base du cylindre. Ils donneront l'intégrale double, étendue à l'aire limitée par le contour C,

$$(\beta) \qquad \frac{\varepsilon}{2\pi}\iint \frac{R\,dx\,dy}{\left(f^2 + \varphi^2 + D^2 \varepsilon^2\right)^{\frac{3}{2}}},$$

en écrivant

$$R = \begin{vmatrix} f & \dfrac{\partial f}{\partial x} & \dfrac{\partial f}{\partial y} \\[2mm] \varphi & \dfrac{\partial \varphi}{\partial x} & \dfrac{\partial \varphi}{\partial y} \\[2mm] D & \dfrac{\partial D}{\partial x} & \dfrac{\partial D}{\partial y} \end{vmatrix}.$$

La somme des intégrales (α) *et* (β) *donne le nombre cherché des racines communes aux deux équations*

$$f(x, y) = 0,$$
$$\varphi(x, y) = 0,$$

contenues dans le contour C.

On voit que le champ d'intégration dans ces deux intégrales ne dépend que du contour C.

5. Le résultat précédent dépend en apparence du nombre ε : les deux cas limites $\varepsilon = 0$ et $\varepsilon = \infty$ appellent nécessairement l'attention.

Faisons tendre d'abord ε vers zéro, l'intégrale (α) tendra vers zéro. Quant à l'intégrale (β), elle se présente sous une forme indéterminée qui rappelle entièrement ce que nous avons trouvé pour le cas d'une seule équation (n° 3); nous pouvons dire que le nombre cherché est la limite de l'expression

$$\frac{1}{2\pi} \iint \frac{\varepsilon R \, dx \, dy}{(f^2 + \varphi^2 + D^2 \varepsilon^2)^{\frac{3}{2}}}$$

quand ε tend vers zéro. Il est clair que pour $\varepsilon = 0$ tous les éléments de l'intégrale sont nuls, sauf celui qui correspond à une racine commune aux deux équations $f = 0$, $\varphi = 0$, et c'est de là que provient la forme indéterminée. Nous chercherons tout à l'heure comment on pourrait calculer cette limite pour quelques contours particuliers et en supposant que f et φ soient des polynômes.

Faisons maintenant augmenter indéfiniment ε dans les intégrales (α) et (β). On voit immédiatement que la première tend vers

$$\frac{1}{2\pi}\int_C \frac{D}{|D|}\,\frac{f\,d\varphi - \varphi\,df}{f^2 + \varphi^2},$$

$|D|$ désignant la valeur absolue de D.

Cette intégrale est à rapprocher de l'intégrale

$$\frac{1}{2\pi}\int_C \frac{f\,d\varphi - \varphi\,df}{f^2 + \varphi^2}$$

faisant connaître la différence entre le nombre des racines contenues dans C, pour lesquelles le déterminant fonctionnel D est positif, et celles pour lesquelles il est négatif. Les éléments de ces deux intégrales ne peuvent que différer par le signe sur certaines parties du contour.

Quant à l'intégrale (β), elle se réduit, en posant $z = \frac{1}{\sqrt{\eta}}\,x$ à

$$\frac{1}{2\pi}\int\int \frac{\eta R\,dx\,dy}{[D^2 + \eta(f^2 + \varphi^2)]^{\frac{3}{2}}},$$

dont on doit chercher la limite pour $\eta = 0$. Il y aura ici, pour $\eta = 0$, une suite d'éléments indéterminés correspondant aux valeurs de x et y, pour lesquelles

$$D = 0.$$

Si D ne s'annule pas à l'intérieur de C, cette limite est nulle et l'on n'a qu'à prendre l'intégrale curviligne, ce qui est d'accord avec le résultat trouvé précédemment.

6. Appliquons les considérations précédentes au cas où le contour considéré se réduit à un carré dont les côtés peuvent être supposés parallèles aux axes et où les deux fonctions $f(x, y)$ et $\varphi(x, y)$ sont des polynômes. On peut, dans ce cas, écrire les deux équations simultanées

$$f(x, y) = 0,$$
$$\varphi(x, y) = 0$$

sous la forme

$$f(x) = 0,$$
$$y - F(x) = 0,$$

$f(x)$ et $F(x)$ représentant deux polynômes (puisqu'on suppose qu'il n'y a que des racines simples). Le polynôme $f(x)$ n'aura aussi que des racines simples.

Il s'agit de trouver le nombre des racines (x, y), communes à ces deux équations, pour lesquelles

$$a < x < b,$$
$$c < y < d.$$

On suppose qu'aucune des racines des deux équations ne se trouve sur une des droites limites.

Le déterminant fonctionnel D se réduit ici à $f'(x)$, et l'on a

$$R = f'^2 - ff''.$$

Nous devons donc considérer l'intégrale

$$\frac{1}{2\pi}\int\int \frac{\varepsilon(f'^2-ff'')\,dx\,dy}{[(y-F)^2+f^2+\varepsilon^2 f'^2]^{\frac{3}{2}}},$$

étendue à l'aire du rectangle, et faire tendre ε vers zéro.

En effectuant l'intégration par rapport à y, cette intégrale devient

$$\frac{1}{2\pi}\left\{ \int_a^b \frac{\varepsilon(d-F)(f'^2-ff'')\,dx}{(f^2+\varepsilon^2 f'^2)[(d-F)^2+f^2+\varepsilon^2 f'^2]^{\frac{1}{2}}} \right.$$
$$\left. - \int_a^b \frac{\varepsilon(c-F)(f'^2-ff'')\,dx}{(f^2+\varepsilon^2 f'^2)[(c-F)^2+f^2+\varepsilon^2 f'^2]^{\frac{1}{2}}} \right\}.$$

Quand ε tend vers zéro, les seuls éléments de l'intégrale

$$\int_a^b \frac{\varepsilon(d-F)(f'^2-ff'')\,dx}{(f^2+\varepsilon^2 f'^2)[(d-F)^2+f^2+\varepsilon^2 f'^2]^{\frac{1}{2}}},$$

ne tendant pas vers zéro, sont ceux qui correspondent aux valeurs de x racines de $f(x)$. Au lieu de l'intégrale précédente, nous pouvons donc nous borner à la suivante $\Big($en développant

$$\frac{1}{\sqrt{(d-F)^2+f^2+\varepsilon^2 f'^2}} \text{ par la formule de Taylor}\Big)$$

$$\int_a^b \frac{d-F}{|d-F|}\cdot\frac{\varepsilon(f'^2-ff'')\,dx}{(f^2+\varepsilon^2 f'^2)}.$$

ce qui nous conduit, pour $c = o$, à

$$-\pi I_a^b \frac{(d-F)f'}{f},$$

I_a^b désignant l'indice entre a et b, au sens de Cauchy, de la fonction rationnelle $\frac{(d-F)f'}{f}$; et l'on aura, par conséquent, pour le nombre des racines,

$$\frac{1}{2}\left[I_a^b \frac{(e-F)f'}{f} - I_a^b \frac{(d-F)f'}{f}\right].$$

7. *Ce résultat est facile à vérifier directement.* Quand x, en croissant, passe par une racine de $f(x)$, le quotient

$$\frac{(e-F)f'}{f}$$

passe de $+\infty$ à $-\infty$ si $e-F$ est négatif, c'est-à-dire si le point (x, y) est au-dessus de la droite $y = c$. De même, ce quotient passera de $-\infty$ à $+\infty$ si le point correspondant (x, y) est au-dessous de la droite $y = c$. En désignant donc par n et n' le nombre des racines de nos deux équations (comprises entre les droites $x = a$, $x = b$), situées respectivement au-dessus et au-dessous de la droite $y = c$, on a

$$I_a^b \frac{(e-F)f'}{f} = n - n'.$$

En remplaçant c par d et désignant par N et N' les nombres correspondants, on a de même

$$I_a^b \frac{(d-F)f'}{f} = N - N'.$$

Or, si nous désignons par ν le nombre des racines comprises dans le rectangle, on a

$$n = \nu + N,$$
$$N' = \nu + n';$$

donc

$$n - n' - (N - N') = 2\nu.$$

Par conséquent

$$\frac{1}{2}\left[I_{t_0}^{t_1}\frac{(c-F)f}{f} - I_{t_0}^{t_1}\frac{(d-F)f}{f} \right] = v,$$

c'est le résultat que nous voulions vérifier (¹).

8. D'une manière plus générale on peut indiquer une marche régulière de calcul pour trouver la limite de l'intégrale

$$\frac{1}{2\pi}\int\int \frac{\alpha(f^2-ff')\,dx\,dy}{[(y-F)^2+f^2+\alpha^2 f'^2]^{\frac{3}{2}}},$$

quand le contour est formé de segments de courbes unicursales. Cette intégrale double est, en effet, égale à l'intégrale curviligne

$$\frac{1}{2\pi}\int_C \frac{\alpha(f^2-ff')(y-F)\,dx}{(f^2+\alpha^2 f'^2)[(y-F)^2+f^2+\alpha^2 f'^2]^{\frac{1}{2}}},$$

prise dans le sens positif le long du contour C.

Partageons cette intégrale en différentes parties correspondant aux différents segments de courbes unicursales qui, par hypothèse, forment le contour C. Soit l'un d'eux correspondant aux valeurs t_0 et t_1 du paramètre t dont sont fonctions rationnelles x et y. La valeur correspondante de l'intégrale sera, pour $\alpha = 0$, en raisonnant comme au numéro précédent,

$$\frac{1}{2}\,I_{t_0}^{t_1}\frac{(y-F)f}{f}.$$

Le quotient $\dfrac{(y-F)f}{f}$ sera une fonction rationnelle de t, et l'on n'aura qu'à en prendre l'indice de t_0 à t_1. En additionnant tous les résultats ainsi obtenus, on aura le nombre cherché.

9. Il y a beaucoup d'autres cas où l'on peut facilement trouver

---

(¹) Le cas du rectangle avait été déjà traité, sous une autre forme, par M. Hermite dans une Communication faite à l'Académie (*Remarques sur le théorème de M. Sturm* (*Comptes rendus*, t. XXXVI, p. 294)).

le nombre des racines communes à deux équations

$$f(x, y) = 0,$$
$$\varphi(x, y) = 0$$

(f et φ étant deux polynômes) contenues dans un contour convenable C. Comme au § 6, nous écrivons toujours ces deux équations sous la forme

$$(5) \qquad \left\{ \begin{array}{l} f(x) = 0, \\ y - F(x) = 0, \end{array} \right.$$

f et F étant deux polynômes.

Supposons que le contour C soit défini par la relation *algébrique*

$$\lambda(x, y) = 0,$$

λ étant un polynôme, et que les points à l'intérieur du contour correspondent à

$$\lambda(x, y) < 0.$$

Nous avons donc à chercher le nombre des racines communes aux équations (5) pour lesquelles l'inégalité précédente est vérifiée, ce qui revient à chercher le nombre des racines x de l'équation

$$f(x) = 0,$$

pour lesquelles

$$R(x) < 0,$$

en désignant par $R(x)$ le polynôme $\lambda[x, F(x)]$. Or cette question n'est visiblement qu'un cas particulier de celui qui a été traité au § 7.

On prendra l'indice entre $-\infty$ à $+\infty$ de la fraction rationnelle

$$\frac{R(x) f'(x)}{f(x)}$$

En désignant, respectivement, par n et n' le nombre des racines de $f = 0$, pour lesquelles $R(x)$ est négatif ou positif, on a

$$n - n' = I_{-\infty}^{+\infty} \frac{R f'}{f}.$$

On connaît d'autre part, au moyen du théorème de Sturm, la

somme $n + n'$ qui peut d'ailleurs s'écrire

$$n + n' = -1 \pm \frac{1}{2}\frac{f'}{f}.$$

On aura par suite le nombre cherché n.

10. Ce résultat est bien facile à généraliser. Supposons que le contour C soit défini par deux inégalités

$$\lambda(x, y) < 0,$$
$$\mu(x, y) < 0,$$

λ et μ étant des polynômes.

Nous serons conduit à rechercher le nombre n des racines de l'équation

$$f(x) = 0,$$

pour lesquelles on a simultanément

$$R(x) < 0, \qquad R_1(x) < 0,$$

en posant

$$R(x) = \lambda(x, F), \qquad R_1(x) = \mu(x, F).$$

Soit N le nombre des racines pour lesquelles

$$R(x) < 0, \qquad R_1(x) > 0,$$

et N' le nombre des racines pour lesquelles

$$R(x) > 0, \qquad R_1(x) < 0.$$

On pourra trouver la somme $N + N'$, puisque ce nombre représente le nombre des racines pour lesquelles

$$R(x)\,R_1(x) < 0.$$

Désignons de même par n et n' le nombre des racines pour lesquelles on a respectivement

$$R(x) < 0, \qquad R_1(x) > 0 \qquad (\text{pour } n)$$
$$R(x) > 0, \qquad R_1(x) > 0 \qquad (\text{pour } n')$$

On pourra calculer les sommes

$$n - N \qquad \text{et} \qquad n + N'.$$

qui correspondent respectivement aux racines pour lesquelles $R(x) < 0$, et aux racines pour lesquelles $R_1(x) < 0$. Ayant calculé les trois sommes

$$N + N', \quad n + N, \quad n - N',$$

nous en déduisons de suite le nombre cherché n.

Il est clair qu'on n'aura pas plus de difficultés à calculer le nombre des racines de l'équation $f(x)$ pour lesquelles on aura à la fois

$$R_1(x) < 0, \qquad R_2(x) < 0, \qquad \ldots \qquad R_i(x) < 0,$$

i étant un entier quelconque. On peut donc par suite *trouver, par un calcul algébrique régulier, le nombre des racines des deux équations*

$$f(x, y) = 0,$$
$$\varphi(x, y) = 0$$

(*f* et *φ* étant deux polynômes) *contenues dans un contour défini par les n inégalités*

$$\mathrm{R}_i(x, y) < 0 \qquad (i = 1, 2, \ldots, n),$$

les R *étant des polynômes.*

CHAPITRE VIII.

INTÉGRALES DE FONCTIONS NON UNIFORMES.

I. — Intégrales hyperelliptiques.

1. Nous avons déjà étudié (t. I, p. 42) la réduction algébrique des intégrales hyperelliptiques. Considérons particuliérement les intégrales du type

$$\int \frac{f(x)\,dx}{\sqrt{R(x)}},$$

$f(x)$ étant un polynôme; soient μ le degré du polynôme $R(x)$ et $a_1, a_2, \ldots, a_\mu$ ses μ racines qui sont supposées toutes distinctes. Nous nous proposons d'étudier les déterminations diverses de l'intégrale

$$(1) \qquad \int_{x_0}^{x} \frac{f(x)\,dx}{\sqrt{R(x)}},$$

quand on va du point x_0 au point x par différents chemins, la détermination initiale de $\sqrt{R(x)}$ pour $x = 0$ étant toujours la même.

2. Commençons par étudier les différents chemins allant du point x_0 à un point x. Pour l'objet que nous avons en vue, deux chemins seront évidemment à considérer comme identiques si on peut les ramener l'un à l'autre par une déformation continue sans traverser aucun des points a. Or considérons (*fig.* 24) μ courbes partant de x_0 et y revenant en entourant, respectivement chacune, un des points a. La forme de ces courbes est indifférente; pour bien préciser, nous prenons pour chaque point a la courbe suivante : on joint x_0 à un point très voisin de a, on décrit autour

de a un cercle très petit et l'on revient au point x_0 par le même chemin qu'à l'aller. Un tel chemin est dit un *lacet*.

Ceci posé, tout chemin allant de x_0 à un point x se ramène évidemment à un chemin allant de x_0 à x_0, suivi d'un chemin *déter-*

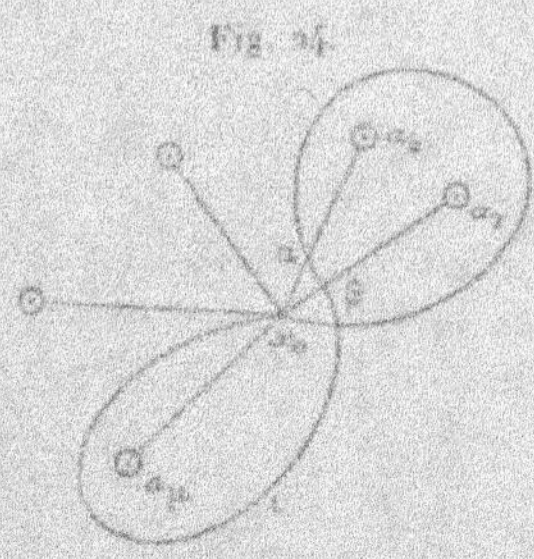

Fig. 24.

miné allant de x_0 à x; il suffit, en effet, d'ajouter au chemin considéré le chemin *déterminé* $x x_0$, que l'on fait suivre du chemin de sens inverse $x_0 x$. Il faut donc envisager les différents chemins partant de x_0 et y revenant. Or je dis que *tous ces chemins reviennent aux différents lacets parcourus successivement et dans un ordre quelconque.*

Pour le voir bien nettement, on suivra le chemin C jusqu'à la rencontre en α avec un lacet; on quittera alors C pour suivre le lacet jusqu'en x_0, ce qui donne visiblement une somme de lacets (les lacets a_1 et a_2); puis on rétrograde de x_0 en α, et en α on reprend le chemin C jusqu'à ce que celui-ci rencontre un nouveau lacet, soit β ce point de rencontre. En β on quitte de nouveau C pour suivre de β en x_0 le lacet rencontré. On a mis en évidence de nouveau, par le chemin $x_0 \alpha \beta x_0$, une nouvelle somme de lacets (cette somme peut se réduire à zéro, comme il arrive dans le cas de la figure). On rétrograde alors de x_0 en β, et en β on reprend le chemin C et l'on continue ainsi jusqu'à ce que l'on ait parcouru tout le chemin. Le chemin C se présente alors de la manière la plus nette comme équivalant à une somme de lacets. Dans le cas de la figure, le chemin C est équivalent aux lacets a_1, a_2, a_μ successivement parcourus.

3. La remarque fondamentale qui précède va nous permettre d'étudier sans peine les diverses valeurs de l'intégrale (1). Suppo-

sons d'abord que l'on considère seulement des chemins partant
de x_0 et y revenant. Les valeurs de l'intégrale le long des lacets
vont jouer le principal rôle : soit, par exemple, le lacet a_1. La
valeur de l'intégrale sur le lacet se compose de deux parties, l'une
est relative à l'aller et l'autre au retour; quant à l'intégrale sur le
cercle infiniment petit, elle tend vers zéro avec le rayon de ce
cercle. Il peut sembler au premier abord que les deux intégrales
se détruisent puisque les dx à l'aller et au retour sont égaux et de
signes contraires; mais $\sqrt{R(x)}$, ayant tourné autour du point a_1,
n'a plus la même détermination au retour qu'à l'aller, et, par suite,
les éléments s'ajoutent au lieu de se détruire. Soit A_1 la valeur de
l'intégrale

$$\int_{x_0}^{a_1} \frac{f(x)\,dx}{\sqrt{R(x)}},$$

quand on suit le chemin tracé pour le lacet, et que l'on prend
pour $\sqrt{R(x_0)}$ une de ses déterminations que nous désignerons
par y_0; la valeur de l'intégrale correspondant au lacet tout entier
sera, d'après ce que nous venons de dire, $2A_1$. Soient de même

$$2A_2, \ldots, 2A_{2i}$$

les valeurs de l'intégrale correspondant aux autres lacets, la détermination initiale de $\sqrt{R(x)}$, quand on parcourt chacun de ces
lacets, étant toujours supposée égale à y_0.

Tout chemin, ayant x_0 comme points de départ et d'arrivée, se
ramenant à une somme de lacets, nous n'avons aucune difficulté
à avoir maintenant la valeur de l'intégrale correspondante. Supposons que le chemin équivale aux lacets

$$a_{\lambda_1}, \quad a_{\lambda_2}, \quad \ldots, \quad a_{\lambda_p} \qquad (\lambda_1, \lambda_2, \ldots, \lambda_p = 1, 2, \ldots, 2i)$$

successivement parcourus, nous aurons comme valeur de l'intégrale

$$(2) \qquad\qquad 2A_{\lambda_1} - 2A_{\lambda_2} + 2A_{\lambda_3} - \ldots$$

On remarquera que les signes *plus* et *moins* alternent dans cette
somme; c'est que, après avoir parcouru le premier lacet a_{λ_1}, nous
revenons en x_0 avec la détermination $-y_0$ du radical, et la valeur
du second lacet est alors $-2A_{\lambda_2}$ au lieu de $+2A_{\lambda_2}$ que nous

aurions trouvé si nous avions décrit le lacet a_2, avec la détermination initiale $+ y_0$ pour le radical. Pour le troisième lacet, au contraire, nous avons au début, après deux changements de signe, retrouvé la détermination initiale y_0 et par suite nous avons $+ 2A_3$, et l'alternance des signes est, après ces explications, bien manifeste.

Deux cas sont à distinguer suivant que p est pair ou impair. Si p est pair, l'expression (2) pourra se mettre sous la forme

$$(3) \qquad 2m_1\omega_1 + 2m_2\omega_2 + \ldots + 2m_{p-1}\omega_{p-1},$$

les m étant des entiers positifs ou négatifs, en posant

$$\omega_1 = A_1 - A_2, \qquad \omega_2 = A_2 - A_3, \qquad \ldots, \qquad \omega_{p-1} = A_{p-1} - A_p.$$

On peut d'ailleurs choisir un chemin tel que l'on trouve pour valeur de l'intégrale l'expression (3) : il suffira de décrire m_1 fois l'ensemble des lacets a_1 et a_2, puis m_2 fois l'ensemble des lacets a_2 et a_3, et ainsi de suite.

Si p est impair, en ajoutant à l'expression (2) $- 2A_1 + 2A_1$, on la mettra sous la forme

$$(4) \qquad 2m_1\omega_1 + \ldots + 2m_{p-1}\omega_{p-1} + 2A_1.$$

Nous avons donc représenté par (3) *et* (4) *toutes les déterminations possibles de l'intégrale pour un chemin partant de* x_0 *et y revenant.* On donne aux quantités 2ω le nom de *périodes de l'intégrale hyperelliptique.*

Il est important de remarquer que ces périodes ne dépendent pas du choix du point x_0. Ainsi, par exemple, la période

$$2A_1 - 2A_2$$

n'est autre chose que l'intégrale prise le long d'un contour contenant à son intérieur les deux points a_1 et a_2, contour que l'on peut déformer d'une manière continue sans changer la valeur du résultat de l'intégration.

4. Considérons maintenant un chemin particulier c allant de x_0 en x; soit I la valeur de l'intégrale pour ce chemin, la valeur initiale pour le radical étant toujours y_0. Comme nous l'avons déjà

dit, tout chemin L allant de x_0 en x se ramène à un chemin C revenant à x_0, suivi du chemin c. Si C équivant à un nombre pair de lacets, la valeur de l'intégrale sur L sera de la forme

$$2m_1\omega_1 + 2m_2\omega_2 + \ldots + 2m_{\mu-1}\omega_{\mu-1} + I.$$

Si C équivaut à un nombre impair de lacets, on aura

$$2m_1\omega_1 + \ldots + 2m_{\mu-1}\omega_{\mu-1} + 2A_1 - I,$$

car, quand on reviendra en x_0 après avoir décrit C, on aura pour le radical la détermination $-y_0$ et, par suite, le chemin c, qu'il reste à décrire, donnera $-I$.

On peut dire que *l'intégrale* (1) *a, au point x, deux déterminations de types distincts*

$$I \quad \text{et} \quad 2A_1 - I;$$

les autres déterminations s'obtiennent en ajoutant à celles-ci des sommes de multiples des périodes 2ω.

La notion de la périodicité des intégrales, rapidement indiquée par Cauchy, a été particulièrement approfondie par Puiseux dans son Mémoire sur les fonctions algébriques (*Journal de Mathématiques*, 1850).

II. — Des intégrales de première espèce; réduction du nombre des périodes. Intégrale elliptique

5. Parmi les intégrales de la forme

$$\int \frac{f(x)\,dx}{\sqrt{R(x)}},$$

où $f(x)$ est un polynôme, on désigne sous le nom d'*intégrales de première espèce* celles qui restent finies quand x augmente indéfiniment. Ces intégrales restent donc finies pour toute valeur finie ou infinie de la variable (*voir* t. I, p. 45).

Quand le degré μ de $R(x)$ est impair, soit $\mu = 2p + 1$, l'intégrale sera de première espèce si le degré de $f(x)$ est au plus égal à $p - 1$. Il y a p intégrales de première espèce linéairement indépendantes.

Quand μ est pair et égal à $2p$, le degré de $f(x)$ ne doit pas dépasser $p-2$ et il y a alors $p-1$ intégrales de première espèce linéairement indépendantes.

Évaluons le nombre des périodes de l'intégrale. Pour $\mu = 2p+1$, il y aura $2p$ périodes et on ne peut pas, du moins en général, faire subir de réduction à ce nombre.

Pour $\mu = 2p$, nous trouvons, en appliquant la théorie du paragraphe précédent, un nombre de périodes égal à $2p-1$, mais une réduction immédiate se présente, qui va diminuer ce nombre d'une unité. Envisageons, en effet, l'ensemble des lacets autour du point x_0; l'intégrale prise le long de ces lacets sera nulle. En effet, le point à l'infini est un point ordinaire pour l'intégrale; l'intégrale prise le long des lacets a donc même valeur que si elle est prise le long d'un cercle de très grand rayon et est, par conséquent, nulle. On a donc, les lacets se suivant dans l'ordre $1, 2, \ldots, \mu$,

$$A_1 - A_2 + A_3 - \ldots - A_\mu = 0,$$

qui peut s'écrire sous la forme

$$\omega_1 - \omega_2 + \ldots + \omega_{\mu-1} = 0.$$

On voit donc que l'une des périodes $\omega_{\mu-1}$, par exemple, est une combinaison linéaire à coefficients entiers de $\omega_1, \omega_2, \ldots, \omega_{\mu-2}$.

6. Faisons maintenant une remarque importante sur la réduction du nombre des périodes. Les périodes seront dites *distinctes* s'il n'existe entre elles aucune relation homogène et linéaire à coefficients entiers; il peut arriver qu'entre les périodes trouvées il existe une ou plusieurs relations de cette nature.

Soient

$$\omega_1, \quad \omega_2, \quad \ldots, \quad \omega_\mu$$

les périodes que nous venons de trouver; on suppose que l'on ait les relations, en nombre λ,

$$m_1\omega_1 + m_2\omega_2 + \ldots + m_\mu\omega_\mu = 0,$$
$$q_1\omega_1 + q_2\omega_2 + \ldots + q_\mu\omega_\mu = 0,$$
$$\ldots \ldots \ldots \ldots \ldots \ldots \ldots \ldots \ldots \ldots \ldots$$
$$r_1\omega_1 + r_2\omega_2 + \ldots + r_\mu\omega_\mu = 0,$$

les m, q, r étant entiers. De plus ces relations peuvent être supposées algébriquement distinctes, c'est-à-dire que l'on peut en tirer les valeurs de λ des quantités ω en fonction des autres. Ceci revient à partir de l'hypothèse que

$$(5) \qquad \begin{cases} \omega_{m+1} = \mu_1^1\omega_1 + \ldots + \mu_m^1\omega_m \\ \cdots\cdots\cdots\cdots\cdots\cdots\cdots\cdots\cdots \\ \omega_n = \mu_1^{n-m}\omega_1 + \ldots + \mu_m^{n-m}\omega_m \end{cases} \qquad (m = n - \lambda),$$

les μ étant *rationnels*.

Toute période est de la forme

$$\Omega = M_1\omega_1 + M_2\omega_2 + \ldots + M_n\omega_n,$$

les M étant entiers, et, en remplaçant $\omega_{m+1}, \ldots, \omega_n$ par leurs valeurs (5), on aura une expression homogène et linéaire en ω_1, ω_2, ..., ω_m à coefficients rationnels. Aucun de ces coefficients ne peut s'approcher, quelque choix qu'on fasse des entiers M, autant que l'on veut de zéro sans devenir rigoureusement nul, puisque les μ sont rationnels. Ces coefficients ont donc, en dehors de zéro, un minimum pour leurs valeurs absolues.

La période Ω étant écrite sous la forme

$$p_1\omega_1 + p_2\omega_2 + \ldots + p_m\omega_m,$$

et λ désignant un des nombres 1, 2, ..., m, considérons toutes les périodes Ω pour lesquelles

$$0 < p_\lambda \leq t,$$
$$0 \leq p_\beta \leq t \qquad \text{si} \qquad \beta < \lambda,$$
$$0 = p_\beta \qquad \text{si} \qquad \beta > \lambda.$$

Il y a manifestement de telles périodes, puisqu'il suffit de prendre $\Omega = \omega_\lambda$. Parmi toutes ces périodes qui, d'après la remarque faite, sont en nombre limité, il y en a une pour laquelle le coefficient p_λ a la valeur minima. Désignons par $p_1^{(\lambda)}, \ldots, p_\lambda^{(\lambda)}$ les valeurs des coefficients p correspondants.

En faisant successivement $\lambda = 1, 2, \ldots, m$ nous aurons les périodes

$$\Omega_1 = p_1^1\omega_1,$$
$$\Omega_2 = p_1^2\omega_1 + p_2^2\omega_2,$$
$$\cdots\cdots\cdots\cdots\cdots\cdots\cdots\cdots$$
$$\Omega_m = p_1^m\omega_1 + p_2^m\omega_2 + \ldots + p_m^m\omega_m,$$

et ces relations permettent d'exprimer les ω en fonction des Ω.

Toute période peut s'exprimer en fonction linéaire de Ω_1, $\Omega_2, \ldots, \Omega_m$: nous allons montrer que *les coefficients sont entiers.*

Soit

$$\Omega = P_1 \omega_1 + \ldots + P_m \omega_m$$

une période, les P étant rationnels.

On peut écrire P_m sous la forme

$$P_m = \nu_m p_m^m + P'_m,$$

ν_m étant un *entier* et P'_m étant positif et inférieur à p_m^m.

On pourra ensuite déterminer un *entier* ν_{m-1} tel que

$$P_{m-1} = \nu_{m-1} p_{m-1}^m + \nu_m p_{m-1}^m + P'_{m-1},$$

P'_{m-1} étant positif et inférieur à p_{m-1}^{m-1}.

On continuera ainsi, et la dernière égalité sera

$$P_1 = \nu_1 p_1^1 + \nu_2 p_1^2 + \ldots + \nu_m p_1^m + P'_1,$$

avec $o \leqq P'_1 < p_1^1$, les ν étant tous des entiers positifs ou négatifs.

La période Ω sera alors de la forme

$$\nu_1 \Omega_1 + \ldots + \nu_m \Omega_m + P'_1 \omega_1 + P'_2 \omega_2 + \ldots + P'_m \omega_m.$$

Or les m premiers termes étant des périodes, il en résulte que

$$(6) \qquad P'_1 \omega_1 + P'_2 \omega_2 + \ldots + P'_m \omega_m$$

est une période. Mais nous avons

$$o \leqq P'_1 < p_1^1, \qquad o \leqq P'_2 < p_1^2, \qquad \ldots, \qquad o \leqq P'_m < p_m^m.$$

Dans ces conditions, l'expression (6) ne peut être une période que si les P' sont tous nuls : cela résulte de la définition même des quantités $p_1^1,\ p_1^2,\ \ldots,\ p_m^m$. En effet, si P'_m n'était pas nul, pour que l'expression (6) fût une période, il devrait être au moins égal à p_m^m; or il est inférieur à p_m^m; donc $P'_m = o$ et de proche en proche on démontre pareillement que tous les P' sont nuls. On a donc finalement

$$(7) \qquad \Omega = \nu_1 \Omega_1 + \nu_2 \Omega_2 + \ldots + \nu_m \Omega_m,$$

les ν étant des entiers. Remarquons encore qu'entre $\Omega_1, \Omega_2, \ldots, \Omega_m$

n'existera pas de relations homogènes et linéaires à coefficients entiers, car on aurait dans ce cas une telle relation entre ω_1, ω_2, ..., ω_m et nous n'aurions pas fait usage de toutes les relations entre les ω.

Nous arrivons donc en résumé au théorème suivant (¹) :

On peut déterminer m périodes distinctes Ω_1, Ω_2, ..., Ω_m, *dont toutes les autres sont des sommes de multiples, de telle sorte que toute période* Ω *est de la forme* (7).

7. Revenons à l'intégrale de première espèce

$$u = \int_{x_0}^{x} \frac{f(x)\,dx}{\sqrt{R(x)}},$$

$R(x)$ étant, pour fixer les idées, de degré $\mu = 2p + 1$ et $f(x)$ étant alors de degré $p - 1$. Nous avons trouvé $2p$ périodes pour cet intégrale. Nous démontrerons plus tard que, si le polynôme $f(x)$ de degré $p - 1$ est pris arbitrairement, les $2p$ périodes sont distinctes. Dans certains cas particuliers, les périodes distinctes peuvent être en nombre moindre, mais nous allons établir qu'*il doit y avoir au moins deux périodes distinctes.*

Supposons, en effet, que l'intégrale u n'ait qu'*une* période ω. Pour chaque point x, cette intégrale aura les deux systèmes de valeurs (§ 4)

$$u + \lambda\omega, \quad 2A_1 - u + \mu\omega,$$

λ et μ étant deux entiers.

Si donc on considère la fonction de x

$$e^{\frac{2\pi i u}{\omega}} + e^{\frac{2A_1 - u}{\omega} 2\pi i},$$

cette fonction sera uniforme : l'addition à u de multiples de ω et la substitution à u de $2A_1 - u$ ne changent pas, en effet, la valeur

---

(¹) Le mode de démonstration que nous venons de suivre a été employé par M. Weierstrass pour établir un théorème plus général ; voir *Monatsberichte*, 1876 (*Neuer Beweis eines Hauptsatzes der Theorie der periodischen Functionen von mehreren Veränderlichen*). On pourra aussi consulter, sur des questions analogues, un article de M. Kronecker dans les *Sitzungsberichte der Berliner Akademie* (1884).

de cette expression. D'autre part, u reste finie pour toute valeur finie ou infinie de x; la fonction précédente est donc partout holomorphe même à l'infini, elle se réduit donc à une constante d'après le théorème de Liouville. Mais ce résultat est manifestement absurde; l'expression précédente est une fonction rationnelle de

$$\frac{2\pi u}{q^{\frac{1}{\omega}}},$$

qui ne peut être constante que si u est lui-même constant. *Il est donc impossible d'admettre que u n'ait qu'une période.*

8. Il est facile d'indiquer un exemple très simple d'intégrale de première espèce où une réduction se produit dans le nombre des périodes. Prenons pour $R(x)$ le polynôme du sixième degré pair

$$R(x) = (x^2 - a_1^2)(x^2 - a_2^2)(x^2 - a_3^2).$$

Les deux intégrales de première espèce

$$\int \frac{dx}{\sqrt{R(x)}} \quad \text{et} \quad \int \frac{x\,dx}{\sqrt{R(x)}},$$

se ramenant, en prenant x^2 pour variable, à des intégrales elliptiques, n'ont que deux périodes.

D'une manière générale, on peut ramener une intégrale où figure rationnellement la racine carrée d'un polynôme du sixième degré à une intégrale de même nature où le polynôme est du cinquième degré; soit par exemple le radical

$$\sqrt{(x - a_1)(x - a_2)(x - a_3)\dots(x - a_6)}.$$

En posant

$$x - a_1 = \frac{1}{\alpha t + \beta} \qquad \left[\beta = \frac{1}{a_2 - a_1}, \quad \alpha = \frac{a_3 - a_2}{(a_1 - a_2)(a_1 - a_3)}\right],$$

on a le radical portant sur un polynôme du cinquième degré

$$\sqrt{t(1 - t)(1 - at)(1 - bt)(1 - ct)},$$

en écrivant

$$a = \frac{(a_4 - a_2)(a_1 - a_3)}{(a_1 - a_4)(a_2 - a_3)},$$

$$b = \frac{(a_5 - a_2)(a_1 - a_3)}{(a_1 - a_5)(a_2 - a_3)},$$

$$c = \frac{(a_6 - a_2)(a_1 - a_3)}{(a_1 - a_6)(a_2 - a_3)};$$

or, si le polynôme du sixième degré ne renferme que des puissances paires de la variable, on aura

$$a_2 = -a_5, \qquad a_1 = -a_6, \qquad a_4 = -a_3,$$

et l'on voit que dans ce cas

$$c = ab.$$

On est donc conduit à ce résultat indiqué autrefois par Jacobi (*Journal de Crelle*, t. VIII) que *deux intégrales de première espèce, relatives au radical portant sur un polynôme du cinquième degré*

$$\sqrt{x(1-x)(1-ax)(1-bx)(1-abx)},$$

a et b étant deux constantes arbitraires, ont seulement deux périodes [1].

Indiquons un second exemple de réduction donné par M. Hermite (*Annales de la Société scientifique de Bruxelles*, 1876). Si l'on pose

$$B(z) = (z^2 - a)(8z^3 - 6az - b),$$

a et b étant deux constantes quelconques, on aura, comme le montre un calcul facile,

$$\int \frac{dz}{\sqrt{B(z)}} = \frac{1}{3} \int \frac{dx}{\sqrt{(2ax - b)(x^2 - a)}},$$

en posant

$$x = \frac{4z^2 - 3az}{a}.$$

On aura aussi

$$\int \frac{z\,dz}{\sqrt{B(z)}} = \frac{1}{2\sqrt{3}} \int \frac{dy}{\sqrt{y^3 - 3ay - b}},$$

---

[1] On trouvera quelques théorèmes généraux relatifs à la réduction du nombre des périodes dans les Mémoires suivants :

E. Picard, *Sur la réduction du nombre des périodes des intégrales abéliennes* (*Bulletin de la Société mathématique*, t. XI; 1883).

H. Poincaré, *Sur la réduction des intégrales abéliennes* (*Bulletin de la Société mathématique*, t. XII; 1884).

S. Kowaleski, *Ueber die Reduction einer bestimmten Klasse abelscher Integrale auf elliptische Integrale* (*Acta mathematica*, t. IV; 1884).

Goursat, *Sur la réduction des intégrales hyperelliptiques* (*Bulletin de la Société mathématique*, t. XIII, 1885).

en posant

$$y = \frac{z z^2 - b}{z(z^2 - a)},$$

Il en résulte que les deux intégrales

$$\int \frac{dz}{\sqrt{R(z)}} \quad \text{et} \quad \int \frac{z\,dz}{\sqrt{R(z)}}$$

n'ont que deux périodes.

9. L'application à l'intégrale elliptique du théorème démontré au n° 7 est particulièrement intéressante. Soit l'intégrale elliptique de première espèce

$$(8) \qquad \int \frac{dx}{\sqrt{(x-a)(x-b)(x-c)(x-d)}},$$

a, b, c, d étant quatre quantités distinctes. Nous venons de voir que les deux périodes de cette intégrale étaient distinctes. On peut aller plus loin et montrer que leur rapport est nécessairement imaginaire. Si ce rapport était réel, il serait incommensurable. Or à la place de a mettons l'indéterminée z; le rapport des périodes de l'intégrale

$$\int \frac{dx}{\sqrt{(x-z)(x-b)(x-c)(x-d)}}$$

sera une fonction holomorphe $\varphi(z)$ de z dans le voisinage de $z = a$; les deux périodes $2(B - D)$, $2(C - D)$ seront, en effet, fonctions holomorphes de z puisque les intégrales B, C, D, correspondant aux lacets qui aboutissent aux racines b, c, d, sont elles-mêmes holomorphes, leurs éléments jouissant manifestement de cette propriété. Nous supposons que pour $z = a$, $\varphi(z)$ se réduise à un nombre réel μ; or l'équation

$$\varphi(z) = \mu,$$

si l'on prend μ' suffisamment voisin de μ a au moins une racine voisine de a [1]. Mais nous pouvons prendre pour μ' une quantité

____

[1] Nous nous appuyons ici sur le théorème fondamental relatif à la continuité des racines d'une équation, théorème qui sera démontré au Chapitre suivant.

réelle *commensurable* aussi rapprochée qu'on voudra de μ et nous aurons alors une valeur de z correspondante très voisine de a et, par conséquent, distincte de b, c, d; nous serions donc ramené au cas dont nous avons démontré l'impossibilité. Nous avons ainsi démontré le théorème suivant qui est fort important ([1]) :

Le rapport des deux périodes de l'intégrale elliptique (8) *est imaginaire, les quatre racines a, b, c, d étant distinctes.*

10. Arrêtons-nous un moment sur la forme canonique, dont ont fait usage Abel et Jacobi, pour l'intégrale elliptique de première espèce,

$$\int_0^x \frac{dx}{\sqrt{(1-x^2)(1-k^2x^2)}},$$

et considérons le cas, particulièrement intéressant pour les applications, où k est une constante positive inférieure à l'unité.

Nous avons dans ce cas les quatre points critiques 1, $\dfrac{1}{k}$, -1, $-\dfrac{1}{k}$. Le premier lacet sera relatif au point 1 et sera obtenu en joignant l'origine à ce point par une droite; le second lacet sera obtenu en joignant l'origine au point $\dfrac{1}{k}$ par un segment de droite, en évitant seulement le point 1 par un demi-cercle infiniment petit situé *au-dessus* de l'axe des quantités réelles.

Les troisième et quatrième lacets seront respectivement les symétriques des deux premiers par rapport à l'origine. On va supposer qu'on parte de l'origine avec la valeur $+1$ pour le radical : nous poserons

$$\mathrm{K} = \int_0^1 \frac{dx}{\sqrt{(1-x^2)(1-k^2x^2)}}.$$

Calculons la valeur de l'intégrale prise de 0 à $\dfrac{1}{k}$, le point 1 étant évité comme il a été dit. Nous aurons d'abord K en allant de 0 à 1; il faut voir ce que deviendra le radical quand x va dé-

---

([1]) La démonstration précédente est celle que je donne dans mon Cours depuis plusieurs années. On en trouvera une toute différente dans le Cours lithographié de M. Hermite (3ᵉ édit., p. 237).

crire le segment de droite $\left(1, \frac{1}{k}\right)$. Si nous posons

$$1 - x = \rho e^{\theta i},$$

x allant de o à 1, nous pourrons prendre $\theta = o$ et faire varier ρ de 1 à o; ρ restant fixe et très petit, le point x décrira le demi-cercle indiqué autour du point 1, si l'on fait varier θ de o à $-\pi$; par suite, $\sqrt{1 - x}$ doit être remplacé, quand x sera plus grand que un, par

$$\sqrt{x - 1}\, e^{-\frac{\pi}{2}i} \qquad \text{ou} \qquad -i\sqrt{x - 1};$$

donc, de 1 à $\frac{1}{k}$, nous aurons l'intégrale

$$i \int_1^{\frac{1}{k}} \frac{dx}{\sqrt{(x^2 - 1)(1 - k^2 x^2)}};$$

que nous désignerons par iK', la constante K' étant comme K essentiellement positive. De o à $\frac{1}{k}$, nous avons donc l'intégrale

$$K + iK'.$$

Les deux autres lacets donnent évidemment des quantités égales et de signe contraire. Par suite, en se reportant aux généralités relatives aux périodes des intégrales hyperelliptiques, nous aurons les deux périodes

$$4K \quad et \quad 2iK'.$$

11. Il est important de calculer la valeur de l'intégrale

$$\int_z^x \frac{dx}{\sqrt{(1 - x^2)(1 - k^2 x^2)}}.$$

Cette intégrale n'a de sens bien déterminé que si l'on fixe le chemin suivi; nous supposerons qu'on suive l'axe réel positif, en évitant seulement les points 1 et $\frac{1}{k}$ à l'aide de deux demi-cercles infiniment petits décrits au-dessus de l'axe réel. Nous avons d'abord

$$(9) \qquad\qquad K + iK'$$

pour le trajet de 0 à $\dfrac{1}{k}$. Quand x est supérieur à $\dfrac{1}{k}$, on voit, en raisonnant comme plus haut, que l'élément devient

$$\frac{-dx}{\sqrt{(x^2-1)(k^2x^2-1)}},$$

et nous aurons l'intégrale cherchée en ajoutant à l'expression (9) l'intégrale

$$-\int_{\frac{1}{k}}^{\infty} \frac{dx}{\sqrt{(x^2-1)(k^2x^2-1)}}.$$

Or cette intégrale se calcule de suite, en faisant le changement de variable

$$kx = \frac{1}{y},$$

et l'on voit immédiatement que la dernière intégrale est égale à $-K$. Nous avons donc

$$\int_0^{\infty} \frac{dx}{\sqrt{(1-x^2)(1-k^2x^2)}} = iK',$$

l'intégrale étant prise dans les conditions indiquées.

§ III. Exemple de fonction non uniforme représentée par des intégrales. Série hypergéométrique. Rapport des périodes de l'intégrale elliptique comme fonction du module.

12. Nous allons nous arrêter sur un exemple très intéressant de fonction non uniforme représentée par une intégrale définie. En posant

$$\varphi(u) = u^\alpha(u-1)^\beta(u-x)^\gamma,$$

nous considérons les intégrales définies

$$U_0 = \int_{u_0}^{1} \varphi(u)\,du,$$

$$U_1 = \int_{u_0}^{x} \varphi(u)\,du,$$

$$U_2 = \int_{u_0}^{\infty} \varphi(u)\,du.$$

u_0 désigne une constante distincte de 0 et 1. Pour une valeur déterminée de x, ces intégrales ont un sens parfaitement déterminé,

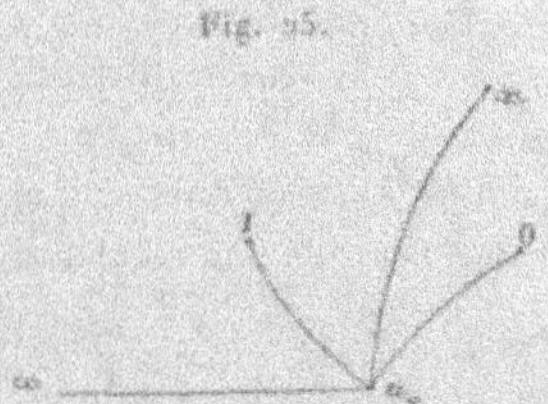

Fig. 25.

si l'on a fixé le chemin allant de u_0 aux points 0, 1 et ∞, et si, bien entendu, on a

$$a > -1, \qquad b > -1, \qquad a + b + \lambda < -1.$$

Marquons sur le plan des u le point u_0 et les points 0, 1, x (*fig.* 25) et traçons les lignes

$$u_0 0, \quad u_0 x, \quad u_0 1, \quad u_0 \infty,$$

ces lignes se suivant autour de u_0 dans l'ordre qui vient d'être indiqué. Introduisons encore l'intégrale

$$U_x = \int_{u_0}^{x} \varphi(u)\,du \qquad (\lambda > -1).$$

Les U peuvent être considérés comme des fonctions de x : les différences

$$\omega_1 = U_x - U_0$$
$$\omega_x = U_\infty - U_1$$

sont donc des fonctions de x. Ce sont ces fonctions de x que nous voulons étudier; elles ont été envisagées par Gauss[1] dans un Mémoire célèbre (*), et nous aurons à revenir sur l'équation différentielle linéaire du second ordre à laquelle elles satisfont. Nous voulons les regarder en ce moment comme des *fonc-*

(*) GAUSS, *Œuvres complètes*, t. III.

tions non uniformes de x, et chercher quelle est la nature de leurs déterminations multiples (¹).

13. Tout d'abord, considérons dans le plan les lignes $u_0 0$, $u_0 1$, $u_0 x$ comme des *coupures*, c'est-à-dire que nous astreignons, pour le moment, x à ne pas franchir ces lignes : les U sont alors des fonctions bien déterminées de x. On suppose que l'on ait choisi, une fois pour toutes, une détermination pour

$$u_0^a (u_0 - 1)^b (u_0 - x)^\lambda,$$

et l'on n'a pas à changer cette détermination une fois choisie, puisque x ne tourne pas autour de u_0 s'il ne franchit pas les coupures. Ajoutons encore que, quelle que soit la position du point x, la ligne $u_0 x$ part toujours de u_0 en étant comprise dans l'angle $1 u_0 0$; c'est moyennant ces conditions que nous pouvons dire que les U sont des fonctions uniformes de x.

On trouve de suite une relation entre les U : en effet, en intégrant le long du contour formé par les coupures considérées comme lignes doubles, on obtient la relation

$$(110) \quad \begin{cases} (1 - e^{b\alpha i\pi}) U_0 + [e^{a\alpha i\pi} - e^{(a+\lambda)i\pi}] U_x \\ \quad - [e^{(a+b)\lambda i\pi} - e^{(a+b+\lambda)i\pi}] U_1 - [e^{(a+b+\lambda)i\pi} - 1] U_\infty = 0. \end{cases}$$

Les facteurs exponentiels proviennent des rotations sur des cercles infiniment petits décrits autour des points critiques. Pour le point à l'infini, comme nous l'avons déjà expliqué, un tel cercle est remplacé par un cercle de rayon infiniment grand.

Ceci posé, nous voulons chercher quelles relations il y a entre les valeurs des fonctions ω_1 et ω_2 quand le point x est d'abord sur le bord *gauche* de la coupure $u_0 0$ et ensuite sur le bord *droit* de cette même coupure. Désignons par

$$U_{g}, \quad U_{x}, \quad U_{1}, \quad U_{\infty}$$

<hr>

(¹) Cette recherche a été faite d'abord par M. Schläfli (*Mathemat. Annalen*, t. III), et, dans sa remarquable Thèse (*Annales de l'École Normale*, 1881), M. Goursat a fait l'étude approfondie des relations qui existent entre ces différentes intégrales. La méthode suivie dans le texte est celle que j'ai indiquée dans le *Bulletin des Sciences mathématiques* (1885).

les valeurs de U quand x est en x' sur le bord droit de la coupure. On doit considérer que x et x' sont deux points géométri-

Fig. 26.

quement confondus; l'un est sur le bord gauche, l'autre sur le droit (*fig.* 26). On aura évidemment

$$U'_1 = U_1, \qquad U'_2 = U_2;$$

le passage de x à x' n'a aucune influence sur la valeur de ces intégrales. Il en est autrement pour U_3 et U'_3, et le point essentiel est de trouver U'_3 en fonction des U; or on y parvient de suite par le raisonnement suivant. On a

$$U_3 = U_2 + (U_3 - U_2).$$

Quand x passe en x', tous les éléments de l'intégrale $U_3 - U_2$ sont multipliés par $e^{-2i\pi\lambda}$, puisque $(a - x)^\lambda$ se trouve multiplié par $e^{-2i\pi\lambda}$, le point a étant à l'intérieur du contour que décrit x dans un sens supposé négatif. On a donc

$$U'_3 = U_2 + e^{-2i\pi\lambda}(U_3 - U_2).$$

Ce point bien compris, il n'y a plus aucune difficulté. L'équation (10) et l'équation analogue relative aux U' nous donnent par soustraction

$$(1 - e^{2i\pi\lambda})(U_3 - U_2) + [e^{2i\mu\pi} - e^{2i\pi(\lambda+\mu)}](U_2 - U_1) = 0.$$

Les équations écrites nous permettent d'avoir les U' en fonction des U et, par conséquent, en posant

$$\omega_1 = U_2 - U_1 \qquad \text{et} \qquad \omega_2 = U_3 - U_2,$$

les valeurs des ω' en fonction des ω. On trouve ainsi

$$(S_1) \quad \begin{cases} \omega'_1 = e^{-2i\pi(\lambda+\mu)}\omega_1, \\ \omega'_2 = \omega_2 + [e^{-2i\pi\lambda+2i\pi\mu} - e^{-2i\pi\lambda}]\omega_1. \end{cases}$$

Nous pouvons maintenant énoncer sous une forme un peu différente le résultat que nous venons d'obtenir. Concevons que l'on supprime la coupure $u_0\, o$, et que x, partant d'un point d'ailleurs arbitraire, revienne en ce point après avoir tourné une fois autour de o dans le sens négatif; ω_1 et ω_2 ne reviennent pas au point de départ avec les mêmes valeurs, mais avec des valeurs ω'_1 et ω'_2 liées à ω_1 et ω_2 par les formules (S_1). On peut dire qu'à *une circulation autour du point zéro correspond la substitution* (S_1).

La même méthode nous donne, sans presque y rien changer, la substitution qui correspond à une circulation autour du point u_n. Pour la trouver, nous supposerons cette fois le point x

Fig. 27.

d'abord sur le bord *droit* de la coupure $u_0\, 1$ et ensuite sur le bord *gauche* de cette même coupure (*fig.* 27). Désignons par

$$U^o_0,\quad U^o_x,\quad U^o_1,\quad U^o_x$$

les valeurs des U quand x est en x' sur le bord gauche de la coupure. Nous aurons

$$U^o_0 = U_0,\qquad U^o_x = U_x,\qquad U^o_1 = U_x + e^{2i\pi\lambda}(U_1 - U_x),$$

et l'on a, en opérant comme plus haut,

$$[e^{2ai\pi} - e^{2i(a+\lambda)i\pi}](U^o_x - U_x) + [e^{2i(a+\lambda)i\pi} - e^{2i(a+b+\lambda)i\pi}](U^o_1 - U_1) = 0,$$

équation d'où nous tirons

$$(S_2)\qquad \begin{cases} \omega'_1 = \omega_1 - [e^{2i(b+\lambda)i\pi} - e^{2\lambda i\pi}]\omega_2, \\ \omega'_2 = e^{2i(b+\lambda)i\pi}\omega_2, \end{cases}$$

en posant

$$\omega'_1 = U^o_x - U^o_0,\qquad \omega'_2 = U^o_x - U^o_1.$$

La substitution S_2 correspond à une circulation autour du point 1.

14. Nous venons de voir comment se modifient ω_1 et ω_2 quand la variable x tourne autour du point *zéro* et autour du point *un*. Pour la substitution S_1 la circulation correspond à une circulation dans le sens négatif, et S_2 est relatif au sens positif. Les substitutions inverses de S_1 et S_2 donneront manifestement les nouvelles valeurs de la fonction pour des circulations respectivement de sens contraires.

Les substitutions (S_1) et (S_2) permettent de trouver toutes les valeurs possibles de la fonction. En effet, les fonctions ω_1 et ω_2 n'ont d'autres points singuliers que les points *zéro* et *un*. Pour le voir bien nettement, remarquons que U_0, U_1, U_x ont pour points singuliers à distance finie

$$x = 0, \qquad x = 1, \qquad x = u_0,$$

car, si l'on considère tout autre point x_0 et si l'on suppose, comme il est permis, que les coupures ne passent pas par ce point, les intégrales U_0, U_1, U_x seront des fonctions holomorphes de x dans le voisinage de x_0 comme la fonction sous le signe somme

$$u^\alpha(u-1)^\beta(u-x)^\gamma;$$

U_x s'exprimant linéairement en fonction de U_0, U_1, U_x aura les mêmes points singuliers $x = 0$, $x = 1$, $x = u_0$. Revenons maintenant aux différences ω_1 et ω_2, elles n'admettront pas u_0 comme point singulier; elles ne dépendent pas, en effet, de u_0, puisqu'on peut écrire

$$\omega_1 = \int_0^x \varphi(u)\,du,$$

$$\omega_2 = \int_1^x \varphi(u)\,du,$$

ces intégrales étant prises, suivant la détermination que l'on considère, le long d'un chemin ou d'un autre allant respectivement de 0 à x et de 1 à x : elles se trouvent, par suite, définies indépendamment de u_0. Il n'y a donc pas de troisième point singulier à distance finie.

Les fonctions ω_1 et ω_2 de la variable x sont des fonctions holomorphes de x dans le voisinage de tout point, sauf pour $x = 0$, $x = 1$ et $x = \infty$.

Il en résulte que ω_1 et ω_2 désignant un système de déterminations de ces fonctions en un point arbitraire x, on obtiendra tous les autres en effectuant sur ω_1 et ω_2 les substitutions

$$S_1^{\alpha} S_2^{\beta} S_1^{\alpha'} S_2^{\beta'} \ldots,$$

les α et β étant des entiers positifs ou négatifs (*voir* t. I, p. 439, pour les définitions relatives aux substitutions).

15. Parmi les différences d'intégrales du type de celles que nous venons de considérer, il en est une conduisant à un développement en série très remarquable ; c'est la différence $U_x - U_1$, ou

$$f = \int_1^{\infty} u^a (u-1)^b (u-x)^{\lambda}\, du.$$

Supposons que l'on intègre de 1 à ∞, en suivant la partie positive de l'axe réel et que $|x| < 1$.

Posons, pour avoir les notations de Gauss,

$$a = \alpha - \gamma, \qquad b = \gamma - \beta - 1, \qquad \lambda = -\alpha.$$

Les inégalités, supposées remplies pour que l'intégrale ait un sens, sont $\gamma > \beta$, $\beta > 0$.

Nous allons développer l'intégrale f en série ; on peut écrire

$$f = \int_1^{\infty} u^{-\gamma} (u-1)^{\gamma-\beta-1} \left(1 - \frac{x}{u}\right)^{-\alpha} du ;$$

or, puisque $|u| > 1$ et $|x| < 1$, on a

$$\left(1 - \frac{x}{u}\right)^{-\alpha} = 1 + \alpha \frac{x}{u} + \ldots + \frac{\alpha(\alpha+1)\ldots(\alpha+p-1)}{1.2\ldots p} \frac{x^p}{u^p} + \ldots;$$

f se trouve donc développé en série entière, et le terme général est

$$\frac{\alpha(\alpha+1)\ldots(\alpha+p-1)}{1.2\ldots p} x^p \int_1^{\infty} u^{-\gamma-p} (u-1)^{\gamma-\beta-1}\, du.$$

Partons de l'identité

$$\frac{d}{du}\left[u^{-\gamma-p+1}(u-1)^{\gamma-\beta}\right]$$

$$= (\gamma+p-1)u^{-\gamma-p}(u-1)^{\gamma-\beta-1} + (-p-\beta+1)u^{-\gamma-p+1}(u-1)^{\gamma-\beta-1},$$

ce qui donne, en intégrant,

$$\int_1^x u^{-\gamma-p}(u-1)^{\gamma-\beta-1}\,du = \frac{\beta+p-1}{\gamma+p-1}\int_1^x u^{-\gamma-p+1}(u-1)^{\gamma-\beta-1}\,du.$$

et enfin

$$\int_1^x u^{-\gamma-p}(u-1)^{\gamma-\beta-1}\,du$$

$$= \frac{\beta(\beta+1)\dots(\beta+p-1)}{\gamma(\gamma+1)\dots(\gamma+p-1)}\int_1^x u^{-\gamma}(u-1)^{\gamma-\beta-1}\,du.$$

On en conclut que f, abstraction faite du facteur constant

$$\int_1^x u^{-\gamma}(u-1)^{\gamma-\beta-1}\,du,$$

se réduit à la série

$$1 + \frac{\alpha\beta}{1\cdot\gamma}x + \dots + \frac{\alpha(\alpha+1)\dots(\alpha+p-1)}{1\cdot2\dots p}\frac{\beta(\beta+1)\dots(\beta+p-1)}{\gamma(\gamma+1)\dots(\gamma+p-1)}x^p + \dots.$$

Cette série remarquable est connue sous le nom de *série hyper-géométrique*. Si on la considère, *a priori*, on peut donner aux constantes α, β, γ des valeurs quelconques, exception faite seulement d'un entier négatif pour γ. Le cercle de convergence de la série est le cercle de rayon *un*.

16. Examinons en particulier le cas où

$$a = b = \lambda = -\frac{1}{2}.$$

La signification de ω_1 et ω_2 est alors remarquable; ce sont deux demi-périodes distinctes de l'intégrale elliptique

$$\int \frac{du}{\sqrt{u(u-1)(u-x)}}.$$

Nous considérons ici ces périodes comme fonctions de x. Les substitutions S_1 et S_2 du § 13 sont alors

$$(S_1) \qquad \begin{cases} \omega'_1 = \omega_1, \\ \omega'_2 = 2\omega_1 + \omega_2; \end{cases}$$

$$(S_2) \qquad \begin{cases} \omega'_1 = \omega_1 + 2\omega_2, \\ \omega'_2 = \omega_2. \end{cases}$$

On aura donc toutes les déterminations possibles de ω_1 et ω_2 en combinant les substitutions S_1 et S_2 et leurs puissances. Ces déterminations seront de la forme

$$m\omega_1 + n\omega_2,$$
$$p\omega_1 + q\omega_2,$$

m, n, p, q désignant des entiers, et l'on aura, comme pour les substitutions composantes,

$$mq - np = 1.$$

Or nous avons vu (§ 9) que le rapport

$$\frac{\omega_2}{\omega_1},$$

z étant différent de *zéro* et *un*, ne peut devenir égal à un nombre réel ou, en d'autres termes, que le coefficient de i $(i = \sqrt{-1})$ dans ce rapport garde un signe invariable, puisqu'il ne peut pas s'annuler. Ce résultat est relatif aux déterminations de ω_1 et ω_2 entendues telles que nous les avons considérées d'abord au § 13, c'est-à-dire en supposant que z ne franchisse pas les coupures primitivement tracées dans le plan ; mais il subsiste quand on a levé toute restriction, car alors le rapport précédent a pour valeur

$$\frac{m\omega_1 + n\omega_2}{p\omega_1 + q\omega_2} \qquad (mq - np = 1),$$

et, dans ce rapport, le signe du coefficient de i est le même que dans $\frac{\omega_1}{\omega_2}$.

En résumé, *le rapport*

$$z(x) = \frac{\omega_1}{\omega_2}$$

est une fonction analytique de x n'ayant d'autre point sin-

gulier que $x = 0$, $x = 1$ et $x = \infty$. Quel que soit le chemin suivi par la variable, le coefficient de i garde un signe invariable.

Ajoutons encore que v sera une fonction holomorphe de x pour toute valeur distincte des points critiques, car, si v devenait infini, c'est qu'on aurait

$$p\omega_1 + q\omega_2 = 0,$$

et nous savons qu'une telle relation est impossible; pour la même raison, v ne peut s'annuler.

17. On peut se servir de la fonction $v(x)$ pour établir le premier théorème que j'ai donné autrefois sur les fonctions entières (*Annales de l'École Normale*, 1880).

Désignons d'une manière générale par $G(z)$ une fonction entière, c'est-à-dire une fonction holomorphe dans tout le plan. Il peut arriver qu'une telle fonction ne puisse, pour aucune valeur finie de z, prendre une certaine valeur finie a. L'expression $e^{f(z)} + a$, où $f(z)$ est une fonction entière, ne devient jamais égale à a. La circonstance qui se présente à l'égard de a peut-elle se présenter pour une autre grandeur b? Peut-il, en d'autres termes, arriver que les équations

$$G(z) = a, \qquad G(z) = b \qquad (a \neq b),$$

n'aient pas de racines? Nous allons montrer *qu'une fonction entière $G(z)$ qui ne deviendrait jamais égale ni à a, ni à b, serait nécessairement une constante.*

On peut tout d'abord supposer que $a = 0$ et $b = 1$; considérons, en effet, la fonction $\dfrac{G(z) - a}{b - a}$, elle ne deviendra, d'après nos hypothèses, jamais égale ni à zéro ni à l'unité. Nous allons donc raisonner sur une fonction $G(z)$ ne devenant égale ni à zéro ni à un.

Posons $x = G(z)$; la fonction $v(x)$ du paragraphe précédent deviendra une fonction de z que nous allons étudier. A une valeur x_0 de x correspondent une infinité de déterminations de v; choisissons l'une d'elles v_0. Soit, pour $z = z_0$, $x_0 = G(z_0)$: la détermination de la fonction

$$v[G(z)]$$

est alors définie pour $z = z_0$. Supposons que z décrive un chemin
quelconque C partant de z_0 et y revenant, x décrit alors dans son
plan une courbe fermée partant de x_0 et revenant à ce point. Pour
le cas où cette courbe se couperait elle-même, désignons par C′
le contour extérieur de l'aire qu'elle limite. La courbe C′ ne com-
prend à son intérieur ni le point *zéro* ni le point *un*. Déformons
en effet la courbe C sans cesser de la faire passer en z_0; nous pouvons la réduire à ce point. Il est clair que, par ces déformations
continues de C, nous réduirons C′ au point x_0 sans qu'elle traverse jamais aucun des points o et 1, puisque, par hypothèse,
$G(z)$ ne prend jamais ces valeurs. Il résulte de là que la fonction
$v[G(z)]$ reprendra en z_0 sa valeur initiale v_0 quand z reviendra en
z_0 après avoir décrit la courbe C. De là se conclut bien aisément
que cette fonction est une fonction *uniforme* de z dans tout le
plan. Considérons, en effet, deux chemins $z_0 a z_1$, $z_0 b z_1$, allant de
z_0 à un point quelconque z_1 du plan. Soit v_1 la valeur qu'acquiert v
quand on suit le chemin $z_0 a z_1$; en continuant suivant $z_1 b z_0$, on
ramène la valeur initiale v_0. Si maintenant on rétrograde suivant
$z_0 b z_1$, la fonction repassera par la même valeur en chaque point
et, par conséquent, elle acquerra en z_1 la valeur v_1 obtenue précédemment. Nous arrivons donc à la conclusion que la fonction

$$f(z) = v[G(z)]$$

est une fonction uniforme dans tout le plan; comme elle reste
d'ailleurs toujours finie, *c'est une fonction entière*.

C'est ici qu'une impossibilité va apparaître. On se rappelle que
dans v le coefficient de i a un signe invariable; nous pouvons le
supposer positif, puisque autrement on raisonnerait sur $-v$. Nous
avons donc une fonction entière $f(z)$ dans laquelle le coefficient
de i est positif. Je dis que $f(z)$ ne peut être qu'une constante.
Envisageons, en effet, la fonction

$$e^{if(z)};$$

c'est une fonction entière dont le module est e^{-Y}, si l'on pose
$f(z) = X + iY$; mais, puisque $Y > 0$, le module de $e^{if(z)}$ sera
toujours moindre que *un*. Il en résulte, d'après le théorème de
Liouville, que $e^{if(z)}$ et, par suite, $f(z)$ doivent se réduire à des
constantes. Notre fonction $v[G(z)]$ se réduisant à une constante,

$G(z)$ devra elle-même être constante, puisque $v(x)$ est une véritable fonction de x. *Le théorème est donc démontré.*

18. Au lieu d'une fonction entière, considérons maintenant une fonction uniforme $f(z)$ n'ayant dans toute l'étendue du plan que des pôles. Je dis qu'*il ne peut y avoir plus de deux valeurs finies a et b que ne puisse prendre une telle fonction pour une valeur finie de la variable.*

Nous avons vu, comme conséquence de la théorie des facteurs primaires, que l'on peut mettre $f(z)$ sous la forme

$$f(z) = \frac{G_1(z)}{G_2(z)},$$

G_1 et G_2 étant deux fonctions entières n'ayant pas de racine commune. Cherchons d'abord l'expression d'une fonction $f(z)$ ne devenant égale ni à a ni à b. Dans ce cas,

$$G_1(z) - aG_2(z)$$

ne pourra s'annuler pour aucune valeur de z. On aura, par suite,

$$G_1(z) - aG_2(z) = e^{P(z)},$$

$P(z)$ étant une fonction entière. De même, on aura

$$G_1(z) - bG_2(z) = e^{Q(z)},$$

$Q(z)$ étant une fonction entière. De ces relations se tirent G_1 et G_2 et l'on peut écrire

$$f(z) = \frac{ae^{Q(z)} - be^{P(z)}}{e^{Q(z)} - e^{P(z)}}.$$

Nous allons voir maintenant que cette fonction peut prendre une valeur finie quelconque c différente de a et b. L'équation

$$f(z) = c$$

peut, en effet, s'écrire

$$e^{Q(z) - P(z)} = \frac{b - c}{a - c}.$$

La constante du second membre n'est ni nulle ni infinie. Or l'équation

$$Q(z) - P(z) = \log \frac{b - c}{a - c}$$

a certainement une infinité de racines, car il ne peut y avoir, d'après le paragraphe précédent, plus d'une valeur finie que ne puisse prendre la fonction entière $Q(z) - P(z)$; or le logarithme a une infinité de déterminations, de sorte que si pour une de ces déterminations l'équation n'avait pas de racines, elle en aurait certainement pour les autres. Ce raisonnement suppose que $Q(z) - P(z)$ ne se réduise pas à une constante, mais on voit immédiatement dans ce cas que $f(z)$ serait elle-même une constante.

CHAPITRE IX.

DES FONCTIONS DE PLUSIEURS VARIABLES
INDÉPENDANTES.

1. — Généralités sur les fonctions de plusieurs variables
complexes.

1. Nous avons, jusqu'ici, considéré seulement des fonctions analytiques d'une variable complexe ; on peut de même envisager des
fonctions de plusieurs variables complexes. Il s'en faut de beaucoup
que la théorie des fonctions de plusieurs variables soit aussi
avancée que celle d'une variable. Dans les généralités qui vont
suivre, la plupart des résultats seront applicables à un nombre
quelconque de variables du moins avec des modifications insignifiantes : nous simplifierons l'écriture et l'exposition en nous bornant à deux.

2. Soit $f(u, v)$ une fonction analytique des deux variables complexes u et v. Posons

$$u = x + iy, \qquad v = z + it,$$

on a, par définition,

$$f(u, v) = P(x, y, z, t) + iQ(x, y, z, t),$$

P et Q étant des fonctions réelles des quatre variables réelles x, y,

z, t. On aura manifestement entre P et Q les quatre relations

$$(E) \quad \begin{cases} \dfrac{\partial P}{\partial x} = \dfrac{\partial Q}{\partial y}, \\[2mm] \dfrac{\partial P}{\partial y} = -\dfrac{\partial Q}{\partial x}, \\[2mm] \dfrac{\partial P}{\partial z} = \dfrac{\partial Q}{\partial t}, \\[2mm] \dfrac{\partial P}{\partial t} = -\dfrac{\partial Q}{\partial z}. \end{cases}$$

Cherchons à quelles équations satisfera la fonction P. En groupant de toutes les manières possibles ces équations deux à deux, on obtient par deux différentiations convenables une relation à laquelle satisfait P. Les deux premières donnent

$$\frac{\partial^2 P}{\partial x^2} - \frac{\partial^2 P}{\partial y^2} = 0 \qquad (1, 2);$$

la première et la troisième

$$\frac{\partial^2 P}{\partial x\, \partial t} = \frac{\partial^2 P}{\partial z\, \partial y} \qquad (1, 3);$$

puis ensuite

$$\frac{\partial^2 P}{\partial x\, \partial z} = \frac{\partial^2 P}{\partial t\, \partial y} \qquad (1, 4),$$

$$\frac{\partial^2 P}{\partial y\, \partial t} = -\frac{\partial^2 P}{\partial z\, \partial x} \qquad (2, 3),$$

$$\frac{\partial^2 P}{\partial y\, \partial z} = \frac{\partial^2 P}{\partial t\, \partial x} \qquad (2, 4),$$

$$\frac{\partial^2 P}{\partial z^2} + \frac{\partial^2 P}{\partial t^2} = 0 \qquad (3, 4).$$

On voit que ces six équations se réduisent *à quatre*. *La fonction* $P(x, y, z, t)$ *satisfait donc aux quatre équations*

$$\frac{\partial^2 P}{\partial x^2} + \frac{\partial^2 P}{\partial y^2} = 0, \qquad \frac{\partial^2 P}{\partial x\, \partial t} - \frac{\partial^2 P}{\partial z\, \partial y} = 0,$$

$$\frac{\partial^2 P}{\partial x\, \partial z} + \frac{\partial^2 P}{\partial t\, \partial y} = 0, \qquad \frac{\partial^2 P}{\partial z^2} + \frac{\partial^2 P}{\partial t^2} = 0,$$

Réciproquement, d'ailleurs, si l'on a une fonction P satisfaisant à ces quatre équations, on pourra trouver une fonction $Q(x, y, z, t)$

vérifiant les équations (E), puisque les conditions trouvées expriment précisément les conditions nécessaires et suffisantes pour que l'on puisse obtenir une telle fonction $Q(x, y, z, t)$.

On voit de suite la différence profonde qui doit séparer la théorie des fonctions de deux variables de celle d'une variable. Dans celle-ci, la partie réelle P doit satisfaire à l'unique équation de Laplace; dans celle-là, au contraire, nous trouvons *quatre* équations pour cette seule partie réelle P. Il ne semble guère possible d'étudier ce système de quatre équations comme on a étudié l'équation de Laplace; aussi devrons-nous ici considérer la fonction $P + iQ$ dans son ensemble sans étudier séparément P et Q.

3. La série de Taylor s'étend immédiatement aux cas de deux variables. Soit une fonction analytique $f(x, y)$ des deux variables complexes x et y; cette fonction est supposée uniforme et continue quand le point x est à l'intérieur d'un cercle C ayant x_0 pour centre et r pour rayon, et le point y dans un cercle C' de centre y_0 et de rayon r'.

Nous n'avons qu'à répéter la démonstration faite pour le cas des variables réelles. Supposons que les points $x_0 + h$ et $y_0 + k$ soient à l'intérieur des deux cercles que nous venons de définir; on pose

$$x = x_0 + ht, \qquad y = y_0 + kt.$$

$f(x, y)$ peut être regardée comme une fonction de la variable complexe t, uniforme et continue à l'intérieur du cercle ayant l'origine pour centre et l'unité pour rayon, puisque, quand t reste dans cette région, le point (x, y) reste à l'intérieur des cercles C et C'. On doit même remarquer que la fonction de t, que représente $f(x, y)$, sera uniforme et continue dans un cercle de rayon supérieur à 1; nous pourrons donc faire, sans incertitude, $t = 1$, dans le développement que nous allons obtenir. Ce développement n'est autre chose que le développement de Taylor, pour la fonction de t

$$f(x_0 + ht, y_0 + kt);$$

on a donc

$$f(x_0 + ht, y_0 + kt) = \sum_{n=0}^{n=\infty} \frac{\left(h\frac{\partial f}{\partial x} + k\frac{\partial f}{\partial y}\right)^n t^n}{1 \cdot 2 \ldots n},$$

où, comme on sait, l'expression $\left(h\dfrac{\partial f}{\partial x}+k\dfrac{\partial f}{\partial y}\right)^{n}_{x_0,y_0}$ est symbolique, les puissances devant être remplacées par les dérivées. On a alors pour $t=1$

$$f(x_0+h,y_0+k)=\sum_{n=0}^{n=\infty}\frac{\left(h\dfrac{\partial f}{\partial x}+k\dfrac{\partial f}{\partial y}\right)^{n}_{x_0,y_0}}{1.2\ldots n},$$

entièrement analogue, comme forme, à ce qui a été vu dans la théorie élémentaire des fonctions de deux variables réelles.

4. Dans le développement précédent, le coefficient de $h^p k^q$ est

$$\frac{1}{1.2\ldots p.1.2\ldots q}\left(\frac{\partial^n f}{\partial x^p\partial y^q}\right)_{x_0,y_0}.$$

Il est très intéressant d'avoir une limite supérieure du module de ce coefficient. Cette limite peut être obtenue en fonction du module maximum M de la fonction $f(x,y)$ à l'intérieur des cercles C et C.

Considérons d'abord la fonction $f(x,y)$ comme fonction de la seule variable x, nous aurons, d'après une formule établie antérieurement (Ch. V, § 4),

$$\left(\frac{\partial^p f}{\partial x^p}\right)_{x=x_0}=\frac{1.2\ldots p}{2\pi r^p}\int_0^{2\pi}f(x_0+re^{\theta i},y)e^{-p\theta i}d\theta.$$

Prenons maintenant la dérivée $q^{ième}$ des deux membres par rapport à y et faisons $y=y_0$. Nous devons différentier q fois sous le signe d'intégration par rapport à y; or, en appliquant la même formule, on a

$$\left[\frac{\partial^q f(x_0+re^{\theta i},y)}{\partial y^q}\right]_{y=y_0}=\frac{1.2\ldots q}{2\pi r'^q}\int_0^{2\pi}f(x_0+re^{\theta i},y_0+r'e^{\theta'i})e^{-q\theta'i}d\theta'.$$

Il vient donc finalement

$$\left(\frac{\partial^{p+q}f}{\partial x^p\partial y^q}\right)_{\substack{x=x_0\\y=y_0}}=\frac{1.2\ldots p.1.2\ldots q}{2\pi r^p.2\pi r'^q}\int_0^{2\pi}\int_0^{2\pi}f(x_0+re^{\theta i},y_0+r'e^{\theta'i})e^{-p\theta i}e^{-q\theta'i}d\theta\,d\theta'.$$

De cette formule se tire de suite la limite cherchée : en remplaçant par M le coefficient de $d\theta\,d\theta'$ sous le signe d'intégration, on a une limite du module et, par conséquent,

$$\left| \frac{\partial^{p+q} f}{\partial x^p \partial y^q} \right|_{\substack{x=x_0 \\ y=y_0}} < \frac{1.2\ldots p.1.2\ldots q}{r^p r'^q} M.$$

5. Si les cercles C et C′ ont pour centres l'origine, on a, en faisant $x_0 = y_0 = 0$ et $h = x, k = y$, le développement de Maclaurin

$$(1) \qquad f(x,y) = \sum_{n=0}^{n=\infty} \frac{\left(x\frac{\partial f}{\partial u} + y\frac{\partial f}{\partial v} \right)_{\substack{u=0 \\ v=0}}}{1.2\ldots n} = \sum A_{pq} x^p y^q.$$

Le coefficient $A_{p,q}$ de $x^p y^q$ est, d'après ce que nous avons dit plus haut,

$$\frac{1}{1.2\ldots p.1.2\ldots q} \left(\frac{\partial^{p+q} f}{\partial u^p \partial v^q} \right)_{\substack{u=0 \\ v=0}}.$$

On aura donc l'inégalité très importante

$$|A_{p,q}| < \frac{M}{r^p r'^q}.$$

De là nous concluons une propriété essentielle du développement (1); la série, formée avec les modules des termes de la série

$$\sum A_{p,q} x^p y^q.$$

est convergente, quand x et y sont respectivement à l'intérieur des cercles C et C′. On le voit de suite, puisque, en remplaçant $|A_{p,q}|$ par sa limite supérieure, on a

$$(2) \qquad \sum_{p=0, q=0}^{p=\infty, q=\infty} M \left(\frac{x}{r}\right)^p \left(\frac{y}{r'}\right)^q,$$

et cette série est convergente quand $\left|\dfrac{x}{r}\right| < 1, \left|\dfrac{y}{r'}\right| < 1.$

La fonction représentée par la série (2) s'obtient d'ailleurs immédiatement sous forme finie; ce n'est autre chose que

$$G(x,y) = \frac{M}{\left(1 - \dfrac{x}{r}\right)\left(1 - \dfrac{y}{r'}\right)}.$$

comme le montrent les développements de $\dfrac{1}{1 - \dfrac{x}{r}}$ et $\dfrac{1}{1 - \dfrac{y}{r'}}$ et l'application de la règle de multiplication des séries.

Nous ferons plus tard grand usage de la fonction $G(x, y)$. D'après la manière même dont elle a été obtenue, on peut dire que ses dérivées partielles, toutes positives pour $x = 0$, $y = 0$, sont, pour ces valeurs des variables, supérieures aux modules de la dérivée correspondante de $f(x, y)$: on a les inégalités

$$\left(\frac{\partial^{p+q} G}{\partial x^{p}\, \partial y^{q}} \right)_{\substack{x=0 \\ y=0}} > \left| \frac{\partial^{p+q} f}{\partial x^{p}\, \partial y^{q}} \right|_{\substack{x=0 \\ y=0}}.$$

On peut trouver bien d'autres fonctions jouissant de la même propriété que $G(x, y)$. Citons la suivante dont nous aurons aussi à faire usage

$$\frac{M}{1 - \dfrac{x}{r} - \dfrac{y}{r'}}.$$

Le coefficient de $x^{p}\, y^{q}$, dans le développement de cette fonction, étant

$$\frac{1 . 2 \ldots n}{1 . 2 \ldots p . 1 . 2 \ldots q}\,\frac{M}{r^{p}\, r'^{q}} \qquad (n = p + q),$$

se trouve supérieur à la limite trouvée $\dfrac{M}{r^{p}\, r'^{q}}$ pour les modules des coefficients de $f(x, y)$.

6. Nous nous sommes borné au cas de deux variables : tous ces calculs s'étendent à un nombre quelconque de variables. Pour une fonction

$$f(x_1, x_2, \ldots, x_n)$$

uniforme et continue à l'intérieur des cercles $C_1, C_2, \ldots, C_n$ de centre O et de rayons $r_1, r_2, \ldots, r_n$, on a le développement

$$f = \sum A_{p_1 p_2 \ldots p_n}\, x_1^{p_1} x_2^{p_2} \ldots x_n^{p_n},$$

et l'inégalité

$$|A_{p_1 p_2 \ldots p_n}| < \frac{M}{r_1^{p_1} r_2^{p_2} \ldots r_n^{p_n}}$$

conduit à des conséquences analogues à celles que nous avons obtenues pour le cas de deux variables.

II. — Décomposition en facteurs d'une fonction de plusieurs variables. Fonctions implicites.

7. La décomposition en facteurs d'une fonction d'une variable, qui permet de mettre en évidence les racines de cette fonction, n'est pas susceptible de s'étendre sous la même forme à une fonction de deux ou plusieurs variables. Ici, en effet, l'ensemble des valeurs des variables qui annulent la fonction forme une suite continue. On peut cependant, dans une certaine mesure, réaliser une décomposition qui mette en évidence la partie d'une fonction susceptible de s'annuler dans le voisinage d'un système déterminé de valeurs des variables.

Avant d'aborder ce point, commençons par montrer comment le théorème de Cauchy, démontré (Chap. VI, § 21) pour les polynômes, est susceptible de s'étendre à une fonction holomorphe quelconque. Nous nous bornons toujours, uniquement pour abréger, à une fonction de deux variables.

Soit donc une fonction $F(x, y)$ holomorphe dans le voisinage de $x = 0$, $y = 0$, c'est-à-dire dans des cercles de rayon ρ_0 et R. On suppose que $F(x, y)$ s'annule pour $x = 0$, $y = 0$ et que $F(0, y)$ ne soit pas identiquement nul.

Écrivons $F(x, y)$ sous la forme

$$F(x, y) = A_0 + A_1 y + \ldots + A_n y^n + \ldots,$$

les A étant des fonctions holomorphes de x dans le voisinage de $x = 0$.

En désignant par M le module maximum de $f(x, y)$, on a

$$|A_x| < \frac{M}{R^x}.$$

On suppose que

$$A_0(0) = A_1(0) = \ldots = A_{n-1}(0) = 0 \qquad \text{et} \qquad A_n(0) \gtrless 0.$$

Nous voulons chercher le nombre des racines de l'équation en y,

$$F(x, y) = 0,$$

voisines de zéro, pour x suffisamment voisin de zéro.

Écrivons

$$F(x, y) = A_n y^n (1 + P + Q),$$

en posant

$$P = \frac{A_0}{A_n y^n} + \frac{A_1}{A_n y^{n-1}} + \cdots + \frac{A_{n-1}}{A_n y},$$

$$Q = \frac{A_{n+1}}{A_n} y + \frac{A_{n+2}}{A_n} y^2 + \cdots$$

Soit B le module minimum de A_n, x restant à l'intérieur d'un certain cercle dans lequel A_n ne s'annule pas et que nous supposerons être le cercle de rayon ρ_0. On aura, en désignant par r le module de y,

$$\mathrm{mod}\, Q < \frac{M}{B} \left(\frac{r}{R^{n+1}} + \frac{r^2}{R^{n+2}} + \cdots \right) = \frac{M}{BR^n} \frac{r}{R} \frac{1}{1 - \frac{r}{R}}.$$

Si donc on prend r assez petit, on aura

$$\mathrm{mod}\, Q < \frac{1}{2},$$

lorsque le point (x, y) est quelconque à l'intérieur des cercles de rayon ρ_0 pour x, et de rayon r pour y.

On aura, d'autre part, pour P, quand y reste sur le cercle de rayon r, en appelant A le module maximum de A_0, A_1, ..., A_{n-1},

$$\mathrm{mod}\, P < \frac{A}{B} \left(\frac{1}{r^n} + \frac{1}{r^{n-1}} + \cdots + \frac{1}{r} \right),$$

et comme A_0, A_1, ..., A_{n-1}, s'annulent pour $x = 0$, on aura, si l'on prend pour domaine de x un cercle d'un rayon $\rho < \rho_0$ assez petit, A aussi petit qu'on voudra. Prenons ρ assez petit pour que

$$(3) \qquad \frac{A}{B} \left(\frac{1}{r^n} + \frac{1}{r^{n-1}} + \cdots + \frac{1}{r} \right) < \frac{1}{2},$$

alors on aura

$$\mathrm{mod}\, P < \frac{1}{2},$$

x restant dans le cercle de rayon ρ et y *sur la circonférence de rayon r*.

Il est facile maintenant d'avoir le nombre des racines de l'équation en y

$$F(x, y) = 0$$

(x ayant une valeur fixe dans le cercle de rayon ρ) contenues dans le cercle de rayon r. Il suffit d'étudier la variation de l'argument de $F(x, y)$ quand y décrit la circonférence de rayon r; or le module de $P - Q$ étant inférieur à un, l'argument de

$$1 + P - Q$$

reprend la même valeur. La variation de l'argument sera donc $2n\pi i$ et, *par suite, le nombre des racines sera égal à n.*

8. Cherchons quelle forme on peut donner à la fonction $F(x, y)$. A cet effet, x ayant une valeur fixe dans le cercle de rayon ρ, effectuons, sur le cercle de rayon r dans le plan des y, l'intégrale

$$\frac{1}{2i\pi}\int_{(r)}\frac{\dfrac{\partial F}{\partial y}}{y-y'}\,dy,$$

y' désignant un point quelconque à l'intérieur de (r). En développant $\dfrac{1}{y-y'}$ suivant les puissances entières de y', on voit immédiatement que cette intégrale est de la forme

$$\sum_{p=0}^{p=\infty} G_p y'^p,$$

les G étant des fonctions holomorphes de x. D'autre part, en désignant par

$$y_1, \ y_2, \ \ldots, \ y_n$$

les n racines de $F(x, y) = o$, contenues dans le cercle de rayon r, cette intégrale est aussi égale à la somme des résidus de la fonction sous le signe d'intégration, relatifs aux pôles $y_1, y_2, \ldots, y_n$ et y', c'est-à-dire à

$$\left(\frac{\dfrac{\partial F}{\partial y}}{F}\right)_{y=y'} + \frac{1}{y_1 - y'} + \cdots + \frac{1}{y_n - y'}.$$

On a donc, en remplaçant y' par y, et posant

$$f(y) = (y - y_1)(y - y_2)\ldots(y - y_n),$$

l'identité

$$\sum_{p=0}^{p=\infty} G_p y^p = \frac{\frac{\partial F}{\partial y}}{F} - \frac{1}{y-y_1} - \cdots - \frac{1}{y-y_n} = \frac{\frac{\partial F}{\partial y}}{F} - \frac{\frac{\partial f}{\partial y}}{f}$$

ou

$$H(x,y) = \frac{\frac{\partial F}{\partial y}}{F} - \frac{\frac{\partial f}{\partial y}}{f},$$

$H(x,y)$ étant une fonction holomorphe de x et y, lorsque ces points sont respectivement à l'intérieur des cercles de rayon ρ et r.

D'ailleurs $f(y)$ est un polynôme en y

$$y^n + a_1 y^{n-1} + \ldots + a_{n-1} y + a_n,$$

dont les coefficients sont des fonctions holomorphes de x. Pour le voir, effectuons encore sur le cercle (r) l'intégrale

$$\frac{1}{2i\pi} \int_{(r)} y^h \frac{\frac{\partial F}{\partial y}}{F} dy.$$

C'est une fonction holomorphe de x, qui est identiquement égale à la somme

$$y_1^h + y_2^h + \ldots + y_n^h$$

des résidus de la fonction intégrée, c'est-à-dire que les sommes des puissances semblables de $y_1, \ldots, y_n$ sont des fonctions holomorphes de x, et, par suite, enfin les coefficients a.

Nous pouvons donc écrire

$$F(x,y) = f(x,y) C e^{H_1(x,y)},$$

$H_1(x,y)$ étant encore holomorphe, et C une constante par rapport à y, c'est-à-dire une fonction de x qu'il est facile de déterminer : en faisant $y = y_0$, y_0 étant sur le cercle de rayon r, on aura

$$F(x,y_0) = f(x,y_0) C e^{H_1(x,y_0)};$$

or $F(x,y_0)$ et $f(x,y_0)$ ne s'annulent pas quand x est à l'intérieur du cercle ρ. Il en résulte que nous pouvons écrire

$$F(x,y) = f(x,y) K(x,y),$$

$K(x, y)$ étant une fonction holomorphe qui ne s'annule pas quand x et y sont à l'intérieur des cercles ρ et r; de plus, $f(x, y)$ est un polynôme en y dont le premier coefficient est l'unité et dont les autres coefficients sont des fonctions holomorphes en x (¹).

On voit que cette décomposition *met en quelque sorte en évidence la partie de la fonction* $F(x, y)$ *qui s'annule dans le voisinage de* $x = 0$, $y = 0$.

9. Une conséquence très importante peut se déduire du théorème précédent, relativement à l'existence des fonctions implicites. Considérons l'équation

$$F(x, y) = 0,$$

$F(x, y)$ étant holomorphe dans le voisinage de $x = 0$, $y = 0$. Je suppose que $\left(\dfrac{\partial F}{\partial y}\right)_{\substack{x=0 \\ y=0}}$ ne soit pas nulle, c'est-à-dire que le nombre n du paragraphe précédent soit égal à *un*.

On aura donc

$$F(x, y) = [y + a_1(x)] K(x, y),$$

a_1 étant holomorphe en x et s'annulant pour $x = 0$. L'ensemble des valeurs de x et y voisines de *zéro* et satisfaisant à l'équation

$$F(x, y) = 0$$

doit nécessairement vérifier la relation

$$y + a_1(x) = 0,$$

puisque $K(x, y)$ ne s'annule pas dans le voisinage de $x = 0$, $y = 0$.

L'existence de la fonction implicite y *de* x *est ainsi démontrée.* Sous la condition indiquée, l'équation $F = 0$ définit une fonction holomorphe de x dans le voisinage de $x = 0$.

(¹) Ce théorème est, depuis 1860, enseigné par M. Weierstrass dans ses Leçons de l'Université de Berlin. Voir *Abhandlungen aus der Functionenlehre von K. Weierstrass* (Berlin, 1886). La démonstration qu'on vient de lire est due à M. Simart.

Soit, en particulier, l'équation

$$x = G(y),$$

$G(y)$ étant holomorphe dans le voisinage de $y = 0$ et s'annulant pour cette valeur. Si $G'(0) = 0$, l'équation précédente définira une fonction y de x holomorphe dans le voisinage de l'origine.

Il est facile d'étudier le cas où l'on aurait

$$G'(0) = G''(0) = \ldots = G^{p-1}(0) = 0,$$

$G^p(0)$ n'étant pas nul. On a, en effet,

$$x = y^p(A + By + \ldots), \qquad A \neq 0,$$

et, par suite, en posant $\sqrt[p]{x} = x'$,

$$x' = y \sqrt[p]{A + By + \ldots}.$$

Or, la fonction sous le radical ne s'annulant pas pour $y = 0$, la détermination choisie pour le radical sera holomorphe dans le voisinage de l'origine et l'on se trouvera ramené au cas précédent ; par suite, y se mettra sous la forme d'une série ordonnée suivant les puissances de x', c'est-à-dire de $\sqrt[p]{x}$. La fonction y a donc p déterminations qui se permutent autour de l'origine.

10. L'analyse qui vient d'être développée s'étend d'elle-même à un nombre quelconque de variables indépendantes.

Soit une fonction

$$F(y, x_1, x_2, \ldots, x_n)$$

des $n+1$ variables indépendantes $y, x_1, x_2, \ldots, x_n$, s'annulant pour $y = x_1 = \ldots = x_n = 0$. Si pour $x_1 = x_2 = \ldots = x_n = 0$, le développement de

$$F(y, 0, 0, \ldots, 0),$$

commence par un terme en y^k, on pourra écrire

$$F(y, x_1, x_2, \ldots, x_n) = (y^k - a_1 y^{k-1} + \ldots - a_k)K(y, x_1, x_2, \ldots, x_n),$$

la fonction holomorphe K ne s'annulant pas dans le voisinage de $y = x_1 = \ldots = x_n = 0$ et les a étant des fonctions holomorphes de $x_1, x_2, \ldots, x_n$.

11. De ce résultat nous pouvons conclure l'existence et la nature des fonctions implicites définies par le système d'équations

$$(1) \quad \begin{cases} F_1(x_1, x_2, \ldots, x_n, y_1, y_2, \ldots, y_p) = 0, \\ F_2(x_1, x_2, \ldots, x_n, y_1, y_2, \ldots, y_p) = 0, \\ \cdots\cdots\cdots\cdots\cdots\cdots\cdots\cdots\cdots\cdots\cdots\cdots \\ F_p(x_1, x_2, \ldots, x_n, y_1, y_2, \ldots, y_p) = 0. \end{cases}$$

Nous supposons que les fonctions F s'annulent pour

$$x_1 = x_2 = \ldots = x_n = y_1 = \ldots = y_p = 0$$

et que pour ces valeurs le déterminant fonctionnel

$$\frac{D(F_1, F_2, \ldots, F_p)}{D(y_1, y_2, \ldots, y_p)}$$

ne soit pas nul. Dans ces conditions, nous allons montrer que ces équations définissent, pour $y_1, y_2, \ldots, y_p$, des fonctions holomorphes dans le voisinage de $x_1 = x_2 = \ldots = x_n = 0$.

Pour l'établir, supposons la proposition démontrée, n étant quelconque, jusqu'à un nombre $p - 1$ d'équations. Nous allons montrer comment on peut passer de $p - 1$ à p. Remarquons d'abord que les dérivées partielles du premier ordre

$$\frac{dF_1}{dy_1}, \quad \frac{dF_1}{dy_2}, \quad \ldots, \quad \frac{dF_1}{dy_p}$$

ne s'annulent pas toutes quand les x et les y sont simultanément nuls. Soit, par exemple, la dernière de ces dérivées différentes de zéro : nous pourrons écrire

$$F_1(x_1, x_2, \ldots, x_n, y_1, y_2, \ldots, y_p) = (y_p - a_1)K,$$

a_1 étant holomorphe en $x_1, x_2, \ldots, x_n, y_1, y_2, \ldots, y_{p-1}$ et K n'étant pas susceptible de s'annuler quand les x et les y sont suffisamment petits. Nous pouvons donc remplacer la première équation par

$$y_p - a_1 = 0,$$

et, par suite, en remplaçant y_p par $-a_1$, dans les équations suivantes, nous sommes ramené au cas de $p - 1$ équations. Il est facile de voir que le déterminant, correspondant à ces $p - 1$ équations, ne sera pas nul; nous avons d'abord, en effet, le déterminant

$$\begin{vmatrix} \dfrac{\partial a_1}{\partial y_1} & \dfrac{\partial a_1}{\partial y_2} & \ldots & \dfrac{\partial a_1}{\partial y_{p-1}} & 1 \\ \dfrac{\partial F_2}{\partial y_1} & \dfrac{\partial F_2}{\partial y_2} & \ldots & \dfrac{\partial F_2}{\partial y_{p-1}} & \dfrac{\partial F_2}{\partial y_p} \\ \ldots & \ldots & \ldots & \ldots & \ldots \\ \dfrac{\partial F_p}{\partial y_1} & \dfrac{\partial F_p}{\partial y_2} & \ldots & \dfrac{\partial F_p}{\partial y_{p-1}} & \dfrac{\partial F_p}{\partial y_p} \end{vmatrix}$$

différent de zéro quand les x et les y sont nuls. D'autre part, le déterminant fonctionnel de

$$F_2, \quad \ldots, \quad F_p,$$

considérées comme fonctions de y_1, y_2, $\ldots$, y_{p-1}, quand on a remplacé y_p par $-a_1$, n'est autre chose que

$$\begin{vmatrix} \dfrac{\partial F_2}{\partial y_1} - \dfrac{\partial F_2}{\partial y_p}\dfrac{\partial a_1}{\partial y_1} & \ldots & \dfrac{\partial F_2}{\partial y_{p-1}} - \dfrac{\partial F_2}{\partial y_p}\dfrac{\partial a_1}{\partial y_{p-1}} \\ \ldots & \ldots & \ldots \\ \dfrac{\partial F_p}{\partial y_1} - \dfrac{\partial F_p}{\partial y_p}\dfrac{\partial a_1}{\partial y_1} & \ldots & \dfrac{\partial F_p}{\partial y_{p-1}} - \dfrac{\partial F_p}{\partial y_p}\dfrac{\partial a_1}{\partial y_{p-1}} \end{vmatrix}$$

et ce déterminant est au signe près identique au précédent, comme le montre l'application des théorèmes les plus élémentaires sur les déterminants.

Le théorème relatif à l'existence et à la nature des fonctions implicites est donc complètement établi. Sous la condition indiquée relative au déterminant fonctionnel, les équations (4) définissent pour y_1, y_2, $\ldots$, y_p des fonctions holomorphes dans le voisinage de $x_1 = x_2 = \ldots = x_n = 0$.

III. Des intégrales multiples de fonctions de plusieurs variables complexes. Extension du théorème de Cauchy, d'après M. Poincaré.

12. Avant d'arriver au sujet qui sera le principal objet de cette Section, il est nécessaire que nous généralisions l'étude faite précédemment (t. I, p. 111) des intégrales de surface.

Soient x_1, x_2, $\ldots$, x_m des variables en nombre m; nous considérons l'intégrale double

$$(1) \qquad \int\int \Sigma A_{ik}\, dx_i\, dx_k,$$

expression purement symbolique, jusqu'à ce que nous lui ayons donné un sens, et dans laquelle, d'après les définitions qui vont suivre, l'ordre des deux facteurs $dx_i\, dx_k$ n'est pas indifférent; les A représentent des fonctions de $x_1,\ x_2,\ \ldots,\ x_m$. Nous convenons que

$$A_{ik} = -A_{ki},$$

ce qui entraîne $A_{ii} = 0$; les indices i et k prennent toutes les valeurs de 1 à m. L'intégrale (1) n'aura de sens que quand nous aurons fixé dans l'espace à m dimensions $(x_1,\ x_2,\ \ldots,\ x_m)$ la *surface* d'intégration. Concevons, à cet effet, que l'on prenne pour $x_1,\ x_2,\ \ldots,\ x_m$ des fonctions de deux variables u et v, et soit une certaine aire A dans le plan des deux variables u et v. A l'aire A du plan (u, v) correspond dans l'espace à m dimensions $(x_1,\ x_2,\ \ldots,\ x_m)$ une certaine portion de *surface*, et l'intégrale (1) étendue à cette portion de surface sera, *par définition*, l'intégrale double ordinaire

$$\int\int \Sigma A_{ik} \frac{D(x_i, x_k)}{D(u, v)}\, du\, dv,$$

étendue à l'aire A. Comme précédemment, nous posons

$$\frac{D(x_i, x_k)}{D(u, v)} = \frac{dx_i}{du}\frac{dx_k}{dv} - \frac{dx_i}{dv}\frac{dx_k}{du}.$$

On voit que, à cause de la relation $A_{ik} = -A_{ki}$, les deux termes qui correspondent aux deux couples ik et ki s'ajoutent. Remarquons encore que, si l'on permute u et v, l'intégrale précédente change de signe; nous pouvons dire alors, conformément à ce qui se passait dans l'espace à trois dimensions, que l'intégrale est prise sur l'autre côté de la surface (voir *loc. cit.*, p. 113).

13. Nous devons nous poser pour l'intégrale (1) une question analogue à celle qui a été étudiée pour les intégrales de surface. *À quelles conditions cette intégrale ne dépendra-t-elle que du contour de la surface d'intégration?* Pour bien préciser la

question, nous pouvons supposer qu'on se donne arbitrairement une aire A dans le plan (u, v) et que les expressions de $x_1, x_2, \ldots, x_m$, en fonction de u et v, dépendent de plus d'un paramètre arbitraire et cela de telle manière que $x_1, x_2, \ldots, x_m$ aient le long du contour de A des valeurs indépendantes de ce paramètre : dans ces conditions on veut que la valeur de (I) ne dépende pas de ce paramètre.

Avant d'aborder cette question, commençons par supposer que les x soient des fonctions d'ailleurs arbitraires de trois variables X, Y, Z, soit

$$x_i = f_i(X, Y, Z) \qquad (i = 1, 2, \ldots, m).$$

L'intégrale (I) va alors devenir une intégrale de surface dans l'espace ordinaire à trois dimensions, et, si l'on conçoit X, Y, Z exprimées en fonction de deux paramètres u et v, on aura, comme le montre un calcul immédiat,

$$\frac{D(x_i, x_k)}{D(u, v)} = \frac{D(f_i, f_k)}{D(X, Y)} \frac{D(X, Y)}{D(u, v)} + \frac{D(f_i, f_k)}{D(Y, Z)} \frac{D(Y, Z)}{D(u, v)} + \frac{D(f_i, f_k)}{D(Z, X)} \frac{D(Z, X)}{D(u, v)}.$$

L'intégrale pourra donc s'écrire

$$\iint \left[\sum A_{ik} \frac{D(f_i, f_k)}{D(X, Y)}\right] dX\, dY + \left[\sum A_{ik} \frac{D(f_i, f_k)}{D(Y, Z)}\right] dY\, dZ + \left[\sum A_{ik} \frac{D(f_i, f_k)}{D(Z, X)}\right] dZ\, dX;$$

c'est sous cette forme que nous avons précédemment écrit les intégrales de surface.

Cette intégrale ne dépendra que du contour de la surface d'intégration, si l'on a

$$\frac{\partial}{\partial Z}\left[\sum A_{ik} \frac{D(f_i, f_k)}{D(X, Y)}\right] + \frac{\partial}{\partial X}\left[\sum A_{ik} \frac{D(f_i, f_k)}{D(Y, Z)}\right] + \frac{\partial}{\partial Y}\left[\sum A_{ik} \frac{D(f_i, f_k)}{D(Z, X)}\right] = 0.$$

Développons cette relation. Les termes en A_{ik} disparaissent d'eux-mêmes, en vertu de l'identité facile à vérifier

$$\frac{\partial}{\partial Z} \frac{D(f_i, f_k)}{D(X, Y)} + \frac{\partial}{\partial X} \frac{D(f_i, f_k)}{D(Y, Z)} + \frac{\partial}{\partial Y} \frac{D(f_i, f_k)}{D(Z, X)} = 0.$$

Il reste alors

$$\sum_{i,k} \frac{D(f_i, f_k)}{D(X, Y)} \left(\sum_h \frac{\partial A_{ik}}{\partial x_h} \frac{\partial f_h}{\partial Z} \right) - \sum_{i,k} \frac{D(f_i, f_k)}{D(Y, Z)} \left(\sum_h \frac{\partial A_{ik}}{\partial x_h} \frac{\partial f_h}{\partial X} \right)$$
$$- \sum_{i,k} \frac{D(f_i, f_k)}{D(Z, X)} \left(\sum_h \frac{\partial A_{ik}}{\partial x_h} \frac{\partial f_h}{\partial Y} \right) = 0$$

ou, en réunissant tous les termes dans une sommation triple,

$$(5) \qquad \sum_{i,k,h} \left(\frac{\partial A_{ik}}{\partial x_h} - \frac{\partial A_{kh}}{\partial x_i} - \frac{\partial A_{hi}}{\partial x_k} \right) \frac{D(f_i, f_k, f_h)}{D(X, Y, Z)} = 0.$$

Cette sommation est étendue à toutes les combinaisons trois à trois i, k, h des chiffres 1, 2, $\ldots$, m. On remarquera que le terme correspondant à la combinaison i, k, h reste le même, quel que soit l'ordre dans lequel on prenne ces trois lettres.

14. Revenons maintenant à la question posée au début du paragraphe précédent ; nous allons de suite trouver des conditions nécessaires. Considérons, en effet, seulement comme variables trois des lettres x, soient x_i, x_k, x_h, les autres étant des constantes arbitraires. Dans l'espace à trois dimensions (x_i, x_k, x_h) la condition que nous venons de rappeler doit être remplie ; on aura donc

$$(6) \qquad \frac{\partial A_{ik}}{\partial x_h} - \frac{\partial A_{kh}}{\partial x_i} - \frac{\partial A_{hi}}{\partial x_k} = 0,$$

et cela quels que soient les valeurs des x. Nous obtenons ainsi autant d'identités nécessaires qu'il y a de combinaisons de m lettres trois à trois. Il faut montrer maintenant que ces conditions sont suffisantes.

Nous devons concevoir que les x aient été exprimés en fonction de deux paramètres u et v et d'une constante arbitraire z

$$x_i = \varphi_i(u, v, z) \qquad (i = 1, 2, \ldots, m),$$

z variant entre certaines limites, et l'on suppose que les valeurs des x ne dépendent pas de z quand le point (u, v) est sur le contour A dont nous avons parlé plus haut. *Il faut montrer que l'intégrale* (I) *ne dépend pas de z.*

Posons

$$u = X, \quad v = Y, \quad z = Z.$$

Notre intégrale va alors devenir une intégrale de surface dans l'espace à trois dimensions (X, Y, Z) et, les conditions (6) étant remplies, l'intégrale le long de toute surface fermée de cet espace sera nulle.

Pour $z = 0$, l'intégrale (I) sera étendue à l'aire A du plan des (X, Y); pour z arbitraire, elle sera étendue à l'aire B, section par le plan $Z = z$ du cylindre dont A est la section droite (*fig.* 28).

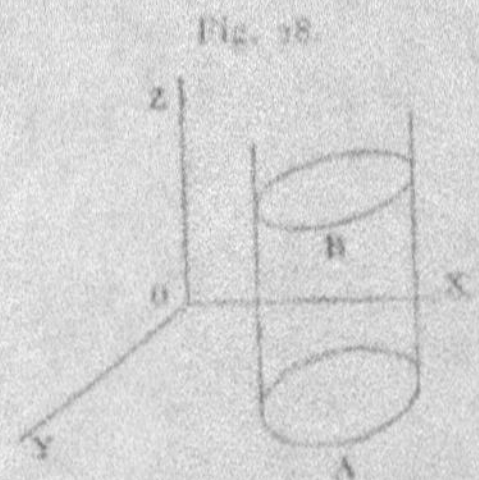

Nous devons établir l'égalité de ces deux intégrales, en les supposant, bien entendu, prises dans le même sens, c'est-à-dire pour une même direction de normales, soit les z positifs.

Or le cylindre et les aires A et B limitent un volume. L'intégrale prise le long de la surface totale de ce volume cylindrique est nulle, puisque les relations (6) sont vérifiées ; le résultat que nous avons en vue sera donc établi, si nous montrons que l'intégrale prise sur la surface latérale du cylindre est nulle. Or il en est bien ainsi ; en effet, les x ne dépendant pas par hypothèse de z quand le point (u, v) est sur le contour A, les déterminants fonctionnels

$$\frac{D(x_1, x_3)}{D(Y, Z)}, \quad \frac{D(x_3, x_2)}{D(Z, X)}$$

seront nuls sur la surface latérale, et, par suite, l'intégrale relative à cette surface sera égale à zéro. *Les conditions trouvées comme nécessaires sont donc suffisantes.*

Nous avons, dans tout ce qui précède, supposé implicitement que les X étaient des fonctions bien déterminées et continues des x pour les systèmes de valeurs que nous avions à considérer. En particulier, l'intégrale étendue à une surface que l'on déforme, en laissant ses bords invariables, ne gardera la même valeur que si cette surface, en se déformant, ne rencontre pas des systèmes de valeurs des x pour lesquelles les A deviendraient infinies ou mal déterminées. Tout cela est entièrement analogue à ce que nous avons dit longuement au Tome I pour le cas de trois dimensions; il est inutile d'insister.

15. Nous pouvons maintenant nous occuper des intégrales multiples de plusieurs variables complexes.

Nous nous limiterons aux cas de deux variables complexes x et y. M. Poincaré a étendu aux intégrales doubles le théorème fondamental de Cauchy (¹); c'est ce que nous allons montrer.

Que doit-on entendre par l'intégrale double

$$(1) \qquad \iint F(x, y)\, dx\, dy?$$

Cette expression n'a en elle-même aucun sens, mais il n'y a aucune hésitation à avoir sur la définition à adopter. Posons

$$x = x_1 + i x_2, \qquad y = x_3 + i x_4,$$

et considérons, comme plus haut, x_1, x_2, x_3, x_4, comme fonctions de deux paramètres u et v : soit A une certaine aire dans le plan (u, v). L'intégrale

$$\iint F(x, y) \frac{D(x, y)}{D(u, v)}\, du\, dv$$

sera, par définition, la valeur de l'intégrale (1) étendue à la portion de la *surface* de l'espace à quatre dimensions (x_1, x_2, x_3, x_4) qui correspond à l'aire A du plan (u, v). On voit qu'on peut permuter x et y; on aura une seconde intégrale égale et de signe contraire; on peut dire qu'elle est étendue à l'autre côté de la surface.

Mettons en évidence la partie réelle et la partie imaginaire de

---

(¹) Poincaré, *Sur les résidus des intégrales doubles* (*Acta mathematica*, t. IX).

l'intégrale ; en remplaçant x et y par leurs valeurs et posant $F = P + iQ$, on obtient

$$\iint (P + iQ)\left\{\frac{D(x_1, x_3)}{D(u, v)} - \frac{D(x_2, x_4)}{D(u, v)} + i\left[\frac{D(x_2, x_3)}{D(u, v)} + \frac{D(x_1, x_4)}{D(u, v)}\right]\right\} du\, dv.$$

Nous avons donc respectivement comme parties réelle et imaginaire

$$\iint \left\{ P\left[\frac{D(x_1, x_3)}{D(u, v)} - \frac{D(x_2, x_4)}{D(u, v)}\right] - Q\left[\frac{D(x_2, x_3)}{D(u, v)} + \frac{D(x_1, x_4)}{D(u, v)}\right]\right\} du\, dv,$$

$$\iint \left\{ Q\left[\frac{D(x_1, x_3)}{D(u, v)} - \frac{D(x_2, x_4)}{D(u, v)}\right] + P\left[\frac{D(x_2, x_3)}{D(u, v)} + \frac{D(x_1, x_4)}{D(u, v)}\right]\right\} du\, dv,$$

que l'on peut écrire, sous forme plus abrégée, en se reportant aux définitions,

$$\iint P(dx_1\, dx_3 - dx_2\, dx_4) - Q(dx_2\, dx_3 + dx_1\, dx_4),$$

$$\iint Q(dx_1\, dx_3 - dx_2\, dx_4) + P(dx_2\, dx_3 + dx_1\, dx_4),$$

intégrales de même forme que celles qui ont été étudiées au paragraphe précédent.

Tout ceci étant bien compris, il est facile de décider si l'on peut étendre à ces intégrales doubles le théorème fondamental de Cauchy. En d'autres termes, *l'intégrale double ci-dessus reste-t-elle invariable quand on déforme la surface d'intégration en la faisant toujours passer par le même contour ?*

Nous allons voir que les conditions trouvées au paragraphe précédent sont vérifiées. Prenons la première de ces intégrales

$$\iint P(dx_1\, dx_3 - dx_2\, dx_4) - Q(dx_2\, dx_3 + dx_1\, dx_4).$$

Si nous l'écrivons comme plus haut sous la forme

$$\iint \sum A_{ik}\, dx_i\, dx_k,$$

on doit poser

$$A_{12} = -A_{21} = \frac{P}{2},$$

$$A_{13} = -A_{31} = \frac{P}{2},$$

$$A_{14} = -A_{41} = \frac{Q}{2},$$

$$A_{12} = -A_{21} = \frac{Q}{2},$$

les autres A sont nuls.

Or nous avons ici à vérifier *quatre* conditions, puisque *quatre* est le nombre des combinaisons de 4 lettres trois à trois. Soit d'abord la condition

$$\frac{\partial A_{12}}{\partial x_3} - \frac{\partial A_{13}}{\partial x_2} + \frac{\partial A_{23}}{\partial x_1} = 0,$$

elle se réduit à

$$\frac{\partial Q}{\partial x_1} - \frac{\partial P}{\partial x_2} = 0.$$

Soit encore

$$\frac{\partial A_{14}}{\partial x_2} - \frac{\partial A_{24}}{\partial x_1} + \frac{\partial A_{12}}{\partial x_4} = 0,$$

elle se réduit à

$$-\frac{\partial Q}{\partial x_2} + \frac{\partial P}{\partial x_1} = 0.$$

Les deux relations entre P et Q que nous venons de trouver sont vérifiées; ce sont, en effet, deux des relations exprimant que $P + iQ$ est une fonction analytique de $x_1 + ix_2$ et $x_3 + ix_4$. On s'assurera de la même manière que les deux conditions restantes, relatives à l'intégrale considérée, sont vérifiées pour la même raison. Il en est aussi de même des conditions relatives à la seconde intégrale ; nous pouvons donc affirmer que *le théorème de Cauchy s'étend aux intégrales doubles.*

16. Le théorème qui vient d'être établi peut, comme dans le cas d'une seule variable, s'énoncer sous une autre forme. Considérons, dans l'espace à quatre dimensions (x_1, x_2, x_3, x_4), une *surface fermée*; une telle surface, par exemple, pourra être obtenue en prenant

$$x_i = \varphi_i(t, t') \qquad (i = 1, 2, 3, 4),$$

les z étant des fonctions de u et v, périodiques par rapport à u et par rapport à v. Nous pouvons énoncer le théorème suivant, qui n'est qu'une autre forme de la proposition du paragraphe précédent :

L'intégrale

$$\iint F(x, y)\, dx\, dy.$$

prise le long d'une surface fermée, sera nulle.

On sous-entend dans cet énoncé que la surface peut, par une déformation continue, se réduire à un point ou à une courbe, de telle manière que, pour l'ensemble des valeurs de x et y rencontrées par la surface pendant cette déformation, la fonction F ne cesse d'être bien déterminée et continue. La démonstration est immédiate ; en effet, on pourra alors réduire la surface à un point ou à une courbe par une déformation continue et, pendant celle-ci, la valeur de l'intégrale ne changera pas : or la valeur de l'intégrale double ne peut être que *zéro*, puisque l'aire de la surface d'intégration tend vers zéro.

17. Si une surface ne peut être réduite à un point ou à une courbe, par une déformation continue, sans rencontrer des systèmes de valeurs de x et y pour lesquelles $F(x, y)$ devienne infinie, la valeur de l'intégrale pourra être différente de zéro. Prenons d'abord un exemple très simple ; soit l'intégrale

$$\iint \frac{P(x, y)}{xy}\, dx\, dy,$$

$P(x, y)$ étant holomorphe dans le voisinage de $x = 0$, $y = 0$. Je considère la *surface* définie par les équations

$$x = R e^{ui},$$
$$y = R' e^{vi},$$

les paramètres réels u et v variant de 0 à 2π : c'est une *surface fermée*. La valeur de l'intégrale sur cette surface est

$$-\int_0^{2\pi}\int_0^{2\pi} P(Re^{ui}, R'e^{vi})\, du\, dv.$$

dont la valeur est manifestement

$$-\tfrac{1}{2}\pi^2 P(o, o).$$

Considérons encore l'intégrale double

$$\int\int \frac{P(x, y)}{x^m y^n}\,dx\,dy,$$

m et n étant des entiers positifs. En intégrant suivant la même surface, on aura

$$-\frac{1}{R^{m-1}R'^{n-1}}\int_0^{2\pi}\int_0^{2\pi} P(Re^{ui}, R'e^{vi})e^{-(m-1)ui}e^{-(n-1)vi}\,du\,dv,$$

et, en développant $P(x, y)$ suivant les puissances de x et y, il restera simplement comme valeur de l'intégrale

$$-\frac{4\pi^2}{1.2\ldots(m-1).1.2\ldots(n-1)}\left(\frac{\partial^{m+n-2}P}{\partial x^{m-1}\partial y^{n-1}}\right)_{\substack{x=o\\y=o}}.$$

Au lieu de deux circonférences, on aurait pu prendre deux courbes C et C', comprenant respectivement les origines à leur intérieur, et considérer alors la *surface* d'intégration comme définie par les deux équations

$$x = \varphi(u), \qquad y = \psi(v),$$

φ et ψ étant deux fonctions périodiques convenables de u et v, et la surface d'intégration dans le plan des (u, v) étant le rectangle des périodes. Cette nouvelle *surface* d'intégration eût donné le même résultat que la surface précédente, car on peut évidemment passer de l'une à l'autre par une déformation continue.

Soit, d'une manière plus générale, l'intégrale

$$\int\int \frac{P(x, y)}{Q(x, y)R(x, y)}\,dx\,dy$$

et considérons un point (a, b) de rencontre des courbes $Q = o$, $R = o$; je suppose que ce point soit un point simple de rencontre. Posons

$$Q(x, y) = \xi,$$
$$R(x, y) = \eta;$$

pour $x = a$, $y = b$ nous aurons $\xi = 0$, $\eta = 0$; x et y seront des fonctions holomorphes de ξ et η dans le voisinage de $\xi = 0$, $\eta = 0$. En faisant ce changement de variable, nous avons la nouvelle intégrale

$$\iint \frac{P(x,y)}{\xi\eta} \frac{D(x,y)}{D(\xi,\eta)}\, d\xi\, d\eta$$

Si donc nous considérons autour du point $\xi = 0$, $\eta = 0$ la même surface que tout à l'heure (en prenant seulement ici les rayons R et R' suffisamment petits), nous aurons, comme valeur de l'intégrale,

$$\frac{-4\pi^2 P(a,b)}{\left[\dfrac{D(Q,R)}{D(x,y)}\right]_{\substack{x=a\\y=b}}}$$

puisqu'on a manifestement

$$\frac{D(x,y)}{D(\xi,\eta)} = \frac{1}{\dfrac{D(Q,R)}{D(x,y)}}.$$

On pourrait, bien entendu, avoir pour l'intégrale la valeur égale et de signe contraire, en prenant dans un autre ordre le déterminant fonctionnel. Cela revient, d'après nos définitions, à intégrer sur l'autre côté de la surface.

18. On peut employer des *surfaces* d'intégration très variées. La surface suivante nous sera utile tout à l'heure dans une importante application. Reprenons l'intégrale

$$(7) \qquad \iint \frac{P(x,y)\,dx\,dy}{Q(x,y)\,R(x,y)}$$

Q et R s'annulant pour $x = 0$, $y = 0$ et $\dfrac{D(Q,R)}{D(x,y)}$ étant différent de zéro pour ces valeurs des variables. Traçons dans les plans des variables x et y deux courbes C et C' comprenant l'origine à leur intérieur et supposons que ni l'une ni l'autre des fonctions Q et R ne s'annule quand x et y sont respectivement sur les courbes C et C'. Nous admettons de plus que, y étant un point arbitraire de C', l'équation

$$Q(x,y) = 0$$

a une racine et une seule x_1 à l'intérieur de C, tandis que dans les mêmes conditions l'équation

$$R(x, y) = 0$$

n'a pas de racine à l'intérieur de C. Nous prenons pour *surface d'intégration* l'ensemble des deux courbes C et C' parcourues dans le sens positif (¹).

Nous allons effectuer le calcul de l'intégrale double en supposant d'abord y constant sur la courbe C'; nous avons donc à calculer en premier lieu l'intégrale

$$I = \int_C \frac{P(x, y)}{Q(x, y) R(x, y)} dx.$$

Or ce calcul est immédiat ; on a

$$I = 2\pi i \frac{P(x_1, y)}{Q_x(x_1, y) R(x_1, y)},$$

x_1 étant la racine de $Q(x, y) = 0$ contenue dans C ; x_1 est une fonction holomorphe de y quand y reste à l'intérieur de C', et elle s'annule pour $y = 0$.

Il faut maintenant effectuer l'intégration

$$\int_{C'} I \, dy.$$

Or I a pour pôle $y = 0$. Nous n'avons donc qu'à calculer le résidu de

$$\frac{P(x_1, y)}{Q_x(x_1, y) R(x_1, y)},$$

pour $y = 0$; en tenant compte de la relation

$$Q(x_1, y) = 0,$$

on a de suite pour ce résidu

$$\frac{P(o, o)}{\left[\dfrac{D(Q, R)}{D(x, y)} \right]_{\substack{x=o \\ y=o}}},$$

____

(¹) Cette surface remplace le *tore* dont fait usage M. Poincaré dans son Mémoire et nous permet d'éviter un calcul assez pénible (*voir* POINCARÉ, *loc. cit.*, § 4).

et nous trouvons pour valeur de l'intégrale (7)

$$-4\pi^2 \frac{\mathrm{P}(a,a)}{\left[\dfrac{\mathrm{D}(Q,R)}{\mathrm{D}(x,y)}\right]_{\substack{x=a\\y=a}}}$$

En permutant x et y, on obtiendrait un résultat égal et de signe contraire; il correspondrait évidemment, d'après nos définitions mêmes, à l'intégration faite sur l'autre *côté* de la *surface*.

19. Dans les exemples précédents, nous avons intégré le long d'une surface que l'on pouvait prendre très petite dans toutes les dimensions; on peut appeler les *résidus* que nous venons de trouver des *résidus de points*. On peut rencontrer d'autres *résidus* que ceux que nous venons d'obtenir et que l'on pourrait appeler, comme on va le voir, des *résidus de lignes*.

Sans traiter la question générale de la recherche des résidus des intégrales doubles

$$\iint \mathrm{F}(x,y)\,dx\,dy,$$

où $\mathrm{F}(x,y)$ est une fraction rationnelle de x et y, recherche qui se rattache à la notion des périodes des intégrales abéliennes et sur laquelle nous reviendrons plus tard, prenons seulement, pour le moment, un cas particulier qui sera d'ailleurs bien suffisant pour fixer les idées sur la nature de *cette seconde catégorie de résidus*. Soit l'intégrale double

$$\iint \frac{\mathrm{P}(x,y)}{y^2 - Q(x)}\,dx\,dy,$$

où $Q(x)$ est un polynôme en x.

Considérons dans le plan de la variable complexe x un cycle C correspondant à la fonction algébrique y de x définie par l'équation

$$y^2 - Q(x) = o.$$

Ce sera un contour contenant un nombre pair de racines simples de l'équation $Q(x) = o$. Nous partons d'un point x_0 de ce contour avec une détermination bien précisée y_0 du radical

$\sqrt{Q(x)}$; quand x décrit le contour, y dans son plan décrit un contour fermé partant de y_0 et y revenant. Supposons que le point y en se déplaçant entraîne avec lui une circonférence Γ d'un petit rayon, que, pour bien fixer les idées, nous supposerons fixe. On peut considérer que la circonférence Γ, en se déplaçant, engendre dans l'espace à quatre dimensions (x_1, x_2, x_3, x_4) une surface fermée qui est une sorte de tore : *c'est sur cette surface que nous allons intégrer.*

Laissant d'abord x constant, nous intégrons sur la circonférence Γ, ce qui nous conduit à prendre

$$\int \frac{P(x, y)}{y^2 - Q(x)} dy$$

sur cette circonférence. À l'intérieur de celle-ci se trouve une racine qui est la détermination convenable de $\sqrt{Q(x)}$; nous avons donc à prendre un résidu ordinaire, et l'on a de suite

$$\pi i \frac{P(x, y)}{y},$$

où $y = \sqrt{Q(x)}$. Il faut maintenant faire varier x en lui faisant décrire le cycle C, ce qui nous donne la période de l'intégrale

$$\pi i \int \frac{P(x, y)}{y} dx \qquad [y = \sqrt{Q(x)}].$$

correspondant au cycle C.

Ce point de vue (¹) pourra se généraliser pour une fraction rationnelle quelconque, et l'on voit que les périodes d'une intégrale abélienne se présentent naturellement dans cette question. Ainsi, soit l'intégrale double

$$\iint \frac{dx\, dy}{y^2 + x^3 - 1},$$

on aura ici $P = 1$, $Q(x) = 1 - x^3$. Prenons comme cycle C une

---

(¹) Le point de vue auquel je viens de me placer est celui que j'ai adopté dans mes recherches sur les périodes des intégrales doubles. *Voir* mon Mémoire *Sur les fonctions algébriques de deux variables indépendantes* (*Journal de Mathématiques*, 1869).

courbe fermée comprenant à son intérieur les points -1 et $+1$.
Nous aurons à prendre

$$\pi i \int_{+C} \frac{dx}{\sqrt{1-x^2}},$$

ce qui nous donnera $2\pi^2 i$ ou la valeur égale et de signe contraire
suivant le sens de l'intégration.

IV Formule de Lagrange pour une et deux équations.

20. Nous terminerons ce Chapitre en démontrant une formule
célèbre due à Lagrange. Cette formule établie par le grand géomètre pour le cas d'une seule équation a été étendue par Laplace
à deux ou plusieurs équations. On peut traiter les deux cas par
une méthode analogue ; aussi, pour ne pas les séparer, avons-
nous placé ici l'étude de cette importante série.

La série de Lagrange a pour objet d'obtenir l'une des racines
de l'équation

$$z - a - \alpha f(z) = 0,$$

développée suivant les puissances de α, ou, plus généralement, le
développement d'une fonction holomorphe quelconque de cette
racine. Nous allons suivre la même marche que M. Hermite dans
son Cours lithographié de la Faculté des Sciences (4e édition,
p. 182) ; nous renverrons aussi à cet Ouvrage pour la bibliographie de la question.

Nous démontrerons d'abord un lemme préliminaire. Soient F
et Φ deux fonctions holomorphes ; les équations

$$F = 0, \qquad F + \Phi = 0$$

ont le même nombre de racines comprises dans un contour fermé
S, sous la condition que, tout le long de ce contour, on ait constamment

$$\left| \frac{\Phi}{F} \right| < 1.$$

La différence entre le nombre des racines de ces deux équations
comprises à l'intérieur de S est, en effet,

$$\frac{1}{2i\pi} \int_S d\log(F + \Phi) - \frac{1}{2i\pi} \int_S d\log F,$$

qui peut s'écrire

$$\frac{1}{2i\pi}\int_S d\log\left(1-\frac{\Phi}{F}\right),$$

et, puisque $\left|\dfrac{\Phi}{F}\right| < 1$ tout le long de S, il en résulte que cette intégrale est nulle.

Appliquons ce résultat à l'équation

$$z - a - \alpha f(z) = 0.$$

On suppose que a représente un point situé à l'intérieur d'un contour S, et que la constante α soit assez petite pour que l'on ait sur ce contour

$$(8) \qquad \left|\frac{\alpha f(z)}{z-a}\right| < 1,$$

ce qui peut évidemment être réalisé. Alors l'équation proposée aura, à l'intérieur du contour, le même nombre de racines que l'équation $z = a$, c'est-à-dire une seule : c'est cette racine que nous allons envisager dans la suite.

21. Soit donc ζ la racine, contenue dans S, de l'équation

$$F(z) = 0,$$

en posant $F(z) = z - a - \alpha f(z)$.

En désignant par $\Pi(z)$ une fonction holomorphe quelconque de z, on aura

$$\frac{\Pi(\zeta)}{F'(\zeta)} = \frac{1}{2\pi i}\int_S \frac{\Pi(z)\,dz}{F(z)}.$$

Or on peut développer $\dfrac{1}{F(z)}$ en série suivant les puissances de α

$$(9)\quad \frac{1}{z-a-\alpha f(z)} = \frac{1}{z-a} + \frac{\alpha f(z)}{(z-a)^2} + \dots + \frac{\alpha^{n-1}f^{n-1}(z)}{(z-a)^n} + \dots$$

série qui converge d'après l'inégalité (8).

Nous aurons donc le développement

$$\frac{\Pi(\zeta)}{F'(\zeta)} = J_0 + \alpha J_1 + \dots + \alpha^n J_n + \dots, \quad \text{où} \quad J_n = \frac{1}{2i\pi}\int_S \frac{f^n(z)\Pi(z)}{(z-a)^{n+1}}\,dz.$$

Pour être entièrement rigoureux, il eût fallu considérer le reste dans le développement (9), et montrer que son intégrale tendait vers zéro avec $\frac{1}{n}$; mais il est inutile de s'arrêter sur ce point qui se traite de la même manière que dans la démonstration de la série de Taylor d'après Cauchy.

L'expression du coefficient J_n est facile à trouver. Nous avons vu, en effet, que l'on a d'une manière générale

$$\frac{D_a^n \Phi(a)}{1.2\ldots n} = \frac{1}{2\pi i}\int_S \frac{\Phi(z)\,dz}{(z-a)^{n+1}},$$

ce qui donne

$$J_n = \frac{D_a^n[f^n(a)\Pi(a)]}{1.2\ldots n}.$$

On a donc le développement

$$\frac{\Pi(\zeta)}{F(\zeta)} = \sum \frac{z^n D_a^n[f^n(a)\Pi(a)]}{1.2\ldots n} \qquad (n = 0, 1, 2, \ldots).$$

De ce développement, on peut en déduire un second, en posant

$$\Pi(z) = \Phi(z)F'(z) = \Phi(z)[1 - zf'(z)],$$

$\Phi(z)$ étant une fonction holomorphe arbitraire de z. Il vient

$$\Phi(\zeta) = \sum \frac{z^n D_a^n\{[f^n(a)\Phi(a)][1 - zf'(a)]\}}{1.2\ldots n},$$

et, en groupant les termes qui correspondent à une même puissance de z, on a, après des réductions immédiates,

$$\Phi(\zeta) = \Phi(a) + \sum \frac{z^n D_a^{n-1}[\Phi'(a)f^n(a)]}{1.2\ldots n} \qquad (n = 1, 2, \ldots).$$

Pour les applications de cette formule, nous renverrons au Cours de M. Hermite, où l'on trouvera, en particulier, une étude approfondie de l'équation connue en Astronomie sous le nom d'*équation de Kepler*.

22. Comme nous l'avons dit plus haut, Laplace a généralisé la formule de Lagrange en considérant deux équations

$$x - a - zf(x, y) = 0,$$
$$y - b - z\varphi(x, y) = 0.$$

Nous supposons que f et φ soient des fonctions holomorphes de x et y [1].

Il importe d'abord de bien préciser le système de racines que nous allons envisager. On suppose que x et y restent respectivement à l'intérieur de deux contours C et C'; a est à l'intérieur du contour C et b à l'intérieur du contour C'. Quand y a une valeur arbitraire à l'intérieur de C', si l'on choisit la constante α assez petite pour que

$$(10) \qquad \left| \frac{\alpha f(x, y)}{x - a} \right| < 1,$$

x décrivant le contour C, on est assuré que l'équation en x

$$x - a - \alpha f(x, y) = 0$$

a une racine et une seule à l'intérieur de C, et, d'après le théorème général sur les fonctions implicites cette racine x sera fonction holomorphe de α et y.

Nous la substituons dans l'équation

$$y - b - \beta \varphi(x, y) = 0$$

si β est assez petit pour que

$$(11) \qquad \left| \frac{\beta \varphi(x, y)}{y - b} \right| < 1,$$

x étant quelconque à l'intérieur de C, et y décrivant le contour C', cette équation en y aura une seule racine contenue dans C'. Ainsi, moyennant les deux inégalités (10) et (11), on est assuré que les deux équations proposées ont un système de racines (x, y) et un seul, pour lequel x et y sont respectivement à l'intérieur des courbes C et C'. Nous désignerons par (ξ, η) ces racines.

23. Nous avons calculé (§ 18) la valeur de l'intégrale

$$\iint \frac{F(x, y)\, dx\, dy}{P(x, y)\, Q(x, y)},$$

---

[1] Comparer avec le § 5 du Mémoire de M. Poincaré, intitulé : *Méthode de M. Stieltjes.*

en prenant une certaine surface d'intégration. Posons ici

$$P(x, y) = x - a - \alpha f(x, y),$$
$$Q(x, y) = y - b - \beta \varphi(x, y).$$

Considérant toujours les deux contours C et C' du paragraphe précédent, voyons si les conditions du § 18, sous lesquelles nous avons fait le calcul de l'intégrale, sont vérifiées.

Tout d'abord nous avons à vérifier que ni l'une ni l'autre des fonctions P et Q ne s'annule quand x et y sont respectivement sur C et C'. Or il en est bien ainsi puisque

$$\left| \frac{\alpha f}{x - a} \right| < 1, \qquad \left| \frac{\beta \varphi}{y - b} \right| < 1,$$

quand x et y sont respectivement sur C et C'. En second lieu, et pour la même raison, l'équation en x

$$x - a - \alpha f(x, y) = 0$$

aura une racine à l'intérieur de C, y étant sur C'. Enfin l'équation en x

$$y - b - \beta \varphi(x, y) = 0$$

n'aura pas de racine à l'intérieur de C, y étant toujours sur C', puisque, d'après nos hypothèses, x étant quelconque à l'intérieur de C et y sur C', on a

$$\left| \frac{\beta \varphi(x, y)}{y - b} \right| < 1.$$

Ainsi, en prenant comme *surface* d'intégration les courbes C et C' parcourues positivement, nous avons

$$\iint \frac{F(x, y)}{(x - a - \alpha f)(y - b - \beta \varphi)} \, dx \, dy = \frac{(2\pi i)^2 F(\xi, \eta)}{\left[\dfrac{D(P, Q)}{D(x, y)} \right]_{\substack{x = \xi \\ y = \eta}}},$$

(ξ, η) désignant, comme il a été dit, la racine commune à $P = 0$, $Q = 0$.

Nous allons maintenant suivre absolument la même marche que dans le cas d'une seule variable. Nous pouvons développer en série les deux fonctions

$$\frac{1}{x - a - \alpha f} \quad \text{et} \quad \frac{1}{y - b - \beta \varphi},$$

puisque

$$\left|\frac{\alpha f}{x-a}\right| < 1 \qquad \text{et} \qquad \left|\frac{\beta \varphi}{y-b}\right| < 1;$$

on a ainsi

$$\frac{1}{(x-a-\alpha f)(y-b-\beta \varphi)} = \sum \frac{\alpha^m \beta^n f^m \varphi^n}{(x-a)^{m+1}(y-b)^{n+1}}.$$

Nous avons donc la formule

$$\frac{-4\pi^2 \mathrm{F}(\xi, \eta)}{\left[\dfrac{\mathrm{D}(\mathrm{P}, \mathrm{Q})}{\mathrm{D}(x, y)}\right]_{\substack{x=\xi \\ y=\eta}}} = \sum \mathrm{J}_{m,n}\, \alpha^m \beta^n,$$

où

$$\mathrm{J}_{m,n} = \int\int \frac{\mathrm{F}(x, y)\, f^m(x, y)\, \varphi^n(x, y)}{(x-a)^{m+1}(y-b)^{n+1}}\, dx\, dy,$$

cette intégrale double étant prise dans les mêmes conditions que l'intégrale dont nous sommes parti. Or nous avons déjà calculé la valeur de cette intégrale ; on a

$$\mathrm{J}_{m,n} = \frac{-4\pi^2}{1.2\ldots m \cdot 1.2\ldots n}\, \frac{d^{m+n}\left[\mathrm{F}(a, b)\, f^m(a, b)\, \varphi^n(a, b)\right]}{da^m\, db^n},$$

et l'on a enfin la formule

$$\frac{\mathrm{F}(\xi, \eta)}{\left[\dfrac{\mathrm{D}(\mathrm{P}, \mathrm{Q})}{\mathrm{D}(x, y)}\right]_{\substack{x=\xi \\ y=\eta}}} = \sum \frac{\alpha^m \beta^n}{1.2\ldots m \cdot 1.2\ldots n}\, \frac{d^{m+n}\left[\mathrm{F}(a, b)\, f^m(a, b)\, \varphi^n(a, b)\right]}{da^m\, db^n},$$

qui rappelle complètement la première forme de la formule de Lagrange pour une variable.

D'une manière toute semblable, on obtiendrait une seconde formule, donnant le développement de la fonction $\Phi\left(\xi, \eta\right)$, en posant

$$\mathrm{F}(x, y) = \Phi(x, y)\frac{\mathrm{D}(\mathrm{P}, \mathrm{Q})}{\mathrm{D}(x, y)}$$

$$= \Phi(x, y)\left[1 - \alpha\frac{\partial f}{\partial x} - \beta\frac{\partial \varphi}{\partial y} - \alpha\beta\left(\frac{\partial f}{\partial x}\frac{\partial \varphi}{\partial y} - \frac{\partial f}{\partial y}\frac{\partial \varphi}{\partial x}\right)\right].$$

Nous n'écrirons pas ce développement dont les coefficients sont moins simples que dans le cas d'une variable.

CHAPITRE X.

SUR LA REPRÉSENTATION CONFORME.

I. — Quelques remarques générales. Arcs analytiques.

1. Nous avons déjà indiqué (t. I, p. 429) les propriétés élémentaires de la représentation conforme; nous voulons maintenant nous occuper particulièrement de la représentation conforme d'une aire donnée sur une autre aire également donnée. Mais, avant d'aborder ce problème, faisons quelques remarques générales.

Soit

$$(1) \qquad Z = f(z),$$

$f(z)$ étant une fonction holomorphe dans le voisinage de $z = a$ et $f'(a)$ étant différent de zéro; en posant $f(a) = b$, d'après le théorème démontré (Chap. IX, § 9), on peut, autour de a et b comme centres, décrire, dans les plans respectifs des variables z et Z, des cercles γ et Γ tels que, pour une valeur de Z contenue dans Γ, l'équation (1) n'ait qu'une seule racine z contenue dans γ; de plus, la fonction implicite z est une fonction holomorphe de Z dans Γ. Aux points z de γ pourront correspondre des points Z en dehors de Γ; réduisons alors la région dans le plan z, en prenant un cercle γ_1 concentrique à γ, tel qu'à tout point de l'intérieur de γ_1 corresponde un point Z situé dans Γ. Ceci posé, si à l'intérieur de γ_1 on décrit une courbe fermée c, ne se coupant pas elle-même, il lui correspondra dans le plan Γ une courbe fermée C et l'on aura une représentation conforme l'une sur l'autre des deux aires limitées par c et C. *Cette représentation sera telle qu'à chaque point de l'une quelconque des deux aires correspondra un seul point de l'autre.* La chose est évidente, puisque, d'après ce qui a été dit, à deux points différents z ne peut correspondre la même valeur de Z.

2. Il nous faut maintenant définir ce qu'on appelle un *arc de courbe analytique*. Supposons qu'une courbe soit telle que les coordonnées x et y d'un point arbitraire soient des fonctions analytiques d'un paramètre t

$$x = f(t),$$
$$y = \varphi(t);$$

$f(t)$ et $\varphi(t)$ sont supposées des fonctions holomorphes de t dans le voisinage de la valeur réelle $t = t_0$, les coefficients du développement en série suivant les puissances de $t - t_0$ étant, bien entendu, réels. Nous dirons que cet arc est *analytique*; de plus, cet arc analytique sera *régulier* au point correspondant à $t = t_0$, si l'on a pu choisir le paramètre t, dont dépendent analytiquement x et y, de telle sorte que

$$f'(t_0) \quad \text{et} \quad \varphi'(t_0)$$

ne soient pas nuls à la fois. Un arc déterminé $\alpha\beta$ sera dit régulier, s'il est régulier en tous ses points.

La notion d'arc régulier joue un rôle important dans les questions relatives à l'extension des fonctions harmoniques. Ainsi, soit un contour fermé C, et admettons qu'une portion $\alpha\beta$ de ce contour forme un arc régulier de ligne analytique. On se donne sur le contour une succession de valeurs, et l'on suppose que l'ensemble des valeurs données le long de l'arc $\alpha\beta$ *forme une fonction analytique du paramètre* t. Dans ces conditions, nous allons démontrer le théorème suivant dû à M. Schwarz :

La fonction harmonique prenant les valeurs données sur le contour peut se prolonger analytiquement au delà de l'arc $\alpha\beta$.

3. Nous établirons d'abord deux cas particuliers de ce théorème. Supposons que l'arc $\alpha\beta$ se réduise à un segment de l'axe des x, et que les valeurs données le long de $\alpha\beta$ se réduisent à *zéro*. D'un point x_0 de $\alpha\beta$ décrivons une demi-circonférence γ contenue dans l'intérieur de l'aire (*fig.* 29). La fonction harmonique u que nous étudions prend certaines valeurs le long de γ. Or com-

plétons la demi-circonférence γ par la demi-circonférence γ' symétrique par rapport à Ox. Formons maintenant la fonction har-

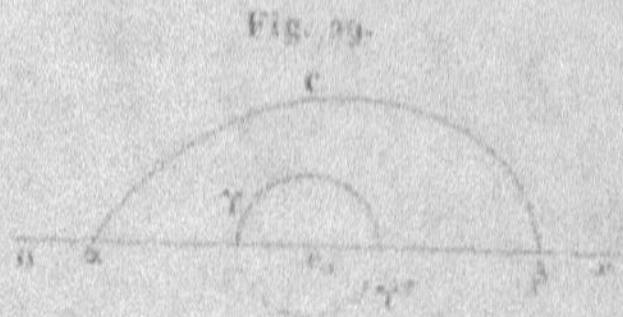

Fig. 29.

monique v, continue à l'intérieur du cercle limité par γ et γ', prenant sur γ les mêmes valeurs que u et prenant, en chaque point de γ', une valeur égale et de signe contraire à la valeur de u au point symétrique par rapport à Ox qui lui correspond sur γ. Il est aisé de voir que la fonction v ainsi définie s'annule sur le diamètre Ox; c'est ce que montre la formule de Poisson

$$v = \frac{1}{2\pi} \int_0^{2\pi} \frac{(R^2 - r^2) f(\psi)\, d\psi}{R^2 - 2Rr\cos(\psi - \varphi) + r^2}$$

puisque, d'après nos hypothèses,

$$f(\psi) = - f(2\pi - \psi).$$

La fonction v et la fonction u prennent donc les mêmes valeurs sur la demi-circonférence γ et sur son diamètre Ox. La fonction u coïncide donc avec v; v est une fonction harmonique définie dans tout le cercle limité par γ et γ'. Il en résulte que u *peut se prolonger analytiquement au delà de Ox, comme nous voulions l'établir.*

Examinons maintenant le cas moins particulier où, l'arc $\alpha\beta$ étant toujours un segment de l'axe de x, les valeurs données le long de $\alpha\beta$ forment une fonction analytique de x. Soit, dans le voisinage de x_0,

$$f(x) = a_0 + a_1(x - x_0) + a_2(x - x_0)^2 + \ldots$$

la valeur de cette fonction. La fonction

$$f(z) = a_0 + a_1(z - x_0) + a_2(z - x_0)^2 + \ldots$$

sera une fonction holomorphe de z dans le voisinage de $z = x_0$.

Mettons-la sous la forme

$$f(z) = P(x, y) + iQ(x, y).$$

Soit, d'autre part, notre fonction harmonique $u(x, y)$ satisfaisant au problème proposé. La différence

$$u(x, y) - P(x, y)$$

sera une fonction harmonique s'annulant sur l'axe des x dans le voisinage de x_0. On pourra donc, d'après ce qui vient d'être établi, la prolonger analytiquement au delà de l'axe des x. Or $P(x, y)$ est définie des deux côtés de cet axe, il en est, par suite, de même de $u(x, y)$ dont le prolongement analytique devient dès lors évident.

Nous arrivons enfin au cas général qui va se ramener au cas précédent. Nous avons, pour définir l'arc $\alpha\beta$ dans le voisinage d'un de ses points (x_0, y_0),

$$x = x_0 + a(t - t_0) + a'(t - t_0)^2 + \dots$$
$$y = y_0 + b(t - t_0) + b'(t - t_0)^2 + \dots$$

les coefficients a et b n'étant pas nuls tous deux. On peut effectuer une transformation conforme qui transforme une petite aire, autour du point (x_0, y_0) dans la figure proposée, en une autre où la courbe correspondant à l'arc $\alpha\beta$ sera un segment de l'axe des quantités réelles. Il suffit, en effet, de faire la transformation conforme entre z et T représentée par

$$z = x_0 + iy_0 + (a + ib)(T - t_0) + (a' + ib')(T - t_0)^2 + \dots$$

Le coefficient $a + ib$ n'étant pas nul, nous sommes assuré qu'à une petite région du plan $z = x + iy$ (autour du point $z_0 = x_0 + iy_0$), traversée par l'arc $\alpha\beta$, correspondra, dans le plan de la variable complexe T, une région autour du point t_0 situé sur l'axe réel, et cet axe réel correspondra à l'arc $\alpha\beta$. Nous sommes donc ramené au second cas particulier que nous avons examiné ci-dessus. La fonction harmonique de x et y que nous étudions se transforme en une fonction harmonique de t et t', en posant $T = t + it'$; les valeurs qu'elle prend sur le segment de l'axe des t, où nous avons à la considérer, forment une fonction *analytique* de t: on peut donc étendre analytiquement la fonction au delà de l'axe des z, et, par suite, en revenant à la figure primitive, au delà de l'arc $\alpha\beta$.

4. Un cas particulièrement simple et intéressant est celui d'un contour fermé C qui, pris dans son ensemble, forme un seul arc régulier de ligne analytique ; tel est le cas d'un cercle ou d'une ellipse. Si les valeurs données sur ce contour forment, dans le voisinage de chaque point, une fonction analytique du paramètre, en fonction duquel on peut exprimer les coordonnées d'un point de la courbe, la fonction harmonique prenant ces valeurs sur le contour pourra être étendue au delà de cette courbe et sera nécessairement déterminée dans un certain contour C' comprenant à son intérieur le contour C et en étant suffisamment rapproché.

Un contour C peut être formé de plusieurs arcs réguliers de lignes analytiques, comme par exemple un contour polygonal. Les sommets, c'est-à-dire les points communs à deux de ces lignes analytiques, sont des points autour desquels on n'est pas assuré de pouvoir faire le prolongement analytique de la fonction ; il arrivera même, en général, que ce prolongement analytique sera impossible. Ainsi, dans le cas actuel, le prolongement analytique de la fonction harmonique est possible en tous les points du contour, *sauf aux sommets*.

II. — Représentation conforme d'une aire simple sur un cercle.

5. Une des applications les plus intéressantes que Riemann ait faite du principe de Dirichlet est relative à la représentation conforme d'une aire limitée par un seul contour (ou simple) sur la surface d'un cercle ([1]). Ainsi, étant donnée une aire simple A limitée par un contour C, dans le plan de la variable z, et un cercle dans le plan de la variable Z, nous allons montrer qu'on peut trouver une fonction analytique uniforme

$$Z = f(z),$$

telle qu'à chaque point de A corresponde un point du cercle et

---

([1]) RIEMANN, *Dissertation inaugurale* (*Œuvres complètes*, p. 40).

qu'inversement à chaque point du cercle corresponde un point et un seul de A.

Admettons l'existence de la fonction précédente : nous supposons que le cercle ait l'origine pour centre et l'unité pour rayon, et de plus que le centre du cercle corresponde au point z_0 de l'aire A, c'est-à-dire que

$$f(z_0) = 0,$$

z_0 étant une racine simple de cette équation.

De la définition même de la représentation conforme résulte que $f(z)$ n'a pas d'autre racine à l'intérieur de l'aire A et sur son contour C ; par suite, cette fonction est nécessairement de la forme

$$f(z) = (z - z_0) e^{H(z)},$$

$H(z)$ étant une fonction holomorphe à l'intérieur de l'aire A, qu'il s'agit de déterminer. Posons

$$H(z) = P + iQ \quad \text{et} \quad z - z_0 = re^{i\varphi},$$

on peut alors écrire $f(z)$ sous la forme

$$f(z) = e^{\operatorname{Log} r + P + i(\varphi + Q)},$$

où $\operatorname{Log} r$ désigne le logarithme arithmétique de r ou de $|z - z_0|$. Pour qu'à chaque point du contour C, dans le plan des z, corresponde un point de la circonférence de rayon un dans le plan des Z, il faut que la fonction $\operatorname{Log} r + P$ s'annule sur le contour C. Donc P est une fonction harmonique uniforme et continue dans toute l'aire A et prenant sur C la succession de valeurs indiquée par la fonction

$$- \operatorname{Log} r.$$

Nous pouvons, d'après le principe de Dirichlet, former une fonction harmonique ainsi définie, et la fonction Q, qui est la fonction associée de P, est alors déterminée par l'intégrale

$$Q(x, y) = \int_{x_0 y_0}^{xy} \frac{\partial P}{\partial x}\, dy - \frac{\partial P}{\partial y}\, dx + \gamma,$$

où γ désigne une constante arbitraire.

6. Nous connaissons donc, une fois fixé le point z_0 de A qui

P. — II.   18

doit correspondre au centre du cercle, la forme nécessaire de la
fonction $H(z)$ et, par suite, de la fonction de transformation.

Partant maintenant *a priori* de l'expression précédente, montrons qu'elle donne bien la transformation cherchée. Soit

$$U = P + \operatorname{Log} r,$$
$$V = Q + \varphi;$$

on suppose qu'on donne une valeur déterminée à la constante arbitraire γ qui entre dans l'expression de Q.

La fonction harmonique U sera nulle sur C, égale à $-\infty$ au
point z_0 et continue en tout autre point de l'aire; elle sera donc
négative pour tous les points de A. Les courbes

$$(2) \qquad\qquad U(x, y) = a \qquad (a < o)$$

seront des courbes fermées ne se coupant pas elles-mêmes et séparant la région de l'aire A où $P > a$ de celle où $P < a$; elles
comprennent z_0 à leur intérieur. Tout cela résulte des propriétés
des fonctions harmoniques : la courbe (2) contient z_0 à son intérieur, sinon la fonction U, constante sur la courbe, serait constante
à son intérieur et, par suite, dans toute l'aire; pour la même raison
également la courbe ne se coupe pas elle-même. A la courbe (2)
correspond, par la transformation

$$Z = f(z) = e^{U+iV}$$

dans le plan Z, la circonférence de rayon e^a ayant l'origine pour
centre. Nous allons voir qu'à un point de cette circonférence correspond un point et un seul de la courbe (2). Des deux relations

$$\frac{\partial U}{\partial x} = \frac{\partial V}{\partial y},$$
$$\frac{\partial U}{\partial y} = -\frac{\partial V}{\partial x},$$

on déduit, relativement à une courbe fermée quelconque,

$$\frac{dU}{dn} = -\frac{dV}{ds},$$

la dérivée $\dfrac{dU}{dn}$ étant prise dans le sens de la normale intérieure et

$\frac{dV}{ds}$ représentant la dérivée de V considéré comme fonction de l'arc s de la courbe, cet arc étant compté positivement dans le sens direct. Or, sur la courbe (z), $\frac{dU}{dn}$ est constamment négatif, par suite $\frac{dV}{ds}$ est toujours positif. La fonction $V(x, y)$ va donc constamment en croissant quand le point (x, y) marche sur la courbe (z) dans le sens positif, et puisque, dans l'expression

$$V = Q + \gamma,$$

z a augmenté de 2π après un tour complet, il en est de même de V. Il en résulte que le point Z correspondant à z décrit d'une manière continue, toujours dans le même sens, le cercle de rayon e^a. A un point Z de cette circonférence correspond donc un point et un seul de la courbe (z). Nous voyons maintenant bien nettement qu'à un point Z du cercle de rayon an, dans le plan de la variable Z, correspond un point z et un seul dans l'aire A. A un point Z correspond, en effet, une valeur déterminée de a : c'est celle pour laquelle

$$e^a = |Z|.$$

On a alors dans le plan z une courbe (z) et sur celle-ci, comme nous venons de le dire, un point et un seul correspond à Z. On voit qu'il reste dans la fonction employée pour la transformation une indéterminée réelle, la constante γ; elle sera déterminée si l'on se donne le point du contour C qui devra correspondre à un point de la circonférence.

7. Le problème de la représentation conforme de l'aire A sur un cercle est complètement résolu par la formule

$$Z = f(z),$$

c'est-à-dire qu'à chaque point de l'intérieur d'une quelconque de ces deux aires correspond un point et un seul de l'intérieur de l'autre. Relativement aux points du contour C et de la circonférence du cercle, une difficulté se présente dont Riemann ne paraît pas s'être préoccupé. Revenons, en effet, aux deux fonctions P et Q qui ont joué le rôle essentiel. La fonction $P(x, y)$ est définie à l'intérieur de l'aire A et *sur le contour C lui-même,*

mais il n'en est pas de même de la fonction associée Q. Celle-ci
est, en effet, définie par l'intégrale

$$\int_{x_0, y_0} \frac{\partial P}{\partial x}\, dy - \frac{\partial P}{\partial y}\, dx,$$

et nous ne savons rien, du moins en général, sur les valeurs de
$\frac{\partial P}{\partial x}$ et $\frac{\partial P}{\partial y}$ *sur le contour* C. En s'en tenant aux raisonnements des
précédents paragraphes, on ne peut donc rien affirmer sur la cor-
respondance des points des contours limitant les deux aires.

Dans un cas particulier, d'ailleurs très étendu, la difficulté
se lève immédiatement. Supposons d'abord que le contour C soit
formé tout entier d'un *seul* arc régulier de ligne analytique (une
ellipse, par exemple). Comme la succession des valeurs donnée
par

$$- \operatorname{Log} r,$$

que prend P(x, y) sur C, est une fonction analytique de x et y,
elle est aussi une fonction analytique du paramètre avec lequel
on exprime analytiquement les coordonnées d'un point de C.
Nous pouvons donc faire usage de la remarque du § 4; la fonction P(x, y) peut s'étendre un peu au delà de C; les dérivées
$\frac{\partial P}{\partial x}$ et $\frac{\partial P}{\partial y}$ sont, par suite, déterminées pour tous les points de C, et
il en est alors de même de Q(x, y). La difficulté est levée; nous
sommes assurés de la correspondance unique entre les points du
contour C et de la circonférence.

Si l'on a un contour formé de *plusieurs* arcs réguliers de ligne
analytique, la question est un peu moins simple. La fonction
P(x, y) pourra bien s'étendre au delà de tous les points du contour, mais à l'exclusion des sommets ([1]). Nous allons montrer encore que les différents points de C correspondent à des points
différents de la circonférence. Il suffira de considérer un contour C présentant une pointe unique A. Envisageons les courbes

$$U(x, y) = a,$$

---

[1] On ne doit pas oublier qu'un point du contour, où se rencontrent deux
lignes analytiques différentes tangentes entre elles, est, dans nos raisonnements,
à considérer comme un sommet.

et leurs trajectoires orthogonales partant de deux points α et β de C situés de part et d'autre de A. Pour une valeur de α négative et très petite, nous aurons une courbe voisine de A, qui rencontrera en α' et β' les deux trajectoires orthogonales.

Considérons alors, au lieu du contour C (*fig.* 30), celui qu'on

Fig. 30.

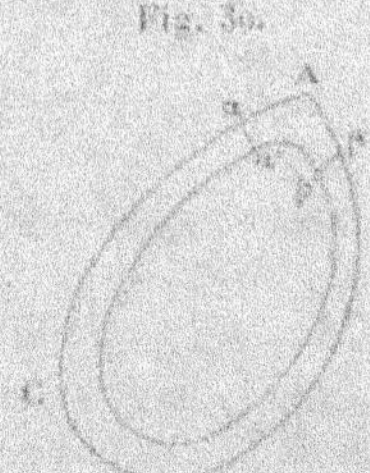

obtient en remplaçant l'arc $\alpha A \beta$ par les arcs $\alpha\alpha'$, $\alpha'\beta'$, $\beta'\beta$. Les fonctions P et Q et, par suite, U et V, sont parfaitement définies en tous les points de ce contour, ainsi que leurs dérivées du premier ordre. Dans le plan Z, va correspondre à ce contour une portion déterminée de la circonférence de rayon un et un arc intérieur. Or, en se servant toujours de la relation

$$\frac{dU}{dn} = -\frac{dV}{ds},$$

et en remarquant que, sur $\alpha C \beta \beta' \alpha' \alpha$, $\frac{dU}{dn}$ est toujours négatif ou nul (cette dérivée est nulle sur les portions $\alpha\alpha'$, $\beta\beta'$ des trajectoires orthogonales), on voit que les points Z de la circonférence de rayon un, correspondant aux différents points de l'arc $\alpha C \beta$ de C, sont eux-mêmes différents : ils forment un arc Γ. Faisons tendre maintenant α et β vers A; l'arc Γ ira toujours en grandissant à mesure que α et β se rapprocheront respectivement de A. Nous allons montrer que la limite de Γ formera la circonférence tout entière, c'est-à-dire qu'il ne peut pas arriver que la limite de Γ soit un arc dont les extrémités a et b ne coïncident pas. En effet, dans ce cas, un certain arc ab de la circonférence de rayon un correspondrait au point A; en d'autres termes, z considérée comme fonction de Z serait une fonction holomorphe à l'intérieur du cercle de rayon un et, quand Z tend vers un point quelconque

de l'arc ab, z tendrait toujours vers la même constante. Or ceci
est impossible : nous le montrerons bien nettement en nous reportant aux théorèmes généraux établis au commencement de ce
Chapitre. Si l'on pose, en effet,

$$z = \varphi(X, Y) + i\psi(X, Y) \qquad Z = X + iY,$$

les deux fonctions harmoniques φ et ψ prenant des valeurs constantes en tous les points de ab pourront se prolonger analytiquement au delà de ab (§ 3); la fonction z de Z pourra donc se
prolonger analytiquement au delà de l'arc ab, mais comme elle
est, par hypothèse, constante en tous les points de ab, elle devra
être constante dans toute la région où elle est définie, ce qui est
absurde. On voit donc qu'au point A de C correspond *un seul*
point de la circonférence de rayon un. *Il y a donc bien correspondance unique entre les points des deux contours.*

M. Painlevé ([1]) s'est occupé, dans l'étude de la représentation
conforme pour les points du contour, du cas où celui-ci n'est pas
formé de lignes analytiques. Nous renverrons à l'intéressant article du savant géomètre; les considérations délicates dont il fait
usage nous entraîneraient trop loin.

III. — Quelques exemples de représentation conforme. Méthode de M. Schwarz pour le principe de Dirichlet.

8. Indiquons quelques exemples de représentation conforme,
où nous pourrons effectuer la transformation à l'aide de fonctions
déjà étudiées.

Il sera généralement plus simple de considérer, au lieu d'un
cercle, un demi-plan, c'est-à-dire la portion d'un plan située du
même côté d'une droite indéfinie. Ces deux aires se ramènent
immédiatement l'une à l'autre; nous avons vu, en effet (t. I,
p. 436), qu'une transformation

$$Z = \frac{az + b}{cz + d}$$

transforme une circonférence en une circonférence, et, par con-

---

[1] P. PAINLEVÉ (*Comptes rendus*, t. CXIII; 1891).

séquent, une ligne droite en une circonférence. Les points d'un demi-plan, dans le plan des z, correspondront donc aux points d'un cercle dans le plan des Z.

Cherchons à effectuer sur un demi-plan la représentation conforme d'une aire A limitée par deux arcs de cercle. Soient z_0 et z_1 les deux sommets de cette aire, et $\alpha\pi$ l'angle des deux tangentes en z_0 et z_1.

La transformation

$$(3) \qquad Z = \left(\frac{z - z_0}{z - z_1} \right)^{\frac{1}{\alpha}}$$

va nous permettre de faire la représentation conforme de l'aire A sur un demi-plan. Nous supposerons, pour simplifier, que z_0 et z_1 soient réelles ; z étant à l'intérieur de l'aire, nous pouvons prendre pour argument de

$$(4) \qquad \frac{z - z_0}{z - z_1}$$

l'angle $z_0 z z_1$, compté de z_0 en z_1 (cet angle sera compris entre o et π quand z sera au-dessus de Ox, et il sera compris entre π et 2π, si z est au-dessous de cette même ligne). On voit de suite qu'à chacun des deux arcs de cercle limitant A correspond dans le plan Z une demi-droite issue de l'origine, puisque l'angle $z_0 z z_1$ est constant sur chacune de ces deux lignes. De plus, la différence des arguments de (4) sur chacune de ces deux lignes sera égale à l'angle des deux circonférences, c'est-à-dire à $\alpha\pi$. Les deux demi-droites feront donc entre elles un angle égal à π, c'est-à-dire qu'elles seront sur le prolongement l'une de l'autre. Il est alors évident que l'aire A correspond à l'un des deux demi-plans déterminés par cette droite indéfinie.

En particulier, considérons un demi-cercle ; on aura $\alpha = \frac{1}{2}$ et la transformation cherchée sera réalisée par la formule

$$Z = \left(\frac{z - z_0}{z - z_1} \right)^2.$$

Considérons encore l'aire d'un secteur et cherchons à en faire la représentation conforme sur un demi-plan. Il suffira de transformer d'abord le secteur en un demi-cercle, ce qui se réalisera par la formule

$$Z = z^{\frac{1}{\lambda}},$$

si 2π désigne l'ouverture d'angle du secteur.

9. Faisons maintenant une remarque générale avant d'aborder des cas un peu moins simples. Soit $Z = f(z)$ une fonction holomorphe à l'intérieur de l'aire limitée par un contour simple (c) sur le plan des z, et supposons que, sur ce contour, la fonction prenne une série de valeurs *toutes différentes* et formant une suite continue. Au contour (c) correspond alors, dans le plan des Z, un contour simple (C) ne se coupant pas, et tel, par conséquent, que la variation de l'argument de $Z - Z'$ soit *nulle* ou égale à 2π, suivant que le point Z' est extérieur ou intérieur à ce contour, lorsque le point Z décrit le contour (C).

Cela posé, soit z' un point de l'aire limitée par le contour (c) et $Z' = f(z')$ le point correspondant dans le plan des Z : lorsque le point z décrit le contour (c), le point Z décrit le contour (C), et l'argument de la fonction $f(z) - f(z')$ est, à chaque instant, identique à l'argument de $Z - Z'$. Par suite, la variation de l'argument de $f(z) - f(z')$ ne peut être égale qu'à *zéro* ou à 2π. Or elle est différente de zéro puisque le point $z = z'$ est une racine de la fonction $f(z) - f(z')$: donc elle est rigoureusement égale à 2π. On en conclut immédiatement qu'à tout point z' pris à l'intérieur de (c) correspond un point Z' intérieur au contour (C) et un seul, et que, réciproquement, à tout point Z' intérieur au contour (C) correspond un point z' intérieur au contour (c) et un seul.

10. Un exemple intéressant sera fourni par la considération de l'intégrale elliptique

$$(5) \qquad z = \int_0^z \frac{dz}{\sqrt{(1 - z^2)(1 - k^2 z^2)}},$$

k étant réel et compris entre 0 et 1, et la détermination initiale du radical étant $+1$. Envisageons, dans le plan de la variable z, le demi-plan situé au-dessus de Ox, et évitons les points critiques ± 1, $\pm \frac{1}{k}$ au moyen de demi-circonférences infiniment petites dé-

crites au-dessus de Ox. Cherchons, dans ces conditions, quelle
va être l'aire du plan Z correspondant à ce demi-plan : z allant de o
à 1, en étant réel, Z décrira la droite allant de l'origine au point K;
ensuite, quand z va de 1 à $\frac{1}{k}$, en ayant évité le point 1 par une demi-
circonférence située au-dessus de Ox, le point Z décrit la droite
allant de K à $iK' + K$; enfin, z allant de $\frac{1}{k}$ à $+\infty$, Z suit la droite
allant de $iK' + K$ à iK'. En faisant aller z de o à $-\infty$, on voit de la
même manière que Z décrit un contour symétrique du premier par
rapport à OY ($Z = X + iY$). Il en résulte qu'à l'axe des x dans le
plan des z correspond dans le plan Z le périmètre d'un rectangle R
de côté 2K et de hauteur K'.

Il nous suffit maintenant de remarquer qu'aux différents points
de l'axe réel et au point à l'infini du demi-plan correspondent des
valeurs de Z toutes différentes. On peut alors appliquer au problème actuel la remarque du paragraphe précédent, puisque la
fonction Z est holomorphe à l'intérieur du contour simple formé
par l'axe réel, par les demi-circonférences infiniment petites dé-
crites au-dessus de Ox pour éviter les points critiques, et par une
circonférence de rayon infiniment grand. Nous pouvons donc conclure que la formule (5) permet de faire la représentation conforme du demi-plan sur le rectangle R.

11. Cherchons encore à représenter d'une manière conforme
un triangle sur un demi-plan. Nous partirons à cet effet de l'intégrale

$$Z = \int_{z_0}^{z} (z-a)^{\alpha-1}(z-b)^{\beta-1}(z-c)^{\gamma-1}\,dz \qquad (a<b<c).$$

a, b, c désignent trois constantes réelles, les quantités α, β, γ
sont des quantités positives telles que

$$\alpha + \beta + \gamma = 1,$$

enfin z_0 est une constante dans laquelle le coefficient de i est positif. On considère, dans le plan de la variable z, le demi-plan situé
au-dessus de l'axe des x. L'intégration est faite dans ce demi-plan,
et, quand on intègre le long de l'axe réel, on évite les points critiques a, b, c par des demi-circonférences infiniment petites situées au-dessus de Ox.

Dans ces conditions, cherchons quelle est la portion du plan Z correspondant au demi-plan. Quand z varie entre deux des points critiques, soit, par exemple, a et b, en suivant l'axe des x, l'intégrale

$$\int_a^z (z-a)^{\alpha-1}(z-b)^{\beta-1}(z-c)^{\gamma-1}\,dz$$

aura visiblement un argument invariable, c'est-à-dire que le point Z décrira un segment de droite AB, et, z marchant dans le même sens de a à b, le point Z marchera aussi dans le même sens de A en B, puisque la dérivée de Z ne peut s'annuler quand z est compris entre a et b. Ce que nous venons de dire de a à b s'applique à l'intervalle de b à c, auquel correspond BC; mais, quand z décrit un demi-cercle infiniment petit autour de b, l'argument de $(z-b)^{\beta-1}$ a diminué de

$$\pi(1-\beta);$$

les deux directions BA et BC font donc un angle égal à $\beta\pi$; avec plus de précision, une rotation de $\beta\pi$ dans le sens négatif amène la direction BA sur la direction BC. Si maintenant z va de c à $+\infty$, Z décrira un segment de droite CC', partant de C et faisant avec lui un angle $\gamma\pi$ et CC' est tellement placé que la direction CB coïncide avec CC' par une rotation de $\gamma\pi$ dans le sens négatif. Remarquons maintenant que, de quelque manière que z aille à l'infini dans le demi-plan, Z tend toujours vers C'; de plus, en appelant z' l'affixe de C', on a pour z très grand le développement

$$Z = z' + \frac{k_1}{z} + \frac{k_2}{z^2} + \ldots \qquad (k_1 < 0),$$

conséquence immédiate de la relation $\alpha+\beta+\gamma = 1$. L'argument de $Z - z'$ augmente donc de $-\pi$ quand z passe de $+\infty$ à $-\infty$, et il en résulte que, z variant de $-\infty$ à a, le point Z décrit le segment rectiligne C'A qui est le prolongement de CC'. Nous arrivons ainsi à la conclusion suivante : *Le périmètre du triangle* ABC *correspond à l'axe réel du plan z.*

Nous n'avons plus maintenant qu'à appliquer la remarque du § 9 pour en conclure que le demi-plan correspond uniformément à l'aire du triangle ABC au moyen de la transformation

$$Z = \int_{z_0}^{z} (z-a)^{\alpha-1}(z-b)^{\beta-1}(z-c)^{\gamma-1}\,dz.$$

Nous savons donc faire la représentation conforme sur un demi-plan d'un certain triangle dont les angles sont égaux à $\alpha\pi$, $\beta\pi$ et $\gamma\pi$. Tout triangle étant semblable à un tel triangle pour des valeurs convenables de α, β, γ, il en résulte que le problème de la représentation conforme d'un triangle sur un demi-plan est complètement résolu.

12. On peut d'une manière plus générale considérer la transformation

$$Z = \int_{z_0}^{z} (z-a)^{\alpha-1}(z-b)^{\beta-1}\ldots(z-l)^{\lambda-1}\,dz.$$

où a, b, $\ldots$, l sont m constantes réelles; α, β, $\ldots$, λ sont des quantités positives telles que

$$\alpha + \beta + \ldots + \lambda = m - 2,$$

et z_0 est encore une constante dans laquelle le coefficient de i est positif. Quelle sera la portion du plan Z correspondant au demi-plan supérieur du plan des z? On verra, comme dans le cas du triangle, qu'à l'axe Ox correspond une ligne polygonale fermée, et les angles, comptés comme précédemment, que font entre eux les divers côtés de cette ligne sont respectivement

$$\alpha\pi, \quad \beta\pi, \quad \ldots, \quad \lambda\pi.$$

La ligne polygonale fermée limitera une certaine aire. Celle-ci

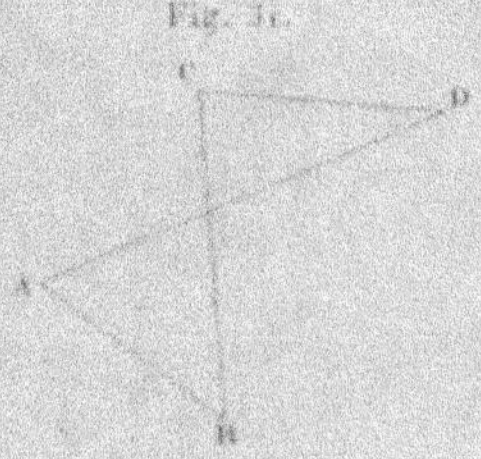

Fig. 31.

sera nécessairement *connexe* comme celle du demi-plan, c'est-à-dire qu'on pourra passer d'un point à un autre de l'aire en res-

tant à son intérieur; en d'autres termes encore, l'aire limitée par
la ligne brisée ne pourra se fractionner en plusieurs autres aires
polygonales n'ayant que des sommets communs. Ainsi, pour le cas
de $m = 4$, on ne pourra avoir la configuration ci-contre représentée par ABCDA (*fig.* 31).

Il est important de remarquer, et c'est ici une différence avec
le cas du triangle, qu'à une valeur de Z ne correspond pas d'une
manière nécessaire *une seule valeur de z* ou, en d'autres termes,
que la série des valeurs que prend la fonction Z sur l'axe réel et à
l'infini ne forme pas nécessairement une suite de valeurs toutes
différentes. L'aire polygonale peut, en effet, *se recouvrir partiellement elle-même*; c'est ce qu'indique la *fig.* 32. L'aire limitée

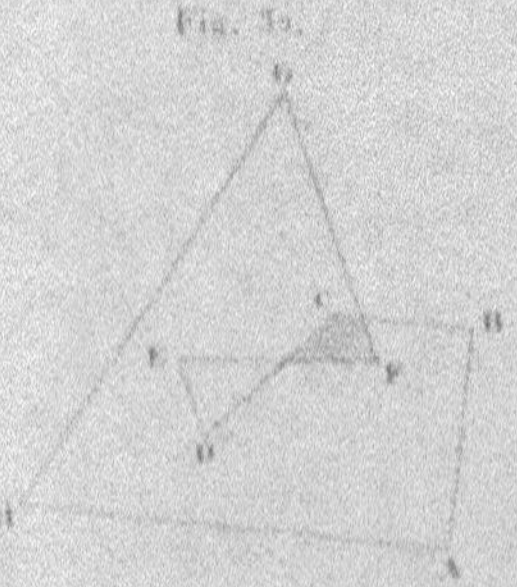

Fig. 32.

par la ligne polygonale ABCDEFGH se recouvre partiellement
elle-même; on voit bien en effet que la partie ombrée appartient
deux fois à l'aire polygonale. A une valeur de Z répondant à un
point de cette partie ombrée correspondront *deux* valeurs de z.

Nous n'insisterons pas davantage sur cette question de la représentation conforme d'un polygone rectiligne sur un demi-plan. La
forme de la fonction à employer pour cette représentation conforme et dont nous venons de faire usage a été obtenue par
M. Schwarz et par M. Christoffel. Quand à la détermination effective des constantes a, b, ..., l pour un polygone donné, elle
n'est pas sans présenter quelques difficultés; nous y reviendrons
dans la théorie des équations aux dérivées partielles (¹). Nou-

____

(¹) On consultera, sur ce sujet, un Mémoire de M. Schläfli : *Zur Theorie der
conformen Abbildung* (*Journal de Crelle*, t. 78).

aurons à étudier aussi plus tard la représentation des aires limitées par des arcs de cercle, qui se rattache à la théorie des équations linéaires du second ordre (¹).

13. Je terminerai ce qui a trait à la représentation conforme en considérant un cas très simple relatif à deux aires limitées par plusieurs contours. Deux aires A et A' limitées chacune par un seul contour peuvent être représentées d'une manière conforme l'une sur l'autre ; on peut, en effet, faire la représentation conforme de chacune d'elles sur une circonférence et cet intermédiaire permet de réaliser la transformation cherchée. Des circonstances toutes différentes se présentent pour les aires limitées par plusieurs contours ; *deux aires A et A', limitées chacune par un même nombre de contours, ne peuvent pas, en général, être représentées d'une manière conforme l'une sur l'autre.* L'étude approfondie de ce nouveau problème a été faite par M. Schottky dans un beau et important Mémoire (²) : cette intéressante question se rattache étroitement à l'étude de la correspondance entre les points de deux courbes algébriques, et nous nous en occuperons quand nous aurons tous les éléments nécessaires pour la résoudre.

En ce moment, je ne prends qu'un cas extrêmement particulier, sur lequel nous nous sommes appuyé au Chap. IV.

Établissons entre le plan des z et le plan des Z la correspondance

$$2Z = z - \frac{c^2}{z},$$

c désignant une constante positive. A une valeur de z correspond une seule valeur de Z ; mais à une valeur de Z correspondent les deux valeurs

$$z = Z - \sqrt{Z^2 - c^2},$$
$$z = Z + \sqrt{Z^2 - c^2},$$

(¹) Voir, sur ces questions, le tome II des Mémoires de M. Schwarz, où l'on trouvera encore beaucoup d'autres exemples de représentation conforme. On lira aussi dans le Tome I des Leçons de M. Darboux le Chapitre qu'il consacre à cette théorie.

(²) SCHOTTKY, *Conforme Abbildung mehrfach zusammenhangender ebener Flächen* (Journal de Crelle, t. 83).

entre lesquelles existe la relation $z'z'' = c^2$. Considérons le cercle

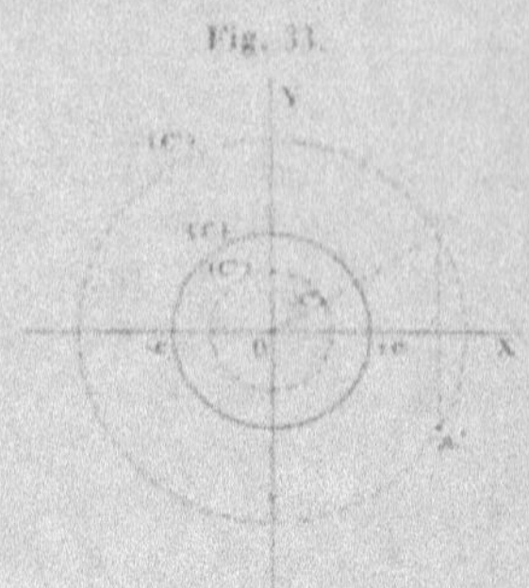

Fig. 33.

(C) (*fig.* 33) décrit de l'origine comme centre avec c pour rayon; on peut, en choisissant pour le radical $\sqrt{Z^2 - c^2}$ une détermination convenable, supposer que le point z' est extérieur à la circonférence (C); le point z'' est alors intérieur à cette circonférence, et on l'obtient en prenant l'inverse du symétrique du point z' par rapport à l'axe des x relativement à la circonférence (C).

Supposons que le point z décrive dans le plan des z une circonférence de rayon r et de centre O, et cherchons la ligne que le

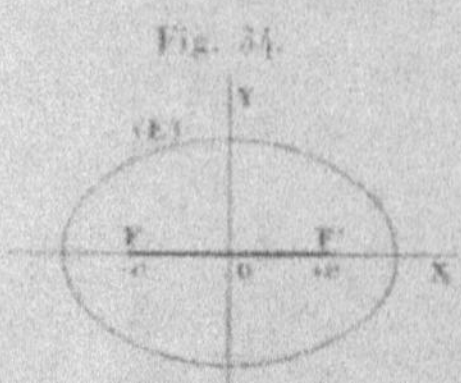

Fig. 34.

point Z va décrire dans son plan (*fig.* 34). On aura, en posant

$$r = e^{i\varphi},$$

$$2(X + iY) = \left(r + \frac{c^2}{r}\right)\cos\varphi + i\left(r - \frac{c^2}{r}\right)\sin\varphi,$$

et, par suite, la courbe décrite par le point Z sera l'ellipse

$$\frac{4X^2}{\left(r + \dfrac{c^2}{r}\right)^2} + \frac{4Y^2}{\left(r - \dfrac{c^2}{r}\right)^2} = 1,$$

dont les foyers F et F' sont les points $+c$ et $-c$ dans le plan des Z. Donc à la série des cercles ayant l'origine pour centre dans le plan des z correspond une série d'ellipses homofocales dans le plan des Z et inversement. Mais, tandis qu'à un cercle dans le plan des z correspond une seule ellipse dans le plan des Z, à une ellipse E dans le plan des Z correspondent deux cercles (C') et (C'') dans le plan des z, dont les rayons sont liés par la relation $r'r'' = c^2$; l'un est par conséquent extérieur au cercle (C) et l'autre intérieur. Lorsque le point Z décrit l'ellipse E, les points z' et z'' décrivent simultanément ces deux cercles en sens inverse, avec des arguments à chaque instant égaux et de signe contraire.

Lorsque, r partant de zéro augmente jusqu'à c, l'ellipse E partant de l'infini balaye tout le plan des Z en s'aplatissant et se réduisant pour $r = c$ à la droite double FF'. Si l'on continue ensuite à faire varier r de c à l'infini, on balaye de nouveau tout le plan des Z en repassant par la même série d'ellipses dont les dimensions vont sans cesse en augmentant. Donc au plan Z tout entier correspond, d'une part la portion du plan des z extérieure à la circonférence C et d'autre part la portion du plan des z intérieure à cette circonférence.

Bornons-nous, pour fixer les idées, à la partie du plan z extérieure à C; nous partirons de la correspondance

$$z = Z + \sqrt{Z^2 - c^2}.$$

On suppose tracée dans le plan Z la coupure $(-c, +c)$ que Z ne devra pas franchir; la fonction $\sqrt{Z^2 - c^2}$ est alors uniforme et on la suppose positive quand Z est réel et supérieur à c. La formule précédente fait correspondre le plan Z, où est tracée la coupure $(-c, +c)$, à la partie du plan z extérieure à C. En particulier, l'aire comprise entre deux ellipses homofocales de foyer $(-c, +c)$ se trouve transformée en une aire limitée par deux circonférences. Il en résulte que le problème de Dirichlet peut être facilement résolu pour deux ellipses homofocales, puisqu'il se résout très simplement pour deux circonférences concentriques. L'une des ellipses homofocales peut se réduire à la droite joignant les deux foyers; c'est de ce cas particulier que nous avons fait usage en exposant la méthode de M. Poincaré (p. 97).

14. On peut, du mode de correspondance précédent, déduire, à l'aide du théorème de Laurent, une forme de développement en série pour une fonction de $f(z)$ holomorphe dans l'aire comprise entre deux ellipses homofocales. Il suffira d'énoncer les résultats que le lecteur démontrera sans peine. On aura d'abord de suite le développement

$$f(z) = \sum_{-n}^{n} a_m \left(z + \sqrt{z^2 - c^2}\right)^m,$$

les a étant des constantes. Un cas particulier intéressant est celui où la fonction $f(z)$ est holomorphe à l'intérieur d'une ellipse de foyers $(+c, -c)$; on peut facilement montrer que l'on a dans ce cas

$$a_{-m} = c^{2m} a_m$$

et l'on trouvera alors le développement

$$f(z) = \sum_{m=0}^{m=\infty} a_m P_m(z),$$

$P_m(z)$ désignant le polynôme d'ordre m

$$P_m(z) = \left(z + \sqrt{z^2 - c^2}\right)^m + \left(z - \sqrt{z^2 - c^2}\right)^m.$$

Une fonction holomorphe, à l'intérieur d'une ellipse, se trouve ainsi développée en une série de polynômes. Pour $c = o$, on retombe sur le développement de Taylor.

15. Nous reviendrons une dernière fois, en terminant ce Chapitre, sur le problème de Dirichlet, qui nous a déjà occupé dans cet Ouvrage, pour indiquer la méthode de M. Schwarz ([1]). En fait, une partie de cette méthode a été exposée quand nous avons parlé du procédé alterné (p. 77); nous allons avoir à en faire usage. M. Schwarz ramène la solution au problème de la représentation conforme; on sait, en effet, résoudre le problème de Dirichlet pour toute aire dont on a fait la représentation conforme sur un cercle.

Nous nous bornerons au cas où le contour serait formé d'arcs

---

[1] Tome II des *Œuvres complètes* de M. Schwarz (p. 144).

réguliers de lignes analytiques faisant entre eux des angles différents de zéro (¹). Il suffit évidemment de montrer que nous pouvons décomposer l'aire S limitée par ces arcs en un nombre limité d'aires partielles représentables sur le cercle et empiétant les unes sur les autres, car alors le procédé alterné donnera la solution.

Sur un arc régulier de ligne analytique nous pouvons prendre un arc assez petit $\alpha\beta$ pour qu'une représentation conforme (§ 3) transforme $\alpha\beta$ en un segment de droite $\alpha'\beta'$ dans le plan de la variable z'. En joignant α' et β' par un arc de cercle, on aura dans le plan z une aire limitée par la courbe $\alpha\beta$ et par un certain arc ne la coupant pas sous un angle nul, et l'on pourra manifestement en faire la représentation conforme sur un cercle. Ceci posé, on pourra fractionner l'arc analytique AMB en un certain nombre d'arcs suffisamment petits et tels que deux arcs consécutifs empiètent l'un sur l'autre. On joindra deux à deux les extrémités de ces arcs par des lignes situées dans S et telles qu'elles limitent, avec l'arc correspondant, des aires dont on puisse faire, comme il vient d'être dit, la représentation conforme sur un cercle. L'ensemble de ces aires formera une nouvelle aire limitée par l'arc AB et un arc APB situé dans S, et, pour cette aire, on saura résoudre le principe de Dirichlet par l'emploi du procédé alterné. On peut supposer que l'arc APB coupe l'arc AB sous des angles différents de zéro. Nous répéterons la même construction pour tous les côtés du contour.

En chaque sommet S nous placerons le centre d'un secteur circulaire intérieur à S et empiétant sur les deux aires limitrophes que nous venons de construire. Ceci sera toujours possible, puisque ces aires ont, aux sommets, des angles différents de zéro et que l'angle du contour en chaque sommet est différent de zéro.

Enfin nous tracerons une série de cercles tout entiers intérieurs à S et qui ne soient jamais tangents entre eux ni aux contours des aires auxiliaires, et en assez grand nombre pour que tout point de S soit intérieur à un de ces cercles ou à l'une des aires auxiliaires. Il suffira évidemment pour cela d'un nombre limité de cercles. La

---

(¹) On trouvera dans le Mémoire de M. Schwarz l'examen du cas où l'angle est nul; certaines hypothèses sont alors à faire relativement à l'ordre de contact des deux arcs.

décomposition de l'aire S en aires partielles empiétant les unes sur les autres, pour lesquelles on sait résoudre le problème de Dirichlet, est donc effectuée, et la question est dès lors résolue.

16. Il ne sera pas inutile de rappeler que nous avons en définitive fait connaître dans ce Livre *trois méthodes essentiellement distinctes* pour la solution du problème de Dirichlet. Ce sont la méthode de M. Neumann (p. 38) s'appliquant aux contours convexes, celle de M. Poincaré (p. 94) qui est absolument générale, et enfin celle de M. Schwarz qui s'est trouvée présentée en deux fois, d'abord (p. 77) et ensuite au paragraphe précédent. On trouvera une quatrième méthode dans le livre déjà cité de M. Harnack sur le potentiel logarithmique, mais nous nous contenterons d'y renvoyer le lecteur.

CHAPITRE XI.
THÉORÈMES GÉNÉRAUX SUR LES ÉQUATIONS DIFFÉRENTIELLES.

I. — Première démonstration de Cauchy relative à l'existence des intégrales.

1. Nous commencerons par donner la première démonstration de Cauchy relative à l'existence des intégrales d'un système d'équations différentielles ordinaires du premier ordre

$$\frac{dy_1}{dx} = f_1(x, y_1, y_2, \ldots, y_m);$$

$$\frac{dy_2}{dx} = f_2(x, y_1, y_2, \ldots, y_m);$$

$$\cdots\cdots\cdots\cdots\cdots\cdots\cdots\cdots\cdots$$

$$\frac{dy_m}{dx} = f_m(x, y_1, y_2, \ldots, y_m).$$

Cette démonstration nous est seulement connue par les leçons du grand géomètre publiées en 1844 par M. Moigno; elle concerne spécialement le cas où les fonctions f et les variables sont réelles. Son point de départ, aussi naturel que possible, consiste à regarder les équations différentielles comme limites d'une succession d'équations aux différences. M. Lipschitz [1] a simplifié notablement la démonstration de Cauchy et a bien mis en évidence les hypothèses fondamentales nécessaires pour la démonstration.

[1] Lipschitz, *Lehrbuch der Analysis*, p. 504.

Pour simplifier l'exposition et éviter des indices multiples, nous nous bornerons au cas d'une seule équation; la méthode s'étendra d'elle-même aux m équations écrites plus haut. Partons donc de l'*équation différentielle du premier ordre*

$$\frac{dy}{dx} = f(x, y).$$

Nous faisons sur $f(x, y)$ les hypothèses suivantes. Dans le voisinage d'un certain système de valeurs (x_0, y_0), correspondant à

$$(1) \qquad |x - x_0| < a, \qquad |y - y_0| < b,$$

la fonction réelle $f(x, y)$ des deux variables réelles x et y est continue, c'est-à-dire que, étant donnée une quantité λ aussi petite qu'on voudra, on pourra déterminer δ tel que pour

$$|\Delta x| < \delta, \qquad |\Delta y| < \delta,$$

on ait

$$|f(x + \Delta x, y + \Delta y) - f(x, y)| < \lambda,$$

les points (x, y), $(x + \Delta x, y + \Delta y)$ étant dans la région définie par les inégalités (1).

De plus, et c'est l'hypothèse bien mise en évidence par M. Lipschitz, il sera nécessaire de supposer qu'il existe une quantité positive k telle que

$$|f(x, y_2) - f(x, y_1)| < k|y_2 - y_1|.$$

Cette hypothèse est manifestement d'un caractère très général; elle est vérifiée, d'après le théorème des accroissements finis, si f a, par rapport à y, une dérivée partielle qui reste finie.

Ceci posé, soit A une quantité positive satisfaisant aux inégalités

$$A \leq a, \qquad AM \leq b,$$

en appelant M la valeur absolue maxima de $f(x, y)$ pour les points du domaine (1).

Nous allons montrer qu'*il existe une fonction continue y de x satisfaisant à l'équation différentielle*

$$\frac{dy}{dx} = f(x, y),$$

définie pour toute valeur de x telle que

$$|x - x_0| < A,$$

et prenant pour $x = x_0$ la valeur y_0.

C'est le théorème fondamental de la théorie des équations différentielles ordinaires.

2. Notre point de départ sera le même que pour arriver à la notion de l'intégrale définie au début du Tome I. Considérons une valeur x pour laquelle

$$|x - x_0| < A$$

(nous pouvons supposer $x > x_0$). On partage l'intervalle $x_0 x$, en intervalles

$$x_0 x_1, \quad x_1 x_2, \quad \ldots, \quad x_{n-1} x.$$

Formons alors les équations aux différences

$$y_1 - y_0 = (x_1 - x_0) \cdot f(x_0, y_0),$$
$$y_2 - y_1 = (x_2 - x_1) \cdot f(x_1, y_1),$$
$$\dotfill$$
$$y - y_{n-1} = (x - x_{n-1}) f(x_{n-1}, y_{n-1}),$$

qui détermineront successivement les quantités $y_1, y_2, \ldots, y_{n-1}, y$. On doit remarquer que chacune des valeurs trouvées pour les y, soit pour y_i, est telle que

$$|y_i - y_0| < b.$$

On a, en effet, d'abord pour y_1,

$$|y_1 - y_0| < M(x_1 - x_0) < AM < b;$$

pour y_2 on aura

$$y_2 = y_0 + (x_1 - x_0) f(x_0, y_0) + (x_2 - x_1) f(x_1, y_1);$$

donc

$$|y_2 - y_0| < M(x_2 - x_0) < MA < b,$$

et ainsi de suite.

La valeur finale y est donc une expression parfaitement déterminée dépendant de x et des points de subdivision $x_1, x_2, \ldots, x_{n-1}$.

Par analogie avec la question que nous avons traitée dans le cas de l'équation très simple (t. I, p. 2)

$$\frac{dy}{dx} = f(x),$$

nous devons nous demander *si cette expression y tend vers une limite déterminée, quand, x restant fixe, tous les intervalles tendent vers zéro, leur nombre augmentant indéfiniment.*

Nous allons montrer qu'il y a bien une limite, et celle-ci est la fonction de x que nous cherchons.

3. Nous considérerons d'abord une première loi de subdivision telle que l'on passe d'un mode d'intervalles au suivant en fractionnant chacun des intervalles précédents. Nous allons établir que, pour une telle loi de subdivision, y tend vers une limite.

Soit

$$x_0, \quad x_1, \quad \ldots, \quad x_\alpha, \quad x_{\alpha+1}, \quad \ldots, \quad x$$

le premier mode de subdivision; nous marquerons par un accent le second mode de subdivision, et pareillement les valeurs de y auront des lettres accentuées. Soient l'intervalle $x_\alpha x_{\alpha+1}$ et

$$x_0' = x_\alpha, \quad \ldots, \quad x_m', \quad \ldots, \quad x_n' = x_{\alpha+1}$$

les valeurs intermédiaires des x'.

On aura

$$|y_m' - y_i'| < (x_m' - x_i')M < (x_{\alpha+1} - x_\alpha)M.$$

Nous supposons la première subdivision poussée assez loin pour que

$$x_{\alpha+1} - x_\alpha < \delta \quad \text{et} \quad (x_{\alpha+1} - x_\alpha)M < \lambda,$$

δ et λ se correspondant d'après les notations du § 1 : on aura par suite

$$(E) \qquad |f(x_m, y_m) - f(x_i, y_i)| < \lambda.$$

Or on a

$$
\begin{aligned}
y_{i+1}' - y_i' &= (x_{i+1}' - x_i')f(x_i', y_i'),\\
y_{i+2}' - y_{i+1}' &= (x_{i+2}' - x_{i+1}')f(x_{i+1}', y_{i+1}'),\\
&\cdots\cdots\cdots\cdots\cdots\cdots\cdots\cdots\cdots\\
y_n' - y_{n-1}' &= (x_n' - x_{n-1}')f(x_{n-1}', y_{n-1}');
\end{aligned}
$$

donc, en faisant la somme et se servant des inégalités (E),

$$y'_\alpha - y'_i = (x_{\alpha+1} - x_\alpha)[f(x'_i, y'_i) + \theta\lambda] \qquad |\theta| < 1.$$

D'ailleurs
$$y_{\alpha+1} - y_\alpha = (x_{\alpha+1} - x_\alpha) f(x_\alpha, y_\alpha),$$

on en conclut

$$y'_\alpha - y_{\alpha+1} = y'_i - y_\alpha + (x_{\alpha+1} - x_\alpha)[f(x'_i, y'_i) - f(x_\alpha, y_\alpha) + \theta\lambda];$$

mais $x'_i = x_\alpha$; nous avons donc, en nous servant de la seconde hypothèse faite sur f,

$$|y'_\alpha - y_{\alpha+1}| < |y'_i - y_\alpha| + (x_{\alpha+1} - x_\alpha)[k|y'_i - y_\alpha| + \lambda],$$

inégalité fondamentale dont nous allons tirer la démonstration de l'existence de la limite.

On voit que cette inégalité donne une limite de la différence des valeurs des lettres accentuées et non accentuées en $x_{\alpha+1}$ en fonction de leur différence en x_α. Nous sommes donc assuré, en allant de proche en proche, de trouver une limite supérieure de $|y' - y|$ en x.

Désignons, pour abréger, par $V_{\alpha+1}$ la différence $|y'_\alpha - y_{\alpha+1}|$. L'inégalité précédente, à savoir

$$V_{\alpha+1} < V_\alpha + (x_{\alpha+1} - x_\alpha)[k|V_\alpha| + \lambda],$$

pourra s'écrire

$$V_{\alpha+1} < V_\alpha[1 + k(x_{\alpha+1} - x_\alpha)] + \lambda(x_{\alpha+1} - x_\alpha),$$

ou

$$V_{\alpha+1} + \frac{\lambda}{k} < \left(V_\alpha + \frac{\lambda}{k}\right)[1 + k(x_{\alpha+1} - x_\alpha)];$$

par conséquent, puisque $V_0 = 0$,

$$V_{\alpha+1} + \frac{\lambda}{k} < \frac{\lambda}{k}[1 + k(x_1 - x_0)][1 + k(x_2 - x_1)]\dots[1 + k(x_{\alpha+1} - x_\alpha)].$$

Or, pour x positif, on a
$$1 + kx < e^{kx};$$

on en conclut
$$V_{\alpha+1} < \frac{\lambda}{k}[e^{k(x_{\alpha+1} - x_0)} - 1].$$

ou

$$|y_n - y_{n+1}| < \frac{\lambda}{k}[e^{k(x_{n+1}-x_n)} - 1].$$

Prenant le point extrême x, nous aurons, d'après ce qui précède,
en désignant par y la valeur à laquelle conduit le premier mode
de subdivisions, et par y' celle à laquelle conduit le second mode,

$$|y' - y| < \frac{\lambda}{k}[e^{k(x-x_0)} - 1].$$

*Cette inégalité obtenue, la démonstration s'achève d'elle-
même.* A partir du mode de subdivision x, tous les autres modes
de subdivisions suivants x' donnent pour y' des valeurs comprises
entre

$$y + \frac{\lambda}{k}[e^{k(x-x_0)} - 1] \quad \text{et} \quad y - \frac{\lambda}{k}[e^{k(x-x_0)} - 1].$$

Prenant alors une suite de quantités λ décroissantes et tendant
vers zéro, on formera, d'après un mode de raisonnement bien
connu, une suite d'intervalles décroissants, tous compris les uns
dans les autres et tendant vers zéro; la limite commune des deux
extrémités de ces intervalles est la limite cherchée.

Ainsi, nous avons une limite pour y quand on adopte une loi de
subdivisions de la nature indiquée. Je dis que toute autre loi conduira à la même limite. Soient deux modes quelconques de subdivisions de l'intervalle $x_0 x$, marqués respectivement par les lettres

$$x \quad \text{et} \quad x';$$

nous désignerons par x'' la subdivision formée avec l'ensemble des
deux premières. Si les intervalles x et x' sont moindres que δ (δ
correspondant, comme plus haut, à une valeur donnée de λ), on
aura

$$|y'' - y| < \frac{\lambda}{k}[e^{k(x-x_0)} - 1],$$

$$|y'' - y'| < \frac{\lambda}{k}[e^{k(x-x_0)} - 1];$$

donc

$$|y - y'| < \frac{2\lambda}{k}[e^{k(x-x_0)} - 1].$$

Il en résulte bien évidemment, puisque λ est pris aussi petit que l'on veut, que y' aura une limite si y en a une, et ces deux limites seront les mêmes.

En résumé, nous avons établi que, *quel que soit le mode de subdivision, y a une limite parfaitement déterminée*. Cette limite est une fonction de x, qui pour $x = x_0$ se réduit à y_0.

4. Il reste à montrer que la fonction y de x, qui vient d'être obtenue, satisfait à l'équation différentielle

$$\frac{dy}{dx} = f(x, y).$$

Soient, dans l'intervalle A, les trois points x_0, x, x', et supposons, pour fixer les idées,

$$x_0 < x < x'.$$

Soient y la valeur de la fonction précédemment trouvée en x, et y' sa valeur en x'. Pour trouver y', on peut concevoir qu'on parte de x avec la valeur y et qu'on fractionne l'intervalle xx' en un nombre de parties grandissant indéfiniment. D'autre part, si l'on ne prend qu'un seul intervalle, on obtiendra la quantité Y définie par

$$Y - y = (x' - x) f(x, y);$$

mais, si $|x' - x| < \delta$ (δ correspondant toujours à une quantité λ), on a, d'après le paragraphe précédent,

$$|Y - y'| < \frac{\lambda}{k}[e^{k(x'-x)} - 1].$$

Nous pouvons écrire cette inégalité sous la forme

$$Y - y' = \frac{\theta\lambda}{k}[e^{k(x'-x)} - 1] \qquad (\theta < 1).$$

On aura donc

$$y' - y = (x' - x) f(x, y) - \frac{\theta\lambda}{k}[e^{k(x'-x)} - 1]$$

et enfin

$$\frac{y' - y}{x' - x} = f(x, y) - \frac{\theta\lambda}{k}\frac{e^{k(x'-x)} - 1}{x' - x},$$

d'où résulte, en faisant tendre x' vers x et remarquant qu'alors on peut prendre λ de plus en plus petit, que y a une dérivée $\dfrac{dy}{dx}$, et l'on a bien

$$\frac{dy}{dx} = f(x, y),$$

ce qui achève la démonstration.

5. Le théorème fondamental que nous venons d'établir s'étend sans modifications essentielles au cas de m équations du premier ordre

$$(2) \quad \begin{cases} \dfrac{dy_1}{dx} = f_1(x, y_1, y_2, \ldots, y_m), \\[1ex] \dfrac{dy_2}{dx} = f_2(x, y_1, y_2, \ldots, y_m), \\[1ex] \cdots\cdots\cdots\cdots\cdots\cdots\cdots \\[1ex] \dfrac{dy_m}{dx} = f_m(x, y_1, y_2, \ldots, y_m). \end{cases}$$

On suppose que les fonctions f soient continues pour les valeurs des x et des y satisfaisant aux inégalités

$$|x - x_0| < a, \quad |y_1 - y_1^0| < b, \quad \ldots, \quad |y_m - y_m^0| < b;$$

soit M la valeur absolue maxima des fonctions f dans ce domaine. De plus, on a, pour deux systèmes quelconques de points de ce domaine,

$$|f_i(x, y_1', y_2', \ldots, y_m') - f_i(x, y_1, y_2, \ldots, y_m)|$$
$$< k_1 |y_1' - y_1| + k_2 |y_2' - y_2| + \ldots + k_m |y_m' - y_m|,$$

les k étant des constantes positives.

En remplaçant, comme plus haut, les équations différentielles par des équations aux différences, on établira, sans autre peine que quelques longueurs d'écriture, que, dans la région définie par

$$|x - x_0| < A,$$

où

$$A < a, \quad AM < b,$$

il existe m fonctions continues $y_1, y_2, \ldots, y_m$ de x satisfaisant au système d'équations différentielles, et prenant respectivement pour $x = x_0$ les valeurs $y_1^0, y_2^0, \ldots, y_m^0$. La région dans laquelle les

intégrales sont définies correspond donc à un intervalle tracé de
part et d'autre de x_0, et dont la longueur est la plus petite des
deux quantités

$$a \quad \text{et} \quad \frac{b}{M}.$$

6. Nous venons de trouver un système d'intégrales continues
prenant des valeurs données pour $x = x_0$; *nous avons maintenant
à démontrer que ce système est unique.* Pour éviter toute difficulté, nous ferons seulement ici l'hypothèse complémentaire que
les fonctions f ont des dérivées partielles par rapport à y elles-
mêmes continues.

Admettons donc que nous ayons deux systèmes d'intégrales y_1,
y_2, ..., y_m et z_1, z_2, ..., z_m prenant respectivement les mêmes
valeurs en x_0. On aura

$$\frac{d(z_1 - y_1)}{dx} = f_1(x, z_1, z_2, ..., z_m) - f_1(x, y_1, y_2, ..., y_m),$$

$$..$$

$$\frac{d(z_m - y_m)}{dx} = f_m(x, z_1, z_2, ..., z_m) - f_m(x, y_1, y_2, ..., y_m),$$

ce qui, en faisant usage du théorème des accroissements finis et
posant

$$z_1 - y_1 = u_1, \quad z_2 - y_2 = u_2, \quad ...., \quad z_m - y_m = u_m,$$

pourra s'écrire

$$\frac{du_1}{dx} = A_1^1 u_1 + A_1^2 u_2 + ... + A_1^m u_m,$$

$$...$$

$$\frac{du_m}{dx} = A_m^1 u_1 + A_m^2 u_2 + ... + A_m^m u_m,$$

et les A sont des fonctions continues de x dans le voisinage de x_0.
D'autre part les u s'annulent pour x_0 ; nous allons donc partir de
ce système d'équations linéaires en u, et montrer qu'un système
d'intégrales s'annulant pour x_0 est nécessairement nul identiquement.

Montrons d'abord qu'un système quelconque d'intégrales peut
s'exprimer à l'aide de m systèmes particuliers d'intégrales. D'après
le théorème fondamental, on pourra trouver un système d'inté-

grales

$$u_1^1, \quad u_2^1, \quad \ldots, \quad u_m^1;$$

puis un second système

$$u_1^2, \quad u_2^2, \quad \ldots, \quad u_m^2,$$

et enfin un $m^{\text{ième}}$ système

$$u_1^m, \quad u_2^m, \quad \ldots, \quad u_m^m.$$

Les valeurs de toutes ces intégrales pour x_0 peuvent être prises arbitrairement. On suppose seulement que le déterminant formé avec les valeurs des m^2 fonctions précédentes pour $x = x_0$ ne soit pas nul.

Posons alors

$$(\mathrm{I}) \quad \begin{cases} u_1 = \mathrm{C}_1 u_1^1 + \mathrm{C}_2 u_1^2 + \ldots + \mathrm{C}_m u_1^m, \\ u_2 = \mathrm{C}_1 u_2^1 + \mathrm{C}_2 u_2^2 + \ldots + \mathrm{C}_m u_2^m, \\ \cdots\cdots\cdots\cdots\cdots\cdots\cdots\cdots\cdots\cdots\cdots \\ u_m = \mathrm{C}_1 u_m^1 + \mathrm{C}_2 u_m^2 + \ldots + \mathrm{C}_m u_m^m. \end{cases}$$

les C étant des fonctions de x; en substituant dans les équations, nous aurons

$$\frac{d\mathrm{C}_1}{dx} u_1^1 + \frac{d\mathrm{C}_2}{dx} u_1^2 + \ldots + \frac{d\mathrm{C}_m}{dx} u_1^m = 0,$$

$$\frac{d\mathrm{C}_1}{dx} u_2^1 + \frac{d\mathrm{C}_2}{dx} u_2^2 + \ldots + \frac{d\mathrm{C}_m}{dx} u_2^m = 0,$$

$$\cdots\cdots\cdots\cdots\cdots\cdots\cdots\cdots\cdots\cdots\cdots$$

$$\frac{d\mathrm{C}_1}{dx} u_m^1 + \frac{d\mathrm{C}_2}{dx} u_m^2 + \ldots + \frac{d\mathrm{C}_m}{dx} u_m^m = 0,$$

Le déterminant des coefficients des dérivées ne s'annule pas dans le voisinage de x_0, puisqu'il ne s'annule pas pour $x = x_0$; les lettres C sont donc des constantes; or, pour $x = x_0$, on doit avoir

$$\mathrm{C}_1 = 0, \quad \mathrm{C}_2 = 0, \quad \ldots, \quad \mathrm{C}_m = 0,$$

puisque $u_1 = u_2 = \ldots = u_m = 0$ pour $x = x_0$. Il en résulte que $u_1, u_2, \ldots, u_m$ *sont identiquement nuls*, comme nous voulions l'établir.

Des paragraphes précédents, nous concluons que, étant donné le système (2), on peut en général se donner arbitrairement les valeurs de $y_1, y_2, \ldots, y_m$ pour $x = x_0$. Les intégrales dépendent donc de m constantes arbitraires, et l'on entend par *intégrale générale* du système l'ensemble de m fonctions y de x qui satisfont aux équations différentielles et qui dépendent de m constantes arbitraires pouvant être déterminées de telle façon que pour $x = x_0$ les y puissent prendre des valeurs arbitrairement données.

II. — Démonstration de l'existence de l'intégrale par une méthode d'approximations successives.

7. Indiquons une autre méthode pour établir l'existence des intégrales des équations différentielles ordinaires ([1]). Nous envisageons, comme plus haut, en changeant seulement un peu les notations, le système des n équations du premier ordre

$$\frac{du}{dx} = f_1(x, u, v, \ldots, w),$$
$$\frac{dv}{dx} = f_2(x, u, v, \ldots, w),$$
$$\cdots\cdots\cdots\cdots\cdots\cdots\cdots$$
$$\frac{dw}{dx} = f_n(x, u, v, \ldots, w).$$

Les fonctions f sont des fonctions continues réelles des quantités réelles x, u, v, $\ldots$, w dans le voisinage de x_0, u_0, v_0, $\ldots$, w_0. Elles sont définies quand x, u, v, $\ldots$, w restent respectivement compris dans les intervalles

$$(x_0 - a, x_0 + a), \quad (u_0 - b, u_0 + b), \quad \ldots, \quad (w_0 - b, w_0 + b),$$

a et b étant deux constantes positives.

De plus, on suppose que l'on puisse déterminer n quantités positives A, B, $\ldots$, L, telles que

$$|f_1(x, u', v', \ldots, w') - f_1(x, u, v, \ldots, w)|$$
$$< A|u' - u| + B|v' - v| + \ldots + L|w' - w|,$$

x ainsi que les u, v, $\ldots$, w restant dans les intervalles indiqués.

---

[1] J'ai indiqué pour la première fois cette méthode dans mon Mémoire du *Journal de Mathématiques* (1890).

On voit que ces hypothèses sont celles que nous avons faites en étudiant la première démonstration de Cauchy.

8. Ceci posé, nous allons procéder par approximations successives.

Considérons d'abord le système

$$\frac{du_1}{dx} = f_1(x, u_0, v_0, \ldots, w_0), \qquad \ldots \qquad \frac{dw_1}{dx} = f_n(x, u_0, v_0, \ldots, w_0);$$

nous en tirons, par quadratures, les fonctions $u_1, v_1, \ldots, w_1$, en les déterminant de manière qu'elles prennent pour x_0 les valeurs $u_0, v_0, \ldots, w_0$. On forme ensuite les équations

$$\frac{du_2}{dx} = f_1(x, u_1, v_1, \ldots, w_1), \qquad \ldots \qquad \frac{dw_2}{dx} = f_n(x, u_1, v_1, \ldots, w_1),$$

et l'on détermine $u_2, v_2, \ldots, w_2$ par la condition qu'elles prennent respectivement pour x_0 les valeurs $u_0, v_0, \ldots, w_0$. On continue ainsi indéfiniment. Les fonctions $u_{m-1}, v_{m-1}, \ldots, w_{m-1}$ seront liées aux suivantes $u_m, v_m, \ldots, w_m$ par les relations

$$\frac{du_m}{dx} = f_1(x, u_{m-1}, v_{m-1}, \ldots, w_{m-1})$$
$$\ldots \ldots \ldots \ldots \ldots \ldots \ldots \ldots \ldots \ldots \ldots \ldots \ldots$$
$$\frac{dw_m}{dx} = f_n(x, u_{m-1}, v_{m-1}, \ldots, w_{m-1}),$$

et, pour $x = x_0$, on a

$$u_m = u_0, \qquad v_m = v_0, \qquad \ldots, \qquad w_m = w_0.$$

Nous allons établir que, *m augmentant indéfiniment, $u_m, v_m, \ldots, w_m$ tendent vers des limites qui représentent les intégrales cherchées, pourvu que x reste suffisamment voisin de x_0.*

Soit M la valeur absolue maxima des fonctions f, quand les variables dont elles dépendent restent dans les limites indiquées. Désignons par ρ une quantité au plus égale à α : si x reste dans l'intervalle $(x_0 - \rho, x_0 + \rho)$, on aura

$$|u_1 - u_0| < M\rho, \qquad \ldots \qquad |w_1 - w_0| < M\rho.$$

Par suite, si $M\rho < b$, les quantités $u_1, v_1, \ldots, w_1$ resteront dans les limites voulues, et il est évident qu'alors il en sera de même pour tous les autres systèmes de valeurs u, v, ..., w. Désignant par δ une quantité au plus égale à ρ, nous allons supposer que x reste dans l'intervalle $(x_0 - \delta, x_0 + \delta)$.

En posant

$$u_m - u_{m-1} = U_m, \quad \ldots, \quad w_m - w_{m-1} = W_m,$$

on peut écrire

$$\left.\begin{aligned}
\frac{dU_m}{dx} &= f_1(x, u_{m-1}, ..., w_{m-1}) - f_1(x, u_{m-2}, ..., w_{m-2}) \\
&\quad\cdots\cdots\cdots\cdots\cdots\cdots\cdots\cdots\cdots\cdots\cdots\cdots\cdots\cdots \\
\frac{dW_m}{dx} &= f_n(x, u_{m-1}, ..., w_{m-1}) - f_n(x, u_{m-2}, ..., w_{m-2})
\end{aligned}\right\} \quad (m = 2, \ldots, \infty).$$

Or on a

$$|U_1| < M\delta, \quad \ldots, \quad |W_1| < M\delta.$$

Les équations précédentes, pour $m = 2$, démontrent que $|U_2|$, $|V_2|$, ..., $|W_2|$ sont inférieurs à

$$(A + B + \ldots + L)M\delta^2,$$

et, d'une manière générale, de proche en proche, on voit que $|U_m|$, ..., $|W_m|$ sont inférieurs à

$$M\delta(A + B + \ldots + L)^{m-1}\delta^{m-1},$$

Or

$$u_m = u_0 + U_1 + U_2 + \ldots + U_m,$$

par suite, u_m, v_m, ..., w_m tendront vers une limite, si

$$(A + B + \ldots + L)\delta < 1.$$

En prenant δ assez petit, cette condition sera vérifiée. Nous voyons donc que u_m, v_m, ..., w_m tendront vers des limites déterminées u, v, ..., w, fonctions continues de x dans l'intervalle $(x_0 - \delta, x_0 + \delta)$, *$\delta$ étant la plus petite des trois quantités*

$$(4) \qquad a, \quad \frac{b}{M}, \quad \frac{1}{A + B + \ldots + L};$$

u, v, ..., w seront représentées par des séries qui convergent à la manière d'une progression géométrique décroissante.

On a d'ailleurs

$$u_m = \int_{x_0}^{x} f_1(x, u_{m-1}, \ldots, w_{m-1})\, dx + u_0,$$

et, puisque les $u_m, v_m, \ldots, w_m$ diffèrent de leurs limites d'aussi peu qu'on veut, pour m assez grand, quel que soit x dans l'intervalle indiqué, on aura, à la limite,

$$u = \int_{x_0}^{x} f_1(x, u, v, \ldots, w)\, dx + u_0,$$

et, par suite,

$$\frac{du}{dx} = f_1(x, u, v, \ldots, w),$$

et de même pour les autres équations. *Les fonctions $u, v, \ldots, w$ sont donc les intégrales cherchées.*

9. On voit que la démonstration précédente définit l'intégrale dans un intervalle qui ne peut être supérieur à celui qui est fourni par la première démonstration de Cauchy, puisque la plus petite des quantités (i) ne peut être supérieure à la plus petite des quantités a et $\frac{b}{M}$. Ce résultat est d'ailleurs dans la nature des choses, la démonstration actuelle étant moins naturelle que celle de Cauchy, qui prend pour point de départ la véritable origine de l'équation différentielle en la considérant comme la limite d'une équation aux différences. Nous avons seulement ici l'avantage, qui peut avoir son prix, d'avoir l'intégrale représentée par une expression analytique telle qu'une série convergente.

III. — Démonstrations au moyen du calcul des limites de Cauchy. Comparaison des domaines de convergence.

10. La première démonstration de Cauchy ne fait que des hypothèses très générales sur la nature des fonctions f. En supposant que ces fonctions soient des fonctions *analytiques* des lettres dont elles dépendent, Cauchy a indiqué un autre type de démonstration dont nous allons maintenant nous occuper. L'illustre géomètre a donné le nom de *Calcul des limites* au principe fondamental de comparaison qui joue le rôle essentiel dans cette méthode. Le

nom n'est pas bien heureux, mais l'idée est réellement féconde : elle peut être appliquée, et de la manière la plus variée, à d'autres questions qu'à celle qui nous occupe actuellement (¹).

Briot et Bouquet et M. Méray en France ont simplifié notablement les démonstrations de Cauchy fondées sur le Calcul des limites, et, en Allemagne, M. Weierstrass a fait usage aussi des mêmes principes d'une manière différente.

Nous allons suivre Briot et Bouquet dans l'exposition de la démonstration (²). Prenons d'abord une seule équation

$$(5) \qquad \frac{dy}{dx} = f(x, y).$$

La fonction $f(x, y)$ est supposée holomorphe dans le voisinage de x_0 et y_0. On peut supposer évidemment, en faisant un changement de variable, que $x_0 = y_0 = 0$. La fonction $f(x, y)$ sera donc holomorphe par rapport à x et à y quand x et y seront respectivement à l'intérieur des cercles C et C' décrits des points $x = 0$ et $y = 0$ comme centres avec les rayons a et b, et on la suppose continue sur les circonférences elles-mêmes. Nous appellerons M le module maximum de la fonction f dans ce domaine.

Si l'équation (5) admet une intégrale holomorphe dans le voisinage de $x = 0$ et s'annulant pour cette valeur de la variable, elle sera unique et l'on pourra obtenir, au moyen de l'équation différentielle elle-même, les valeurs des dérivées successives $\frac{dy}{dx}, \frac{d^2y}{dx^2}, \ldots$ pour $x = 0$. Il suffit de différentier l'équation (5), d'abord une fois, pour avoir $\frac{d^2y}{dx^2}$, et de substituer dans le second membre $x = 0$, $y = 0$; en différentiant une nouvelle fois, on aura $\frac{d^3y}{dx^3}$ et ainsi de suite. Nous pourrons donc former le développement

$$(6) \qquad y = \left(\frac{dy}{dx}\right)_0 x + \frac{1}{1\cdot 2}\left(\frac{d^2y}{dx^2}\right)_0 x^2 + \ldots = a_1 x + a_2 x^2 + \ldots$$

(¹) Dans les *Œuvres complètes de Cauchy*, 1ʳᵉ série, t. VII, on trouvera un grand nombre d'articles des *Comptes rendus* se rapportant au Calcul des limites.

(²) Briot et Bouquet, *Journal de l'École Polytechnique*, t. XXI, et *Traité des fonctions elliptiques*, p. 325.

Le point essentiel, dans la démonstration, consiste à faire voir
que le développement ainsi obtenu converge si x a un module suffisamment petit. Ce point une fois établi, il est bien clair que la
fonction y ainsi définie satisfait à l'équation différentielle, puisque
les deux fonctions de x

$$\frac{dy}{dx} \quad \text{et} \quad f(x, y)$$

ont, d'après la manière même dont y a été obtenu, la même valeur pour $x = 0$ ainsi que leurs dérivées de tout ordre; elles coïncident donc, c'est-à-dire que l'équation (5) est vérifiée.

C'est en comparant l'équation proposée à une autre que nous
allons pouvoir établir la convergence de la série (6), et l'idée d'une
telle comparaison forme ce qu'il y a de réellement intéressant et
fécond dans ce que Cauchy appelait le *Calcul des limites*.

Rappelons que, étant donnée la fonction $f(x, y)$, on peut trouver
une fonction $F(x, y)$ holomorphe dans les mêmes cercles C et Γ
et dont les dérivées partielles, toutes positives pour $x = y = 0$,
sont telles que

$$(\alpha) \qquad \left| \frac{\partial^{n+p} f}{\partial x^n \partial y^p} \right|_{\substack{x=0 \\ y=0}} > \left(\frac{\partial^{n+p} F}{\partial x^n \partial y^p} \right)_{\substack{x=0 \\ y=0}};$$

c'est ce que nous avons vu (Chap. IX, p. 239); entre autres déterminations de F, nous avons indiqué

$$F(x, y) = \frac{M}{\left(1 - \frac{x}{a}\right)\left(1 - \frac{y}{b}\right)}.$$

Ceci posé, considérons l'équation différentielle auxiliaire

$$\frac{dY}{dx} = F(x, Y).$$

Admettons qu'il existe une intégrale Y de cette équation, holomorphe dans le voisinage de $x = 0$, et s'annulant pour $x = 0$. On
aura, pour Y, le développement

$$(7) \qquad Y = \left(\frac{dY}{dx}\right)_0 x + \frac{1}{1.2}\left(\frac{d^2Y}{dx^2}\right)_0 x^2 + \ldots = A_1 x + A_2 x^2 + \ldots$$

Les coefficients des puissances de x dans ce développement sont positifs, et, d'après les inégalités (α), on aura visiblement

$$|a_m| < A_m.$$

Le développement (6) sera donc certainement convergent dans le champ où converge le développement (7). Or il est facile de démontrer directement l'existence de la fonction Y. Écrivons l'équation

$$\frac{dY}{dx} = \frac{M}{\left(1 - \dfrac{x}{a}\right)\left(1 - \dfrac{Y}{b}\right)}$$

sous la forme

$$\left(1 - \frac{Y}{b}\right)\frac{dY}{dx} = \frac{M}{1 - \dfrac{x}{a}}.$$

Si la fonction Y existe, les deux membres sont respectivement les dérivées de

$$Y - \frac{Y^2}{2b} \quad \text{et} \quad - M\,a \log\left(1 - \frac{x}{a}\right).$$

Nous prendrons la détermination du logarithme s'annulant pour $x = o$, détermination holomorphe dans le cercle de rayon a. Comme Y s'annule pour $x = o$, on devra avoir

$$Y - \frac{Y^2}{2b} = - M\,a \log\left(1 - \frac{x}{a}\right)$$

et, par conséquent,

$$Y = b - b\sqrt{1 - \frac{2M\,a}{b} \log\left(1 - \frac{x}{a}\right)},$$

en donnant au radical la détermination $+1$ pour $x = o$.

La fonction Y, ainsi définie, satisfait à l'équation $\dfrac{dY}{dx} = F(x, Y)$; elle s'annule pour $x = o$, et elle est holomorphe à l'intérieur d'un cercle ayant l'origine pour centre, et un rayon ρ annulant la quantité placée sous le radical, c'est-à-dire donné par l'équation

$$1 - \frac{2M\,a}{b} \log\left(1 - \frac{\rho}{a}\right) = o,$$

ce qui donne

$$\rho = a\left(1 - e^{-\frac{b}{2Ma}}\right).$$

Nous sommes donc assuré que le développement (7) converge à l'intérieur du cercle de rayon ρ; il en est donc de même du développement (6), et, par suite, nous pouvons affirmer que *l'équation (5) admet une intégrale holomorphe dans le cercle de rayon ρ ayant l'origine pour centre, et s'annulant pour $x = 0$.* Cette intégrale holomorphe est unique.

On remarquera qu'à l'intérieur du cercle de rayon ρ on a certainement

$$|Y| < b;$$

on a donc, par conséquent,

$$|y| < b$$

à l'intérieur du même cercle.

11. L'analyse précédente s'étend sans modification au cas de n équations

$$\frac{dy_1}{dx} = f_1(x, y_1, y_2, \ldots, y_n),$$

$$\frac{dy_2}{dx} = f_2(x, y_1, y_2, \ldots, y_n),$$

$$\cdots\cdots\cdots\cdots\cdots\cdots\cdots\cdots\cdots\cdots\cdots$$

$$\frac{dy_n}{dx} = f_n(x, y_1, y_2, \ldots, y_n).$$

On suppose que les f sont holomorphes par rapport à x et aux y dans les cercles de rayon a et b décrits respectivement de l'origine comme centre dans le plan de x et des y. Si, de plus, M désigne encore le module maximum des f, on comparera ce système au suivant

$$\frac{dY_1}{dx} = \frac{dY_2}{dx} = \cdots = \frac{dY_n}{dx} = F(x, Y_1, Y_2, \ldots, Y_n),$$

en posant

$$F(x, Y_1, Y_2, \ldots, Y_n) = \frac{M}{\left(1 - \frac{x}{a}\right)\left(1 - \frac{Y_1}{b}\right)\cdots\left(1 - \frac{Y_n}{b}\right)}.$$

Les Y s'annulant tous pour $x = 0$ sont identiques, et l'on n'a à considérer que l'unique équation

$$\frac{dY}{dx} = \frac{M}{\left(1 - \frac{x}{a}\right)\left(1 - \frac{Y}{b}\right)^n}$$

Le rayon ρ du cercle, dans lequel la convergence des développements est assurée, sera ici

$$\rho = a\left(1 - e^{-\frac{k}{a+1 \cdot Mb}}\right).$$

12. Revenons un moment à la première méthode de Cauchy, et bornons-nous à une seule équation. Quand la fonction $f(x, y)$ est une fonction holomorphe, on peut encore appliquer cette méthode. La comparaison des résultats fournis par les deux méthodes est intéressante. Nous supposerons que les valeurs initiales sont (x_0, y_0) au lieu de $(0, 0)$.

Voici d'abord quelques remarques préliminaires. La dérivée $f'_y(x, y)$ est holomorphe à l'intérieur des cercles C et C'; elle n'est pas nécessairement définie sur les circonférences elles-mêmes, mais il n'y a aucun inconvénient à le supposer, car on peut remplacer les cercles de rayon a et b par les cercles de rayon $a - \varepsilon$ et $b - \eta$ (ε et η étant fixes, mais aussi petits que l'on voudra), et la conclusion à laquelle nous arriverons n'en serait pas changée. Soit donc k le maximum du module de $f'_y(x, y)$ dans les cercles C et C'.

En désignant par y_1 et y_2 deux valeurs quelconques de y à l'intérieur de C', on a

$$f(x, y_2) - f(x, y_1) = k(y_2 - y_1)/f'_y[x, y_1 + \theta(y_2 - y_1)], \qquad (0 < \theta < 1),$$

en appliquant le théorème des accroissements finis tel qu'il a été étendu par M. Darboux aux fonctions d'une variable complexe [1] (t. I, p. 35). De l'égalité précédente on conclut

$$|f(x, y_2) - f(x, y_1)| \leq k|y_2 - y_1|.$$

____

[1] A la vérité, nous n'avons démontré (t. I, p. 36) la formule généralisée des accroissements finis que pour une fonction complexe d'une variable réelle, mais le cas d'une fonction analytique d'une variable complexe se ramène immédiatement au précédent. Soit $f(z)$ une fonction analytique de z holomorphe dans un certain domaine comprenant deux points z_1, z_2 et tous les points de la droite qui les joint. Soit z un point variable sur la droite $z_1 z_2$; en désignant par α l'argument de $z_2 - z_1$, on a

$$z = z_1 + \rho e^{\alpha i};$$

soit ρ' la valeur de ρ correspondant à z_2. Par suite, nous aurons

$$f(z_1 + \rho e^{\alpha i}) = F(\rho).$$

De plus, la continuité de la fonction $f(x, y)$ est uniforme à l'intérieur des cercles C et C', ou plus exactement à l'intérieur des cercles de rayon $a - \varepsilon$ et $b - \eta$, que nous pouvons, pour la même raison que plus haut, supposer être les cercles C et C' eux-mêmes.

Cela posé, soit A une quantité positive telle qu'on ait à la fois

$$A \leqq a, \qquad AM \leqq b,$$

et envisageons dans le plan des x le cercle ayant x_0 pour centre et A pour rayon; on trace un rayon de ce cercle. En appliquant la première méthode de Cauchy, on verra, sans changer en rien les raisonnements, que l'équation différentielle détermine *sur le rayon tracé* une fonction de x (dans les diverses inégalités que nous avons eu à écrire, ce sera le module qui remplacera la valeur absolue). De plus, on démontrera ici, comme plus haut, que l'intégrale continue sur un rayon et prenant en x_0 la valeur y_0 est nécessairement unique.

13. Pour chaque point x à l'intérieur du cercle de rayon A, nous déterminons ainsi une valeur pour y, relative en quelque sorte au chemin rectiligne $x_0 x$.

Le rayon A est, comme on a vu, la plus petite des quantités

$$a \quad \text{et} \quad \frac{b}{M}.$$

Il ne peut être admis, sans plus d'explications, que la succession des valeurs ainsi trouvées pour y donne une fonction analytique de x, holomorphe dans le cercle de rayon A; *c'est ce que nous nous proposons maintenant d'établir.*

F(z) étant une fonction complexe de la variable réelle z. Nous avons d'après le théorème généralisé des accroissements finis

$$F(d) - F(o) = \rho \, d \, F'(\xi) \qquad |\rho| < 1,$$

z étant compris entre zéro et d. On reconnaît de suite que cette formule peut s'écrire

$$f(z_1) - f(z_0) = \lambda (z_1 - z_0) f'(\zeta),$$

ζ étant un point de la droite joignant z_0 à z_1; on a toujours $|\lambda| < 1$. C'est de cette formule que nous faisons usage dans le texte.

Il est tout d'abord évident qu'à l'intérieur du cercle de rayon

$$a\left(1 - e^{-\frac{k}{2aM}}\right)$$

la succession des valeurs trouvées pour y représente une fonction analytique holomorphe, car cette succession de valeurs doit nécessairement coïncider avec celle que donne le développement en série de Briot et Bouquet. Il faut montrer que les valeurs trouvées pour y en dehors de ce cercle sont le prolongement analytique de ce développement.

La remarque suivante nous sera encore indispensable. Je considère les cercles C_1 et C'_1 de rayon $a - \varepsilon$ et $b - \eta$, en désignant par ε et η des quantités fixes, d'ailleurs aussi petites que l'on voudra. Soit x_1 et y_1 un système de valeurs de x et y à l'intérieur

Fig. 55.

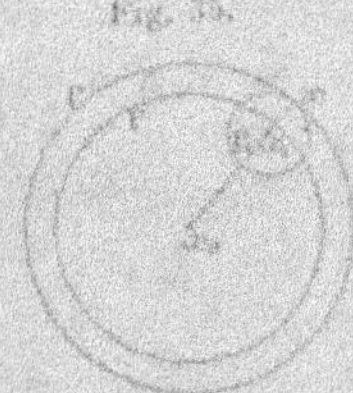

de ces cercles ; la fonction $f(x, y)$ sera holomorphe à l'intérieur de cercles ayant respectivement pour centre x_1 et y_1 et pour rayon ε et η. Donc, à l'intérieur du cercle ayant x_1 pour centre et pour rayon

$$\rho = \varepsilon\left(1 - e^{-\frac{k}{\varepsilon M}}\right),$$

l'équation différentielle donnera un développement convergent. Ceci dit, je considère le cercle Γ ayant pour centre x_0 et un rayon égal à

$$(a - \varepsilon)\left[1 - e^{-\frac{b-\eta}{2(a-\varepsilon)M}}\right].$$

À l'intérieur de ce cercle nous avons, d'après Briot et Bouquet, un développement convergent procédant suivant les puissances croissantes de $x - x_0$; la valeur de y correspondant à une valeur quelconque de x donnera dans le plan des y un point à l'intérieur du cercle C'_1. Cherchons à étendre le développement précédent en dehors du cercle Γ; nous prendrons à cet effet un point x, à l'intérieur de Γ, mais aussi rapproché que l'on voudra de la circonférence du cercle. Nous pourrons, d'après ce qui précède, obtenir un développement convergent à l'intérieur d'une circonférence Γ', de rayon ρ, ayant x, pour centre; le cercle Γ', sortira du cercle Γ et nous aurons ainsi un prolongement de la fonction hors du cercle. En prenant ainsi une succession de points x_1, toujours à la même distance de x_0, nous aurons une succession de circonférences Γ_1, et l'intégrale, dont nous sommes parti en x_0, sera manifestement holomorphe dans l'enveloppe extérieure Γ' de ces circonférences. Pour que cette extension présente de l'intérêt, *il faut que nous puissions raisonner sur* Γ' *comme nous avons raisonné sur* Γ. Il faut donc que, pour tous les points de la couronne annulaire entre Γ et Γ', la valeur correspondante de y soit à l'intérieur du cercle C, de rayon $b - \eta$; or je vais montrer qu'il en est ainsi, si le rayon du cercle Γ' est inférieur à la plus petite des quantités

$$(8) \qquad\qquad a - \varepsilon \quad \text{et} \quad \frac{b - \eta}{M}.$$

Le fait, qui est loin d'être évident si l'on reste dans l'ordre d'idées de Briot et Bouquet, est immédiatement mis en évidence, quand on se reporte à la première méthode de Cauchy. On peut toujours, en effet, supposer que l'on va du point x_0 à un point x du cercle Γ' par le chemin rectiligne, et calculer la valeur de y par la méthode précédente; la valeur de y, ainsi calculée, sera telle que

$$|y - y_0| < b - \eta.$$

Nous raisonnerons donc sur le cercle Γ' comme sur le cercle Γ, *la valeur de* ρ *restant toujours la même*. Du cercle Γ', nous passerons à un troisième cercle Γ'' et ainsi de suite, jusqu'à ce que le rayon de ces cercles successifs devienne égal à la plus petite des quantités (8). Mais, puisque ε et η sont deux quantités indépendantes, aussi petites que l'on voudra, nous pouvons affirmer que *l'intégrale de l'équation différentielle qui, pour* $x = x_0$, *prend la valeur* y_0 *est holomorphe à l'intérieur du cercle ayant pour rayon la plus petite des quantités*

$$(9) \qquad\qquad a \quad \text{et} \quad \frac{b}{M}.$$

Il est bien aisé de voir que, dans tous les cas, ce nouveau rayon de convergence, pour la série de Taylor représentant l'intégrale, sera supérieur à l'expression $a\left(1 - e^{-\frac{b}{2aM}}\right)$. La chose est évidente si c'est a la plus petite des expressions (9). Dans le cas où ce serait $\frac{b}{M}$, nous avons à vérifier que

$$a\left(1 - e^{-\frac{b}{2aM}}\right) < \frac{b}{M},$$

ce qui revient à voir que, pour x positif, on a

$$1 - e^{-x} < 2x,$$

inégalité manifestement vérifiée.

Ainsi on peut certainement fixer pour le domaine de convergence de l'intégrale *un champ plus grand que celui auquel on a été conduit par le Calcul des limites* ([1]), et ce résultat s'étend immédiatement à un nombre quelconque d'équations.

IV Détermination unique d'un système d'intégrales par les valeurs initiales.

14. Reprenons le système des n équations

$$\frac{dy_1}{dx} = f_1(x, y_1, y_2, \ldots, y_n),$$

$$\frac{dy_2}{dx} = f_2(x, y_1, y_2, \ldots, y_n),$$

$$\ldots\ldots\ldots\ldots\ldots\ldots\ldots\ldots\ldots\ldots\ldots$$

$$\frac{dy_n}{dx} = f_n(x, y_1, y_2, \ldots, y_n).$$

Nous avons vu que, si les f étaient holomorphes dans le voisinage de $x_0, y_1^0, y_2^0, \ldots, y_n^0$ il y avait un système unique d'intégrales holomorphes dans le voisinage de x_0 et prenant pour cette valeur les valeurs respectives $y_1^0, y_2^0, \ldots, y_n^0$.

([1]) É. Picard, *Sur la convergence des séries représentant les intégrales des équations différentielles* (*Bulletin des Sciences mathématiques*, 1888).

Existe-t-il un autre système d'intégrales non holomorphes prenant les mêmes valeurs pour $x = x_0$? Par un tel système nous entendons un système d'intégrales $y_1, y_2, \ldots, y_n$ jouissant de la propriété suivante.

On imagine qu'autour de x_0, $y_1^0, \ldots, y_n^0$ on décrive des cercles de rayons très petits, et l'on suppose que, x restant à l'intérieur du premier en suivant un arc de courbe C aboutissant au point x_0, les valeurs correspondantes des y restent respectivement à l'intérieur des autres cercles; de plus, quand, x restant sur C tend vers x_0, les y tendent respectivement vers les y^0. Ayant ainsi bien défini ce que nous entendons par intégrales prenant des valeurs données pour $x = x_0$, nous pouvons chercher à établir que le système d'intégrales holomorphes est le seul jouissant de la propriété précédente.

Dans le Mémoire que nous avons déjà cité, Briot et Bouquet établissent ce théorème en se bornant au cas de $n = 1$, et leur méthode ne s'applique pas au cas de n quelconque. De plus, et c'est le point sur lequel je veux insister, leur démonstration suppose implicitement que x tend vers x_0 *en suivant un arc de longueur finie*. Si l'on admet cette restriction, la démonstration pour le cas de n quelconque peut se faire en suivant la marche que j'ai indiquée dans le cas où x est réel (§ 6). En effet, toutes les considérations développées dans la première Section de ce Chapitre peuvent être étendues au cas où l'on admet que x reste sur un arc *fini* aboutissant en x_0. Nous nous placerons maintenant à un point de vue un peu différent pour ne pas introduire d'hypothèse supplémentaire dans la démonstration, et nous parviendrons facilement au théorème cherché en nous appuyant sur le théorème fondamental relatif à l'existence des intégrales dans la théorie des équations aux dérivées partielles.

15. Soit d'abord l'équation unique

$$(\text{E}) \qquad \frac{dy}{dx} = f(x, y).$$

Nous considérons l'équation aux dérivées partielles

$$\frac{\partial V}{\partial x} + f(x, y) \frac{\partial V}{\partial y} = 0.$$

Il y a une infinité de fonctions $F(x, y)$ des deux variables indépendantes x et y, vérifiant cette équation. Si, comme nous le supposons, $f(x, y)$ est holomorphe dans le voisinage de x_0, y_0, nous établirons dans un moment qu'on peut trouver une fonction $F(x, y)$ holomorphe dans le voisinage de (x_0, y_0), satisfaisant à cette équation et se réduisant pour $x = x_0$ à une fonction arbitraire, donnée à l'avance, $\varphi(y)$, holomorphe autour de y_0. Nous admettons ce théorème fondamental qui sera démontré dans la Section suivante.

Ceci dit, soit $F(x, y)$ une telle intégrale; nous supposerons seulement, comme il est possible, que F s'annule, tandis que $\frac{\partial F}{\partial y}$ ne s'annule pas, pour $x = x_0$, $y = y_0$ [il suffit de prendre $\varphi(y)$ telle que $\varphi(y_0) = 0$ et $\varphi'(y_0) \neq 0$]. Si l'on substitue dans $F(x, y)$, à la place de y, une intégrale quelconque de l'équation (E), on aura

$$F(x, y) = C,$$

C étant une constante indépendante de x; on a, en effet,

$$\frac{\partial F}{\partial x} + \frac{\partial F}{\partial y}\frac{dy}{dx} = \frac{\partial F}{\partial x} + \frac{\partial F}{\partial y}f(x, y) = 0.$$

Si maintenant nous revenons à une intégrale y, définie comme au paragraphe précédent, et prenant pour x_0 la valeur y_0, on devra nécessairement avoir

$$F(x, y) = 0,$$

puisque $F(x_0, y_0) = 0$. Toute intégrale y satisfera donc à l'équation précédente. Or, si nous nous reportons au théorème de Weierstrass (Chap. IX, § 8), nous savons que l'on peut écrire, puisque $\left(\frac{\partial F}{\partial y}\right)_0 \neq 0$,

$$F(x, y) = [y - P(x)]\psi(x, y),$$

$\psi(x, y)$ ne s'annulant pas dans le voisinage de (x_0, y_0) et $P(x)$ étant holomorphe. L'intégrale y, que nous étudions, vérifie donc la relation

$$y - P(x) = 0.$$

Elle coïncide avec l'intégrale holomorphe [1].

---

16. La démonstration s'étend d'elle-même à un système d'équations différentielles

$$\frac{dy_1}{dx} = f_1(x, y_1, y_2, \ldots, y_n),$$

$$\frac{dy_2}{dx} = f_2(x, y_1, y_2, \ldots, y_n),$$

$$\cdots\cdots\cdots\cdots\cdots\cdots\cdots\cdots$$

$$\frac{dy_n}{dx} = f_n(x, y_1, y_2, \ldots, y_n);$$

on devra ici considérer l'équation aux dérivées partielles

$$\frac{\partial F}{\partial x} + f_1 \frac{\partial F}{\partial y_1} + \ldots + f_n \frac{\partial F}{\partial y_n} = 0.$$

Nous admettons, comme nous l'avons fait plus haut, qu'il existe une fonction F des $n + 1$ variables $x, y_1, y_2, \ldots, y_n$ satisfaisant à cette équation et se réduisant pour $x = x_0$ à une fonction arbitraire donnée à l'avance $\varphi(y_1, y_2, \ldots, y_n)$ holomorphe dans le voisinage de $y_1^0, y_2^0, \ldots, y_n^0$.

Si dans une telle fonction $F(x, y_1, y_2, \ldots, y_n)$ on remplace $y_1, y_2, \ldots, y_n$ par un système d'intégrales des équations proposées, on aura

$$F(x, y_1, y_2, \ldots, y_n) = C,$$

C étant une constante indépendante de x.

Prenons alors n fonctions F, que nous désignerons par $F_1, F_2, \ldots, F_n$; elles seront déterminées par les fonctions $\varphi_1, \varphi_2, \ldots, \varphi_n$ qui sont leurs valeurs pour $x = x_0$. Nous supposons que

$$\varphi_i(y_1^0, y_2^0, \ldots, y_n^0) = 0 \qquad (i = 1, 2, \ldots, n),$$

et que le déterminant fonctionnel

$$\frac{D(\varphi_1, \varphi_2, \ldots, \varphi_n)}{D(y_1, y_2, \ldots, y_n)}$$

ne s'annule pas pour $y_1^0, y_2^0, \ldots, y_n^0$.

---

relatif à l'existence des intégrales. Ce n'est pas, d'ailleurs, la seule fois où nous trouverons profit à avoir établi l'existence des fonctions implicites à l'aide du théorème de Weierstrass.

Un système quelconque d'intégrales $y_1, y_2, \ldots, y_n$, prenant pour x_0 les valeurs respectives $y_1^0, y_2^0, \ldots, y_n^0$, satisfera aux équations

$$F_1(x, y_1, y_2, \ldots, y_n) = 0,$$
$$F_2(x, y_1, y_2, \ldots, y_n) = 0,$$
$$\cdots\cdots\cdots\cdots\cdots\cdots\cdots$$
$$F_n(x, y_1, y_2, \ldots, y_n) = 0.$$

Or, d'après ce que nous avons vu (Chap. IX, § 11), les valeurs des y, satisfaisant à ces équations, restant dans le voisinage de $y_1^0, y_2^0, \ldots, y_n^0$, quand x reste lui-même dans le voisinage de x_0, et prenant pour $x = x_0$ les valeurs $y_1^0, y_2^0, \ldots, y_n^0$, sont des fonctions holomorphes de x. Nous arrivons donc encore à la conclusion : *il n'y a pas d'autre système d'intégrales satisfaisant aux conditions requises que le système holomorphe.*

17. J'ai insisté sur l'existence unique du système d'intégrales dans le cas général où les équations ne présentent aucune circonstance singulière; c'est, en effet, une proposition tout à fait fondamentale et la base même de l'emploi des équations différentielles dans toutes les applications. Il semble de plus, à lire certaines phrases d'un Mémoire de M. Fuchs [1], que ce théorème puisse être mis en doute. Je ne puis partager le scepticisme de l'illustre géomètre. Sans doute, on peut faire une légère critique à la démonstration de Briot et Bouquet, mais la proposition elle-même n'en subsiste pas moins, comme je viens de le montrer, si l'on précise bien l'énoncé. Prenons, en le simplifiant, un exemple cité par M. Fuchs : soit l'équation

$$\frac{dy}{dx} = -\frac{y^2}{x},$$

dont l'intégrale générale est visiblement

$$y = \frac{1}{\log x + C},$$

C étant une constante arbitraire. Soit $x_0 \gtrless 0$, lorsque x part du voisinage de x_0 et y revient après avoir tourné un très grand

---

[1] Fuchs, *Sitzungsberichte der Berliner Akademie*, 1886.

nombre de fois autour de l'origine, une intégrale quelconque y a
une valeur de plus en plus petite, mais il est bien clair que l'on
ne peut pas dire qu'on a là une intégrale s'annulant pour $x = x_0$,
au sens que nous avons spécifié au § 14.

V. — Existence des intégrales des systèmes d'équations linéaires aux dérivées partielles.

18. Nous nous sommes appuyé, dans la Section précédente,
sur un théorème relatif à l'existence des intégrales d'une équation linéaire aux dérivées partielles. Nous aurons plusieurs fois
encore, dans la théorie des équations différentielles ordinaires, à
l'employer; aussi allons-nous établir de suite ce théorème en le
prenant sous sa forme la plus générale.

Les propositions relatives à l'existence des intégrales des équations aux dérivées partielles ont été démontrées, pour la première
fois, par Cauchy, à l'aide du Calcul des limites [1]. On a simplifié,
de différentes manières, les démonstrations de Cauchy et nous
devons citer, en particulier, M. Darboux, M. Méray et Mme Kowalewski. Le Mémoire de l'éminente analyste sur ce sujet est devenu classique [2]; c'est ce travail que nous prendrons pour guide
dans l'exposé de la démonstration. Démontrons d'abord un théorème préliminaire.

On considère le système d'équations aux dérivées partielles

$$
\text{(E)}
\begin{cases}
\dfrac{\partial u_1}{\partial x} = \displaystyle\sum_{i,k} A_{ik}\, \dfrac{\partial u_i}{\partial x_k} \\[2mm]
\dfrac{\partial u_2}{\partial x} = \displaystyle\sum_{i,k} B_{ik}\, \dfrac{\partial u_i}{\partial x_k} \\[1mm]
\cdots\cdots\cdots\cdots\cdots \\[1mm]
\dfrac{\partial u_m}{\partial x} = \displaystyle\sum_{i,k} L_{ik}\, \dfrac{\partial u_i}{\partial x_k}
\end{cases}
\qquad
\begin{aligned}
&i = 1, 2, \ldots, m; \\
&k = 1, 2, \ldots, p,
\end{aligned}
$$

où les A, B, ..., L représentent des fonctions holomorphes des
seules lettres $u_1, u_2, \ldots, u_m$ dans le voisinage de $u_1^0, u_2^0, \ldots, u_m^0$.

---

[1] *Œuvres de Cauchy* (loc. cit.).
[2] Sophie Kowalewski, *Journal de Crelle*, t. 80.

On se donne d'autre part m fonctions de x_1, x_2, ..., x_p

$$\varphi_1(x_1, x_2, \ldots, x_p), \quad \varphi_2(x_1, x_2, \ldots, x_p), \quad \ldots, \quad \varphi_m(x_1, x_2, \ldots, x_p),$$

holomorphes dans le voisinage de x_1^0, x_2^0, ..., x_p^0 et se réduisant respectivement à u_1^0, u_2^0, ..., u_m^0 pour ces valeurs des variables x_1, x_2, ..., x_p.

Ceci posé, nous allons établir qu'*on peut trouver m fonctions u_1, u_2, ..., u_m des $p + 1$ variables indépendantes x, x_1, x_2, ..., x_p satisfaisant au système* (E) *et se réduisant respectivement pour $x = x^0$ à φ_1, φ_2, ..., φ_m.*

Nous faisons d'abord la remarque évidente qu'on peut supposer nulles les constantes initiales u_i^0, x^0, x_k^0. Si les fonctions satisfaisant aux conditions de l'énoncé existent, on pourra, à l'aide des équations (E), effectuer leurs développements suivant les puissances de x. On aura, en effet, les valeurs de toutes les dérivées partielles des u pour $x = x_1 = \ldots = x_p = 0$. Cela est évident pour les dérivées où x ne figure pas, puisque les valeurs des u sont données pour $x = 0$. Quant aux autres dérivées partielles, on les aura de proche en proche; ainsi les dérivées, où la dérivation est faite une fois seulement par rapport à x, seront données par les équations (E) différentiées un nombre quelconque de fois par rapport à x_1, x_2, ..., x_p. On dérivera ensuite les équations (E) par rapport à x, et, en s'appuyant sur le calcul des dérivées précédentes, on aura les dérivées partielles où la dérivation est faite deux fois par rapport à x, et ainsi de suite.

On aura donc les développements

$$u_j = P_0^j + P_1^j x + \ldots + P_n^j x^n + \ldots,$$

où les P sont des fonctions connues holomorphes de x_1, x_2, ..., x_p. Si ces développements sont convergents, ils satisferont au système (E); cela résulte de la manière même dont ils ont été obtenus.

Le point capital de la démonstration est la convergence des séries précédentes dans un certain domaine autour des valeurs initiales. On reconnaît, dans tout ce que nous venons de faire, l'analogie la plus complète avec ce que nous avons fait dans le cas d'une équation différentielle ordinaire. La démonstration de la convergence va encore résulter d'une comparaison avec un système convenable; c'est toujours l'idée fondamentale du Calcul des limites de Cauchy.

Soit M le module maximum des A, B, ..., L, quand les u restent dans leurs plans respectifs, à l'intérieur d'un cercle de rayon r.

D'après ce que nous avons vu (Chap. IX, p. 240), la fonction

$$F = \frac{M}{1 - \dfrac{u_1 + u_2 + \cdots + u_m}{r}}$$

peut être prise pour fonction de comparaison[1], c'est-à-dire qu'une dérivée partielle quelconque de F pour $u_1 = u_2 = \ldots = u_m = 0$ est positive et supérieure au module de la dérivée correspondante des fonctions A, B, ..., L.

Nous allons comparer le système (E) au système

$$(E') \quad \frac{\partial U_1}{\partial x} = \frac{\partial U_2}{\partial x} = \ldots = \frac{\partial U_m}{\partial x} = \frac{M}{1 - \dfrac{U_1 + U_2 + \cdots + U_m}{r}} \sum_{i,k} \frac{\partial U_i}{\partial x_k}.$$

Soit d'autre part N le module maximum des fonctions $\varphi(x_1, x_2, \ldots, x_p)$ (qui s'annulent pour $x_1 = x_2 = \ldots = x_p = 0$) quand les x restent respectivement à l'intérieur d'un cercle de rayon ρ. Aux fonctions φ nous allons substituer, comme valeurs initiales des U dans (E'), la fonction de comparaison

$$\Phi = \frac{N}{1 - \dfrac{x_1 + x_2 + \cdots + x_p}{\rho}} - N.$$

D'après les propriétés des dérivées des fonctions de comparaison, il est bien clair qu'en développant les U en séries à l'aide du système (E'), comme on a développé les u à l'aide du système (E), on trouve des coefficients positifs et supérieurs au module du coefficient correspondant dans U. Il suffit donc de démontrer la convergence des séries tirées du système (E'). Or les U, ayant même valeur Φ pour $x = 0$, seront identiques, et le système (E') se réduit à l'unique équation

$$\frac{\partial U}{\partial x} = \frac{Mm}{1 - \dfrac{mU}{r}} \left(\frac{\partial U}{\partial x_1} + \frac{\partial U}{\partial x_2} + \cdots + \frac{\partial U}{\partial x_p} \right).$$

[1] Cette fonction de comparaison est employée depuis longtemps par M. Weierstrass.

Puisque Φ ne dépend que de $x_1 + x_2 + \ldots + x_p$, nous pouvons présumer que U ne dépendra que de cette somme. Regardons donc U comme fonction de x et de

$$z = x_1 + x_2 + \ldots + x_p;$$

l'équation précédente devient alors

$$(10) \qquad \frac{\partial U}{\partial x} = \frac{M m p}{1 - \frac{mU}{r}} \frac{\partial U}{\partial z},$$

et nous avons à considérer l'intégrale U de cette équation qui, pour $x = 0$, se réduit à

$$\frac{X}{1 - \frac{z}{\beta}} - X = \frac{Xz}{\beta - z}.$$

Or l'équation (10) exprime que les deux expressions

$$U \quad \text{et} \quad \left(1 - \frac{mU}{r}\right) z + Mmpx$$

sont fonctions l'une de l'autre. On doit donc avoir

$$\left(1 - \frac{mU}{r}\right) z + Mmpx = \psi(U).$$

Comment doit-on déterminer la fonction arbitraire ψ? Nous voulons que, *pour* $x = 0$,

$$U = \frac{Xz}{\beta - z};$$

on aura donc

$$\psi\left(\frac{Xz}{\beta - z}\right) = \left(1 - \frac{m}{r} \frac{Xz}{\beta - z}\right) z$$

ou

$$\psi(t) = \left(1 - \frac{m}{r} t\right) \frac{\beta t}{X + t},$$

si l'on pose

$$\frac{Xz}{\beta - z} = t.$$

La fonction $\psi(t)$ est donc complètement déterminée, et la relation donnant U sera nécessairement de la forme

$$\left(1 - \frac{mU}{r}\right) z + Mmpx = \left(1 - \frac{m}{r} U\right) \frac{\beta U}{X + U}.$$

C'est une équation du second degré en U : pour $x = z = 0$, elle a une racine nulle et une autre égale à $\frac{r}{m}$. La seule qui nous intéresse est la racine nulle : elle est holomorphe dans le voisinage de $x = z = 0$; c'est donc aussi une fonction holomorphe de x, $x_1, x_2, \ldots, x_p$ dans le voisinage de

$$x = x_1 = \ldots = x_p = 0.$$

Le système (E') ayant une intégrale holomorphe, il en sera de même, d'après ce qui a été expliqué, pour le système E qui admet dès lors un système d'intégrales satisfaisant aux conditions requises.

19. Du théorème précédent, nous pouvons conclure un théorème plus général, en supposant dans le système (E) que les A, B, ..., L ne dépendent pas seulement des u, mais aussi de x, $x_1, x_2, \ldots, x_p$. Le théorème qui vient d'être établi subsiste dans ces nouvelles conditions.

Pour l'établir, nous considérerons le système des $m + p + 1$ équations

$$\frac{\partial u_1}{\partial x} = \sum_{i,k} A_{i,k}(u_1, \ldots, u_m, x', x'_1, \ldots, x'_p) \frac{\partial u_i}{\partial x_k},$$

$$\ldots\ldots\ldots\ldots\ldots\ldots\ldots\ldots\ldots\ldots\ldots,$$

$$\frac{\partial u_m}{\partial x} = \sum_{i,k} L_{i,k}(u_1, \ldots, u_m, x', x'_1, \ldots, x'_p) \frac{\partial u_i}{\partial x_k},$$

$$\frac{\partial x'}{\partial x} = 1,$$

$$\frac{\partial x'_1}{\partial x} = 0,$$

$$\ldots\ldots,$$

$$\frac{\partial x'_p}{\partial x} = 0.$$

Ce système est de la forme de celui qui a été étudié au paragraphe précédent. On peut se donner pour $x = 0$ les valeurs initiales de $u_1, u_2, \ldots, u_m$ qui seront les fonctions φ, et aussi les valeurs de $x', x'_1, \ldots, x'_p$ pour $x = 0$; pour ces dernières valeurs, nous prendrons

$$x' = 0, \quad x'_1 = x_1, \quad \ldots, \quad x'_p = x_p.$$

Les $p+1$ dernières équations montrent que l'on doit avoir alors

$$x = x, \qquad x_1 = a_1, \qquad \ldots, \qquad x_p = a_p,$$

et, par suite, *nous avons démontré l'existence des intégrales du système*

$$\frac{du_1}{dx} = \sum_{i,k} A_{i,k}(u_1, \ldots, u_m, x, x_1, \ldots, x_p) \frac{du_i}{dx_k},$$

$$\ldots \ldots \ldots \ldots \ldots \ldots \ldots \ldots \ldots \ldots \ldots \ldots \ldots \ldots$$

$$\frac{du_m}{dx} = \sum_{i,k} L_{i,k}(u_1, \ldots, u_m, x, x_1, \ldots, x_p) \frac{du_i}{dx_k},$$

prenant pour $x = 0$ les valeurs $\varphi_1, \varphi_2, \ldots, \varphi_m$.

20. Ainsi, en particulier, et c'est le théorème sur lequel nous nous sommes appuyé (§ 15), l'équation

$$\frac{\partial u}{\partial x} + f(x, y) \frac{\partial u}{\partial y} = 0$$

[où l'on suppose $f(x, y)$ holomorphe dans le voisinage de x_0, y_0] admettra une intégrale u holomorphe dans le voisinage de $x = x_0$, $y = y_0$ se réduisant, pour $x = x_0$, à une fonction donnée $\varphi(y)$ holomorphe dans le voisinage de $y = y_0$.

Pareillement, l'équation

$$\frac{\partial u}{\partial x} + f_1(x, y_1, \ldots, y_m) \frac{\partial u}{\partial y_1} + \cdots + f_m(x, y_1, \ldots, y_m) \frac{\partial u}{\partial y_m} = 0$$

admettra une intégrale u se réduisant, pour $x = x_0$, à une fonction donnée de $y_1, y_2, \ldots, y_m$.

CHAPITRE XII.

QUELQUES APPLICATIONS DES THÉORÈMES GÉNÉRAUX.

I — Cas où le coefficient différentiel devient infini. Théorème de M. Painlevé sur les fonctions définies par une équation du premier ordre

1. Nous avons vu, dans le Chapitre précédent, quelle était la nature de l'intégrale de l'équation

$$(1) \qquad \frac{dy}{dx} = f(x, y),$$

devenant égale à y_0 pour $x = x_0$, quand $f(x, y)$ est holomorphe dans le voisinage de (x_0, y_0). D'autres circonstances pourront se présenter, et nous aurons à les étudier en détail. Considérons seulement en ce moment le cas très simple où f deviendrait infini pour $x = x_0$, $y = y_0$, mais de telle manière que son inverse, s'annulant en (x_0, y_0),

$$\frac{1}{f(x, y)}$$

fût holomorphe dans le voisinage de ce système de valeurs de x et y. Que pouvons-nous dire des intégrales de l'équation (1) prenant pour x_0 la valeur y_0 ?

On ramènera facilement ce cas à celui précédemment étudié, en considérant x comme fonction de y. Écrivons alors l'équation sous la forme

$$(2) \qquad \frac{dx}{dy} = \frac{1}{f(x, y)}.$$

Le second membre est holomorphe dans le voisinage de (x_0, y_0).

il s'annule pour $x = x_0$, $y = y_0$; supposons d'une manière générale que toutes ses dérivées partielles, jusqu'au rang m exclusivement, s'annulent pour ces valeurs (m est au moins égale à 1). D'après le théorème fondamental, il y aura une intégrale de l'équation (2) prenant pour $y = y_0$ la valeur x_0; on aura

$$(3) \qquad x - x_0 = A_1(y - y_0)^{m+1} + A_2(x - x_0)^{m+2} + \dots \qquad (A_1 \neq 0).$$

Il en résulte (Chap. **IX**, § 9) que y peut se mettre sous la forme d'une série ordonnée suivant les puissances croissantes de

$$(x - x_0)^{\frac{1}{m+1}},$$

le premier terme du développement contenant l'expression précédente à la première puissance. L'intégrale de l'équation (1), prenant pour x_0 la valeur de y_0, a donc au point x_0 *un point critique algébrique*, c'est-à-dire un point autour duquel se permutent diverses valeurs de la fonction. Ces valeurs sont ici en nombre $m + 1$.

Dans la suite, nous dirons toujours qu'une fonction y de x a en x_0 un point critique algébrique, quand elle prend une valeur déterminée (finie ou infinie), en x_0, et qu'elle a autour de ce point un nombre fini de valeurs distinctes se permutant les unes dans les autres quand x tourne autour de x_0.

Il est évident que l'on obtient ainsi toutes les intégrales de l'équation (1) prenant pour $x = x_0$ la valeur y_0, puisque nous avons démontré précédemment que la seule intégrale de (2) prenant la valeur de x_0, quand y tend d'une manière quelconque vers y_0, est précisément fournie par le développement holomorphe (3).

2. L'équation différentielle (1) définit une fonction analytique, quand on s'est donné les valeurs initiales (x_0, y_0). En supposant f holomorphe dans le voisinage de (x_0, y_0), on aura un premier développement en série qui définira y dans le voisinage de x_0. L'extension de la fonction en dehors de cette première région de convergence se fera en se plaçant au même point de vue que dans la théorie des séries entières (Chap. II, p. 68). Si l'on a tracé un arc déterminé allant de x_0 en X, on effectuera, s'il est possible, une succession de développements de proche en proche pour

atteindre le point X, mais il est clair que l'on pourra être arrêté si l'on rencontre des systèmes de valeurs de (x, y) qui soient des systèmes de valeurs *singulières* pour la fonction $f(x, y)$.

Sans insister sur ces généralités peu instructives, arrêtons-nous sur un cas particulier qui nous conduira à un théorème fort important. Prenons l'équation

$$(E) \qquad \frac{dy}{dx} = f(x, y);$$

f est une fonction rationnelle par rapport à y, et elle est uniforme par rapport à x quand cette variable reste dans une certaine région R. On suppose de plus que pour une valeur fixe, d'ailleurs arbitraire, donnée à y, la fonction f de x puisse avoir dans R soit des pôles, soit des points singuliers essentiels isolés; il est évident que ces derniers ne pourront pas ici varier avec y, puisqu'ils doivent être nécessairement des points singuliers essentiels pour un au moins des coefficients des diverses puissances de y au numérateur et au dénominateur de f. Il n'en sera pas de même des pôles qui, en général, dépendront de la valeur de y. Désignons par (α) l'ensemble des points singuliers essentiels et des pôles qui ne dépendraient pas de y.

Il arrivera, en général, que la fonction $f(x, y)$ deviendra *indéterminée* pour un certain nombre de systèmes de valeurs de (x, y); ces systèmes seront les racines communes aux deux équations qu'on obtient en égalant à zéro le numérateur et le dénominateur de f. Soit (β) l'ensemble correspondant des valeurs de x dans R.

Enfin, si dans l'équation (E) on pose $y = \frac{1}{y_1}$, on aura une équation de même forme

$$\frac{dy_1}{dx} = f_1(x, y_1),$$

où f_1 est rationnelle en y_1, et il pourra arriver que pour certains systèmes de valeurs (γ, o) de (x, y_1) la fonction f_1 devienne indéterminée; nous appellerons (γ) l'ensemble des valeurs correspondantes de x. Ceci posé, nous allons démontrer qu'*en dehors des points* (α), (β), (γ) *l'équation* (E) *n'a d'autres points singuliers que des pôles ou des points critiques algébriques.*

Nous supposons que l'on parte d'un point x_0 avec la valeur initiale y_0, la fonction f étant holomorphe dans le voisinage de (x_0, y_0). On mène par x_0 un arc de courbe C ne passant pas par les points (α), (β), (γ). Cherchons à nous rendre compte des valeurs de l'intégrale le long de cet arc. On avancera de proche en proche sur C en employant successivement les développements en série fournis par le théorème fondamental, mais il pourra arriver que les rayons de convergence de ces développements tendent vers zéro et qu'on ne puisse dépasser un certain point X de l'arc C. Nous devons nous demander quelle sera la nature du point X pour l'intégrale que nous étudions.

Il est, *a priori*, évident que trois circonstances peuvent seulement se présenter. En premier lieu, quand x tend vers X en suivant l'arc C, y peut tendre vers une valeur Y telle que

$$(1) \qquad \frac{1}{f(X,Y)} = 0,$$

la fonction $\dfrac{1}{f(x,y)}$ sera alors holomorphe dans le voisinage de (X, Y), puisque X est distincte par hypothèse des points (α), (β); *le point X est alors un point critique algébrique.*

En second lieu, y peut augmenter indéfiniment; la fonction

$$f(x, y_1)$$

ayant une valeur (finie ou infinie) parfaitement déterminée pour $x = X$, $y_1 = 0$, puisque X n'appartient pas aux points (γ), il en résulte encore que X *sera ou un pôle ou un point critique algébrique.*

En troisième lieu, on pourrait faire l'hypothèse que y n'a pas de limite quand x tend vers X; mais nous allons voir que cela est impossible. Marquons, en effet, dans le plan y les différentes racines Y de l'équation (1), Y_1, Y_2, ..., Y_n, et considérons de plus dans ce plan le point x. Si x reste à l'intérieur d'un cercle de rayon très petit ρ décrit autour de X, les racines y de l'équation

$$\frac{1}{f(x,y)} = 0$$

resteront dans le voisinage de Y_1, ..., Y_n. Nous pouvons donc décrire autour de ces derniers points des courbes très petites (si ρ est lui-même très petit) γ_1, γ_2, ...,γ_n à l'intérieur desquelles

resteront les racines de l'équation précédente. Décrivons ensuite,
toujours dans le plan des y, un cercle Γ de rayon très grand.

Ceci posé, revenons à l'équation (E); si l'on prend comme valeur initiale de x un point à l'intérieur du cercle de rayon p tracé
plus haut, et pour valeur initiale de y un point extérieur aux
courbes γ et intérieur à Γ, on aura une intégrale holomorphe dans
un certain champ autour de la valeur choisie de x. Quand on fera
varier d'une manière continue les valeurs initiales de x et y, le
rayon de ce champ variera d'une manière continue, et il aura manifestement un minimum λ *différent de zéro* quand x et y décri-
ront l'ensemble des domaines où ils doivent rester.

Ces préliminaires bien compris, supposons maintenant que
notre intégrale y ne tende vers aucune limite quand x se rapproche indéfiniment de X. Il est impossible que y reste constamment à l'intérieur d'une courbe γ ou à l'extérieur de Γ, car dans
ce cas y aurait pour limite un des Y_i ou l'infini. Il arrivera donc
que y, pour certaines valeurs de x aussi rapprochées qu'on
voudra de X, sera à l'extérieur des courbes γ et à l'intérieur de Γ.
Or nous avons dit que, pour des valeurs initiales de x et y satisfaisant à ces conditions, le rayon de convergence autour du point x
est au moins égal à un nombre fixe λ; il y aura donc un moment
où le cercle de convergence du développement enveloppera le
point X, et celui-ci ne pourra pas être alors un point d'indétermination. La contradiction à laquelle nous arriverons démontre
donc bien qu'en dehors des points (α), (β), (γ) *l'équation n'a
d'autres points singuliers que des pôles ou des points critiques
algébriques.*

3. Ce théorème a été démontré par M. Painlevé, et même dans
le cas plus général où f serait une fonction uniforme quelconque
de y dans le plan de la variable y [1].

Il s'étend aux équations qui ne seraient pas du premier degré
en $\dfrac{dy}{dx}$. Ainsi l'équation

$$(4) \qquad f\left(y, \frac{dy}{dx}, x\right) = 0,$$

---

[1] P. PAINLEVÉ, *Sur les lignes singulières des fonctions analytiques* (Annales de la Faculté des Sciences de Toulouse, 1888).

algébrique en y et $\dfrac{dy}{dx}$ n'a, en dehors d'un certain nombre de points fixes, que l'on peut marquer à l'avance dans le plan, que des pôles et des points critiques algébriques; c'est un point sur lequel nous reviendrons après l'étude des fonctions algébriques.

On peut énoncer le même résultat sous une forme un peu différente. Si nous appelons *singularité essentielle* d'une intégrale toute singularité autre que les pôles et les points critiques algébriques, nous pouvons dire que *les singularités essentielles des intégrales de l'équation* (5) *sont fixes, c'est-à-dire ne varient pas avec la constante arbitraire figurant dans l'intégrale générale*. On le voit bien pour notre équation (4) où les singularités essentielles ne peuvent être autres que les points (α), (β), (γ).

Ce théorème a été souvent implicitement admis, mais on se rendra compte qu'une démonstration rigoureuse était d'autant plus nécessaire que des circonstances toutes différentes peuvent se présenter pour les équations d'ordre supérieur au premier. Là les singularités essentielles peuvent dépendre des constantes d'intégration. Ainsi, soit

$$y = C_1 e^{\frac{1}{x-C_2}},$$

en éliminant C_1 et C_2 entre y, $\dfrac{dy}{dx}$ et $\dfrac{d^2y}{dx^2}$, on aura une équation algébrique

$$f\left(y, \frac{dy}{dx}, \frac{d^2y}{dx^2}\right) = o,$$

et les singularités essentielles des intégrales dépendent évidemment de la constante C_2.

II. — Équation de Riccati et équation linéaire du premier ordre.

4. Revenons à notre équation (E)

$$(E) \qquad \frac{dy}{dx} = f(x, y),$$

f étant rationnelle en y. Les singularités essentielles, comme nous venons de le voir, sont fixes, mais, en général, les pôles et les points critiques algébriques sont variables d'une intégrale à l'autre. Laissons de côté les pôles, et demandons-nous quelle forme doit avoir l'équation pour que *les points critiques algébriques soient indépendants de la constante d'intégration*.

Tout d'abord f devra être un polynôme entier en y; car, si l'on avait

$$f(x, y) = \frac{P(x, y)}{Q(x, y)},$$

P et Q étant deux polynômes en y, qu'on peut supposer n'avoir pas de facteur commun quand x est quelconque, il suffirait pour $x = x_0$, x_0 étant quelconque, de prendre comme valeur initiale de y une racine y_0 de l'équation

$$Q(x_0, y_0) = 0.$$

L'intégrale de l'équation (E), devenant égale à y_0 pour $x = x_0$, aurait en ce point un point critique algébrique, puisque $\frac{dy}{dx}$ est infinie pour (x_0, y_0). On voit donc que x_0 serait un point critique algébrique pour une certaine intégrale, et nous avons pris x_0 arbitrairement.

Ainsi f est un polynôme en y. Nous allons voir qu'il ne peut être de degré supérieur à deux. C'est ce que montre de suite l'équation transformée obtenue en changeant y en $\frac{1}{y_1}$. Si le degré m de f est supérieur à deux, cette équation transformée sera de la forme

$$\frac{dy_1}{dx} = \frac{f_1(x, y_1)}{y_1^{m-2}},$$

f_1 étant un polynôme en y_1 ne s'annulant pas, quel que soit x, pour $y_1 = 0$. L'intégrale de cette équation, qui s'annule pour une valeur arbitraire x_0 de x, aura en x_0 un point critique algébrique, car nous sommes encore dans le cas du coefficient différentiel devenant infini.

En définitive, notre équation (E) doit être de la forme

$$(b) \qquad\qquad \frac{dy}{dx} = Py^2 + Qy + R,$$

P, Q, R ne dépendant que de x. D'ailleurs, dans toute région du plan où P, Q, R sont uniformes, les points critiques des intégrales ne peuvent être que les points singuliers (x) (pôles ou points singuliers essentiels) de ces coefficients ; ceci résulte du théorème démontré au paragraphe précédent. L'intégrale y a une valeur déterminée (finie ou infinie) en tout point distinct des points (z); tant qu'elle reste finie, elle ne cessera pas d'être holomorphe, et, si elle devient infinie, son inverse restera holomorphe, puisque l'équation (6) garde la même forme quand on change y en $\frac{1}{y}$.

5. Nous avions déjà rencontré l'équation (6), qui est connue sous le nom d'*équation de Riccati* (t. I, p. 410). On peut, comme conséquence du fait capital que les points critiques de l'intégrale générale sont fixes, trouver *a priori* de quelle manière la constante figure dans l'intégrale générale.

Soient deux points x_0 et x distincts des points critiques; joignons-les par un arc de courbe déterminé ne passant pas par les points critiques. Désignons par y_0 la valeur initiale d'une intégrale en x_0, et soit y la valeur de cette intégrale quand la variable va de x_0 à x par le chemin tracé. Quand y_0 est donné, la valeur de y s'ensuit; y est donc fonction de y_0, et c'est la nature de cette fonction que nous cherchons (¹).

On voit d'abord que y est une fonction analytique uniforme de y_0, car, pour étendre de proche en proche l'intégrale à partir de x_0, en suivant l'arc tracé, on partage celui-ci en un nombre suffisamment grand de parties, et l'on a alors une succession de cercles dans lesquels y ou $\frac{1}{y}$ est holomorphe. Les valeurs successives de l'intégrale sont donc des fonctions analytiques de y_0 et il en est, par suite, de même pour la valeur finale y. Quelle que soit la valeur finie ou infinie donnée à y_0, y aura toujours une valeur parfaitement déterminée qui sera également finie ou infinie; ceci suffit pour que nous puissions affirmer que y *est une fonction rationnelle de* y_0. En effet, la fonction uniforme y ne pourra alors avoir de singularités essentielles; ayant seulement des pôles à distance finie et à l'infini, elle se réduit donc à une fraction rationnelle (Chap. V, p. 123).

(¹) Nous généraliserons plus tard le raisonnement qui va être fait, quand nous étudierons avec M. Fuchs et M. Poincaré les équations algébriques du premier ordre à points critiques fixes.

Mais nous pouvons aller plus loin ; y sera de la même manière une fonction rationnelle de y_0, car on peut aller de x en x_0 en suivant en sens inverse le chemin tracé, et le même raisonnement s'applique. Il en résulte que y sera nécessairement *une fonction linéaire* de y_0, soit

$$(7) \qquad y = \frac{A + B y_0}{C + D y_0} ;$$

les A, B, C, D sont, bien entendu, à considérer comme des fonctions de x, fonctions indépendantes de la valeur initiale y_0 de l'intégrale. Nous pouvons donc dire que *la constante arbitraire y_0 entre linéairement dans l'intégrale générale.*

Il n'est peut-être pas inutile de souligner le point de cette démonstration où nous avons besoin de nous appuyer sur ce fait que les points critiques de l'intégrale sont fixes, car on pourrait être tenté d'appliquer le même raisonnement à toute équation de la forme (E). Nous ne pourrions pas regarder y comme fonction de y_0, si les points critiques des intégrales étaient mobiles ; en effet, en faisant varier y_0, il arriverait un moment où ces points critiques, variables avec y_0, rencontreraient l'arc tracé de x_0 en x, et, à ce moment alors, y cesserait d'avoir un sens bien défini.

Nous venons de dire que la constante arbitraire, si elle est convenablement choisie, entre linéairement dans l'intégrale générale de l'équation de Riccati. En fait, nous avions déjà obtenu ce résultat par une voie élémentaire, quand nous avons démontré (*loc. cit.*) que le rapport anharmonique de quatre solutions de l'équation précédente est une constante. En désignant par y la solution générale et par y_1, y_2, y_3 trois fonctions déterminées satisfaisant à l'équation, nous avons

$$\frac{y_1-y_3}{y_3-y} : \frac{y_1-y_2}{y_2-y} = z,$$

z étant une constante. En résolvant par rapport à y, on a bien pour celle-ci une expression de la forme (7), où, à la place de y_0, se trouve la constante arbitraire z.

6. Un cas particulier très simple de l'équation de Riccati est

celui de l'équation linéaire du premier ordre

$$(8) \qquad \frac{dy}{dx} = Qy + R,$$

qui correspond à $P = 0$.

On peut remarquer que les intégrales de cette équation ont non seulement leurs points critiques fixes, mais aussi leurs pôles fixes. En effet, un point x_0 du plan, qui n'est pas un point singulier de Q ou de R, ne peut être un pôle d'une intégrale; car, si l'on change y en $\frac{1}{y_1}$, l'équation devient

$$\frac{dy_1}{dx} = -(Qy_1 + Ry_1^2),$$

et une intégrale de cette équation s'annulant en x_0 est identiquement nulle, puisque $y_1 = 0$ est une solution et que la solution est unique d'après le théorème fondamental.

On peut intégrer par des quadratures l'équation (8). Posons

$$y = uv,$$

u étant la nouvelle fonction et v représentant pour le moment une fonction quelconque de x; on aura

$$u\frac{dv}{dx} + v\frac{du}{dx} = Quv + R.$$

Or choisissons v de manière que

$$\frac{dv}{dx} = Qv,$$

ce qui donne

$$v = e^{\int Q\, dx},$$

en prenant arbitrairement la constante d'intégration. L'équation se réduit alors à

$$v\frac{du}{dx} = R.$$

On a donc

$$u = \int R e^{-\int Q\, dx}\, dx,$$

et l'équation linéaire du premier ordre est intégrée.

A l'équation (8) se rattache une classe un peu plus générale qui s'y ramène immédiatement ; c'est l'équation

$$\frac{dy}{dx} = Qy + Ry^n;$$

il suffit de poser

$$\frac{1}{y^{n-1}} = y_1,$$

l'équation à laquelle satisfait y_1 est une équation linéaire du premier ordre.

III. — Inversion de l'intégrale elliptique. Fonctions entières associées aux fonctions elliptiques.

7. Le problème célèbre de l'inversion de l'intégrale elliptique va nous fournir l'occasion d'appliquer encore les théorèmes généraux du Chapitre précédent. Partons de l'intégrale elliptique

$$\int_{u_0} \frac{du}{\sqrt{A(u-a)(u-b)(u-c)(u-d)}},$$

où a, b, c, d sont quatre constantes distinctes. Nous avons étudié en détail les propriétés de cette intégrale, nous avons défini ses deux périodes et montré que leur rapport est nécessairement imaginaire (p. 320).

Cette fonction de u est complètement définie quand on a choisi la valeur initiale, pour $u = u_0$, du radical qui figure au dénominateur (u_0 étant distinct de a, b, c, d), et qu'on s'est donné le chemin d'intégration. C'est la *fonction inverse* qui va maintenant nous occuper, c'est-à-dire la fonction u de z obtenue en posant

$$\int_{u_0}^{u} \frac{du}{\sqrt{A(u-a)(u-b)(u-c)(u-d)}} = z.$$

Cette fonction u de z satisfait manifestement à l'équation différentielle

$$(9) \qquad \left(\frac{du}{dz}\right)^2 = A(u-a)(u-b)(u-c)(u-d);$$

pour $z = 0$, on a $u = u_0$ et $\frac{du}{dz}$ a pour valeur la détermination choisie du radical pour $u = u_0$. D'après le théorème fondamental, u sera une fonction holomorphe de z dans le voisinage de $z = 0$; nous voulons montrer que u est une *fonction, uniforme dans tout le plan, n'ayant d'autres points singuliers que des pôles.*

En étendant de proche en proche la fonction, le théorème fondamental cessera d'être applicable quand la variable z arrivera en un point où u prendra une des valeurs a, b, c, d et ∞. Supposons d'abord que, pour $z = \alpha$, u prenne la valeur a; nous allons voir que u ne cessera pas d'être holomorphe dans le voisinage de $z = \alpha$. Il suffit, en effet, de poser

$$u = a + u',$$

et l'équation

$$\frac{du}{dz} = \sqrt{A(u-a)(u-b)(u-c)(u-d)}$$

devient

$$\frac{du'}{dz} = \sqrt{A(u'-b+a')(u'-c+a')(u'-d+a')}.$$

Le second membre est holomorphe dans le voisinage de $u' = 0$, et, par suite, les intégrales de cette équation (suivant qu'on prendra l'une ou l'autre détermination du radical pour $u' = 0$), s'annulant pour $z = \alpha$, seront holomorphes dans le voisinage de ce point. Le même raisonnement s'applique à b, c, d.

Supposons maintenant que, pour $z = \alpha$, u devienne infini, on posera alors

$$u = \frac{1}{v},$$

et l'équation deviendra

$$\frac{dv}{dz} = \sqrt{A(1-av)(1-bv)(1-cv)(1-dv)}.$$

Le second membre étant holomorphe pour $v = 0$, on en conclut que v est holomorphe dans le voisinage de α. La fonction u est donc uniforme autour de α, admettant simplement ce point comme pôle.

De ce que, quelque valeur (finie ou infinie) que l'on donne à u en un point α, l'intégrale correspondante de (9) est uniforme dans le voisinage de ce point, on conclut souvent, sans plus d'explications, que toute intégrale de cette équation est une fonction uniforme

dans tout le plan de la variable complexe z (¹). Une telle manière
de raisonner pourrait conduire, pour des équations d'ordre supérieur au premier, à des résultats inexacts. Nous avons supposé implicitement plus haut que l'intégrale, étendue de proche en proche,
prenait en *chaque point du plan* une valeur *déterminée*. Or il
pourrait en être autrement, s'il était possible, par exemple, que
cette intégrale eût des points singuliers essentiels.

Quelques mots d'explication seront ici suffisants pour rendre
la démonstration rigoureuse, mais il est indispensable de les
dire.

Nous allons montrer que, d'un point arbitraire z_0 comme centre,
on peut toujours décrire un cercle d'*un rayon fixe* ρ, tel qu'à
l'intérieur de ce cercle l'intégrale u soit uniforme. Ceci étant
prouvé, il est manifeste que l'extension de la fonction pourra se
faire de proche en proche à l'aide d'un cercle de rayon *invariable*;
la fonction pourra donc s'étendre dans tout le plan, et ne cessera
pas d'être uniforme.

Pour démontrer l'existence de ce nombre ρ, considérons le plan
de la quantité complexe u. Traçons autour des points a, b, c, d
des cercles C de rayons suffisamment petits, qui vont rester fixes,
et de l'origine comme centre décrivons un cercle Γ d'un rayon
assez grand, qui, lui aussi, restera invariable. Tant que u est intérieur à Γ et extérieur aux cercles C, on a un rayon de convergence déterminé par le développement de l'intégrale de l'équation (9). Ce rayon de convergence a, quand u varie dans la région
indiquée, un certain minimum différent de zéro. Supposons maintenant que u soit dans un cercle C, on posera $u = a + u'^2$, et l'on
a, comme nous l'avons vu, une équation en u', à laquelle on peut
appliquer le théorème fondamental. Tant que u' restera dans un
certain cercle C', transformé de C, le rayon de convergence de la
série donnant u' restera encore supérieur à une certaine limite.
Nous avons donc notre minimum ρ, tant que u reste dans le cercle Γ.
Si u est extérieur à ce cercle, on pose $u = \dfrac{1}{u'}$, et nous avons l'é-

---

(¹) Il en est ainsi, par exemple, dans le Traité classique de Briot et Bouquet.
J'ai insisté (*Bulletin des Sciences mathématiques*, 1890) sur l'insuffisance de ce
raisonnement et montré comment on peut rendre la démonstration complètement
rigoureuse.

quation

$$\left(\frac{dv}{dz}\right)^2 = (1 - av)(1 - bv)(1 - cv)(1 - dv);$$

v restera compris à l'intérieur d'un cercle Γ', transformé de Γ. Quand v reste dans le cercle Γ', on a un certain rayon de convergence pour l'intégrale v, et ce rayon a un minimum différent de zéro. Nous avons donc, en résumé, en prenant le plus petit des différents minima trouvés, un rayon ρ tel que l'intégrale u, qui prend en un point arbitraire z_0 une valeur *arbitraire*, finie ou infinie, est certainement définie et uniforme à l'intérieur du cercle ayant z_0 pour centre et un rayon égal à ρ. *La démonstration est donc complétée.*

8. La fonction inverse u de z définie par

$$\int_{u_0}^{u} \frac{du}{\sqrt{R(u)}} = z,$$

où $R(u)$ est un polynôme du *quatrième* degré dont les racines sont distinctes, est donc une fonction uniforme de z dans tout le plan. Remarquons de suite qu'il en est de même quand $R(u)$ est un polynôme du *troisième* degré à racines distinctes : nous avons vu, en effet, qu'on passe d'une intégrale à l'autre au moyen d'une substitution linéaire (t. I, p. 42). On peut l'établir aussi directement par les raisonnements du paragraphe précédent, auxquels il faut cependant apporter une petite modification. Dans le cas où u devient infinie, il faut poser

$$u = \frac{1}{v},$$

et l'on peut appliquer le théorème fondamental à l'équation en v. Une remarque importante découle de là : les pôles de u sont, dans le cas où $R(u)$ est du troisième degré, *des pôles doubles*.

La propriété capitale de la fonction inverse est la double périodicité. Nous avons rappelé que l'intégrale avait deux périodes distinctes ω et ω'; ceci veut dire qu'à une même valeur de u correspondent, en choisissant convenablement le chemin d'intégration, une infinité de déterminations de l'intégrale rentrant dans la formule

$$z = m\omega + m'\omega',$$

z désignant l'une de ces déterminations, m et m' représentant deux entiers quelconques. Si donc nous posons

$$u = \lambda(z),$$

on aura, quels que soient les entiers m et m' positifs ou négatifs,

$$\lambda(z + m\omega + m'\omega') = \lambda(z).$$

La fonction $\lambda(z)$ est donc doublement périodique.

Rappelons encore que le rapport $\dfrac{\omega}{\omega'}$ est nécessairement imaginaire.

9. On peut représenter géométriquement sur le plan de la variable z la double périodicité de la fonction $\lambda(z)$. Marquons d'une part les points ω, 2ω, 3ω, ... et d'autre part les points ω', $2\omega'$, $3\omega'$, ... Les premiers sont situés sur une droite Oa (O étant l'origine) et à égale distance les uns des autres, et de même les seconds sur une droite Ob; par les premiers points menons des parallèles à Ob et par les seconds des parallèles à Oa. Ces deux séries de parallèles divisent le plan en parallélogrammes égaux, et leurs points d'intersection sont les points $m\omega + m'\omega'$ homologues de l'origine. La double périodicité consiste en ce que la fonction reprend la même valeur aux points homologues de ces divers parallélogrammes. Il est clair que ce réseau de parallélogrammes n'est pas entièrement déterminé; l'origine O est un point arbitraire du plan et l'on peut, par conséquent, déplacer le réseau parallèlement à lui-même.

En se reportant à la forme précédemment donnée (Chap. VIII, p. 212) des déterminations multiples de l'intégrale (10), nous voyons qu'à une valeur arbitraire de u correspondent *deux valeurs distinctes de z*, c'est-à-dire deux valeurs qui ne diffèrent pas d'une somme de multiples des périodes. On peut encore énoncer ce résultat en disant que l'équation

$$\lambda(z) = u,$$

a étant une constante quelconque (finie ou infinie), *admet deux racines dans un parallélogramme de périodes.*

En particulier, la fonction $\lambda(z)$ a deux pôles dans chaque parallélogramme de périodes; dans le cas où le polynôme $H(u)$ est du troisième degré, ces deux pôles coïncident et l'on a dans chaque parallélogramme des périodes un seul pôle, mais il est double.

10. Une remarque sur les pôles de $\lambda(z)$ va nous être utile dans un moment. Écrivons explicitement l'équation différentielle

$$\left(\frac{du}{dz}\right)^2 = A u^4 + B u^3 + C u^2 + D u + E.$$

Soit *a* un pôle dans un parallélogramme de périodes. Dans le voisinage de *a*, la fonction *u* peut se mettre sous la forme

$$u = \frac{\alpha}{z-a} + \beta + \gamma(z-a) + \dots$$

Calculons les deux premiers coefficients α et β. En substituant le développement dans l'équation différentielle, on aura

$$\left[-\frac{\alpha}{(z-a)^2} + \gamma + \dots\right]^2 = A\left[\frac{\alpha}{z-a} + \beta + \dots\right]^4$$

$$= H\left[\frac{\alpha}{z-a} + \beta + \dots\right]^4 + \dots + E.$$

Nous devons égaler les coefficients des diverses puissances de $z-a$. On a ainsi, en prenant les coefficients de $(z-a)^{-4}$ et de $(z-a)^{-3}$,

$$1 = A\alpha^2,$$
$$4A\beta + B = 0.$$

Ainsi, nous trouvons pour α deux valeurs égales et de signe contraire; elles correspondent aux deux pôles distincts de la fonction dont les résidus sont, par conséquent, égaux et de signe contraire. Au contraire, le second coefficient β n'a qu'une valeur.

11. La fonction $\lambda(z)$ peut bien facilement être représentée par un développement en série, et, quoique ce résultat ne soit pas d'un grand intérêt pour le développement de la théorie des fonctions elliptiques, nous y reviendrons un moment, puisque nous

avons déjà eu l'occasion de l'indiquer sommairement dans le Tome I (p. 273).

Nous pouvons supposer que l'une des deux périodes est $2\pi i$; il suffit pour cela de remplacer z par kz, k étant une constante convenable. Appelons donc ω et $2\pi i$ les deux périodes; la partie réelle de ω n'est pas nulle, et pour fixer les idées nous la supposerons positive.

Soient a et a' les pôles de la fonction dans un parallélogramme de périodes. Je forme la série

$$f(z) = \sum_{m=-\infty}^{m=+\infty} \frac{e^{z-m\omega}}{[e^{z-m\omega}-e^a][e^{z-m\omega}-e^{a'}]}.$$

Cette série est convergente pour toute valeur de z comme nous allons le montrer; on doit seulement remarquer que si z est de l'une ou l'autre forme

$$(11) \qquad a + p\omega + 2q\pi i, \quad a' + p\omega + 2q\pi i,$$

p et q étant entiers, il y aura dans la série un terme devenant infini, et il faut entendre alors que la série est convergente quand on a laissé ce terme de côté.

La démonstration s'appuie seulement sur les règles élémentaires relatives aux séries. Prenons d'abord la partie de la série où m est positif. Pour m suffisamment grand, chaque terme est comparable à $e^{-m\omega}$, et, puisque la partie réelle de ω est positive, cette partie de la série est convergente. Pour la seconde moitié de la série ($m < 0$), le terme de rang m pour m très grand est comparable à $e^{m\omega}$, et la convergence est encore évidente.

Ainsi, sans qu'il soit besoin d'insister davantage, la série représente une fonction $f(z)$ uniforme dans tout le plan et admettant comme pôles les points des suites (11). Elle admet d'ailleurs évidemment les deux périodes $2\pi i$ et ω. La chose est évidente pour la première période, puisque chaque terme admet cette période; quant à la seconde, elle résulte de ce que la série ne change évidemment pas quand on remplace m par $m+1$.

On voit de suite que les résidus de $f(z)$ relatifs aux pôles a et a' et leurs homologues sont égaux et de signe contraire; ils sont respectivement

$$\frac{1}{e^a - e^b} \quad \text{et} \quad \frac{1}{e^{a'} - e^{b'}}.$$

En multipliant $f(z)$ par une constante convenable H, nous pouvons faire que les deux fonctions $\lambda(z)$ et $H f(z)$ aient les mêmes résidus ; la différence

$$\lambda(z) - H f(z)$$

est donc une fonction doublement périodique, qui n'a pas de pôle dans un parallélogramme de périodes. Son module reste donc, dans ce parallélogramme et par conséquent dans tout le plan, inférieur à un nombre fixe : elle se réduit donc à une constante d'après le théorème de Liouville. *On peut donc exprimer la fonction $\lambda(z)$ à l'aide de notre série $f(z)$.*

12. D'après le théorème de M. Weierstrass (Chap. V, p. 144), la fonction $\lambda(z)$ doit pouvoir se mettre sous la forme d'un quotient

$$\lambda(z) = \frac{G_1(z)}{G(z)},$$

les deux fonctions $G(z)$ et $G_1(z)$ étant des fonctions *entières* de z, n'ayant pas de racines communes. On peut évidemment mettre d'une infinité de manières une fonction, telle que $\lambda(z)$, sous cette forme, puisque l'on peut multiplier les deux termes de la fraction par $e^{R(z)}$, R étant une fonction entière. Parmi les fonctions entières, dont le quotient donne $\lambda(z)$, il en est d'extrêmement intéressantes qui jouent un rôle fondamental dans la théorie des fonctions elliptiques. Les considérations suivantes vont nous y conduire très simplement.

Considérons l'expression

$$e^{\int_{z_0}^{z} dz \int_{z_0}^{z} u \, dz^2 + mz + p} dz$$

(12)

m et p désignant deux constantes, et u étant toujours la fonction doublement périodique de z définie par l'équation

$$\left(\frac{du}{dz}\right)^2 = A u^4 + B u^3 + C u^2 + D u + E.$$

Nous voulons montrer qu'on peut choisir les deux constantes m et p de telle sorte que *l'expression* (12) *soit une fonction entière de z*.

Les pôles de u sont les points singuliers de la fonction (12). La première intégration

$$\int_{z_0}^{z} (mu' + pu)\,dz$$

donnera en général un logarithme. Voyons si nous pouvons choisir m et p de manière que l'intégration ne donne pas de terme logarithmique. En reprenant les notations du § 10, nous avons

$$mu' + pu = m\left[\frac{\alpha}{(z-a)^2} + \beta + \ldots\right] + p\left[\frac{\alpha}{z-a} + \beta + \ldots\right],$$

et l'on voit que, si

$$\alpha m\beta + \alpha p = 0,$$

nous n'aurons pas de terme en $\dfrac{1}{z-a}$; il n'y aura donc pas de logarithme après la première intégration, et cela pour l'un et l'autre pôle, puisque β a la même valeur $-\dfrac{B}{A}$ pour les deux pôles. Nous avons donc la première relation

$$-mB - \alpha pA = 0.$$

La seconde intégration se réduit alors à

$$\int_{z_0}^{z}\left(-\frac{m\alpha^2}{z-a} - \ldots\right) dz,$$

et, par suite, elle introduit le terme logarithmique

$$-m\alpha^2 \log(z-a) + \ldots$$

Or, pour l'un et l'autre pôle, α^2 a la même valeur $\dfrac{1}{A}$; si donc

$$m\alpha^2 = -1 \quad \text{ou} \quad m = -A,$$

l'expression (12) sera holomorphe dans le voisinage de $z = a$, et admettra a comme racine simple.

Il résulte du calcul précédent que l'on doit prendre

$$m = -A, \qquad p = -\frac{B}{\alpha}.$$

La fonction

$$G(z) = e^{-\int_{z_0}^z dz \int_{z_0}^z \left(\lambda u^2 + \frac{\beta}{2}v\right)dz}$$

est une fonction entière; elle a pour racines simples tous les pôles de u et n'en a pas d'autres.

Si, maintenant, nous considérons le produit

$$G(z)\lambda(z),$$

nous voyons que ce sera une fonction entière $G_1(z)$, puisque les pôles de $\lambda(z)$ sont racines de $G(z)$. De plus, $G(z)$ et $G_1(z)$ n'ont pas de racines communes, $G(z)$ n'ayant d'autres racines que les pôles de $\lambda(z)$.

Nous avons donc

$$\lambda(z) = \frac{G_1(z)}{G(z)}.$$

13. Les fonctions entières G et G_1 jouissent de propriétés remarquables. D'après la définition même de $G(z)$, on a

$$\frac{G'(z)}{G(z)} = \int_{z_0}^z (mu^2 + pu)\,dz.$$

Nous avons donc

$$\frac{G'(z+\omega)}{G(z+\omega)} - \frac{G'(z)}{G(z)} = \int_z^{z+\omega} (mu^2 + pu)\,dz.$$

Or le second membre ne dépend pas de z, puisque $mu^2 + pu$ admet ω comme période, et que d'ailleurs les résidus relatifs aux pôles de cette dernière fonction sont nuls. En désignant par μ la valeur constante du second membre, nous aurons donc en intégrant

$$(13) \qquad\qquad G(z+\omega) = e^{\mu z + \nu} G(z),$$

ν étant, comme μ, une constante.

On aura de la même manière l'identité

$$(14) \qquad\qquad G(z+\omega') = e^{\mu' z + \nu'} G(z),$$

μ' et ν' étant encore des constantes.

Les identités (13) et (14) expriment une propriété fondamentale de la fonction $G(z)$. Nous sommes donc ainsi conduit à ces fonctions entières que Briot et Bouquet ([1]) appellent *fonctions intermédiaires*, et dont l'étude a été faite par M. Hermite dans ses lettres à Jacobi en 1844 ([2]). La fonction $G_1(z)$ satisfait évidemment aux mêmes relations.

14. Arrêtons-nous sur la forme canonique, qu'ont rendue célèbre les travaux d'Abel et de Jacobi; l'équation différentielle se réduit dans ce cas à

$$\left(\frac{du}{dz}\right)^2 = (1-u^2)(1-k^2 u^2).$$

La fonction u est complètement définie par la condition que, pour $z = 0$,

$$u = 0, \qquad \frac{du}{dz} = 1.$$

Nous désignerons, suivant l'usage, par

$$u = \operatorname{sn} z,$$

cette fonction elliptique, $\operatorname{sn} z$ étant l'abréviation de $\sin \operatorname{am} z$. Cette fonction est impaire, c'est-à-dire que $\operatorname{sn}(-z) = -\operatorname{sn} z$, puisque l'intégrale elliptique donnant z en fonction de u change de signe quand on change u en $-u$.

Si l'on se rappelle les résultats obtenus (Chap. VII, p. 221), on voit de suite que les périodes sont ici

$$4K, \quad 2iK',$$

en adoptant les notations précédemment employées. Les pôles de $\operatorname{sn} z$ sont (*loc. cit.*)

$$iK' \quad \text{et} \quad 2K - iK',$$

et toutes les valeurs qui s'en déduisent par addition de multiples de périodes. De plus, du changement de variable effectué

([1]) Briot et Bouquet, *Théorie des fonctions elliptiques*, p. 236.
([2]) Voir le Cours lithographié de M. Hermite (Paris, Hermann, 1891).

(Chap. VIII, p. 221), on conclut

$$\operatorname{sn}(z + iK') = \frac{1}{k \operatorname{sn} z}.$$

Cherchons, à l'aide de cette formule, la valeur du résidu de $\operatorname{sn} z$ correspondant au pôle iK'. Nous devons obtenir la limite du produit

$$(z - iK')\operatorname{sn} z,$$

pour $z = iK'$, ou, en posant $z = iK' + \varepsilon$, la valeur du produit

$$\varepsilon \operatorname{sn}(iK' + \varepsilon),$$

pour $\varepsilon = 0$. Or ce produit peut s'écrire

$$\frac{\varepsilon}{k \operatorname{sn} \varepsilon},$$

dont la limite est manifestement $\frac{1}{k}$, puisque $\left(\frac{d \operatorname{sn} z}{dz}\right)_0 = 1$. Le résidu correspondant au pôle $2K + iK'$ est $-\frac{1}{k}$.

15. Que devient, dans le cas particulier que nous examinons, la fonction $G(z)$ du § 13? On a alors, en prenant $z_0 = 0$,

$$G(z) = e^{-k^2 \int_0^z dz \int_0^z \operatorname{sn}^2 z\, dz}.$$

Cette fonction entière a été d'abord considérée par M. Weierstrass (*Journal de Crelle*, 1856) qui la désigne par $Al(z)$ [1]. Cette fonction, étant une fonction entière, peut être développée en une série toujours convergente ordonnée suivant les puissances de z. Les coefficients de ce développement peuvent se calculer facilement de proche en proche, en se servant de l'équation différentielle qui définit $\operatorname{sn} z$. On reconnaît ainsi immédiatement que les coefficients des diverses puissances de z *sont des polynômes en k*. Ce développement est convergent pour toute valeur de z et pour toute valeur de k. Si l'on pose $G_i(z) = Al_i(z)$, le développement de $Al_i(z)$ jouira de la même propriété que le développement de $Al(z)$.

---

[1] Briot et Bouquet, *Théorie des fonctions elliptiques*, p. 465.

16. Terminons en indiquant un système remarquable de deux équations différentielles auxquelles satisfont $\mathrm{A}\,l(z)$ et $\mathrm{A}\,l_1(z)$.

Soit

$$u = \operatorname{sn} z$$

et posons, pour abréger,

$$\mathrm{U} = \mathrm{A}\,l(z), \qquad \mathrm{V} = \mathrm{A}\,l_1(z).$$

Nous allons former deux équations auxquelles satisfont ces fonctions. La fonction u satisfait aux deux équations

$$\left(\frac{du}{dz}\right)^2 = (1 - u^2)(1 - k^2 u^2),$$

$$\frac{d^2 u}{dz^2} = -u(1 + k^2) + 2k^2 u^3,$$

la seconde n'étant autre que la première équation dérivée. Dans ces équations, substituons

$$u = \frac{\mathrm{U}}{\mathrm{V}};$$

on a ainsi

$$\left(\mathrm{V}\frac{d\mathrm{U}}{dz} - \mathrm{U}\frac{d\mathrm{V}}{dz}\right)^2 = \mathrm{V}^4 - (1 + k^2)\mathrm{U}^2\mathrm{V}^2 + k^2\mathrm{U}^4,$$

$$\mathrm{V}^2\frac{d^2\mathrm{U}}{dz^2} - \mathrm{U}\mathrm{V}\frac{d^2\mathrm{V}}{dz^2} - 2\mathrm{V}\frac{d\mathrm{U}}{dz}\frac{d\mathrm{V}}{dz} + 2\mathrm{U}\left(\frac{d\mathrm{V}}{dz}\right)^2 = -(1 + k^2)\mathrm{U}\mathrm{V}^2 + 2k^2\mathrm{U}^3.$$

De ces deux équations, on tire de suite, en remplaçant dans la seconde le produit $\dfrac{d\mathrm{U}}{dz}\dfrac{d\mathrm{V}}{dz}$ tiré de la première,

$$\mathrm{V}^2\left[\mathrm{U}\frac{d^2\mathrm{U}}{dz^2} + \mathrm{V}^2 - \left(\frac{d\mathrm{U}}{dz}\right)^2\right] = \mathrm{U}^2\left[\mathrm{V}\frac{d^2\mathrm{V}}{dz^2} + k^2\mathrm{U}^2 - \left(\frac{d\mathrm{V}}{dz}\right)^2\right].$$

Les fonctions U et V étant premières entre elles (c'est-à-dire n'ayant pas de racine commune), on déduit de là

$$\mathrm{U}\frac{d^2\mathrm{U}}{dz^2} - \mathrm{V}^2 - \left(\frac{d\mathrm{U}}{dz}\right)^2 = \mathrm{P}(z)\mathrm{U}^2,$$

$$\mathrm{V}\frac{d^2\mathrm{V}}{dz^2} + k^2\mathrm{U}^2 - \left(\frac{d\mathrm{V}}{dz}\right)^2 = \mathrm{P}(z)\mathrm{V}^2,$$

$\mathrm{P}(z)$ *étant une fonction entière.*

Or, en désignant par ω et ω' les périodes de $\operatorname{sn} z$, nous savons que les fonctions U et V se reproduisent multipliées par des exponentielles de la forme $e^{\mu z + \nu}$ et $e^{\mu' z + \nu'}$ quand on change z en $z + \omega$ et $z + \omega'$. Dans ces conditions le quotient

$$\frac{U\dfrac{d^2U}{dz^2} - \left(\dfrac{dU}{dz}\right)^2}{U^2} \quad \text{ou} \quad \frac{d}{dz}\left(\frac{U'}{U}\right)$$

sera une fonction doublement périodique. On en conclut que *la fonction* $P(z)$ *est une fonction doublement périodique entière et, par suite, une constante.*

La valeur de cette constante est facile à calculer; il suffit de faire $z = 0$, dans la seconde équation. Or, puisque

$$V = e^{-z^2}\int_0^z dz \int_0^z e^{k^2 z^2}\,dz\,, \qquad U = V \operatorname{sn} z,$$

on a, *pour* $z = 0$,

$$V = 1, \qquad U = \frac{dV}{dz} = \frac{d^2V}{dz^2} = 0\,;$$

par conséquent $P(z) = 0$. Les deux équations cherchées sont donc

$$U \frac{d^2U}{dz^2} - V^2 - \left(\frac{dU}{dz}\right)^2 = 0,$$

$$V \frac{d^2V}{dz^2} + k^2 U^4 - \left(\frac{dV}{dz}\right)^2 = 0.$$

Nous n'insisterons pas davantage sur les fonctions elliptiques. Nous n'avons pas voulu en ce moment faire leur étude, mais présenter simplement quelques applications des théorèmes généraux de la théorie des fonctions. Après avoir étudié les fonctions algébriques, nous reviendrons plus longuement sur les fonctions doublement périodiques.

CHAPITRE XIII.

GÉNÉRALITÉS SUR LES FONCTIONS ALGÉBRIQUES D'UNE VARIABLE. — THÉORÈME DE M. NŒTHER. — SURFACES DE RIEMANN.

I. — Définition des fonctions algébriques ; développement dans le voisinage d'un point.

1. Nous avons déjà considéré, dans un cas très particulier, une fonction algébrique : c'est le cas (Chap. V, § 18) où la relation entre u et z est de la forme

$$u^m = \mathrm{R}(z),$$

R étant un polynôme en z. Il est indispensable que nous approfondissions l'étude générale des fonctions algébriques.

Partons donc de la relation

$$(1) \qquad f(u, z) = 0,$$

f étant un polynôme en u et z irréductible, c'est-à-dire ne pouvant être décomposé en un produit de polynômes de degré moindre. Le polynôme est supposé de degré m en u pour une valeur arbitraire de z. Pour une telle valeur de z, nous avons donc m valeurs distinctes de u ; d'après le théorème général sur la décomposition en facteurs des fonctions de plusieurs variables (Chap. IX, § 7), il existera m développements holomorphes dans le voisinage de z_0 et se réduisant respectivement pour $z = z_0$ aux m racines de l'équation $f(u, z_0) = 0$. Si donc on part en z_0 avec une des racines u_0 de cette équation, on pourra suivre de proche en proche la racine choisie, pourvu que le chemin ne passe pas par

un point où plusieurs racines de (1) deviennent égales, c'est-à-dire
par un point *critique*.

Le cas où une racine et une seule deviendrait infinie ne présente
aucune difficulté; on pose dans l'équation (1) $u = \frac{1}{v}$ et l'on a l'é-
quation

$$F(v, z) = 0;$$

cette équation a alors une racine *nulle* simple.

On peut remarquer que dans toute portion du plan ne contenant
aucun de ces points *critiques*, le prolongement analytique de la
fonction (ou de son inverse, si u devient infinie) se fait toujours
à l'aide d'un cercle dont le rayon ne descend pas au-dessous d'un
certain minimum, et nous concluons de là que, une fois choisie la
racine en un point z_0 de l'aire limitée par un contour simple ne
comprenant à son intérieur aucun point critique, l'équation (1)
définit une fonction uniforme dans cette aire.

2. Nous avons jusqu'ici laissé de côté les points *critiques*. D'a-
près un théorème déjà établi (Chap. IX, § 7), nous savons que,
si cette équation a, pour $z = \alpha$, n racines égales à β, elle aura,
pour z voisin de α, n racines et n seulement voisines de β. Soient,
en z_1 voisin de α,

$$(2) \qquad u_1, \ u_2, \ \ldots, \ u_n$$

ces n valeurs. Si nous partons de z_1 avec la détermination u_1 et
que z tournant autour de α revienne en z_1, u_1 qui n'a pu varier
que très peu, sera resté voisin de β et se retrouvera alors en z_1 avec
une des déterminations (2). Si l'on retrouve u_1, la racine considérée sera holomorphe dans le voisinage de α. Soit, dans l'hypothèse contraire, u_2 la détermination trouvée; en tournant une
nouvelle fois on obtiendra, soit u_1, soit une des autres déterminations $u_3, \ldots, u_m$. Dans le premier cas, on aura deux racines u_1
et u_2 se permutant autour de α; dans le second, on continuera de
la même manière, et finalement on arrivera à n' racines

$$u_1, \ u_2, \ \ldots, \ u_{n'} \qquad (n' \ n)$$

se permutant circulairement autour de α. On dit que ces n' racines, qui pour $z = \alpha$ prennent toutes la valeur β, forment un *système circulaire*. Si l'on pose

$$z - \alpha = z'^{n'},$$

la fonction u considérée comme fonction de z' sera holomorphe dans le voisinage de $z' = o$, puisque z fait n' tours autour de α, quand z' fait un tour autour de l'origine.

L'équation

$$f(u, \alpha + z'^{n'}) = o$$

aura donc une racine holomorphe autour de l'origine, et, prenant pour $z' = o$ la valeur β, on peut la développer en une série entière

$$u = \beta + A z' + B z'^2 + \dots$$

Si maintenant nous revenons à la variable z, nous aurons le développement

$$(3) \qquad u = \beta + A(z - \alpha)^{\frac{1}{n'}} + B(z - \alpha)^{\frac{2}{n'}} + \dots$$

Aux n' déterminations de $(z - \alpha)^{\frac{1}{n'}}$ correspondent n' valeurs de u: ce sont les n' racines qui se permutent circulairement.

Nous arrivons donc à cette conclusion :

Les racines qui pour $z = \alpha$ deviennent égales à β forment un ou plusieurs systèmes circulaires, et les racines d'un même système circulaire sont, dans le voisinage de α, représentées par un développement de la forme (3).

3. Le résultat précédent pourrait suffire pour la théorie générale des fonctions algébriques et de leurs intégrales, mais, au point de vue pratique, on doit se demander comment on pourra obtenir les divers systèmes circulaires et les nombres n' correspondants. Cette étude a fait l'objet d'un Mémoire classique de M. Puiseux (¹).

Nous pouvons supposer $\alpha = \beta = o$, et nous partons donc de

---

(¹) PUISEUX, *Mémoire sur les fonctions algébriques* (*Journal de Mathématiques*, t. XV; 1850).

l'équation

$$(E) \qquad\qquad f(u, z) = 0$$

en admettant que, pour $z = 0$, l'équation ait n racines nulles.

Pour z très petit, l'équation aura n racines elles-mêmes très petites; ce sont ces racines que nous devons étudier.

Soit u une de ces racines : pour une valeur infiniment petite de z, tous les termes du premier membre de (E) sont infiniment petits. Nous allons nous laisser guider par cette idée que u doit être par rapport à z d'un ordre infinitésimal déterminé. On aura alors deux termes *au moins* du même ordre infinitésimal, soient

$$A\, z^{\alpha} u^{\beta} \quad\text{et}\quad A'\, z^{\alpha'} u^{\beta'}.$$

De ce que la limite de

$$\frac{u^{\beta} z^{\alpha}}{u^{\beta'} z^{\alpha'}}$$

est une quantité finie différente de zéro, on conclut que u est de l'ordre de z^{μ}, μ étant un nombre commensurable, nécessairement d'ailleurs positif.

Si l'on connaissait la valeur de μ correspondant à une certaine racine, on ferait dans l'équation (E) la substitution

$$u = t z^{\mu},$$

et l'on aurait, pour $z = 0$, une certaine équation en t. Les racines de cette équation en t, finies et différentes de zéro, donneraient les racines de l'équation (E) d'ordre μ : il faut donc trouver μ.

Soit

$$f(u, z) = \sum A_{\alpha, \beta}\, z^{\alpha} u^{\beta}.$$

Si u est de degré μ par rapport à z, le terme général sera d'ordre infinitésimal

$$\alpha + \beta\mu.$$

On aura toutes les valeurs possibles de μ en égalant $\alpha + \beta\mu$ à une autre expression analogue $\alpha' + \beta'\mu$, mais toutes les combinaisons ne sont pas acceptables. La valeur de μ donnée par l'égalité précédente doit être telle que, après avoir remplacé u par $t z^{\mu}$ dans l'équation, les autres termes soient d'ordre au moins égal à $\alpha + \beta\mu$.

Pour trouver les valeurs de μ, on procède de la manière suivante. Soit μ une valeur convenable donnée par

$$\alpha + \beta\mu = \alpha' + \beta'\mu.$$

μ représente l'inverse du coefficient angulaire changé de signe de la droite joignant les deux points A et A' de coordonnées (α, β) et (α', β') rapportés à des axes rectangulaires Ox et $O\beta$. De plus $\alpha + \beta\mu$ représente l'ordonnée à l'origine de cette droite; pour tout autre terme correspondant à

$$A_{\alpha'',\beta''}\,x^{\alpha''}u^{\beta''},$$

on doit avoir

$$\alpha'' + \beta''\mu \geq \alpha + \beta\mu,$$

d'où l'on conclut que le point (α'', β'') doit être sur la droite AA' ou au-dessus (dans le sens des β positifs).

On est ainsi conduit à la règle suivante : figurons tous les systèmes d'exposants (α, β) par des points rapportés à deux axes Ox et $O\beta$. Il y aura un point au moins sur Ox: soit P le point le plus rapproché de l'origine (*fig.* 36). Autour du point P, on fait tourner OP de gauche à droite, jusqu'à ce qu'on rencontre un ou

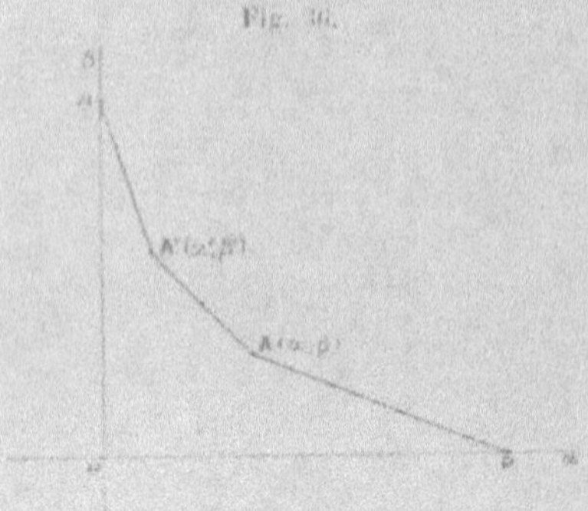

Fig. 36.

plusieurs sommets; soit A le dernier de ces sommets. Faisons tourner ensuite la droite PA, toujours dans le même sens, jusqu'à ce qu'elle rencontre un ou plusieurs autres points; soit A' le dernier de ceux-ci. On fait tourner ensuite la droite AA' autour de A', et l'on continue ainsi jusqu'à ce qu'on arrive à l'axe $O\beta$; sur cet axe, le point $\beta = n$ est le plus voisin de l'origine.

Soit donc un côté quelconque AA' dont le coefficient angulaire est $-\dfrac{1}{\rho}$, et désignons par

$$A\, z^{\alpha} u^{\beta} + \ldots + A'\, z^{\alpha'} u^{\beta'}$$

les termes correspondant à ce côté. On remplace u par $t z^{\rho}$ et l'on a, après suppression du facteur $z^{\alpha+\beta\rho}$,

$$(4) \qquad A\, t^{\beta} + \ldots + A'\, t^{\beta'} + z^{h}(\ldots) = 0 \qquad (h > 0).$$

Pour $z = 0$, nous avons l'équation en t, qui a $\beta' - \beta$ racines différentes de zéro,

$$(5) \qquad A + \ldots + A'\, t^{\beta'-\beta} = 0.$$

Au côté AA' correspondent donc $\beta' - \beta$ racines de degré infinitésimal μ. En faisant la somme

$$\sum (\beta' - \beta),$$

on retrouve manifestement n; donc toutes les racines sont ainsi trouvées.

4. Avant d'aller plus loin, faisons d'abord une remarque importante sur l'équation (4).

Soit $\rho = \dfrac{p}{q}$ $\left(\text{la fraction } \dfrac{p}{q} \text{ étant irréductible}\right)$, on a

$$\frac{\alpha - \alpha'}{\beta' - \beta} = \frac{p}{q}.$$

Il résulte de là que $\beta' - \beta$ est un multiple de q; d'une manière plus générale, et pour la même raison, si nous avons dans l'équation le terme

$$A'\, t^{\beta'-\beta},$$

l'exposant $\beta' - \beta$ sera un multiple de q. *Donc l'équation (5) est une équation en t^{q}.*

Revenons maintenant à l'équation (4); en y posant

$$z = z_1^{q},$$

elle devient

$$(6) \qquad t^{\beta}\big[A + \ldots + A'\, t^{\beta'-\beta}\big] + z_1^{q}\, G(t, z_1) = 0,$$

λ étant entier et positif et z' ne figurant qu'à des puissances entières et positives.

Si t_1 est une racine simple de l'équation (5), la racine t de l'équation (6), devenant égale à t_1 pour $z' = 0$, sera une fonction holomorphe de z' dans le voisinage de $z' = 0$. Soit

$$t = t_1 + a z' + b z'^2 + \ldots,$$

et l'on aura pour u le développement

$$(7) \qquad u = \left(t_1 + a z^{\frac{1}{q}} + b z^{\frac{2}{q}} + \ldots\right) z^{\frac{p}{q}}.$$

Or ce développement a q déterminations. On voit de suite qu'il donne à la fois les valeurs de u qui correspondent aux racines

$$t_1, \quad t_2, \quad \ldots, \quad t_q$$

de l'équation (5) dont la puissance $q^{\text{ième}}$ est la même. En effet, les q déterminations du développement (7), quand z tourne autour de l'origine, ne cessent d'être racines de l'équation initiale, et elles ont précisément pour parties principales

$$t_1 z^{\frac{p}{q}}, \quad t_2 z^{\frac{p}{q}}, \quad \ldots, \quad t_q z^{\frac{p}{q}}.$$

Ainsi les q valeurs de u, correspondant à q racines simples de l'équation (5) ayant même puissance $q^{\text{ième}}$, forment un système circulaire représenté par le développement (7), et la séparation de ces racines est effectuée.

5. Nous devons maintenant examiner le cas des racines multiples de l'équation (5).

Si t_1 est une racine multiple d'ordre r de cette équation, on aura évidemment

$$qr \leqq n.$$

Posons dans l'équation (E)

$$z = z'^q,$$
$$u = t_1 z'^p + t'.$$

Au lieu de l'équation entre u et z, on aura une équation entre t' et z'. Cette équation aura, pour $z' = 0$, r racines nulles pour les-

quelles l'exposant correspondant est supérieur à p, puisque, pour
i racines u, la partie principale est $t_1 z^p$. Soit donc

$$t' = z^{\frac{p'}{q'}}\theta,$$

la fraction $\frac{p'}{q'}$ jouant le même rôle que la fraction $\frac{p}{q}$ dans le paragraphe précédent. Si l'équation en θ, analogue à l'équation (5)
en t, n'a que des racines simples, la séparation sera terminée.
Supposons qu'elle ait une racine multiple d'ordre r', on aura

$$r'q' \geqq r$$

et, par suite,

$$qq'r' \geqq qr \geqq n;$$

q et q' sont au moins égaux à un. On continuera ainsi tant que
les équations analogues à l'équation (5) auront des racines multiples. Je dis qu'il finira par arriver un moment où cette équation
n'aura que des racines simples. Plaçons-nous en effet dans l'hypothèse contraire. On aurait toujours alors, à partir d'un certain
moment, des racines d'un même degré de multiplicité, et les
nombres q seraient tous égaux à l'unité, condition indispensable
pour que l'inégalité ci-dessus écrite soit vérifiée. Désignons par

$$F(z, t') = 0$$

la première équation à partir de laquelle cette circonstance se pré-
senterait. Il y aurait des racines t' de cette équation que la méthode
ne permettrait pas de séparer; en effet, une même suite de
polynômes en z', de degrés indéfiniment croissants, représente-
rait la partie principale de ces racines. Mais ceci est impossible,
car l'ordre infinitésimal de la différence de deux racines infiniment petites est nécessairement un nombre fini, comme le montre
immédiatement la considération du dernier terme de l'équation
aux carrés des différences des racines; ce dernier terme est d'un
ordre infinitésimal déterminé et la différence de deux racines est
au plus d'un ordre moitié moindre que celui-là. Nous sommes
donc assuré que les racines se trouveront à la fin séparées, et elles
se trouveront divisées en systèmes circulaires, comme nous l'a-
vions prévu *a priori* au § 2.

6. Donnons quelques exemples de la théorie précédente. Supposons qu'il y ait dans l'équation un terme en z; soit

$$A z + A' u^n + \ldots = 0.$$

Le polygone se composera dans ce cas d'une seule droite joignant le point $\alpha = 1$, $\beta = 0$ au point $\alpha = 0$, $\beta = n$. On aura, pour déterminer μ,

$$1 = n\mu.$$

L'équation en t sera donc

$$A - A' t^n = 0;$$

il y aura un seul système circulaire de racines.

Sans nous arrêter au cas du point double à tangentes distinctes, prenons de suite le cas d'un point double à tangentes confondues, et soit $y = 0$ cette tangente. L'équation sera de la forme

$$0 = u^2 + b z^q + a u z^p + \ldots,$$

en écrivant le terme qui renferme z seul et celui qui contient u à la première puissance.

Si $2p < q$, la ligne polygonale aura deux côtés. Pour le premier,

$$q = p + \mu \quad \text{ou} \quad \mu = q - p.$$

Pour le second,

$$p + \mu = 2p \quad \text{ou} \quad \mu = p.$$

Les deux développements sont distincts et procèdent suivant les puissances entières de z. En langage géométrique, on a là un contact de deux branches.

Si $2p > q$, il n'y aura qu'un côté, et alors

$$q = 2\mu \quad \text{ou} \quad \mu = \frac{q}{2}.$$

On pose $u = t z^{\frac{q}{2}}$, et l'équation en t est

$$t^2 + b = 0.$$

Suivant la parité de q, les deux racines formeront un système circulaire ou auront deux développements distincts.

Prenons enfin le cas où $2p = q$. Il n'y a alors qu'un seul côté dans la ligne polygonale, et l'on a

$$\mu = p.$$

L'équation en t devient

$$t^2 - at + b = o.$$

Si les racines sont distinctes, nous avons un contact de deux branches. Si les deux racines sont égales, nous nous trouvons dans le cas où l'équation (E) a une racine multiple ; soit donc $b = \frac{a^2}{4}$. Nous devons poser, d'après la théorie générale,

$$u = -\frac{a}{2} z^p + t',$$

et il vient

$$o = t'^2 + c z^{2p+1} + \ldots,$$

en supposant qu'il y ait dans l'équation un terme en z^{2p+1}. Les termes qui renfermeront t' au premier degré contiendront au moins z^{p+1}. Nous effectuerons donc certainement la séparation cherchée (dans l'hypothèse $c \neq o$) en posant

$$t' = z^{\frac{2p+1}{2}} \theta.$$

Le cas $p = 1$ correspond au cas classique du rebroussement de seconde espèce.

7. Arrêtons-nous un moment sur les systèmes circulaires en lesquels se trouvent partagées les différentes racines dont nous venons de faire l'étude. Le développement peut s'écrire

$$u = A z^{\frac{\alpha}{n}} + B z^{\frac{\alpha+1}{n}} + \ldots, \qquad (A \neq o) ;$$

α est ici un entier au moins égal à l'unité, et si, comme nous le supposons, ce développement correspond à n racines, il ne pourra y avoir réduction avec un dénominateur commun moindre que n dans *tous* les exposants des diverses puissances de z. Au lieu du développement précédent, nous pouvons écrire

$$z = t^n,$$
$$u = A t^\alpha + B t^{\alpha+1} + \ldots.$$

le premier coefficient A, il est essentiel de le rappeler, n'étant pas nul. Si z est supérieur à n, nous dirons que *le cycle est d'ordre n*; au contraire, si z est inférieur à n, nous dirons qu'*il est d'ordre z*. On voit que, si l'on fait sur u et z un changement de variables linéaire, homogène et d'ailleurs arbitraire, les développements des nouvelles variables (que nous continuerons à appeler u et z) auront leur développement suivant les puissances de t commençant par un terme en t^N, N étant l'ordre du cycle. Ce nombre N est donc le véritable élément à considérer au point de vue du cycle en lui-même, indépendant du choix des variables ou du système de coordonnées. Les cycles d'ordre *un* sont particulièrement simples : dans ce cas, en prenant convenablement l'une des variables, on est assuré que la seconde variable s'exprime par une fonction holomorphe de la première dans le voisinage de l'origine; pour un point simple d'une courbe, le cycle correspondant à la branche qui y passe est manifestement d'ordre *un*. Faisons seulement encore la remarque évidente, d'après ce qui précède, que si, pour un cycle, on a les deux développements

$$z = A t^n + \ldots,$$
$$u = A' t^r + \ldots,$$

A et A' n'étant pas nuls tous deux, le cycle sera au plus d'ordre n [(1)].

8. Nous venons d'étudier la fonction algébrique u de z dans le voisinage d'une valeur particulière de z. Il nous faut maintenant considérer la fonction algébrique dans tout le plan. Nous allons faire voir que si l'équation

$$f(u, z) = 0,$$

de degré m en u, est irréductible, on peut, en partant toujours du point z_0 avec une certaine détermination u_0 et en suivant un chemin convenable, *obtenir en un point arbitraire z une quelconque des racines de l'équation précédente*. En d'autres termes,

---

[(1)] Pour une étude approfondie des cycles, très intéressante au point de vue géométrique, mais dont nous n'aurons point à faire usage, voir l'*Étude sur les points singuliers des courbes planes*, par Halphen, insérée à la suite de la *Géométrie plane* de M. Salmon.

la fonction définie par l'équation précédente admet m valeurs en chaque point et, par suite, *l'équation définit une seule fonction* dont les m déterminations peuvent s'échanger en variant le chemin suivi.

La démonstration de ce théorème important va résulter de suite des propositions générales établies précédemment sur les fonctions uniformes. Si la fonction avait seulement un nombre p $(p < m)$ de déterminations, toute fonction entière et symétrique de ces p déterminations serait une fonction de z uniforme dans tout le plan et n'ayant d'autres points singuliers que des pôles (l'infini compris); elle serait donc une fonction rationnelle de z (p. 123). Les p déterminations satisferaient donc à une équation

$$\varphi(u, z) = 0,$$

où φ est un polynôme en u et z, de degré p en u, et, par suite, le polynôme f ne serait pas irréductible.

9. Faisons une dernière remarque sur les points à l'infini. On peut toujours, en faisant une transformation homographique convenable, supposer que, dans la courbe algébrique

$$f(z, u) = 0,$$

les m directions asymptotiques sont distinctes et qu'aucune d'elles n'est parallèle à l'axe des u. Ceci revient à dire que l'équation

$$\varphi_m(z, u) = 0,$$

où φ_m est l'ensemble des termes homogènes de degré m, représente m droites distinctes, aucune d'elles ne coïncidant avec l'axe des u. Si alors $t_1, t_2, \ldots, t_m$ désignent les m racines de

$$\varphi_m(1, t) = 0,$$

on aura pour les m valeurs de u les développements suivants

$$u_1 = t_1 z + \alpha_1 + \frac{\beta_1}{z} + \ldots,$$

$$u_2 = t_2 z + \alpha_2 + \frac{\beta_2}{z} + \ldots,$$

$$\ldots\ldots\ldots\ldots\ldots\ldots\ldots\ldots\ldots$$

$$u_m = t_m z + \alpha_m + \frac{\beta_m}{z} + \ldots,$$

valables pour $|z|$ suffisamment grand.

J'ajoute encore que, dans la suite, il nous arrivera constamment d'employer tantôt un langage géométrique et de parler de courbe algébrique, tantôt, au contraire, de parler de la fonction u de la variable complexe z. Il n'y a aucun inconvénient à le faire : les expressions géométriques de courbe, de points, d'axes O_z et Ou pourraient toujours être remplacées par un langage analytique, mais qui serait quelquefois plus long et rendrait moins intuitifs les énoncés.

II. — Théorème de M. Nother.

10. On vient de voir que les singularités d'une fonction ou d'une courbe algébrique peuvent être très compliquées. M. Nöther a démontré une proposition extrêmement importante sur la réduction des singularités. L'objet de ce théorème est de faire voir qu'on ne diminue pas la généralité de la théorie des fonctions algébriques en se bornant aux courbes n'ayant d'autres points singuliers que *des points multiples à tangentes distinctes* (¹).

Soit $f(x, y) = 0$ une courbe algébrique de degré m, dont l'origine sera supposée un point multiple d'ordre n, c'est-à-dire à n tangentes. On peut mettre cette équation sous la forme

$$(E) \qquad \varphi_n(x, y) + \varphi_{n+1}(x, y) + \ldots + \varphi_m(x, y) = 0,$$

et admettre que les axes des x et des y ne rencontrent la courbe qu'en des points simples en dehors de l'origine, que les tangentes à l'origine ne coïncident pas avec les axes, et enfin que les directions asymptotiques sont distinctes et différentes des axes.

Cela posé, effectuons la transformation $y = \dfrac{x}{Y}$. A la courbe (E) va correspondre point par point la courbe (E'), de degré $2m - n$,

$$(E') \quad \begin{cases} F(Y, x) = Y^{m-n} \varphi_n(Y, 1) \\ \qquad + x^k Y^{m-n-k} \varphi_{n+k}(Y, 1) + \ldots + x^{m-n} \varphi_m(Y, 1) = 0. \end{cases}$$

(¹) Le Mémoire de M. Nöther se trouve dans le tome IX des *Mathematische Annalen*. M. Halphen est revenu à plusieurs reprises sur le théorème de M. Nöther; on pourra consulter à ce sujet son Étude déjà citée sur les points singuliers des courbes algébriques planes, qui forme un Appendice au *Traité des courbes planes* de G. Salmon, et où l'on trouvera toute une bibliographie de cette théorie. La démonstration que je donne ici m'a été communiquée par M. Simart.

A un point multiple d'ordre n' de la courbe (E), en dehors de l'axe des x et de l'axe des y, va correspondre évidemment un point multiple d'ordre n' de la courbe (E').

A la valeur $x = 0$ sur la première courbe correspondent n valeurs de y nulles et $m - n$ autres distinctes. A ces points correspondent, sur la seconde courbe, d'abord un point multiple d'ordre $m - n$ ($x = 0$, $Y = 0$), à $m - n$ tangentes distinctes, puisque, pour $x = 0$, les $m - n$ valeurs correspondantes de y sont différentes entre elles et différentes de zéro; et ensuite n points simples ou multiples de l'axe des x, déterminés par $\varphi_n(Y, 1) = 0$.

A la valeur $x = \infty$ correspondent m valeurs de Y distinctes; d'ailleurs, pour $Y = \infty$, les $m - n$ valeurs de x sont distinctes.

Nous avons donc substitué à la courbe (E) une courbe (E') qui, en dehors de l'axe des x, a les points multiples de la première; mais qui a, au point $x = 0$, $Y = 0$, un point multiple d'ordre $m - n$, à tangentes distinctes, et, sur l'axe des Y ($x = 0$), n points déterminés par $\varphi_n(Y, 1) = 0$ qui pourront être distincts ou confondus.

Supposons que l'équation $\varphi_n(Y, 1) = 0$ ait une racine multiple $Y = Y_1$, à laquelle corresponde un point multiple d'ordre $n' \leqq n$.

Par une transformation homographique arbitraire

$$x = \frac{ax' + by'}{a'x' + b'y' + c'}, \qquad Y - Y_1 = \frac{a'x' + b'y}{a'x' + b'y + c'},$$

on substituera à la courbe (E') la courbe de degré $(2m - n)$

$$(E_1) \qquad \varphi_n(x', y') + \varphi_{n+1}(x', y') + \ldots + \varphi_{2m-n}(x', y') = 0.$$

Cette courbe satisfait aux mêmes conditions que la courbe (E), et ses directions asymptotiques sont distinctes et différentes de zéro. Elle a, en dehors des points déterminés par $\varphi_n(Y, 1) = 0$, $x = 0$, des points multiples correspondant aux points multiples de (E), plus *un* point multiple d'ordre $m - n$ à tangentes distinctes provenant du point $x = 0$, $Y = 0$, *un* autre point multiple d'ordre $m - n$ à tangentes distinctes provenant du point $Y = \infty$, et enfin *un* point multiple d'ordre m à tangentes distinctes provenant du point $x = \infty$.

On fera sur la courbe (E$_1$) les mêmes transformations que sur la courbe (E), jusqu'à ce qu'on ait obtenu finalement une équation, telle que $\varphi_n(\mathrm{Y}, 1) = 0$, dont toutes les racines soient distinctes. *L'opération prendra fin certainement*; car supposons qu'on ait constamment $n' = n$. La courbe (E_1), de degré $m_1 = 2m - n$, a des points multiples correspondant à ceux de la courbe (E), plus *deux* points multiples d'ordre $(m - n)$ à tangentes distinctes équivalant à $(m - n)(m - n - 1)$ points doubles, et *un* point multiple d'ordre m à tangentes distinctes équivalant à $\dfrac{m(m-1)}{2}$ points doubles.

La courbe (E_2), de degré $m_2 = 2m_1 - n$, présente, par rapport à (E_1), les mêmes différences que (E_1) par rapport à (E).

Finalement, en désignant par d_k le nombre des points doubles de la courbe E_k, correspondant aux points multiples à tangentes distinctes successivement introduits, on aura

$$d_k = \sum_{i=0}^{i=k-1} \left[(m_i - n)(m_i - n - 1) + \frac{m_i(m_i - 1)}{2} \right].$$

Or on a
$$m_i = 2^i(m - n) + n,$$
donc
$$d_k = \frac{3}{2}(m - n)^2 \left(\frac{2^{2k} - 1}{2^2 - 1} \right) + (m - n)\frac{2n - 3}{2}(2^k - 1) + k\frac{n(n-1)}{2}.$$

La différence de ce nombre et du nombre maximum des points doubles, pour une courbe irréductible de degré m_k,
$$\frac{(m_k - 1)(m_k - 2)}{2}$$

est
$$-\frac{(m - n)^2}{2} - (m - n)\frac{2n - 3}{2} + k\frac{n(n-1)}{2} - \frac{(n-1)(n-2)}{2}.$$

Cette différence deviendrait positive pour k suffisamment grand, ce qui est impossible (¹); il faut donc que n diminue jus-

---

(¹) Nous admettons ici le théorème de Cramer qu'une courbe de degré m irréductible ne peut avoir plus de $\dfrac{(m-1)(m-2)}{2}$ points doubles ou un nombre de points multiples à tangentes distinctes équivalent à ce nombre de points doubles en regardant un point multiple d'ordre k à tangentes distinctes comme équivalent à $\dfrac{k(k-1)}{2}$ points doubles. On trouvera des explications sur ce sujet dans le dernier Chapitre de ce volume relatif aux courbes unicursales.

qu'à devenir égal à l'unité (^{1}). Il arrivera donc un moment où le point multiple, à l'origine de la courbe primitive, aura été remplacé, dans la courbe transformée, par des points multiples d'ordre *moindre*, et cette transformation n'a introduit par ailleurs que des points multiples à tangentes distinctes. On peut aller ainsi de proche en proche, et l'on *arrive ainsi à une courbe qui n'a plus que des points multiples à tangentes distinctes.*

11. Appelons, d'une manière générale, *transformation birationnelle* une transformation de la forme

$$(8)\qquad \left\{ \begin{array}{l} X = P(x,y), \\ Y = Q(x,y), \end{array} \right.$$

P et Q étant des fonctions rationnelles en x et y, et où l'on a inversement

$$(9)\qquad \left\{ \begin{array}{l} x = P_1(X,Y), \\ y = Q_1(X,Y), \end{array} \right.$$

P_1 et Q_1 étant rationnelles en X et Y. Si la transformation (8) est susceptible de prendre la forme (9) pour tout point (x,y) du plan, nous dirons que c'est *une transformation birationnelle de plan à plan ou de Cremona.* Mais une autre circonstance pourra se présenter : il est possible que l'on ne puisse passer de (8) à (9) qu'en tenant compte de ce que le point (x,y) se trouve sur une certaine courbe $f(x,y) = 0$. En désignant par $F(X,Y) = 0$ l'équation de la courbe transformée, on dit que les courbes f et F se correspondent point par point ; mais cette correspondance n'est pas établie par une transformation de Cremona. Ainsi, la transformation

$$X = x^2, \qquad Y = y^2$$

conduit à une transformation birationnelle de courbe à courbe, pour toute courbe n'ayant aucun des axes de coordonnées, supposés rectangulaires, pour axes de symétrie.

(^{1}) On aurait pu arriver autrement à ce résultat, en montrant que la séparation des racines de l'équation primitive s'annulant pour $x = 0$ ne pourrait jamais être effectuée si δ ne finissait par devenir égal à l'unité, ce qui serait en opposition avec les résultats de Puiseux.

On énoncera de la manière suivante le théorème de Nöther :

On peut toujours, par une transformation de Cremona, transformer une courbe algébrique quelconque en une autre n'ayant que des points multiples à tangentes distinctes.

12. Nous allons essayer maintenant de faire un pas de plus, en ramenant tous les points multiples à être des points doubles. Plaçons à l'origine un des points multiples de notre courbe

$$f(x, y) = 0,$$

et soient

$$S_1 = 0, \quad S_2 = 0, \quad S_3 = 0$$

les équations de trois coniques *quelconques* uniquement assujetties à passer à l'origine. Il est entendu, une fois pour toutes, que les coefficients dans S_1, S_2, S_3 sont des lettres arbitraires. Posons

$$(\Sigma) \quad \begin{cases} X = \dfrac{S_1(x, y)}{S_3(x, y)}, \\[2mm] Y = \dfrac{S_2(x, y)}{S_3(x, y)}. \end{cases}$$

A la courbe proposée correspond, par la transformation (Σ), une courbe

$$F(X, Y) = 0.$$

Il est d'abord facile de voir que les courbes f et F se correspondent point par point, c'est-à-dire qu'à un point *arbitraire* de l'une quelconque d'entre elles correspond un *seul* point de l'autre et inversement. Il faut donc montrer qu'à un point arbitraire de la courbe F ne correspond qu'un seul point de f. A un système de valeurs de (X, Y) correspondent, par les équations (Σ), trois points (x, y) en outre de l'origine. Sur ces trois points, un seul est sur la courbe f quand (X, Y) est arbitraire sur F. Il suffit, pour s'en assurer, d'envisager un cas particulier; si la chose a lieu dans un cas particulier, à plus forte raison aura-t-elle lieu quand les coefficients de S seront arbitraires. Or prenons pour S_1, S_2, S_3 trois coniques passant à l'origine et ayant deux autres points communs A et B non situés sur f, soit

$$S_1 = \sigma_1, \quad S_2 = \sigma_2, \quad S_3 = \sigma_3,$$

Les deux coniques

$$\sigma_2(x, y)X - \sigma_1(x, y) = 0,$$
$$\sigma_3(x, y)Y - \sigma_2(x, y) = 0,$$

pour un système de valeurs données à X et à Y, ont, en dehors de l'origine, comme points communs les deux points A et B et un troisième point a. Ce dernier point seul appartient à f [le point (X, Y) étant, bien entendu, situé sur F]. Dans l'exemple que nous venons de prendre, la transformation Σ est birationnelle de plan à plan, mais peu importe. Si l'on prend un exemple voisin de celui-là,

$$S_1 = \sigma_1 + \varepsilon\sigma'_1, \qquad S_2 = \sigma_2 + \varepsilon\sigma'_2, \qquad S_3 = \sigma_3 + \varepsilon\sigma'_3,$$

les σ' désignant des coniques quelconques passant à l'origine, tout aura varié très peu en passant d'un exemple à l'autre si la constante ε est très petite, et des trois points communs aux deux coniques

$$(\sigma_2 + \varepsilon\sigma'_2)X - (\sigma_1 + \varepsilon\sigma'_1) = 0,$$
$$(\sigma_3 + \varepsilon\sigma'_3)Y - (\sigma_2 + \varepsilon\sigma'_2) = 0,$$

(X, Y) étant sur la courbe F' obtenue par la transformation (laquelle diffère très peu de F), un seul sera sur la courbe f, puisqu'il en est ainsi pour $\varepsilon = o$.

Par conséquent, pour une transformation de la forme précédente *à coefficients arbitraires*, nous aurons un seul des trois points (x, y), correspondant à un point arbitraire (X, Y) de la courbe transformée F, qui sera situé sur $f(x, y)$.

Ceci posé, cherchons quel est le point correspondant à l'origine. On aura, si ce point est un point multiple d'ordre q à tangentes distinctes, q points simples distincts. Les autres points multiples seront restés du même ordre de multiplicité, et leurs tangentes resteront distinctes. Mais cette transformation aura fait naître des points doubles; ils correspondront aux points distincts (x, y) (x', y') de f, pour lesquels on aura

$$\frac{S_1(x, y)}{S_1(x', y')} = \frac{S_2(x, y)}{S_2(x', y')} = \frac{S_3(x, y)}{S_3(x', y')}.$$

Il existera bien de tels couples de points puisqu'on a quatre équations à quatre inconnues pour les déterminer. Il faudrait voir nettement que les solutions de ces équations seront simples et s'associeront seulement deux à deux pour former des points doubles à tangentes distinctes en supposant bien entendu que les coefficients de S_1, S_2, S_3 sont absolument arbitraires. La chose n'est pas douteuse, mais je ne vois guère le moyen de la mettre en évidence de manière à éviter toute objection, quoique des raisonnements par continuité, analogues à celui que nous avons fait plus haut, puissent rendre l'assertion plus que vraisemblable.

Si l'on passe sur la difficulté que nous venons de signaler, on voit que, en opérant de proche en proche, *on arrivera à une courbe n'ayant plus que des points doubles à tangentes distinctes* (¹).

Au surplus, dans toutes les théories que nous allons exposer, il importera peu que la courbe n'ait que des points doubles pourvu que tous ses points multiples soient à tangentes distinctes.

13. Nous supposerons dans la suite que la courbe n'ait que des points multiples à tangentes distinctes et que les axes n'occupent aucune position particulière par rapport à la courbe (²). Soit toujours

$$f(x, y) = 0$$

l'équation de la courbe supposée de degré m. La fonction algébrique y de x définie par cette équation aura un certain nombre *de points de ramification*, c'est-à-dire qu'il y aura un certain nombre de valeurs de x autour desquelles *deux* valeurs de y se permuteront. Ces valeurs de x sont celles pour lesquelles deux valeurs de y deviennent égales, abstraction faite des valeurs de x correspondant aux points multiples, pour lesquelles, les branches étant distinctes, aucune permutation ne se produit. Les points de ramification correspondent donc aux points de contact des tangentes à la courbe parallèles à Oy. Soit (a, b) un tel point; l'équation de la courbe peut s'écrire

$$0 = x - a + A(y - b)^2 + \dots$$

(¹) Halphen, dans le Mémoire que nous avons cité, arrive à ce théorème sans signaler même l'objection à laquelle nous venons de nous arrêter.

(²) Riemann ne suppose pas que l'équation $f(x, y) = 0$ soit du même degré en y et en x. Il n'y a pas à cela d'intérêt pour la théorie générale; il en est autrement pour certaines applications. Nous y reviendrons au Chapitre XVI (Sect. IV).

A ne sera pas nul, puisque Oy occupe une position arbitraire par rapport à la courbe. On aura donc bien

$$y - b = \alpha\sqrt{x - a} + \ldots \qquad (\alpha \neq 0),$$

et l'on voit clairement la permutation des deux racines qui deviennent égales à b pour $x = a$. Le nombre des points de ramification sera manifestement égal au nombre des tangentes à la courbe parallèles à une direction arbitraire, c'est-à-dire à la *classe* de la courbe.

Supposons que la courbe ait α_i points multiples d'ordre i à tangentes distinctes; on sait [1] que la classe sera égale à

$$m(m - 1) - \sum \alpha_i \, i(i - 1),$$

et par suite, en appelant w le nombre des points de ramification, on aura

$$w = m(m - 1) - \sum \alpha_i \, i(i - 1),$$

la somme $\sum$ étant relative aux différentes valeurs de i $(i \geq 2)$.

III. — Des surfaces de Riemann.

14. Joignons un point arbitraire O du plan à tous les points de ramification; nous formerons ainsi un certain nombre de lacets se suivant dans un ordre déterminé. Pour fixer les idées, numérotons-les dans l'ordre où ils se présentent de la gauche vers la droite. Supposons que le premier lacet, le lacet 1, échange en O les deux racines a et b. Si nous suivons tous les lacets successivement en partant de O avec la valeur a, nous devons revenir à cette valeur, au moins après avoir parcouru tous les lacets, mais ceci peut arriver avant que nous arrivions au dernier lacet.

Supposons, par exemple, que le lacet 8 soit le premier qui nous ramène au point O avec la racine a. Nous avons marqué sur chaque lacet les deux racines qu'il permute. Nous allons mo-

---

[1] Nous admettons cette formule de Plücker, qui s'établit de suite en remarquant que la courbe $x_1 f_x + y_1 f_y + z_1 f_z = 0$ a, en un point multiple d'ordre i de f, un point multiple d'ordre $i - 1$ pour lequel aucune tangente ne coïncide avec une tangente de f, (x_1, y_1, z_1 étant arbitraires).

difier l'ordre primitif des lacets. Il peut y avoir, en dehors des
deux extrêmes 1 et 8, un certain nombre de lacets permutant a;
il y en a deux dans la figure, les lacets 3 et 7. On va remplacer
le lacet 8 par un autre lacet partant de O entre 1 et 2 et coupant

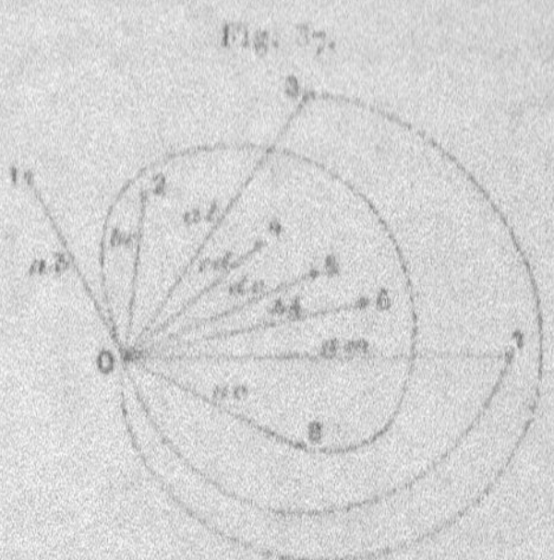

Fig. 37.

les lacets qui permutent a; nous figurons en pointillé ce lacet
qui va remplacer 8. Quelles racines permutera le nouveau lacet
ainsi obtenu? Celui-ci est équivalent à un chemin, formé d'abord
des lacets 2, 4, 5, 6 successivement parcourus qui ramènent manifestement la racine a quand on est parti au début avec cette
même racine, et terminé par les lacets 8, 6, 5, 4, 2 qui ramènent
en O la racine b. Notre nouveau lacet permute donc a et b.

On remplacera d'une manière analogue les lacets 7 et 3 qui
permutent a, en les faisant passer à gauche du lacet 8, comme l'in-
diquent les traits pointillés. On voit tout de suite que ces nouveaux
lacets ne permutent plus la racine a. Prenons, par exemple, le
nouveau lacet 7. Il sera équivalent au lacet ae, puis aux lacets am
et ae; or m est nécessairement différent de e, car autrement 8 ne
serait pas le premier lacet ramenant a. Il est alors évident que le
nouveau lacet 7 revient au lacet ae parcouru deux fois, c'est-à-dire
qu'il ne permute pas a avec une autre racine.

Nous avons ainsi substitué aux lacets primitifs une nouvelle
suite de lacets dont les *deux* premiers permutent a et b; les
autres lacets n'ont pas changé, sauf quelques-uns qui ont été remplacés par d'autres lacets ne permutant pas a.

Partant maintenant toujours avec la valeur a, mais en commençant par le second lacet de notre nouvelle suite, nous allons faire

les mêmes raisonnements que plus haut. Nous aurons alors une troisième succession de lacets dont les trois premiers permuteront a et b, et nous avons introduit de nouveaux lacets ne permutant pas a.

En continuant ainsi, il est évident que nous obtiendrons une suite de lacets tracés dans un ordre tel que *tous les lacets permutant a et b seront au premier rang et que tous les suivants ne permuteront plus la racine a*. D'ailleurs le nombre des lacets permutant ab, ainsi obtenus, sera nécessairement *pair*; sinon, un contour partant de O, avec la valeur initiale a, ne pourrait pas ramener la racine a après avoir enveloppé tous les points de ramification, puisque, en dehors des lacets permutant a et b, il n'y a plus de lacets permutant a avec une autre racine.

Nous n'allons plus maintenant modifier les lacets permutant a et b, et nous laissons entièrement de côté, pour le moment, un certain angle du plan ayant O pour sommet et les contenant. On peut supposer que le premier lacet que nous rencontrons sur la droite (après les lacets ab) permute b avec une troisième racine c. Nous opérerons avec b et c comme nous avons opéré avec a et b; on pourra donc grouper ensemble tous les lacets permutant b et c à la suite des lacets permutant a et b, et ainsi de suite.

Finalement, nous pouvons supposer que *les lacets qui joignent le point O à tous les points de ramification se composent, en allant de la gauche vers la droite, d'un nombre pair de lacets permutant a et b, d'un nombre pair de lacets permutant b et c, etc., et enfin d'un nombre pair de lacets permutant k et l,* en désignant par a, b, ..., k, l les m racines de l'équation $f(u, z) = o$ quand z est en O.

45. Nous pouvons définir maintenant bien nettement la surface de Riemann correspondant à la fonction algébrique dont nous faisons l'étude. Considérons d'abord les lacets A permutant a et b, soit $a_1, a_2, \ldots, a_6$ (*fig.* 38), en les supposant au nombre de six. Joignons-les par des lignes $a_1 a_2, a_3 a_4, a_5 a_6$ de telle sorte que les triangles $O a_1 a_2, O a_3 a_4, O a_5 a_6$ ne renferment aucun point critique à leur intérieur, ce qui est évidemment possible. Si l'on suppose que la variable z ne traverse pas les lignes précédentes, la racine a de l'équation $f(u, z) = o$, prenant en O

la valeur a, sera une fonction de z *n'ayant qu'une valeur* en tout point du plan. Tout chemin ramènera en effet la même valeur en O; la chose est évidente pour tout chemin qui n'enveloppe pas une des lignes précédentes, puisque aucun des lacets

Fig. 38.

autres que les lacets A ne permute a; quant à un chemin entourant $a_1 a_2$, par exemple, il sera équivalent aux lacets a_1 et a_2 successivement parcourus et ramènera par suite a. Nous considérons donc un premier plan sur lequel sont tracées les sections $a_1 a_2$, $a_3 a_4$, $a_5 a_6$ que nous appellerons sections A; nous désignerons ce plan sous le nom de *plan a*, rappelant ainsi que la fonction u, qui prend en O la valeur a, n'a qu'une valeur dans ce plan quand la variable z est assujettie à ne pas traverser les sections.

Nous envisagerons de même un second plan, superposé au premier, où l'on aura tracé les mêmes sections que dans le plan a et en plus des sections B correspondant aux extrémités des lacets b permutant b et c jointes de deux en deux : ce sera le plan b. La fonction u, prenant en O la valeur b, n'aura qu'une valeur dans ce plan si la variable respecte les sections A et B qui y sont tracées.

On continuera ainsi de façon à faire correspondre un plan, où sont tracées certaines sections, à chacune des racines a, b, ..., l. Dans le dernier plan l, il n'y aura qu'un seul système de sections comme dans le premier plan a. Pour tous les autres plans, il y aura deux systèmes de sections. Avec ces différents plans ou *feuillets* superposés, nous allons former une surface unique. Si l'on prend deux points m et m' de côtés différents d'une section A, infiniment rapprochés de celle-ci, et situés respectivement sur le feuillet a et le feuillet b, les deux valeurs correspondantes de u seront infiniment voisines l'une de l'autre; on obtient, en effet, la

même valeur au point (m, m') (*fig.* 39) en partant de O avec la
valeur a et suivant le chemin C, qu'en partant de O avec la va-

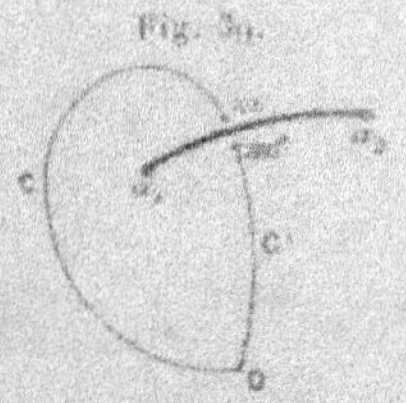

Fig. 39.

leur b et suivant le chemin C'. Imaginons donc que chaque section A soit *une ligne de croisement* pour les deux feuillets a
et b, c'est-à-dire que l'on passe du feuillet a au feuillet b, et inversement, chaque fois qu'on traverse une section A. Par ce passage,
la continuité de la fonction u correspondante sera respectée. Nous
établirons de la même manière des lignes de croisement entre le
feuillet b et le feuillet c : ce seront les sections B. On continuera
ainsi en établissant successivement des lignes de croisement
C, ..., K entre deux feuillets consécutifs; l'avant-dernier feuillet k sera lié au dernier feuillet l par les lignes de croisement K.
L'ensemble des feuillets ainsi réunis peut être regardé comme formant une surface unique : on l'appelle la *surface de Riemann* (¹), correspondant à la relation algébrique $f(u, z) = 0$. On
voit que la fonction algébrique u *est uniforme sur cette surface
de Riemann;* à chaque point de celle-ci se trouve associée *une
seule* valeur de u, qui est la valeur correspondante au feuillet sur
lequel se trouve le point que l'on considère.

Cette surface est d'ailleurs *connexe*, c'est-à-dire forme un *con-
tinuum* unique tel que l'on peut passer d'un quelconque de ses
points à un autre quelconque de ses points, car on peut passer

---

(¹) Le Mémoire fondamental de Riemann où la notion du plan recouvert de
feuillets a été introduite pour la première fois est intitulé : *Theorie der abelschen Functionen* (voir les *Œuvres complètes* de Riemann). Les surfaces de
Riemann ont été surtout étudiées en Allemagne. On trouvera dans le premier
Chapitre de la Thèse de M. Simart (Paris, 1882) un exposé très complet et très
rigoureux des théorèmes relatifs à la connexité de ces surfaces, qui pour la plupart ne sont qu'énoncés par Riemann. Nous aurons à citer dans un moment
Clebsch et M. Luroth qui ont apporté une importante contribution à la théorie.

d'un lacet à un autre en remontant ou descendant la *chaîne* que
forment les feuillets successifs. Le théorème précédent, d'après
lequel les feuillets successifs d'une surface de Riemann peuvent
être liés les uns aux autres de manière qu'il n'y ait de lignes de
croisement qu'entre deux feuillets consécutifs, a été démontré
pour la première fois par M. Lüroth (*Mathematische Annalen*,
t. IV).

16. Nous allons faire subir une transformation à la surface de
Riemann que nous venons de construire. Notre but est de faire
voir qu'on peut s'arranger de telle manière qu'il n'y ait qu'une
seule ligne de croisement A, une *seule* ligne de croisement B, et
ainsi de suite jusqu'à l'avant-dernier système de lignes de croisement : il y aura seulement, entre l'avant-dernier feuillet et le dernier, un certain nombre de lignes de croisement généralement
supérieur à *un*.

Considérons six lacets consécutifs dont les quatre premiers per-

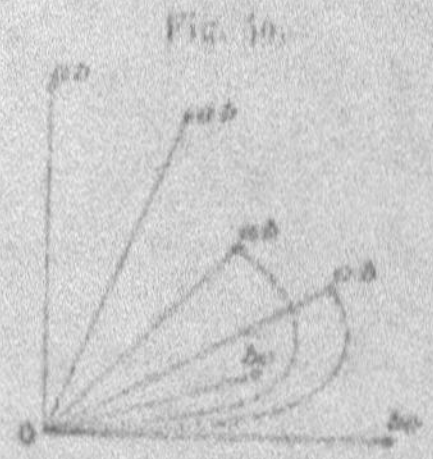

Fig. 40.

mutent a et b, et les deux derniers b et c. Marquons sur la figure
ces six lacets (*fig.* 40).

Nous allons d'abord faire passer au quatrième et cinquième
rang le troisième et le quatrième lacet ab en les formant avec les
lignes pointillées partant dans l'angle formé par les deux lacets b.
On voit immédiatement que les deux nouveaux lacets permuteront a et c.

Nous avons alors une nouvelle disposition que nous figurons de
nouveau (*fig.* 41). Nous y remplaçons les deux lacets ac par
deux autres lacets obtenus au moyen des lignes pointillées et qui
vont prendre le premier et le deuxième rang ; ces deux nouveaux
lacets, on le voit tout de suite, permuteront les racines b et c.

Nous aurons donc, après ces deux transformations, deux lacets consécutifs bc, deux lacets consécutifs ab et deux lacets consécu-

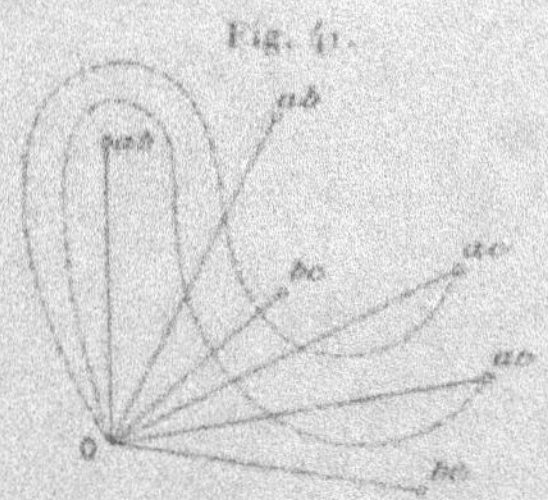

Fig. 4.

tifs bc. On voit que deux lacets consécutifs ab ont été remplacés par deux lacets consécutifs bc. On pourra ainsi faire disparaître tous les systèmes de deux lacets consécutifs ab, *sauf un seul*.

On opérera de la même manière pour ne garder qu'un système de deux lacets consécutifs bc, et ainsi de suite. Il n'y aura que pour les deux dernières racines qu'il sera impossible de faire une pareille réduction: nous aurons alors pour ces deux dernières racines un nombre, qui pourra être quelconque, de deux lacets consécutifs.

Revenons à la surface de Riemann, construite comme nous l'avons indiqué plus haut, mais en employant ces nouveaux lacets. Il est clair que le premier feuillet sera seulement lié au second par *une seule* ligne de croisement; il en sera de même pour le deuxième et le troisième feuillet, et ainsi de suite; les deux derniers feuillets seuls auront entre eux un certain nombre de lignes de croisement. Nous désignerons ce nombre par $p+1$. La possibilité de former une surface de Riemann, où les feuillets sont réunis les uns aux autres à la manière d'une chaîne, et où chaque feuillet, sauf les deux derniers, est réuni au suivant par *une seule* ligne de croisement, a été indiquée d'abord par Clebsch (*Mathematische Annalen*, t. VI).

17. Nous avons désigné par $p+1$ le nombre des lignes de croisement unissant le $(m-1)^{\text{ième}}$ feuillet au $m^{\text{ième}}$. On peut exprimer de suite p en fonction du nombre ϖ des points de ramification. Nous avons un nombre de lignes de croisement égal à

$$m-1+p+1.$$

Ce nombre doit représenter la moitié du nombre des points de ramification; d'où la formule

$$w = 2(m + p - 1).$$

On peut encore exprimer p en fonction du nombre des points multiples de la courbe. On a en effet, comme nous l'avons vu (13),

$$w = m(m - 1) - \sum \alpha_i \, i(i - 1).$$

On en conclut

$$p = \frac{(m - 1)(m - 2)}{2} - \sum \alpha_i \frac{i(i - 1)}{2}.$$

18. La surface de Riemann S est, en définitive, une surface connexe, pour laquelle à chaque point correspond un seul point de la courbe algébrique, ou, si l'on aime mieux, un seul système de valeurs de x et y satisfaisant à la relation algébrique

$$f(x, y) = 0.$$

Il est manifeste qu'une telle surface n'est pas unique. Toute autre surface que l'on pourra faire correspondre point par point à la surface S jouira de la même propriété que cette dernière. On aura, en particulier, une telle surface en *déformant* la surface de Riemann regardée comme flexible et extensible, en supposant, toutefois, qu'on ne produise pas de déchirures ni de duplicatures. Dans ces conditions, on peut regarder les deux surfaces ainsi transformées comme applicables l'une sur l'autre. Il est clair que l'on ne prend pas le mot *applicable* dans le sens de la Géométrie infinitésimale. Il ne s'agit ici que de Géométrie de situation, *analysis situs*, comme disait Riemann, et nous voulons dire que la déformation continue, qui permet de passer d'une surface à l'autre, peut être regardée comme établissant une correspondance bien déterminée entre les points des deux surfaces (*).

____

(*) M. Jordan a publié des recherches importantes sur la déformation des surfaces entendue comme il vient d'être dit (*Journal de Liouville*, 2ᵉ série, t. XI, 1866). Il démontre, en particulier, que deux surfaces fermées ayant le même nombre de trous sont applicables l'une sur l'autre. Voir aussi, sur des questions analogues, deux Mémoires de M. Klein (*Math. Annalen*, t. VII et IX).

Nous allons donc faire subir à S une déformation qui aura le grand avantage de rendre plus objective la surface en la dilatant en quelque sorte dans l'espace à trois dimensions (¹).

Une première modification, qui ne modifie en rien le caractère de la surface de Riemann, consiste à faire, par rapport à un point arbitraire de l'espace, une transformation par rayons vecteurs réciproques du plan sur lequel sont disposés les m feuillets. Au lieu de m feuillets plans, nous avons alors m feuillets sphériques superposés. Deux feuillets successifs de la sphère sont liés par une seule ligne de croisement, excepté les deux derniers, qui sont liés par $p + 1$ lignes de cette sorte.

C'est la surface formée de ces m feuillets sphériques que nous voulons déformer. Considérons d'abord le cas simple où il y aurait seulement deux feuillets réunis par une seule ligne de croisement AB, que l'on peut supposer être une portion d'un arc de grand cercle. Nous avons alors deux feuillets, un feuillet interne et un feuillet externe. Déformons le feuillet interne en son symétrique par rapport au plan du grand cercle contenant AB; dans cette déformation, les deux hémisphères de ce feuillet interne doivent, à un certain moment, se pénétrer l'un l'autre, mais cela a lieu sans que la continuité de l'un ou l'autre soit altérée. La modification que nous avons fait subir au feuillet interne a pour conséquence que, quand un point cheminant sur le feuillet externe rencontre la ligne de croisement, il reste du même côté de cette ligne après l'avoir traversée, la surface s'étant en quelque sorte repliée sur elle-même le long de la ligne de croisement. On aura une idée très nette de la nouvelle surface en considérant la surface de la sphère comme ayant deux côtés, l'intérieur et l'extérieur; on passe de l'un à l'autre quand on rencontre AB, qu'on peut regarder comme une véritable *section* faite dans la surface. On peut agrandir le *trou* fait dans la surface par AB et le regarder comme formé par une courbe fermée, un

---

(¹) C'est le géomètre anglais Clifford qui paraît avoir, le premier, remplacé la surface de Riemann sur le plan par une surface à p trous dans l'espace. Pour faire cette transformation, nous nous sommes servi de la méthode qu'il a employée dans un petit Mémoire, d'une remarquable simplicité, consacré à cette théorie [*On the canonical form and dissection of a Riemann's surface* (*Proceedings of the London mathematical Society*, vol. VIII, n° 122)].

cercle par exemple. Notre surface se composerait alors des côtés interne et externe d'une calotte sphérique. Mais nous pouvons encore modifier cette surface avec *un trou*. Cette double calotte peut être déformée en un disque plan que l'on considérerait comme ayant deux faces, le passage de l'une à l'autre ayant lieu par le périmètre du contour. De ce disque, si l'on veut, on peut encore faire une sphère et, d'une manière plus générale, une surface *sans* trou. On pourrait aussi passer de la double calotte à la sphère en ramenant, d'une manière continue, la face interne de la calotte à la zone manquant dans la sphère.

Considérons un second cas particulier. Soient, toujours sur la sphère, deux feuillets, mais avec $p + 1$ lignes de croisement. On peut évidemment, par une déformation préalable des feuillets, supposer que ces lignes sont situées sur un même grand cercle de la sphère. Nous pouvons alors appliquer au feuillet intérieur le même procédé que tout à l'heure, c'est-à-dire le remplacer par son image par rapport au plan du grand cercle contenant les lignes de croisement. On sera alors ramené à une double surface sphérique ayant $p + 1$ trous, et l'on passe du côté externe au côté interne de cette surface par le périmètre de chacun des trous. Un de ces trous peut être supprimé, et nous pouvons convertir notre surface en un disque plan à deux faces, disque à l'intérieur duquel il reste p trous. On peut, si l'on veut, dilater les deux faces du disque, et l'on a finalement *une surface avec p trous qui est applicable sur notre surface primitive de Riemann.*

Abordons enfin le cas général. Les feuillets successifs seront dans l'ordre 1, 2, ..., m en allant de l'intérieur vers l'extérieur, et c'est entre les feuillets $m - 1$ et m qu'il y a $p + 1$ lignes de croisement, et l'on peut supposer que toutes les lignes de croisement sont sur des grands cercles. Nous transformerons le premier feuillet en lui substituant son image par rapport au plan du grand cercle qui contient la ligne de croisement du premier feuillet au second, et, en opérant comme précédemment, nous pouvons substituer un seul feuillet à l'ensemble des deux premiers feuillets. Le même procédé peut être appliqué une nouvelle fois, et ainsi de suite, jusqu'à ce qu'on arrive à deux feuillets ayant $p + 1$ lignes de croisement. C'est le cas étudié ci-dessus, et nous arrivons à la conclusion définitive qu'*une surface de Riemann, à un nombre quelconque de feuillets, peut être appliquée sur une surface à p trous.*

19. Nous avons supposé, dans ce qui précède, conformément au théorème de Clebsch, que chaque feuillet est lié au suivant par une seule ligne de croisement. Il est aussi facile d'étudier le cas général où, les feuillets étant toujours liés à la manière d'une chaîne, le premier est lié au second par k_1 lignes de croisement, le second au troisième par k_2 de ces lignes, et ainsi de suite, le $(m-1)^{ième}$ feuillet étant lié au $m^{ième}$ par k_m lignes de croisement. On peut faire subir aux feuillets supposés sphériques les mêmes déformations. La transformation du premier feuillet amènera $k_1 - 1$ trous; celle du second, $k_2 - 1$, et ainsi de suite. On transformera la surface en une surface à

$$k_1 + k_2 + \ldots + k_{m-1} - (m-1)$$

trous. En désignant encore par p ce nombre de trous, on a

$$p + m - 1 = k_1 + \ldots + k_{m-1}.$$

D'autre part, w désignant le nombre des points de ramification, on aura

$$w = 2(k_1 + \ldots + k_{m-1}),$$

et la formule

$$w = 2(m + p - 1),$$

déjà rencontrée au § 17, est donc générale.

20. Faisons quelques remarques très importantes sur les circuits qu'on peut tracer sur une surface de Riemann. Pour bien fixer les idées, nous pouvons prendre comme schéma de la surface, sur laquelle nous allons raisonner, un disque plat à deux côtés et ayant p trous. Nous appelons *circuit* toute courbe *fermée* tracée sur la surface. Certains circuits, sur lesquels l'attention se porte d'elle-même, vont jouer dans la théorie un rôle capital : ce sont les circuits qui *tournent autour* d'un trou et ceux qui *passent à travers* un trou.

Soit le disque A (*fig.* 12) à trois trous γ, γ', γ''. Un circuit autour du trou γ sera une ligne fermée C entourant une fois le trou γ. Ce circuit C, que nous avons tracé en traits pleins, est à considérer comme se trouvant sur le côté supérieur du disque. Un circuit à travers le trou γ sera un circuit tel que D coupant une fois A et γ, et se fermant sur le côté inférieur du disque par la ligne marquée en pointillé sur la figure. Nous pouvons de même, autour des trous γ' et γ'', tracer les circuits C' et C'', et à travers

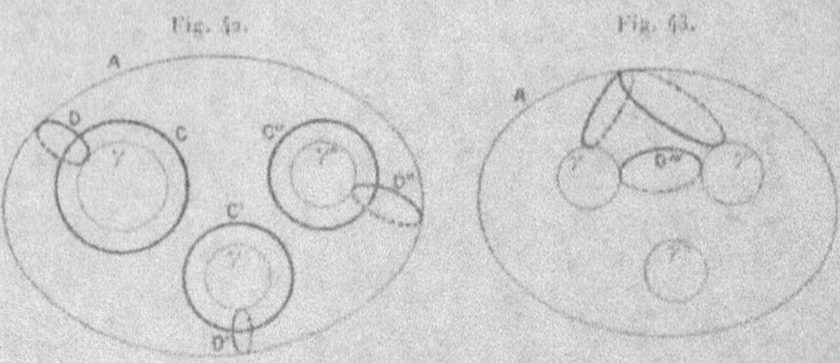

ces trous les circuits D' et D''. Ces six circuits vont jouer le rôle de circuits *fondamentaux*, c'est-à-dire que tout autre circuit tracé sur la surface peut être réduit, par une déformation continue, à coïncider avec un chemin formé de un ou plusieurs de ces circuits et d'arcs parcourus deux fois dans des sens différents. La démonstration de ce théorème est immédiate. Remarquons d'abord qu'un circuit tel que D''' (*fig.* 43) qui passe à travers les trous γ et γ' se ramène de suite par une déformation continue aux deux circuits D et D' parcourus dans des sens convenables, sans parler des arcs parcourus dans des sens contraires. En second lieu, tout circuit tracé sur un seul côté du disque se ramène à une somme de circuits C, C', C''. Enfin, pour un circuit quelconque, on considérera deux points de rencontre consécutifs de ce circuit avec une des lignes A, γ, γ', γ''. En associant à cette partie du circuit une ligne sur l'autre côté de la surface, formant avec elle un circuit à travers un ou plusieurs trous, on détachera déjà du circuit total un circuit réductible aux circuits C et D, et l'on aura alors un nouveau circuit pour lequel on continuera la réduction jusqu'à ce que le circuit, après ces soustractions successives, reste d'un même côté du disque, et, finalement, on aura bien ramené le circuit primitif à une somme de circuits C et D, abstraction faite d'arcs parcourus deux fois en sens inverse.

Si, au lieu de trois trous, la surface avait p trous, nous aurions évidemment p systèmes de lignes C et D.

21. Nous arrivons maintenant au point fondamental dans la théorie des surfaces de Riemann. Donnons tout de suite une définition : une surface connexe est dite *à connexion simple* quand elle est limitée par un seul contour, c'est-à-dire un contour pouvant être parcouru d'un trait continu, et que tout circuit tracé sur la surface ne traversant pas le contour peut se réduire à un point par une déformation continue (le contour étant toujours respecté pendant la déformation).

Considérons l'ensemble des deux courbes C et D, et imaginons que l'on fasse (avec un canif) une section de la surface suivant chacune de ces deux lignes. Nous pouvons alors envisager chacune de celles-ci comme *des lignes doubles* infiniment rapprochées situées de part et d'autre de la section. L'ensemble des deux lignes doubles C et D forme alors une courbe unique, que l'on peut parcourir d'un trait continu sans franchir jamais la section : c'est

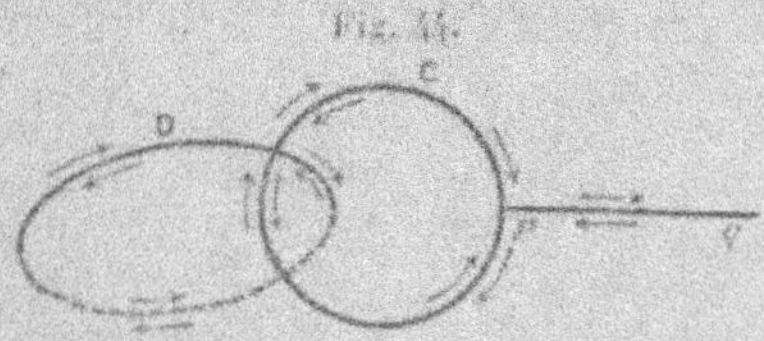

Fig. 44.

ce qu'indique bien nettement la *fig.* 44, que l'on regardera d'abord en faisant abstraction de la ligne pq.

On désigne souvent sous le nom de *rétrosection (rückerschnitt)* le contour unique, formé, comme il vient d'être dit, avec les deux bords des deux sections. Nous pourrons ainsi tracer p rétrosections sur la surface.

Joignons un point de la première de ces rétrosections à la seconde par une courbe le long de laquelle nous fendrons encore la surface, et qu'alors nous considérons encore comme une ligne double. Nous joindrons de même la deuxième à la troisième rétrosection par une ligne analogue, et enfin la $(p-1)^{ième}$ à la $p^{ième}$, les différentes lignes auxiliaires ne se coupant pas (elles peuvent avoir seulement, si l'on veut, une extrémité commune).

Ainsi, on pourra prendre, si $p = 3$, les deux lignes pq et rs (*fig.* 45).

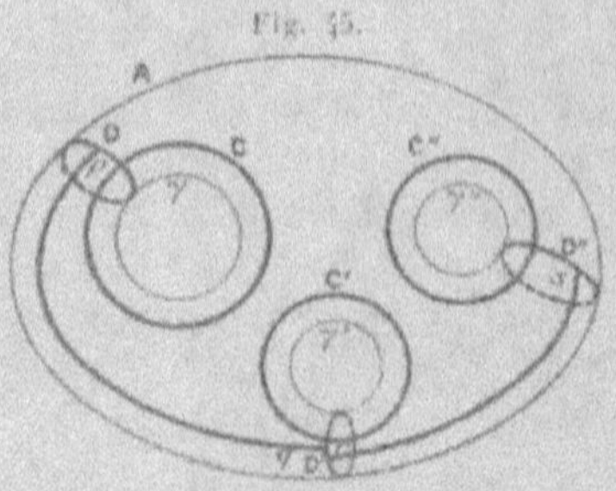

Fig. 45.

L'ensemble des sections à deux bords, que nous venons de tracer, *peut être regardé comme un contour unique et fermé* K, *susceptible d'être parcouru d'un trait continu.* La *fig.* 44, où nous avons figuré l'arrivée de la section pq, le montre d'une manière bien claire.

Le tracé du contour K n'empêche pas la surface de rester connexe, c'est-à-dire qu'on peut aller d'un point quelconque de la surface à un autre point quelconque sans traverser K. Il faut maintenant établir que tout circuit tracé sur la surface, ne rencontrant pas le contour K, *peut se ramener à un point par une déformation continue.*

Nous ferons cette démonstration, d'une manière pour ainsi dire intuitive, en reprenant le disque plat avec ses trois trous (pour fixer les idées).

Prenons comme lignes auxiliaires les deux segments pq et qs

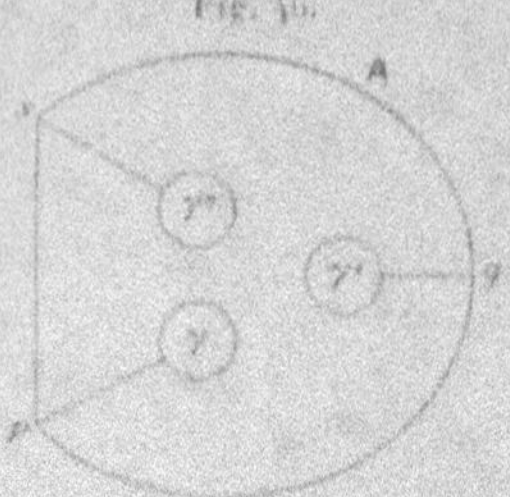

Fig. 46.

de A (*fig.* 46), compris entre les points où les lignes D, qui sont simplement figurées sur cette figure par des lignes droites sur la partie supérieure du disque, rencontrent A : quant aux lignes C, ce sont ici les périmètres γ, γ', γ'' des trous. Relativement à la partie restée libre ps de A, nous pouvons sans inconvénient la supposer rectiligne. Séparons alors les parties inférieure et supérieure du disque en faisant subir à l'une d'elles une rotation de deux angles droits autour de ps. Nous aurons alors la nouvelle figure ci-dessous (*fig.* 17).

Fig. 17.

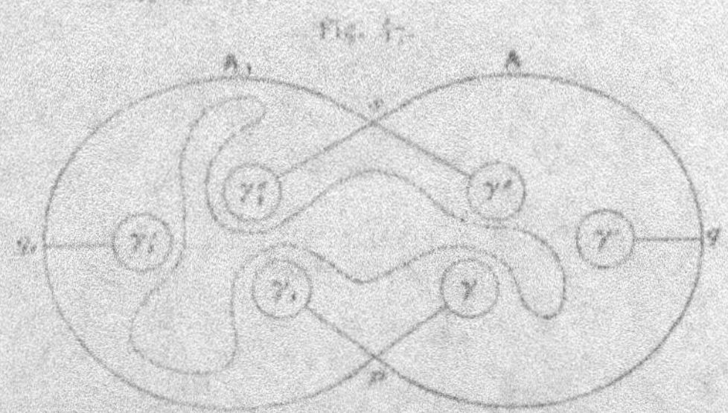

La surface est alors tout entière du même côté du plan; elle est limitée par le contour extérieur, et à l'intérieur se trouvent six trous, joints par des coupures à ce contour extérieur. On voit manifestement que *tout circuit tracé sur le plan, ne traversant pas les lignes γ et les coupures correspondantes, se réduira à un point.* La figure donne l'exemple d'un tel circuit représenté par la ligne pointillée.

22. Les résultats que nous venons d'obtenir pour la surface dilatée dans l'espace s'appliquent immédiatement à la surface primitive de Riemann des m feuillets superposés, puisque ces deux surfaces sont applicables l'une sur l'autre, au sens dont nous sommes convenus.

Prenons le cas de deux feuillets avec $p+1$ lignes de croisement. Comme nous l'avons vu (§ 18), dans la transformation de la surface en un disque plat à p trous, une des lignes de croisement devient le bord extérieur du disque, et les p autres deviennent les périmètres des trous. On voit donc de suite les circuits qui vont jouer sur la surface le rôle des lignes C et D. Autour de p des lignes de croisement, traçons sur un des feuillets p circuits :

ce seront les analogues des lignes C; on obtiendra les analogues des lignes D en traçant des circuits rencontrant chacune des lignes précédentes et traversant la $(p+1)^{ième}$ ligne de croisement. Il ne reste plus qu'à joindre, à la manière d'une chaîne, chacune des rétrosections ainsi formées par des lignes analogues de pq, rs, ... On a alors sur la surface de Riemann un contour unique K, et *tout circuit tracé sur la surface et ne rencontrant pas ce contour peut se réduire à un point* (point à distance finie ou à l'infini).

Soit, comme exemple, $p = 2$. Nous aurons alors trois lignes de croisement A, et l'on construit de suite les rétrosections (C, D), (C', D') qu'on unira par la ligne $(\alpha\beta)$ (*fig.* 48). Ces rétrosec-

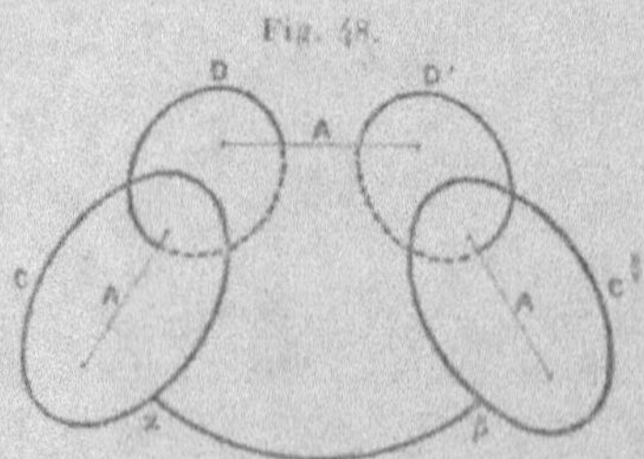

tions sont toujours à considérer, ainsi que $\alpha\beta$, comme des lignes doubles, ainsi que nous l'avons expliqué plus haut.

23. Nous possédons les notions essentielles sur les surfaces de Riemann. Nous n'aurons maintenant aucune difficulté à suivre le mouvement d'un point sur une telle surface. En tout cas, en recourant à la surface percée de p trous, dont le schéma est si simple, on a une représentation extrêmement précise qui permet de voir directement les choses sans aucun effort.

Voici encore une remarque importante pour la suite : tout circuit tracé sur la surface de Riemann, rendue simplement connexe par le contour K, peut être regardé, abstraction faite de chemins parcourus deux fois en sens contraires, comme une somme de circuits respectivement tracés sur un *seul feuillet de la surface*, et de circuits entourant un seul point de ramification.

Il suffira, pour l'établir, de considérer le cas de deux feuillets réunis par $p+1$ lignes de croisement. En se reportant à la *fig.* 47, où sont représentés les deux côtés du disque dédoublé, on voit qu'un circuit tel que le circuit pointillé peut se ramener à une somme de circuits, situés les uns à droite, les autres à gauche de la droite joignant les points p et s, et de circuits très petits entourant les points de la droite ps (s'il en existe) qui correspondraient à des points de ramification : c'est ce que nous voulions démontrer.

IV. — Application des théorèmes de Cauchy aux fonctions de la variable complexe sur la surface de Riemann.

24. Nous nous sommes placé jusqu'ici uniquement au point de vue de la Géométrie de situation sur la surface de Riemann. Considérons maintenant une fonction de la variable complexe sur cette surface. Je prends d'abord une fonction uniforme dans une certaine région de la surface. Un point A sera un pôle pour une telle fonction s'il est un pôle pour la fonction considérée sur le feuillet où se trouve A, et nous n'avons aucune définition nouvelle à donner. Une remarque doit cependant être faite pour le cas où A serait un point de ramification. Soit (a, b) ce point; on sait que $y - b$ est développable suivant les puissances entières de x', en posant

$$x' = \sqrt{x - a}.$$

Nous dirons que le point (a, b) est un pôle pour une fonction F uniforme dans la région considérée de la surface de Riemann, si l'on a, dans le voisinage de (a, b), le développement suivant

$$F = \frac{A}{x'^m} + \frac{A_1}{x'^{m-1}} + \ldots + \frac{A_{m-2}}{x'^2} + \frac{A_{m-1}}{x'} + \ldots$$

Ce développement représente bien une fonction uniforme sur la surface dans le voisinage de (a, b), puisque, aux deux déterminations de $\sqrt{x - a}$, correspondent les deux nappes de la surface. Il ne sera pas inutile de chercher la valeur de l'intégrale

$$\int F\,dx$$

le long d'un circuit C entourant (a, b). Ce circuit aura la forme
ci-dessous ($fig.$ 49).

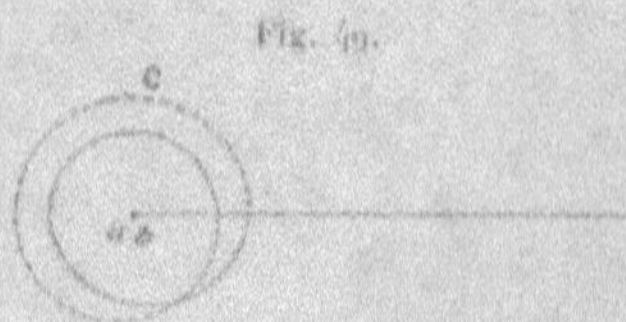

Fig. 49.

Dans le plan de la variable x', le circuit précédent revient à
un circuit entourant deux fois le point $x' = 0$, et comme on a

$$\int \mathrm{F}\, dx = a \int \mathrm{F}\, x'\, dx',$$

l'intégrale cherchée prise dans le sens positif sera égale à

$$2\pi i . 2\mathrm{A}_{m-2}.$$

On voit donc que c'est le coefficient *doublé* de $\dfrac{1}{x-a}$ dans le développement de F qui jouera le rôle analogue au résidu.

25. Ceci posé, considérons une fonction F n'ayant en tout
point de la surface de Riemann qu'une seule valeur et n'ayant
d'autres singularités que des pôles. Un exemple d'une telle fonction est donné par les fonctions rationnelles de x et y. Nous voulons montrer qu'il n'y en a pas d'autres.

Désignons par u une telle fonction, elle aura nécessairement,
pour chaque valeur de x, m valeurs $u_1, u_2, \ldots, u_m$, et soient
aussi $y_1, y_2, \ldots, y_m$ les différentes valeurs de y correspondant à
cette valeur de x (u_i et y_i correspondant à un même feuillet). Les
expressions

$$u_1 + u_2 + \ldots + u_m,$$
$$u_1 y_1 + u_2 y_2 + \ldots + u_m y_m,$$
$$\ldots\ldots\ldots\ldots\ldots\ldots\ldots\ldots\ldots\ldots,$$
$$u_1 y_1^{m-1} + u_2 y_2^{m-1} + \ldots + u_m y_m^{m-1}$$

seront des fonctions uniformes de x et, par suite, seront des
fonctions rationnelles de cette variable (Chap. V, § 15) puisqu'elles ne peuvent avoir d'autres points singuliers que des pôles

(le point à l'infini compris). Écrivons donc

$$u_1 + u_2 + \ldots + u_m = R_1(x),$$
$$u_1 y_1 + u_2 y_2 + \ldots + u_m y_m = R_2(x),$$
$$\ldots\ldots\ldots\ldots\ldots\ldots\ldots\ldots\ldots\ldots\ldots\ldots$$
$$u_1 y_1^{m-1} + u_2 y_2^{m-1} + \ldots + u_m y_m^{m-1} = R_m(x),$$

les R étant des fonctions rationnelles de x. On peut résoudre ces
équations du premier degré en $u_1, u_2, \ldots, u_m$; on aura pour
l'une de ces quantités, soit u_1,

$$u_1 = F(x, y_1, y_2, y_3, \ldots, y_m),$$

F étant rationnelle en $x, y_1, y_2, \ldots, y_m$. De plus, cette fonction
est évidemment symétrique par rapport à $y_2, y_3, \ldots, y_m$. Or ces
$m - 1$ lettres sont racines de l'équation de degré $m - 1$

$$\frac{f(x, y)}{y - y_1} = 0,$$

dont les coefficients sont fonctions rationnelles de x et y_1. On
aura donc finalement

$$u_1 = \gamma(x, y_1),$$

γ étant rationnelle en x et y_1, et, par suite, on peut écrire, en
supprimant les indices,

$$u = \varphi(x, y).$$

Nous pouvons donc dire que *toute fonction uniforme sur la
surface de Riemann et n'ayant sur elle d'autres points singuliers que des pôles est une fonction rationnelle de x et y.*

26. Revenons à la surface de Riemann rendue simplement
connexe au moyen du contour que nous avons désigné par K. Nous
avons dit (§ 23) que tout circuit tracé sur la surface et ne rencontrant pas K pouvait, abstraction faite de chemins parcourus
en sens contraires, être regardé comme une somme de circuits
situés respectivement tout entiers sur un même feuillet ou de circuits enveloppant un seul point de ramification comme dans la
fig. 49. Il sera possible alors d'appliquer les théorèmes généraux
de Cauchy, relatifs aux intégrales prises le long d'un contour, aux

circuits tracés sur une surface de Riemann. Quelques mots d'explication sont nécessaires seulement pour les contours enveloppant un point de ramification. Pour voir, par exemple, que l'intégrale prise le long du circuit C de la *fig.* 49 est nulle, quand F est une fonction uniforme et continue sur la surface à l'intérieur de ce contour, il suffit de reprendre l'égalité déjà écrite plus haut

$$\int \mathrm{F}\,dz = 2 \int \mathrm{F}\,z'\,dz',$$

et l'on est ramené dans le plan de la variable z' au théorème ordinaire de Cauchy.

Le théorème relatif aux résidus garde absolument la même forme; on aura soin seulement, si un point de ramification est un pôle, d'évaluer comme il a été dit au § 24 le résidu de ce pôle.

Pareillement, la formule de Green s'appliquera sur le plan multiple comme sur le plan simple. En un mot, toutes les formules fondamentales de la théorie des intégrales curvilignes et de celle des fonctions d'une variable complexe s'appliqueront sur la surface de Riemann comme sur le plan simple de Cauchy, si on les applique à des circuits ne traversant pas le contour K qui rend la surface simplement connexe.

En particulier, nous prendrons souvent, comme circuit, le circuit formé par les deux bords de la coupure K. L'aire limitée par un tel circuit se compose alors de la surface de Riemann tout entière. Dans l'application des théorèmes de Cauchy à cette aire, il faudra avoir soin de considérer comment les fonctions étudiées se comportent au point à l'infini sur chacun des m feuillets. On pourra d'une manière générale détacher de l'aire ces m points à l'infini en traçant sur chacun des feuillets des circonférences de très grand rayon, et l'on envisagera la portion de la surface de Riemann limitée par K et ces m circonférences; il n'y aura plus qu'à faire augmenter ensuite les rayons de celles-ci indéfiniment.

27. Appliquons les considérations générales qui précèdent à la démonstration du théorème suivant, qui est d'une application constante : *Toute fonction uniforme sur la surface de Riemann et restant toujours finie se réduit à une constante.*

Nous supposons donc que, pour une fonction F n'ayant qu'une

seule valeur en chaque point de la surface, tous les points de celle-ci soient des points ordinaires (y compris les points à l'infini). Posons

$$F = u + iv,$$

et appliquons la formule préliminaire de Green (t. II, p. 10), en y faisant

$$U = V = u,$$

et en l'étendant à l'aire, dont j'ai parlé plus haut, limitée par K et les m circonférences de très grand rayon, dont nous désignerons l'ensemble par C. Nous avons ainsi

$$\iint \left[\left(\frac{\partial u}{\partial x} \right)^2 + \left(\frac{\partial u}{\partial y} \right)^2 \right] dx\, dy = - \int_K u \frac{du}{dn}\, ds - \int_C u \frac{du}{dn}\, ds.$$

Or la première des intégrales du second membre est manifestement nulle, puisque les dérivées $\frac{du}{dn}$, pour les éléments correspondants ds sur l'un et l'autre bord de la coupure K, étant de signes contraires, et u ayant la même valeur, les éléments de l'intégrale se détruisent deux à deux. Quant à la seconde intégrale, elle tendra vers zéro quand les rayons des circonférences augmenteront indéfiniment. On a, en effet, pour z très grand sur un certain feuillet (nous appelons ici z la variable complexe et nous posons $z = x + iy$; aucune confusion n'est à craindre avec les notations des paragraphes précédents)

$$u + iv = A + \frac{B}{z} + \dots$$

Il en résulte que les dérivées premières de u et v, et par suite $\frac{du}{dn}$, sont, pour z très grand et de module ρ, des infiniment petits comparables à $\frac{1}{\rho}$. Or ds contient seulement ρ en facteur; il en résulte que la seconde intégrale tendra vers zéro avec $\frac{1}{\rho}$. Par suite,

$$\iint \left[\left(\frac{du}{dx} \right)^2 + \left(\frac{du}{dy} \right)^2 \right] dx\, dy = 0,$$

l'intégrale étant étendue à toute la surface. La fonction u et, par suite, la fonction v, sont des constantes; ce qui démontre le théorème.

28. Je terminerai en démontrant une inégalité fondamentale
due à Riemann, qui va jouer un rôle capital dans la théorie des
intégrales abéliennes. Si $u + iv$ représente une fonction analytique uniforme et continue sur une certaine portion de la surface
de Riemann limitée par un circuit Γ, ne rencontrant toujours pas
le contour K, on a, d'après la formule préliminaire de Green, déjà
écrite plus haut,

$$\iint \left[\left(\frac{\partial u}{\partial x} \right)^2 + \left(\frac{\partial u}{\partial y} \right)^2 \right] dx\, dy = - \int_\Gamma u \frac{du}{dn} ds,$$

la dérivée $\dfrac{du}{dn}$ étant prise dans le sens de la normale intérieure.
Or on a, comme nous l'avons déjà vu à diverses reprises (t. II,
p. 274),

$$\frac{du}{dn} = - \frac{dv}{ds},$$

$\dfrac{dv}{ds}$ désignant la dérivée de v dans le sens positif sur le contour Γ.
Nous pouvons donc écrire

$$\int_\Gamma u\, dv = \iint \left[\left(\frac{\partial u}{\partial x} \right)^2 + \left(\frac{\partial u}{\partial y} \right)^2 \right] dx\, dy,$$

l'intégrale curviligne dans le premier membre étant prise dans
le sens positif. L'inégalité

$$\int_\Gamma u\, dv > 0$$

est alors évidente ; c'est elle que nous voulions établir. Elle exclut complètement l'égalité à moins que $u + iv$ ne se réduise à
une constante.

Nous aurons bientôt à appliquer cette inégalité au contour K,
mais il faudra toujours dans ce cas, si l'on veut être complet,
considérer d'abord la portion de la surface de Riemann limitée
par K et les m circonférences C dont nous avons parlé plus haut ;
on fera augmenter ensuite indéfiniment le rayon de ces dernières,

CHAPITRE XIV.

DES INTÉGRALES ABÉLIENNES.

I. — De la périodicité des intégrales abéliennes.

1. On désigne sous le nom d'*intégrales abéliennes* les intégrales de la forme

$$\int R(x, y)\,dx,$$

$R(x, y)$ étant une fonction rationnelle de x et y. Nous avons déjà fait, à un point de vue élémentaire, une réduction de ces intégrales (t. I, p. 30); c'est de leurs déterminations multiples que nous devons maintenant nous occuper. Nous écrirons l'intégrale sous la forme

$$(1) \qquad \int_{x_0, y_0}^{x, y} R(x, y)\,dx,$$

indiquant par les limites inférieure et supérieure (x_0, y_0) et (x, y) les points de départ et d'arrivée de la courbe d'intégration sur la surface de Riemann.

Nous partagerons ces intégrales en deux catégories différentes. La fonction $R(x, y)$ aura nécessairement des pôles; dans le voisinage d'un tel point a, on développera R suivant les puissances entières de $(x - a) \left[\text{ou de } (x - a)^{\frac{1}{2}} \text{ si le pôle considéré était un point de ramification}\right]$. L'intégration pourra introduire des termes en $\log(x - a)$. Si, pour aucun pôle de R, il n'y a de terme logarithmique, et si, de plus, le point à l'infini dans chacun des feuillets ne donne pareillement dans l'intégration aucun terme loga-

rithmique, nous dirons que l'intégrale est de la première catégorie ;
elle sera de seconde catégorie si un des pôles au moins donne un
terme logarithmique.

2. Plaçons-nous d'abord, pour l'étude des déterminations multiples de l'intégrale (1), dans l'hypothèse où celle-ci serait de la
première catégorie. Nous reprenons sur la surface de Riemann S
le contour K étudié au Chapitre précédent, au moyen duquel la
surface a été rendue simplement connexe. Considérons sur S un
circuit quelconque, ne rencontrant pas K et ne passant pas par
un pôle de $R(x, y)$. D'après ce que nous avons vu à la fin du
Chapitre précédent, *l'intégrale prise le long de ce circuit sera
nulle*.

Cette remarque faite, la recherche des déterminations multiples
de l'intégrale (1) supposée de la première catégorie ne présente
aucune difficulté. Le contour K est formé des p systèmes de rétrosections C et D, et de $p-1$ lignes joignant entre elles ces systèmes de rétrosections ; nous désignerons par E ces dernières
lignes qui, on se le rappelle, sont, comme les C et D, des coupures ou lignes doubles. Un chemin L, tracé arbitrairement sur
la surface S et joignant (x_0, y_0) à (x, y), pourra rencontrer le
contour K en un certain nombre de points. Cherchons la différence de la valeur de l'intégrale (1), quand on suit le chemin L, et
de sa valeur quand on va de (x_0, y_0) à (x, y) sans traverser K
(cette dernière valeur est entièrement déterminée). Considérons
un quelconque des points de rencontre de L avec K, et désignons
ce point par a et par b, suivant que nous le regardons comme
appartenant à l'un ou l'autre côté de la coupure, le point a étant
le point que rencontre d'abord le chemin L. La différence que
nous cherchons sera égale à la somme des intégrales prises pour
chaque point (a, b) quand on va de b en a *sans traverser* K ; en
effet, la seconde de nos deux intégrales peut être considérée
comme obtenue en suivant le même chemin que pour la première,
sauf que, au lieu d'aller de a en b en franchissant la coupure, on
va de a en b sans traverser K. Il résulte de cette remarque capitale
que nous avons seulement à étudier les valeurs de l'intégrale
quand on va d'un point de la coupure K au point correspondant
sur l'autre côté sans traverser cette coupure qui, nous le répétons,

rend la surface simplement connexe. Tout d'abord, si le point (a, b) est sur une ligne E, la valeur cherchée de l'intégrale sera nulle; on le voit tout de suite en se reportant à la surface à p trous dans l'espace : on peut aller de b en a en restant sur le contour K, et, dans ce trajet, les éléments correspondants de K sur l'un et l'autre bord de cette coupure sont parcourus en sens inverse, puisqu'il en est ainsi pour le parcours complet sur une quelconque des rétrosections (*fig.* 5o). Supposons ensuite que le point (a, b) soit sur une ligne C.

Il suffit de suivre les flèches sur la *fig.* 5o pour voir que l'intégrale prise de b en a sera égale à l'intégrale prise le long de la se-

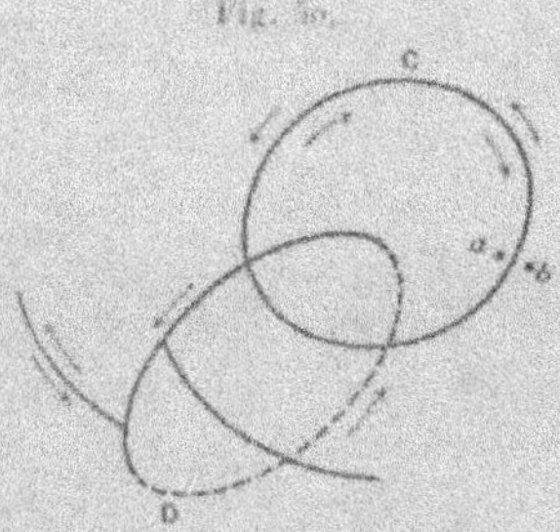

Fig. 5o.

conde partie D de la rétrosection, dans un sens convenable. Pareillement, si le point (a, b) était sur D, la valeur cherchée serait égale à l'intégrale prise dans un sens convenable le long de C. Nous avons donc à introduire les valeurs de l'intégrale (1) prise le long des lignes C et D. Si l'on a fixé sur chacune des lignes C et D un sens déterminé, nous désignerons par

$$c_i \quad \text{et} \quad d_i$$

les valeurs des intégrales, prises respectivement dans ce sens, sur

$$D_i \quad \text{et} \quad C_i,$$

de telle sorte que d_i désigne la différence des valeurs de l'intégrale quand on va, sans traverser K, d'un point arbitraire à deux points se correspondant sur l'un et l'autre bord de D_i. La différence que nous nous proposions d'obtenir est de la forme

$$(2) \qquad \sum_{i=1}^{i=p} (m_i c_i + n_i d_i)$$

les m_i et n_i étant des entiers positifs ou négatifs. En résumé, *les diverses déterminations de l'intégrale* (1) *diffèrent entre elles d'une somme de multiples des constantes c_i et d_i.* On donne à ces $2p$ constantes le nom de *périodes* de l'intégrale. On désigne souvent ces périodes sous le nom de *périodes cycliques.*

3. Nous avons supposé que l'intégrale était de la première catégorie. Les mêmes considérations peuvent être employées, avec quelques modifications seulement, pour l'étude des déterminations multiples des intégrales de la seconde catégorie. Admettons donc que l'intégrale ait un certain nombre de points singuliers logarithmiques, que nous supposerons d'abord n'être pas situés en un point de ramification de la surface de Riemann S. Entourons chacun des points de ramification d'une courbe infiniment petite et joignons chacun de ces contours au contour K par une ligne double l. Nous obtenons ainsi sur S un nouveau contour K', formé de K et des lignes l que nous venons d'adjoindre, y compris les courbes infiniment petites autour de chacun des points singuliers logarithmiques. Nous raisonnerons sur K' comme nous avons raisonné sur K. Quand le chemin L rencontre une ligne l, il s'introduit, dans la différence considérée plus haut, la valeur de l'intégrale prise le long de la petite courbe enveloppant le point singulier logarithmique correspondant. Aux périodes cycliques viennent donc s'ajouter des périodes d'une autre nature provenant des points singuliers logarithmiques. Si l'on désigne par A le résidu correspondant au pôle de R(x, y) qui donne par l'intégration un point singulier logarithmique, on aura évidemment, pour la différence cherchée de deux déterminations de l'intégrale,

$$\sum_{i=1}^{i=p} (m_i c_i + n_i d_i) + 2\pi i \sum p A,$$

les p étant des entiers positifs ou négatifs. Les périodes $2\pi i A$ sont dites des *périodes polaires.*

L'intégration le long de K' conduit à une égalité importante.
D'après la remarque générale du § 2, cette intégrale est nulle; or
l'intégrale le long de K est manifestement nulle, puisque les éléments se détruisent deux à deux. Il reste donc la *relation fondamentale*

$$(1) \qquad \sum A = 0.$$

4. On a supposé que les pôles de $R(x, y)$ auxquels correspondent des logarithmes n'étaient pas des points de ramification. Les
raisonnements précédents s'appliquent sans modification à ce
cas; rappelons seulement quelle sera la signification du résidu
correspondant (Chap. XIII, § 24). On a ici le développement

$$R(x, y) = \frac{B}{(x-a)^2} + \frac{L}{x-a} + \ldots$$

D'autre part, un contour infiniment petit autour du point de
ramification tournera deux fois autour de a dans le plan simple,
et, par suite, le résidu correspondant à ce point de ramification
devra être pris égal à $2L$; quand le pôle de $R(x, y)$ sera un point
de ramification, on devra prendre, dans l'application de l'égalité (1),

$$A = 2L.$$

II. — Le théorème d'Abel.

5. Abel a donné sur les intégrales de différentielles algébriques une proposition fondamentale, sur laquelle sont revenus un
grand nombre de géomètres. Nous allons, pour le moment, nous
borner à la faire connaître, sous la première forme que lui a donnée le grand géomètre norvégien, dans son Mémoire célèbre *sur
une propriété générale d'une classe très étendue de fonctions
transcendantes* (*). Sous cette forme, le théorème paraît tout à
fait élémentaire, et il n'y a peut-être pas, dans l'histoire de la
Science, de proposition aussi importante obtenue à l'aide de considérations aussi simples.

(*) *Œuvres complètes d'Abel* (t. I, p. 145).

Partons toujours de la relation algébrique

$$(4) \qquad f(x, y) = 0,$$

et soit considérée une famille de courbes algébriques

$$(5) \qquad \lambda(x, y, a_1, a_2, \ldots, a_r) = 0,$$

dépendant de r paramètres arbitraires $a_1, a_2, \ldots, a_r$. On suppose que λ contienne rationnellement ces paramètres. Les courbes (4) et (5) ont un certain nombre de points communs en nombre μ

$$(x_1, y_1), \quad (x_2, y_2), \quad \ldots, \quad (x_\mu, y_\mu),$$

variables avec les arbitraires a. Les $x_1, x_2, \ldots, x_\mu$ sont racines d'une certaine équation de degré μ

$$(6) \qquad \vartheta(x, a_1, a_2, \ldots, a_r) = 0,$$

dont les coefficients sont rationnels par rapport aux a, et, si les axes n'occupent aucune position particulière par rapport aux deux courbes, on peut toujours admettre que la valeur correspondante de y est donnée par

$$y = \psi(x, a_1, a_2, \ldots, a_r),$$

ψ étant rationnelle en x, $a_1, \ldots, a_r$.

Ceci posé, prenons une intégrale abélienne quelconque

$$\int_{(x_0, y_0)}^{(x, y)} R(x, y)\, dx,$$

et formons la somme

$$S = \sum_{\alpha=1}^{\alpha=\mu} \int_{(x_0, y_0)}^{(x_\alpha, y_\alpha)} R(x, y)\, dx.$$

Cette somme est déterminée, à une somme de multiples près des périodes polaires ou cycliques de l'intégrale, périodes indépendantes des a. L'objet du théorème d'Abel est de déterminer la nature de cette somme envisagée comme fonction des paramètres a. En désignant par la lettre δ une différentielle totale par rapport à ces paramètres, nous aurons

$$\delta S = R(x_1, y_1)\, \delta x_1 + \ldots + R(x_\mu, y_\mu)\, \delta x_\mu.$$

Or, en différentiant la relation (6), on calcule de suite δx_1, δx_2, ..., δx_μ. En substituant dans l'expression de δS et remplaçant les x par leurs valeurs $\frac{y}{x}$, on aura pour coefficient de δa_1 une fonction rationnelle de x_1, ..., x_μ et des a; de plus, elle sera évidemment symétrique par rapport aux x, et, par suite, le coefficient de δa_1 sera une fonction rationnelle des a, et il en est de même des autres coefficients. On a, par suite,

$$\delta S = P_1(a_1, ..., a_r)\delta a_1 + P_2(a_1, ..., a_r)\delta a_2 + ... + P_r(a_1, a_2, ..., a_r)\delta a_r,$$

les P étant des fonctions rationnelles de a_1, a_2, ..., a_r.

L'égalité précédente constitue le théorème d'Abel sous sa forme primordiale : elle exprime que S est une fonction *algébrico-logarithmique* des paramètres a. En effet, l'intégration de la différentielle totale qui figure au second membre conduira nécessairement à une expression de la forme

$$\varsigma + \sum A \log \Phi,$$

les A désignant des constantes, ς et les Φ représentant des fonctions rationnelles des a.

On peut donner des formes plus précises à l'énoncé du théorème d'Abel; nous y reviendrons à la fin de ce Chapitre.

6. Nous considérerons dans un moment, sous le nom d'*intégrales de première espèce*, les intégrales abéliennes

$$\int_{x_0, y_0}^{x, y} R(x, y)\, dx$$

restant finies pour tout point (x, y) de la surface de Riemann. Cherchons ce que devient, pour une telle intégrale, le théorème d'Abel. La fonction algébrico-logarithmique des a qui représente S devra rester finie pour toute valeur finie ou infinie des paramètres a, puisque S reste lui-même toujours fini. Or une fonction de la forme

$$\varsigma(a) + \sum A \log \Phi(a),$$

où ς et les Φ représentent des fonctions rationnelles de a et les A des constantes, ne peut rester finie pour toute valeur finie ou infinie du paramètre a que si elle se réduit à une constante. Il en résulte que la somme S ne dépend pas des paramètres a.

On peut, par suite, pour les intégrales de première espèce, énoncer, sous la forme suivante, le théorème d'Abel : *La somme*

$$\sum_{n=1}^{n=N} \int_{x_0(a)}^{x_n(a)} R(x,y)\,dx,$$

où (x_n, y_n) *désignent les points de rencontre, variables avec les* a, *des courbes* (4) *et* (5) *ne dépend pas de ces paramètres.* Elle a une valeur constante, abstraction faite, bien entendu, de sommes de multiples de certaines périodes fixes qu'on peut toujours introduire en faisant varier le chemin qui va de (x_0, y_0) à (x_n, y_n). Ce cas particulier du théorème d'Abel joue dans la théorie des courbes algébriques un rôle fondamental. On peut encore le mettre sous la forme suivante

$$R(x_1, y_1)\,dx_1 + \ldots + R(x_p, y_p)\,dx_p = 0,$$

les d désignant des différentielles totales par rapport aux paramètres a.

III. — Des intégrales de première espèce. Nombre de ces intégrales linéairement indépendantes.

7. Les intégrales que nous avons désignées sous le nom d'*intégrales de la première catégorie* peuvent se diviser en *deux espèces*. Les intégrales de première espèce sont celles qui restent finies en tout point de la surface de Riemann. Les intégrales de seconde espèce deviennent infinies au moins en un point ; elles n'ont d'ailleurs pas de points singuliers logarithmiques, et les points où elles deviennent infinies sur la surface de Riemann sont des pôles

Nous allons nous occuper dans cette section des intégrales de première espèce. Cherchons tout d'abord la forme nécessaire d'une telle intégrale dont l'existence n'est pas évidente *a priori*. D'après ce que nous avons dit (t. I, p. 52), toute intégrale abélienne peut se mettre sous la forme d'une somme d'intégrales de la forme

$$\int \frac{\mathrm{P}(x,y)\,dx}{(x-a)^p f'_y}, \quad \int \frac{\mathrm{Q}(x,y)\,dx}{f'_y},$$

P et Q étant des polynômes de degré quelconque en x et y. La première intégrale pourrait devenir infinie pour $x = a$; aucune autre intégrale, dans la somme qui forme l'intégrale étudiée, ne pouvant devenir infinie pour $x = a$, il n'est pas possible qu'il y ait de réduction, et, par suite, toute intégrale du type

$$\int \frac{\mathrm{P}(x,y)\,dx}{(x-a)^p f'_y},$$

se présentant dans la somme, doit rester finie pour $x = a$. Nous avons donc à chercher à quelles conditions l'intégrale précédente restera finie pour $x = a$. Énonçons tout de suite le résultat : il faut que

$$\frac{\mathrm{P}(x,y)}{(x-a)^p}$$

puisse se mettre sous la forme d'un polynôme en x et y, en supposant, bien entendu, x et y liés par la relation $f(x,y) = 0$.

Pour le démontrer, nous avons à distinguer différents cas suivant que la droite $x = a$ rencontre la courbe en m points distincts, lui est tangente ou passe par un point multiple. Dans le premier cas, il est clair que le polynôme $\mathrm{P}(x,y)$ devra s'annuler pour

$$(a,y_1), \ (a,y_2), \ \ldots, \ (a,y_m),$$

en désignant par $y_1, y_2, \ldots, y_m$ les ordonnées des m points de rencontre de $x = a$ avec la courbe $f(x,y) = 0$. Il en résulte que

$$\frac{\mathrm{P}(x,y)}{x-a}$$

peut se mettre sous la forme d'un polynôme en x et y. On peut s'en convaincre en écrivant

$$\mathrm{P}(x,y) = \mathrm{P}(a,y) + (x-a)\,\varphi(x,y),$$

φ étant un polynôme; or $\mathrm{P}(a,y)$ sera divisible par

$$(y-y_1)\ldots(y-y_m),$$

et comme, d'autre part, on a

$$f(x,y) = (y-y_1)\ldots(y-y_m) + (x-a)\varphi_1(x,y) = 0,$$

le résultat énoncé devient évident. On sera donc ramené à une forme analogue, où x est remplacé par $x - 1$, et, en continuant ainsi de proche en proche, on sera ramené au cas où le dénominateur a disparu.

Soit maintenant la droite $x = a$ tangente à la courbe. Nous avons alors les ordonnées

$$y_1, \quad y_2, \quad \ldots, \quad y_{m-1},$$

dont la première est supposée correspondre au point de contact. On aura d'abord nécessairement

$$P(a,y_1) = P(a,y_2) = \ldots = P(a,y_{m-1}) = 0,$$

mais je dis de plus que y_1 doit être racine double de $P(a, y)$; on voit en effet tout de suite, dans l'hypothèse contraire, que l'intégrale devient infinie pour $x = a$, $y = y_1$. Le polynôme $P(x,y)$ est donc divisible par

$$(y-y_1)^2(y-y_2)\ldots(y-y_{m-1}),$$

et comme on peut écrire

$$f(x,y) = (y-y_1)^2(y-y_2)\ldots(y-y_{m-1}) + (x-a)\psi(x,y) = 0,$$

ψ étant un polynôme, il en résulte encore que

$$\frac{P(x,y)}{x-a}$$

pourra se mettre sous la forme d'un polynôme en x et y, et l'on peut achever le raisonnement comme plus haut.

Il ne nous reste plus qu'à supposer que la droite $x = a$ passe par un point multiple d'ordre i. Ce point est par hypothèse à tangentes distinctes, et l'on peut supposer qu'aucune d'elles n'est parallèle à Oy.

Désignons par $y_1, y_2, \ldots, y_{m-1}$ les ordonnées des points simples de rencontre de la droite $x = a$ avec la courbe, et soit (a, b) le point multiple. On montrera encore que $P(a, y)$ s'annule pour $b, y_1, y_2, \ldots, y_{m-i}$. De plus, b doit être racine multiple d'ordre i pour $P(a, y)$; sinon l'intégrale deviendrait infinie au point multiple, quand (x, y) se rapproche de ce point, *sur une au moins des i branches qui s'y croisent*. Pour le voir bien nettement, écrivons

$$P(x, y) = P(a, y) + (x - a)\chi(x, y).$$

Si le développement de $P(a, y)$ suivant les puissances de $(y - b)$ ne commence pas un terme de degré au moins égal à i, il y aura certainement, dans *un* au moins des développements de $P(x, y)$ relatifs aux diverses branches, un terme de degré moindre que i en $x - a$. L'intégrale deviendrait certainement alors infinie au point multiple pour une au moins des i branches. La démonstration s'achève alors tout de suite en remarquant que l'équation de la courbe peut s'écrire

$$(y - b)^i (y - y_1) \ldots (y - y_{m-i}) + (x - a)\psi(x, y) = 0,$$

d'où il résulte que

$$\frac{P(x, y)}{x - a}$$

est un polynôme en x et y, et la réduction s'effectue de proche en proche.

En résumé, *les intégrales de première espèce sont nécessairement de la forme*

$$\int \frac{Q(x, y)\,dx}{f_y'},$$

$Q(x, y)$ *étant un polynôme.*

8. Cherchons donc à quelles conditions ces dernières intégrales resteront finies sur toute la surface de Riemann. Elles pourraient devenir infinies pour les points correspondant à

$$f_y' = 0.$$

Ces points sont de deux sortes. Il y a d'abord les points de ramification ; mais on voit tout de suite que l'intégrale restera finie en un tel point (a, b). On a en effet, en ce point, d'après nos hypothèses qu'il est inutile de rappeler, le développement

$$f'_y = A(x-a)^{\frac{1}{2}} + \ldots,$$

A étant différent de zéro ; l'intégrale reste donc finie.

Il y a en second lieu les points multiples. On a ici pour chaque branche un développement de la forme

$$f'_y = x(x-a)^{i-1} + \ldots \qquad (i \neq 0).$$

Donc $Q(x,y)$ devra contenir en facteur $(x-a)^{i-1}$ quand on substituera à y les i développements relatifs aux i branches. Par suite, $Q(x,y)$, développée suivant les puissances de $x-a$ et $y-b$, devra commencer par un terme de degré $i-1$; en d'autres termes, la courbe

$$Q(x,y) = 0$$

aura le point (a,b) comme point multiple d'ordre $i-1$. Cette condition est nécessaire et suffisante pour que l'intégrale reste finie en (a,b).

Il faut maintenant considérer les points à l'infini. Nous pouvons, en nous servant de l'équation $f = 0$, mettre $Q(x,y)$ sous la forme

$$Q(x,y) = \varphi_1(x)y^{m-1} + \varphi_2(x)y^{m-2} + \ldots + \varphi_m(x),$$

les φ étant des polynômes en x de degré quelconque. Pour x très grand, nous avons d'ailleurs les développements

$$y = k_i x + z_i + \frac{\beta_i}{x} + \ldots, \qquad (i = 1, 2, \ldots, m),$$

les k_i étant tous différents. Il en résulte que, pour *toute* branche de la courbe à l'infini, le produit

$$(7) \qquad \frac{Q(x,y)}{f'_y} x^2$$

ne pourra pas rester fini quand x grandira indéfiniment, si φ_1 et φ_2 ne sont pas identiquement nuls. A la vérité, ceci pourrait arriver pour certaines branches, mais non pour toutes, sans que φ_1 et φ_2 fussent nuls identiquement, puisqu'en posant $y = kx$ les coefficients des diverses puissances de x dans le développement de (7) sont des polynômes de degré $m - 1$ en k. Or on exprime la condition nécessaire et suffisante pour que l'intégrale reste finie pour $x = \infty$, en écrivant que l'expression (7) reste elle-même finie. On doit donc avoir

$$Q(x, y) = \varphi_0(x) y^{m-2} + \varphi_1(x) y^{m-3} + \ldots + \varphi_{m-2}(x),$$

les φ étant des polynômes. En raisonnant de la même manière, on voit tout de suite que φ_0 doit se réduire à une constante, φ_1 à un polynôme du premier degré, et ainsi de suite. Par conséquent, $Q(x, y)$ est un polynôme de degré $m - 3$ en x et y.

En résumé, la condition nécessaire et suffisante pour que l'intégrale

$$\int \frac{Q(x, y)\, dx}{f_y}$$

soit de première espèce peut être ainsi formulée : *$Q(x, y)$ est un polynôme de degré $m - 3$ en x et y et la courbe*

$$Q(x, y) = 0$$

a pour points multiples d'ordre $i - 1$ les points multiples d'ordre i de la courbe f.

9. Un premier point très important est relatif au nombre des intégrales de première espèce *linéairement indépendantes*. Que doit-on entendre d'abord par intégrales linéairement indépendantes ? Soient

$$\int_{(x_0, y_0)}^{(x, y)} \frac{Q_1(x, y)\, dx}{f_y}, \quad \int_{(x_0, y_0)}^{(x, y)} \frac{Q_2(x, y)\, dx}{f_y}, \quad \ldots, \quad \int_{(x_0, y_0)}^{(x, y)} \frac{Q_r(x, y)\, dx}{f_y}$$

r intégrales de première espèce. Nous dirons qu'elles sont linéairement indépendantes si l'on n'a pas entre elles de relations

$$A_1 \int_{(x_0, y_0)}^{(x, y)} \frac{Q_1(x, y)\, dx}{f_y} + \ldots + A_r \int_{(x_0, y_0)}^{(x, y)} \frac{Q_r(x, y)}{f_y}\, dx + A_{r+1} = 0,$$

les A étant des constantes. Ceci revient à dire que l'on n'aura pas d'identité de la forme

$$(8) \qquad A_1 Q_1(x, y) + \ldots + A_r Q_r(x, y) = 0.$$

(les A étant constants), pour tout point (x, y) de la courbe f. D'ailleurs si l'on a des polynômes Q pour lesquels une identité de la forme précédente ne puisse avoir lieu quand x et y sont regardées comme des variables indépendantes, il ne pourra exister entre eux une telle identité quand le point (x, y) sera quelconque sur la courbe f; c'est une conséquence nécessaire de l'irréductibilité de cette dernière et de ce que le degré des Q est inférieur à m. On peut donc dire que les intégrales sont linéairement indépendantes si les polynômes Q à deux variables indépendantes x et y sont linéairement indépendants, c'est-à-dire s'il n'existe pas entre eux de relations de la forme (8) où les A soient des constantes.

Cette définition posée, remarquons que : avoir un point multiple d'ordre $i - 1$ en un point donné revient pour une courbe à

$$\frac{i(i-1)}{2}$$

conditions. Or le polynôme général de degré $m - 3$ renferme $\dfrac{(m-1)(m-2)}{2}$ coefficients, et nous avons entre eux un nombre d'équations de conditions égal à

$$\sum \alpha_i \frac{i(i-1)}{2},$$

α_i désignant, comme précédemment, le nombre des points multiples d'ordre i. Si l'on suppose que ces conditions ne se réduisent pas à un nombre moindre, on aura

$$\frac{(m-1)(m-2)}{2} - \sum \alpha_i \frac{i(i-1)}{2}, \quad \text{c'est-à-dire } p$$

intégrales de première espèce linéairement indépendantes.

Pour énoncer la conclusion précédente, nous avons dû supposer qu'il n'y avait pas de réduction dans le nombre des coefficients. En toute rigueur, nous pouvons seulement dire pour le moment que le nombre des intégrales linéairement indépendantes est *au moins égal à p.*

10. Le résultat précédemment énoncé est cependant exact

sans restriction. Il est nécessaire de le démontrer en toute rigueur : c'est ce que nous allons faire en nous servant du théorème d'Abel (1). Supposons qu'il y ait plus de p intégrales de première espèce linéairement indépendantes. Je prends p points arbitraires $a_1, a_2, \ldots, a_p$ sur la courbe f; par ces points passe au moins une courbe Q, puisque, dans l'hypothèse où nous nous plaçons, la courbe générale Q renferme au moins $p+1$ coefficients arbitraires. Or toute courbe Q rencontre, en dehors des points multiples, la courbe f en

$$m(m-3) - \sum a_i i(i-1) \quad \text{ou} \quad 2p - 2 \text{ points.}$$

La courbe Q passant par $a_1, a_2, \ldots, a_p$ rencontre donc, en dehors des points multiples, f en $p - 2$ points, que nous désignerons par $b_1, b_2, \ldots, b_{p-2}$. Par ces derniers points, passe un faisceau F de courbes Q comprenant en particulier la courbe d'abord considérée. Appliquons le théorème d'Abel aux points de rencontre variables du faisceau F avec la courbe f. Nous aurons, en désignant ces points par

$$(x_1, y_1), (x_2, y_2), \ldots, (x_p, y_p)$$

et prenant p polynômes $Q_1, Q_2, \ldots, Q_p$ linéairement indépendants,

$$\frac{Q_i(x_1, y_1)\, dx_1}{f_{y_1}} + \frac{Q_i(x_2, y_2)\, dx_2}{f_{y_2}} + \cdots + \frac{Q_i(x_p, y_p)\, dx_p}{f_{y_p}} = 0$$
$$(i = 1, 2, \ldots, p),$$

égalités qui expriment le théorème d'Abel pour les intégrales de première espèce. Nous tirons de là la relation

$$\begin{vmatrix} Q_1(x_1, y_1) & Q_1(x_2, y_2) & \cdots & Q_1(x_p, y_p) \\ Q_2(x_1, y_1) & Q_2(x_2, y_2) & \cdots & Q_2(x_p, y_p) \\ \cdots\cdots & \cdots\cdots & \cdots & \cdots\cdots \\ Q_p(x_1, y_1) & Q_p(x_2, y_2) & \cdots & Q_p(x_p, y_p) \end{vmatrix} = 0.$$

Cette relation doit être identiquement vérifiée, c'est-à-dire quels que soient les points $(x_1, y_1), (x_2, y_2), \ldots, (x_p, y_p)$ sur la courbe, puisque, pour une certaine courbe du faisceau F, ces points coïncident avec les points arbitrairement choisis $a_1, a_2, \ldots, a_p$. Mais l'identité précédente exprime que les polynômes $Q_1, Q_2, \ldots, Q_p$ ne sont pas linéairement indépendants; c'est ce que l'on voit en développant le déterminant par rapport à la première colonne. A la vérité, ceci suppose que tous les mineurs du premier ordre qui formeront les coefficients de ce développement ne soient pas nuls; mais, s'il en était ainsi, on serait ramené au cas de $p - 1$ polynômes Q sur lesquels on raisonnerait de la même manière et finalement on arrivera à une relation homogène et linéaire entre certains polynômes Q où tous les coefficients ne seront pas nuls puisque, à la fin, on aura comme mineurs les polynômes Q eux-mêmes. Ainsi nous arrivons à la conclusion que les polynômes Q ne sont pas linéairement indépendants : cette contradiction démontre le théorème. Nous pouvons donc affirmer qu'*il y a p intégrales de première espèce linéairement indépendantes* [1].

11. Nous désignerons dans la suite les courbes

$$Q(x, y) = 0$$

sous le nom de *courbes adjointes* d'ordre $m - 3$ [2]. D'une manière plus générale, une courbe sera dite une courbe adjointe à f si elle a pour point multiple d'ordre $i - 1$ tout point multiple d'ordre i de la courbe f. Outre les adjointes d'ordre $m - 3$, nous aurons à considérer dans la suite les adjointes d'ordre $m - 2$. Un polynôme *adjoint* sera le premier membre de l'équation d'une courbe adjointe.

Faisons la remarque importante qu'*il n'y a pas sur la courbe f, en dehors des points multiples, de points communs à toutes*

---

les adjointes d'ordre $m - 3$ (*). J'emploierai encore à cet effet
le théorème d'Abel.

Prenons, sur la courbe f, $p - 1$ points arbitraires $z_1, z_2, \ldots,$
z_{p-1}. Par ces points, on peut faire passer au moins une courbe Q;
celle-ci, en dehors des points multiples et de ces $p - 1$ points,
rencontre encore la courbe en $p - 1$ autres points parmi lesquels
doivent se trouver les λ points ($\lambda > 0$) que, par hypothèse, contiennent toutes les adjointes. Il reste donc $p - 1 - \lambda$ points
par lesquels nous pouvons faire passer un réseau d'adjointes. Aux
$p - 1$ points de rencontre variables $(\xi_1, \eta_1) \ldots (\xi_{p-1}, \eta_{p-1})$ de ce
faisceau avec la courbe, appliquons le théorème d'Abel pour
$p - 1$ intégrales distinctes de première espèce. On en déduira
immédiatement

$$\begin{vmatrix} Q_1(\xi_1, \eta_1) & \cdots & Q_1(\xi_{p-1}, \eta_{p-1}) \\ Q_2(\xi_1, \eta_1) & \cdots & Q_2(\xi_{p-1}, \eta_{p-1}) \\ \cdots & \cdots & \cdots \\ Q_{p-1}(\xi_1, \eta_1) & \cdots & Q_{p-1}(\xi_{p-1}, \eta_{p-1}) \end{vmatrix} = 0,$$

et l'on aura là une identité puisque les $p - 1$ points (ξ, η) coïncident dans une position particulière avec les $p - 1$ points z pris
arbitrairement. Mais ceci est impossible, comme nous l'avons
déjà dit, si les polynômes $Q_1, Q_2, \ldots, Q_{p-1}$ sont linéairement
indépendants.

IV. — Théorèmes fondamentaux sur les intégrales
de première espèce. Intégrales normales.

12. Revenons aux périodes des intégrales de première espèce.
Les périodes d'une telle intégrale

$$(9) \qquad I_k = \int_{(x_0, y_0)}^{(x_0', y_0')} \frac{Q_k(x, y)\,dx}{f_y'} \qquad (k = 1, 2, \ldots, p)$$

peuvent être désignées par

$$c_h^k, \quad d_h^k \qquad (h = 1, 2, \ldots, p)$$

(*) MM. Brill et Nöther démontrent (*loc. cit.*) ce théorème en se servant du
théorème de Riemann-Roch.

en représentant par c_h^k et d_h^k les valeurs de l'intégrale prise respectivement le long des coupures D_h et C_h.

Nous avons dit que c_h^k était la période correspondant à C_h et d_h^k la période correspondant à D_h. Les sens suivant lesquels sont pris c_h^k et d_h^k sont tout à fait arbitraires. Faisons donc seulement une convention pour fixer les idées. On forme le contour K dont nous avons déjà tant de fois parlé; ce contour se compose, outre les rétrosections, de $p-1$ coupures joignant deux à deux, à la manière d'une chaîne, les coupures D.

Considérons une des extrémités de cette chaîne. Je fixe un sens sur D_1, marquant la flèche du côté de la coupure sur lequel ne s'insère pas la coupure auxiliaire qui joindra D_1 à D_2. On suit alors, dans le sens indiqué, le côté considéré de D_1; on rencontre

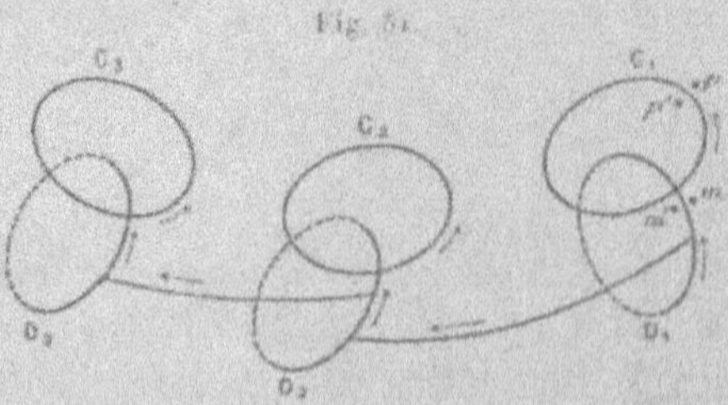

Fig. 51.

C_1 et il s'ensuit un sens pour C_1. Nous continuons maintenant le contour K, et les sens dans lesquels nous parcourons respectivement D_2 et C_2, à l'arrivée sur la seconde rétrosection, sont ceux que nous fixons sur celle-ci pour évaluer les intégrales c_2^k et d_2^k, et ainsi de suite.

Ces définitions posées, nous allons établir une inégalité fondamentale d'où se déduiront les conséquences les plus importantes pour les périodes des intégrales de première espèce. Considérons d'une manière générale une intégrale de première espèce

$$\int \frac{Q(x, y)\, dx}{f_y}$$

aux périodes c_h et d_h. Je mets l'intégrale sous la forme

$$X + iY,$$

et je pose

$$c_h = c'_h + ie''_h, \qquad d_h = d'_h + id''_h.$$

En appliquant le théorème démontré à la fin du Chapitre précédent (§ 27), nous sommes assuré que l'intégrale

$$\int X\, dY$$

étendue au contour K, est différente de zéro. Elle est positive si le sens choisi sur le contour K correspond au sens positif sur les feuillets; c'est ce que nous pouvons supposer. À la vérité, comme nous l'avons dit, une petite discussion est nécessaire, en appliquant ce théorème et les théorèmes analogues établis (*loc. cit.*), pour les points à l'infini et pour les points de ramification. Ici on se rend compte tout de suite que l'intégrale précédente pour un circuit infiniment grand sur un feuillet quelconque est nulle, puisque X est fini à l'infini et que $\dfrac{dY}{ds}$ est infiniment petit comme $\dfrac{1}{\rho^2}$, tandis que ds contient seulement ρ en facteur (ρ étant le rayon du cercle d'élément ds grandissant indéfiniment). Quant aux points de ramification, on voit immédiatement que $\dfrac{dY}{ds}$ est de l'ordre $\dfrac{1}{\sqrt{r}}$, tandis que ds est de l'ordre de r, en désignant par r la distance du point variable au point de ramification, distance qu'on fait tendre vers zéro.

Écrivons donc

$$\int_K X\, dY > 0.$$

Nous allons évaluer cette intégrale. Les fonctions réelles X et Y admettent respectivement les périodes c'_h, d'_h et c''_h, d''_h. Nous avons dit que les périodes correspondant aux coupures auxiliaires joignant les rétrosections étaient nulles (§ 2); les intégrales relatives à ces coupures sont donc nulles, leurs éléments se détruisant deux à deux. Nous pouvons, par conséquent, faire abstraction de ces coupures, et nous n'avons qu'à évaluer l'intégrale précédente sur chacune des rétrosections. Prenons, par exemple, la rétrosection (D_1, C_1); soient m et m' deux éléments se correspondant des

deux côtés de la coupure D_1, l'élément m étant sur le côté de la
coupure auquel correspond la flèche. Nous aurons pour éléments
de l'intégrale

$$\text{en } m \ldots\ldots \qquad X\,dY$$
$$\text{en } m' \ldots\ldots \quad -(X + d'_1)\,dY\,;$$

pour le second élément, X est en effet devenu $X + d'_1$ et le signe
a changé, les éléments m et m' étant parcourus en sens inverse.
Nous aurons donc pour la somme

$$d'_1\,dY,$$

et il faut faire la somme de cette expression pour les éléments m,
ce qui donne immédiatement

$$-d'_1 c''_1.$$

Prenons de même deux éléments p et p'; on aura pour éléments de l'intégrale

$$\text{en } p \ldots\ldots \qquad X\,dY$$
$$\text{en } p' \ldots\ldots \quad -(X - e'_1)\,dY$$

dont la somme donne $e'_1\,dY$ qui, intégrée pour les éléments p,
conduit de suite à

$$e'_1\,d''_1.$$

La première rétrosection donne donc, comme valeur de l'intégrale cherchée,

$$e'_1\,d''_1 - e''_1\,d'_1.$$

Nous avons par suite l'inégalité fondamentale

$$(10) \qquad \sum_{h=1}^{h=p} (e'_h\,d''_h - e''_h\,d'_h) > 0,$$

et, je le répète, cette inégalité exclut l'égalité.

Je tirerai de suite de cette inégalité une nouvelle démonstration du théorème démontré dans la Section précédente et relatif
au nombre des intégrales linéairement indépendantes. Ce nombre
ne peut être supérieur à p, car, s'il en était ainsi, on pourrait
former une intégrale de première espèce, ne se réduisant pas à une

constante, et pour laquelle les périodes relatives aux coupures D se réduiraient à zéro; ce qui est incompatible avec l'inégalité précédente.

13. L'intégrale générale de première espèce est de la forme

$$(11) \qquad \sum_{k=1}^{k=p} (A_k + iB_k) I_k,$$

les A et B désignant des constantes réelles quelconques et les I représentant des intégrales linéairement indépendantes. Désignons cette intégrale par $X + iY$; les $2p$ périodes de X seront

$$\left. \begin{array}{l} \displaystyle\sum_{k=1}^{k=p} (A_k c_h^k - B_k c_h'^k) \\[2mm] \displaystyle\sum_{k=1}^{k=p} (A_k d_h^k - B_k d_h'^k) \end{array} \right\} \qquad (h = 1, 2, \ldots, p).$$

Je dis qu'on peut choisir les $2p$ constantes A_k et B_k de manière que ces $2p$ périodes prennent telles valeurs que l'on voudra. Il suffit pour cela de faire voir que le déterminant des coefficients de A_k et B_k dans ces $2p$ formes linéaires ne peut être nul. Pour le montrer, remarquons simplement que, si ce déterminant était nul, on pourrait choisir les A et B, non tous nuls, de manière à annuler toutes les périodes de X. On aurait alors une intégrale (11) pour laquelle les parties réelles de *toutes* les périodes seraient nulles. Or cette circonstance ne peut se présenter pour une intégrale de première espèce ne se réduisant pas à une constante, comme le montre l'inégalité (10) qui ne peut être vérifiée quand toutes les lettres pourvues d'un seul accent sont nulles. Énonçons donc ce théorème :

On peut former une intégrale de première espèce pour laquelle les parties réelles des $2p$ périodes ont des valeurs arbitrairement données.

Une conséquence immédiate est que les $2p$ périodes d'une intégrale *arbitraire* de première espèce sont distinctes. On se rappelle la définition des périodes distinctes (p. 213 de ce Volume).

Il est impossible ici qu'il existe entre les périodes d'une intégrale
arbitraire de première espèce une relation homogène et linéaire
à coefficients entiers puisque les parties réelles des périodes peuvent être choisies arbitrairement.

Comme nous avons eu déjà l'occasion de le remarquer (p. 216),
le nombre des périodes, pour une intégrale *déterminée* de première espèce, peut être inférieur à $2p$, mais nous ferons la remarque que *le nombre des périodes distinctes d'une intégrale
de première espèce ne peut être inférieur à* deux.

Supposons en effet qu'une intégrale I de première espèce n'ait
qu'une seule période ω. Considérons alors l'expression (¹)

$$e^{\frac{\pi i I}{\omega}}.$$

Cette expression n'aura qu'une seule valeur en chaque point
(x, y) de la surface de Riemann. D'autre part, elle reste toujours
finie; elle devrait donc se réduire à une constante (Chap. XIII,
§ 27), ce qui est absurde.

14. Indiquons maintenant ce qu'on entend par *intégrale normale* de première espèce. Cherchons à déterminer p intégrales
de première espèce J_1, J_2, ..., J_p pour lesquelles les périodes
correspondant aux coupures D_1, D_2, ..., D_p forment le Tableau
suivant :

	D_1	D_2	D_3	...	D_p
J_1	1	0	0	...	0
J_2	0	1	0	...	0
...					
J_p	0	0	0	...	1

On partira pour cela des p intégrales linéairement indépendantes
I_1, I_2, ..., I_p et l'on déterminera les constantes z_1, z_2, ..., z_p de
manière que les périodes de

$$z_1 I_1 + z_2 I_2 + \cdots + z_p I_p \tag{12}$$

___

correspondant aux coupures D aient successivement les valeurs
correspondant à ce Tableau. On aura ainsi à résoudre successivement p systèmes de p équations du premier degré. Il est essentiel
de remarquer que le déterminant commun de ces systèmes *n'est
pas nul*, car, s'il en était ainsi, on pourrait choisir les z (non
tous nuls) de manière que les périodes de (10) correspondant aux
coupures D soient toutes nulles, ce qui est en contradiction avec
l'inégalité fondamentale (10) où toutes les lettres d ne peuvent
s'annuler simultanément.

Il est évident d'ailleurs que les intégrales J ainsi déterminées
sont linéairement indépendantes, car aucune combinaison linéaire
des J ne peut se réduire à une constante sans que les coefficients
soient nuls, comme on le voit tout de suite en égalant à zéro les
périodes relatives aux coupures D d'une telle combinaison.

On appelle les intégrales J *les intégrales normales de première espèce*. Nous désignerons par le Tableau suivant le Tableau des périodes des intégrales normales :

	D_1	D_2	...	D_p	C_1	C_2	...	C_p
J_1	1	0	...	0	τ_{11}	τ_{12}	...	τ_{1p}
J_2	0	1	...	0	τ_{21}	τ_{22}	...	τ_{2p}
.								
.								
J_p	0	0	...	1	τ_{p1}	τ_{p2}	...	τ_{pp}

Dans chaque ligne horizontale se trouvent les périodes de l'intégrale normale correspondant à cette ligne.

15. Il existe entre les périodes de deux intégrales quelconques
de première espèce une relation remarquable. Soient I et i deux
telles intégrales, dont nous désignons les périodes respectivement par

$$\begin{array}{l} c_k \ \text{et} \ d_k \\ \gamma_k \ \text{et} \ \delta_k \end{array} \Big\} \quad (k = 1, 2, \ldots, p).$$

Considérons l'intégrale

$$\int \mathrm{I}\,di.$$

On peut lui appliquer le théorème de Cauchy relativement au

contour K ; elle sera nulle. La seule discussion à faire, pour s'en
convaincre, est relative aux points à l'infini sur les feuillets et
aux points de ramification ; elle se fait comme pour l'intégrale
étudiée au paragraphe précédent. Nous avons donc

$$\int_k I\, di = 0.$$

Le calcul de cette intégrale est entièrement analogue à celui de

$$\int_k X\, dY ;$$

les périodes de I et de i remplacent seulement respectivement
celles de X et de Y. Nous aurons donc

$$\sum_{h=1}^{h=p} (c_h \delta_h - \gamma_h d_h) = 0.$$

Il résulte de cette égalité que nous avons entre les périodes de p
intégrales de première espèce

$$\frac{p(p-1)}{2}$$

relations, en l'appliquant de toutes les manières possibles à deux
de ces intégrales. Ces relations prennent une forme particulièrement simple pour les intégrales normales J. Ainsi prenons J_1
et J_2 ; on a de suite

$$-\gamma_{12} + \gamma_{21} = 0.$$

D'une manière générale, il vient

$$\gamma_{kh} = \gamma_{hk} \qquad (h \neq k).$$

Ces égalités sont fondamentales.

16. Nous terminerons cette étude des intégrales de première
espèce, en indiquant une nouvelle égalité, conséquence d'ailleurs
de l'inégalité fondamentale et qui joue dans la théorie des fonctions abéliennes un rôle capital. Considérons l'intégrale

$$m_1 J_1 + m_2 J_2 + \ldots + m_p J_p.$$

où les m sont des constantes réelles quelconques, et appliquons à ses périodes l'inégalité (9). En posant

$$\tau_{hk} = \tau'_{hk} + i\tau''_{hk}$$

on trouve, après quelques réductions très simples,

$$\sum m_h m_k \tau''_{hk} > 0 \qquad (h, k = 1, 2, \ldots, p),$$

On peut donc énoncer que *la forme quadratique en* m_1, m_2, ..., m_p

$$\sum m_h m_k \tau''_{hk}$$

est définie et positive.

V. — Des intégrales de seconde espèce.

17. Nous avons désigné d'une manière générale sous le nom d'*intégrales de seconde espèce* les intégrales n'ayant sur la surface de Riemann d'autres points singuliers que des pôles. Nous allons former *a priori* une intégrale de seconde espèce ayant un seul pôle. Soit (ξ, η) un point arbitraire de la surface de Riemann et désignons par

$$ax + by + c = 0 \tag{13}$$

l'équation de la tangente à la courbe $f(x, y) = 0$ au point (ξ, η).

J'envisage l'intégrale

$$\int_{x_0, y_0}^{x, y} \frac{P(x, y)\, dx}{(ax + by + c) f'_y} \tag{14}$$

où $P(x, y)$ représente un polynôme adjoint de degré $m - 2$ s'annulant pour les $m - 2$ points simples de rencontre, en dehors du point de contact, de la droite (13) avec la courbe f. Cherchons d'abord le nombre des constantes arbitraires figurant dans $P(x, y)$. Ce nombre sera au moins égal à

$$\frac{(m-1)m}{2} - \sum_i \frac{i(i-1)}{2} - (m - 2),$$

c'est-à-dire à $p + 1$. Mais on aperçoit de suite une famille de pô-

lynômes $P(x, y)$ remplissant les conditions requises et dépendant
de p paramètres; elle est fournie par

$$P(x, y) = (ax + by + c) Q(x, y),$$

$Q(x, y)$ étant le polynôme général adjoint d'ordre $m - 3$ qui a
joué le rôle fondamental dans la théorie des intégrales de première espèce. Pour une telle valeur de P, l'intégrale (14) se réduit à une intégrale de première espèce; mais, puisque la famille
générale des polynômes $P(x, y)$, satisfaisant aux conditions indiquées, dépend au moins de $p + 1$ paramètres arbitraires, il y aura
certainement un polynôme $P(x, y)$ ne contenant pas $(ax + by + c)$
en facteur, et, par suite, ne s'annulant pas en (ξ, η). Pour un tel
polynôme, l'*intégrale* (14) *est de seconde espèce*. Il suffit, pour
l'établir, de remarquer que cette intégrale devient infinie au
point (ξ, η) de la surface de Riemann et en ce point seulement.
Cet infini est nécessairement un pôle; on pourrait le vérifier directement, mais on évitera tout calcul en remarquant qu'une intégrale ne peut avoir un seul infini logarithmique d'après la relation

$$\sum A = 0$$

démontrée au § 3 de ce Chapitre. Le pôle est d'ailleurs évidemment un pôle simple.

Nous avons dit plus haut que le nombre des constantes figurant
dans P était au moins $p + 1$, ignorant *a priori* si la disposition
particulière des points qui déterminent le réseau de courbes n'é-
lèverait pas le nombre des constantes au-dessus du nombre $p + 1$
qui est celui que donne la numération directe. En fait, on peut
voir que ce nombre sera $p + 1$; en effet, si l'on a deux polynômes
P_1 et P_2 ne s'annulant pas en (ξ, η), on peut choisir la constante z
de manière que $P_1 - z P_2$ s'annule en (ξ, η); on a alors

$$P_1 - z P_2 = (ax + by + c) Q(x, y).$$

Donc P_1 ne dépend que de $p + 1$ constantes.

Soit Π une intégrale (14) de seconde espèce ayant le pôle (ξ, η);
il résulte de ce qui précède que toutes les intégrales de seconde

espèce ayant le pôle simple (ξ, τ_1) seront de la forme

$$(15) \qquad \alpha \Pi + \beta_1 I_1 + \beta_2 I_2 + \ldots + \beta_p I_p,$$

les I représentant p intégrales distinctes de première espèce, α et les β des constantes arbitraires.

18. Nous pouvons choisir α de manière que le résidu de l'intégrale (15) relativement au pôle (ξ, τ_1) soit *l'unité*. De plus, on peut choisir les β de manière que les périodes de (15) relatives aux coupures D soient nulles. On a alors une intégrale de seconde espèce parfaitement déterminée; nous l'appellerons *l'intégrale normale de seconde espèce relative au point* (ξ, τ_1). Désignons-la par E; ses périodes seront

$$\begin{array}{cccccccc} D_1 & D_2 & \ldots & D_p & C_1 & C_2 & \ldots & C_p \\ \hline 0 & 0 & \ldots & 0 & e_1 & e_2 & \ldots & e_p \end{array}$$

Les périodes e_i relatives aux coupures C, ont des valeurs extrêmement simples que nous allons maintenant faire connaître.

Considérons à cet effet, avec Riemann, l'intégrale

$$\int E\, dJ_h,$$

où J_h est une intégrale normale de première espèce. Cette intégrale prise le long du contour K n'est plus nulle ici, comme celle que nous avons considérée au § 14, puisque la fonction E a un pôle au point (ξ, τ_1), mais nous aurons, d'après le théorème de Cauchy étendu aux surfaces de Riemann,

$$(16) \qquad \int_K E\, dJ_h = 2\pi i . R,$$

en désignant par R le résidu de

$$E \frac{dJ_h}{dx}$$

par rapport au pôle (ξ, τ_1). Calculons de suite ce résidu; le résidu de E étant l'unité, et $\dfrac{dJ_h}{dx}$, c'est-à-dire $\dfrac{\Omega_h(\sigma, \tau)}{f'_\tau}$, restant fini pour

(ξ, η), on aura

$$\mathrm{R} = \frac{Q_h(\xi, \eta)}{f'_\eta},$$

en désignant, bien entendu, par $Q_h(x, y)$ le polynôme adjoint d'ordre $m - 3$ correspondant à l'intégrale normale J_h.

Quant au calcul de l'intégrale figurant dans le premier membre de (16), il est entièrement analogue à celui que nous avons eu à faire au § 14; les périodes de E et J_h remplacent celles de I et R. On a immédiatement

$$c_h = 2\pi i \frac{Q_h(\xi, \eta)}{f'_\eta} \qquad (h = 1, 2, \ldots, p).$$

Ainsi les périodes de l'intégrale normale de seconde espèce relative à un pôle (ξ, η) s'expriment d'une manière algébrique.

19. Prenons maintenant sur la surface p points (ξ_1, η_1), $(\xi_2, \eta_2), \ldots, (\xi_p, \eta_p)$, qui vont rester fixes, mais à qui nous donnons une position *arbitraire*, et envisageons les intégrales normales de seconde espèce correspondantes $E_1, E_2, \ldots, E_p$. Nous allons montrer qu'aucune combinaison linéaire à coefficients constants des $2p$ intégrales

$$E_1, E_2, \ldots, E_p, J_1, J_2, \ldots, J_p$$

ne peut se réduire à une fonction rationnelle de (x, y).

Il faudrait et il suffirait pour cela que toutes les périodes de

$$A_1 E_1 + A_2 E_2 + \ldots + A_p E_p + B_1 J_1 + \ldots + B_p J_p$$

fussent nulles. Pour que les périodes relatives aux D soient nulles on doit avoir

$$B_1 = B_2 = \ldots = B_p = 0.$$

Les périodes relatives aux coupures C seront nulles si l'on a

$$A_1 Q_h(\xi_1, \eta_1) + A_2 Q_h(\xi_2, \eta_2) + \ldots + A_p Q_h(\xi_p, \eta_p) = 0$$
$$(h = 1, 2, \ldots, p).$$

Mais ces p relations entraînent nécessairement

$$A_1 = A_2 = \ldots = A_p = 0,$$

car le déterminant

$$\begin{vmatrix} Q_1(\xi_1, \eta_1) & Q_1(\xi_2, \eta_2) & \ldots & Q_1(\xi_p, \eta_p) \\ Q_2(\xi_1, \eta_1) & Q_2(\xi_2, \eta_2) & \ldots & Q_2(\xi_p, \eta_p) \\ \ldots & \ldots & \ldots & \ldots \\ Q_p(\xi_1, \eta_1) & Q_p(\xi_2, \eta_2) & \ldots & Q_p(\xi_p, \eta_p) \end{vmatrix}$$

ne peut être nul si les p points (ξ_1, η_1), ..., (ξ_p, η_p) ont été pris arbitrairement (§ 10), et la combinaison formée est alors identiquement nulle.

Nous pouvons donc dire que *nous avons formé $2p$ intégrales de première et de seconde espèce linéairement indépendantes*, en entendant ici par intégrales linéairement indépendantes des intégrales dont aucune combinaison linéaire n'est rationnelle en (x, y). Il n'y a aucune confusion à craindre pour les deux sens dans lesquels, suivant les cas, nous entendons les mots *linéairement indépendantes*. Quand il sera question d'intégrales de seconde espèce, il s'agira toujours du sens que nous venons d'indiquer. Il est clair que le déterminant d'ordre $2p$ formé avec les périodes de nos $2p$ intégrales n'est pas nul.

20. Toute autre intégrale de seconde espèce s'exprime linéairement à l'aide des $2p$ intégrales précédentes et d'une fonction rationnelle. Soit en effet Π une intégrale *absolument quelconque* de seconde espèce. Nous pouvons choisir les constantes A et B de manière que les $2p$ périodes de

$$(17) \qquad \Pi = A_1 E_1 + \ldots + A_p E_p + B_1 J_1 + \ldots + B_p J_p$$

soient nulles; d'après ce que nous avons dit plus haut, le déterminant des $2p$ équations du premier degré ainsi obtenues ne sera pas nul. L'expression (17) n'ayant pas de périodes et n'ayant que des pôles sera une fonction rationnelle de (x, y), et nous pouvons, par suite, énoncer que *toutes les intégrales de seconde espèce s'expriment à l'aide de $2p$ d'entre elles, linéairement indépendantes, et d'une fonction rationnelle de (x, y)*.

On pourrait démontrer le théorème précédent, qui est capital, d'une manière purement algébrique, en s'appuyant sur la réduction que nous avons donnée Tome I (p. 52 et suiv.) pour les intégrales de différentielles algébriques. Du moins, on peut voir faci-

P. — II.   27

lement ainsi que toutes les intégrales de seconde espèce sont réductibles à $2p$ d'entre elles et à une partie rationnelle en (x, y), mais il serait moins simple d'établir directement que ces $2p$ intégrales sont linéairement indépendantes. Nous n'insisterons pas sur ce genre de démonstrations.

21. De même que nous avons cherché une relation entre les périodes de deux intégrales de première espèce, on peut de la même manière trouver une relation entre les périodes d'une intégrale de première espèce et celles d'une intégrale de seconde espèce. Reprenons l'intégrale arbitraire H de seconde espèce, et soit I une certaine intégrale de première espèce; on considérera encore l'intégrale

$$\int_K H\,dI$$

prise le long du contour K. Cette intégrale sera égale au produit de $2\pi i$ par la somme des résidus relatifs aux différents pôles de la fonction $H\dfrac{dI}{dx}$; cette somme R pourra être facilement calculée dans chaque cas, et l'on aura par suite la relation cherchée

$$\sum_{k=1}^{k=p} (c_k \delta_k - \gamma_k d_k) = 2\pi i R,$$

en désignant respectivement par c_k, d_k et γ_k, δ_k les périodes de H et I.

VI. — Des intégrales de troisième espèce.

22. L'étude des intégrales de troisième espèce se fait d'après les mêmes principes que celle des intégrales de seconde espèce. Partons ici d'une droite quelconque $ax + by + c = 0$, et, parmi les m points de rencontre de cette droite avec la courbe f, considérons-en deux particulièrement (ξ_1, η_1) et (ξ_2, η_2); nous les désignerons simplement, pour abréger, par les points ξ_1 et ξ_2. Ceci posé, formons encore l'intégrale

$$\int \frac{P(x,y)\,dx}{(ax + by + c)f'_y},$$

$P(x, y)$ étant un polynôme adjoint d'ordre $m - 2$ s'annulant pour les $m - 2$ points de rencontre de $ax + by + c = 0$ avec f, distincts de ξ_1 et ξ_2. Sous ces conditions, l'intégrale précédente deviendra infinie pour ξ_1 et ξ_2, si le polynôme P ne s'annule pas en ces deux points. On montrera comme plus haut que le polynôme P renferme $p + 1$ constantes arbitraires et qu'il existe un polynôme $P(x, y)$ ne s'annulant pas pour ξ_1 et ξ_2, tous les autres étant de la forme

$$\alpha P(x, y) - (ax + by + c)(\beta_1 Q_1 + \beta_2 Q_2 + \ldots + \beta_p Q_p);$$

L'intégrale ainsi obtenue aura les deux points ξ_1 et ξ_2 comme infinis logarithmiques; dans le voisinage du premier, la fonction deviendra infinie comme

$$A \log(x - \xi_1),$$

A étant une constante, c'est-à-dire qu'elle sera égale à l'expression précédente augmentée d'une fonction holomorphe dans le voisinage de ξ_1. Elle deviendra infinie, pour $x = \xi_2$, comme

$$- A \log(x - \xi_2).$$

Les coefficients des logarithmes sont égaux et de signe contraire d'après la relation $\sum A = 0$ du § 3.

On peut choisir la constante α de manière que $A = 1$, et, de plus, les constantes β peuvent être déterminées de telle sorte que les périodes relatives aux coupures D de notre intégrale de troisième espèce soient toutes nulles. On a alors une intégrale de troisième espèce que nous appellerons *intégrale normale* de troisième espèce relative aux points ξ_1 et ξ_2. Nous la désignerons par

$$S_{\xi_1 \xi_2}$$

les parties logarithmiques de cette intégrale sont respectivement pour ξ_1 et ξ_2

$$+\log(x - \xi_1) \quad \text{et} \quad -\log(x - \xi_2);$$

et les périodes relatives aux D sont toutes nulles. Nous allons calculer les périodes relatives aux coupures C; l'intégrale a de plus une période polaire $2\pi i$ relative aux points singuliers logarithmiques.

23. Les périodes cycliques de $S_{\xi_1 \xi_2}$, relatives aux coupures C
et que nous désignerons par $s_1, s_2, \ldots, s_\rho$, ont une forme très
simple; nous allons les trouver en suivant la même voie que
pour les intégrales de seconde espèce. Considérons toujours le
contour K sur la surface de Riemann (*fig.* 52), puis réunissons
les points ξ_1 et ξ_2 par une ligne ne rencontrant pas K et dont

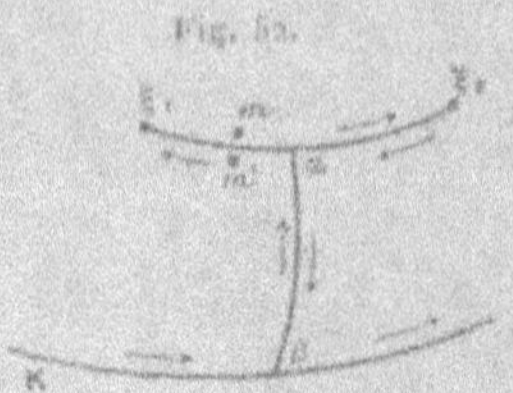

Fig. 52.

nous faisons une nouvelle coupure que nous joindrons par une
autre coupure $\alpha\beta$ à un point quelconque de K. Appelons K' le
contour K modifié par cette addition, et supposons-le parcouru
dans le sens des flèches de la figure. Il est manifeste que l'intégrale

$$(18) \qquad \int_{K'} S_{\xi_1 \xi_2} \, dJ_h$$

prise le long du contour K' est nulle, J_h désignant toujours une
intégrale normale de première espèce. Nous aurons comme valeur
des éléments en m et m'

$$\text{en } m \ldots\ldots\ldots \qquad S_{\xi_1 \xi_2} \, dJ_h$$
$$\text{en } m' \ldots\ldots\ldots \quad -(S_{\xi_1 \xi_2} + 2\pi i) \, dJ_h$$

dont la somme donne

$$-2\pi i \, dJ_h$$

et, par suite, la valeur de l'intégrale (18) sur les deux bords de la
coupure (ξ_1, ξ_2) est

$$-2\pi i \int_{\xi_1}^{\xi_2} dJ_h.$$

Les intégrales des deux bords de la coupure $\alpha\beta$ se détruisent
et il reste à évaluer l'intégrale relative au contour K. Or c'est un
calcul que nous avons déjà fait à différentes reprises; l'intégrale

se réduit à s_h et nous avons donc

$$s_h = 2\pi i \int_{z_h}^{z'_h} d\Omega_h \qquad (h = 1, 2, \ldots, p);$$

formule qui fait connaître les périodes, relatives aux C, de l'intégrale normale de troisième espèce.

24. Il est facile de voir que *toute intégrale de troisième espèce est une somme d'intégrales normales de troisième espèce et d'une intégrale de seconde espèce.* Supposons que l'intégrale II considérée ait r points singuliers logarithmiques a_1, $a_2, \ldots, a_r$ avec les coefficients correspondants A_1, A_2, ..., A_r satisfaisant nécessairement à la relation

$$A_1 + A_2 + \ldots + A_r = 0.$$

Formons les intégrales normales de troisième espèce

$$S_{a_1 a_2}, \quad S_{a_2 a_3}, \quad \ldots, \quad S_{a_{r-1} a_r}$$

et la combinaison linéaire

$$B_1 S_{a_1 a_2} + B_2 S_{a_2 a_3} + \ldots + B_{r-1} S_{a_{r-1} a_r}.$$

On peut choisir les B de manière que cette somme devienne infinie en $a_1, a_2, \ldots, a_r$ comme l'intégrale II. On n'a qu'à écrire

$$B_1 = A_1,$$
$$B_2 - B_1 = A_2,$$
$$\ldots \ldots \ldots \ldots \ldots$$
$$B_{r-1} - B_{r-2} = A_{r-1},$$
$$- B_{r-1} = A_r,$$

et ces r équations compatibles, en vertu de $\sum A = 0$, déterminent les B. Ces coefficients étant ainsi choisis, l'intégrale

$$II - (B_1 S_{a_1 a_2} + \ldots + B_{r-1} S_{a_{r-1} a_r})$$

n'aura plus de points singuliers logarithmiques : ce sera une intégrale de seconde espèce.

25. Démontrons maintenant le théorème important connu sous

le nom de *théorème de l'échange du paramètre et de l'argument*.

On trace sur la surface de Riemann, rendue simplement connexe au moyen du contour K, deux coupures (ξ_1, ξ_2) et (z_1, z_2) ne coupant pas K et ne se coupant pas entre elles. Formons alors les deux intégrales normales de troisième espèce

$$S_{\xi_2 \xi_1} \quad \text{et} \quad S_{z_2, z_1}$$

qui sont des fonctions uniformes sur la surface affectée des coupures indiquées. Pour avoir un contour unique, nous joindrons,

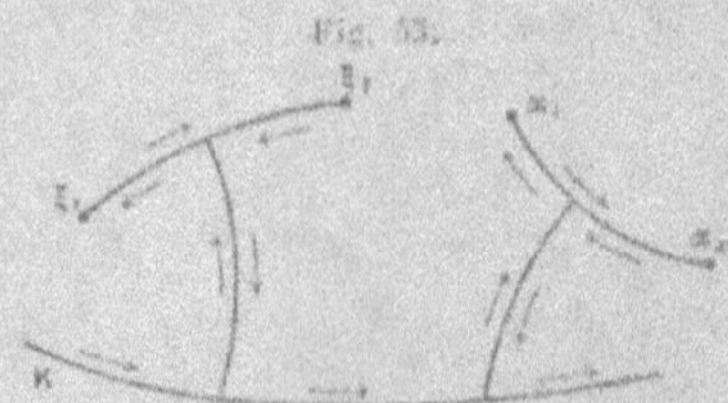

Fig. 53.

comme plus haut, les coupures $\xi_1 \xi_2$ et les coupures $z_1 z_2$ au contour K : on forme avec toutes ces coupures un contour unique K'.

Nous avons la relation

$$\int_{K'} S_{\xi_2 \xi_1} \, dS_{z_2 z_1} = 0,$$

d'après le théorème fondamental de Cauchy étendu aux surfaces de Riemann. La partie de l'intégrale relative au contour K sera nulle puisque les périodes relatives aux coupures D des deux fonctions S sont nulles. Il reste simplement à considérer les intégrales relatives aux coupures $(\xi_1 \xi_2)$ et $(z_1 z_2)$. La première nous donne, par un calcul tout à fait analogue à celui du § 23,

$$- 2\pi i \int_{\xi_1}^{\xi_2} dS_{z_2 z_1}.$$

Pour avoir la seconde, remarquons que le long d'une ligne entourant les deux points z_1, z_2 on a, en intégrant par parties,

$$\int S_{z_2 z_1} \, dS_{z_2 z_1} = - \int S_{z_2 z_1} \, dS_{\xi_2 \xi_1}.$$

or la seconde intégrale donnera de suite, pour la coupure $a_1 a_2$,

$$c_1 2\pi i \int_{a_1}^{a_2} dS_{\zeta_1 \zeta_2}.$$

On a donc l'égalité

$$\int_{a_1}^{b_2} dS_{a_2 a_1} = \int_{a_1}^{b_2} dS_{\zeta_1 \zeta_2}$$

qui exprime le théorème de *l'échange du paramètre et de l'argument*.

26. Nous terminerons ces généralités sur les intégrales abéliennes en revenant au théorème d'Abel, sommairement étudié au § 5 de ce Chapitre, et en lui donnant pour les intégrales de troisième espèce une forme très commode pour les applications. Nous allons d'ailleurs employer encore une fois la considération d'intégrales de la forme

$$\int U\, dV,$$

étendues à un circuit convenable de la surface de Riemann, intégrales que ce grand géomètre a employées si heureusement pour l'étude des propriétés fondamentales des intégrales abéliennes des trois espèces, comme on vient de le voir dans les paragraphes précédents. Soit toujours $S_{\zeta_1 \zeta_2}$ l'intégrale normale de troisième espèce correspondant aux points ζ_1 et ζ_2, et désignons par

$$\varphi(x, y) = 0, \qquad \psi(x, y) = 0$$

les équations de deux courbes de degré n. La première rencontre la courbe f en mn points $\alpha_1, \alpha_2, \ldots, \alpha_{mn}$ et la seconde en mn points $\beta_1, \beta_2, \ldots, \beta_{mn}$. Après avoir tracé sur la surface de Riemann le contour K et la coupure $\zeta_1 \zeta_2$, nous joignons par des arcs de courbe ces points de rencontre deux à deux, en nous arrangeant de manière que les lignes

$$(\alpha_1 \beta_1), \quad (\alpha_2 \beta_2), \quad \ldots, \quad (\alpha_{mn} \beta_{mn})$$

ne se coupent pas entre elles et ne coupent pas le contour K ni la coupure $\zeta_1 \zeta_2$. Nous allons considérer les lignes précédentes comme des coupures, que nous joindrons au contour K par des coupures auxiliaires ainsi que la coupure $\xi_1 \xi_{2r}$, et nous désignons par K' le contour total ainsi formé. Ces constructions faites, formons l'intégrale

$$\int_{K'} \log \frac{\varphi}{\psi}\, dS_{\xi_1 \xi_2}.$$

Elle sera nulle; or il est facile de calculer sa valeur en raisonnant comme nous l'avons déjà fait à différentes reprises.

La fonction $\log \frac{\varphi}{\psi}$ n'ayant pas de périodes cycliques, la partie de l'intégrale précédente relative à K sera nulle. D'autre part,

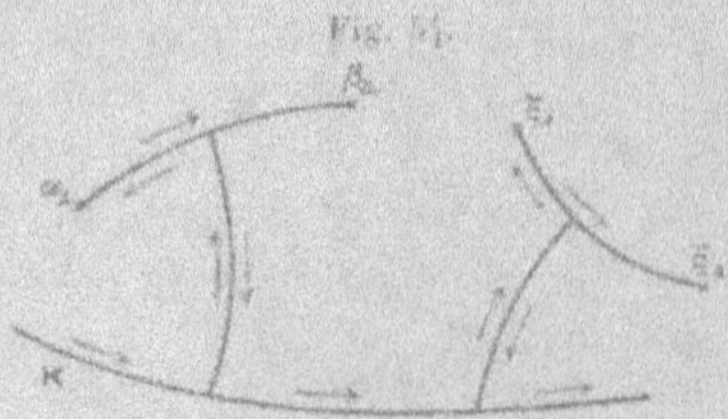

Fig. 84.

l'intégrale relative aux coupures auxiliaires est évidemment nulle. Calculons la valeur de l'intégrale pour une coupure $\alpha_k \beta_k$; nous aurons

$$-2\pi i \int_{\alpha_k}^{\beta_k} dS_{\xi_1 \xi_2}.$$

Pour l'intégrale relative à la coupure $\xi_1 \xi_{2r}$, on substituera, après intégration par parties, l'intégrale

$$-\int S_{\xi_1 \xi_2}\, d\log \frac{\varphi}{\psi} i$$

et, par suite, on aura

$$2\pi i \int_{\xi_1}^{\xi_2} d\log \frac{\varphi}{\psi} \quad \text{ou} \quad 2\pi i \log \left(\frac{\varphi}{\psi}\right)_{\xi_1} \left(\frac{\psi}{\varphi}\right)_{\xi_2},$$

en désignant par $\left(\frac{\varphi}{\psi}\right)_{\xi_1}$ la valeur de la fonction rationnelle $\frac{\varphi}{\psi}$ au point ξ_1. Il vient donc finalement

$$\sum_{k=1}^{k=m} \int_{\alpha_k}^{\beta_k} dS_{\xi_1 \xi_2} = \log \left(\frac{\varphi}{\psi}\right)_{\xi_2} \left(\frac{\psi}{\varphi}\right)_{\xi_1}.$$

C'est le théorème d'Abel pour l'intégrale normale de troisième espèce. Pour l'avoir sous une forme qui corresponde aux généralités indiquées plus haut (§ 5), il suffit de considérer une famille de courbes

$$\lambda(x, y, a_1, a_2, \ldots, a_r) = 0$$

dépendant de r paramètres arbitraires qui figurent rationnellement dans cette équation.

Supposons que la courbe φ corresponde à des valeurs numériques fixes données aux paramètres, tandis que ψ correspondra à des valeurs arbitraires de ces paramètres. On voit que le second membre sera le logarithme d'une fonction rationnelle de ces paramètres; ceci est d'accord avec le premier énoncé que nous avons donné du théorème d'Abel ([1]).

27. Le théorème d'Abel pour les intégrales de première espèce se démontrera évidemment par la même voie; on aura seulement à considérer l'intégrale

$$\int \log \frac{\varphi}{\psi} \, dt,$$

t désignant une intégrale de première espèce. Il n'y a pas ici de points ξ_1 et ξ_2, et l'on a de suite

$$\sum_{k=1}^{k=m} \int_{a_k}^{b_k} dt = 0.$$

J'ajoute seulement encore une remarque importante sur l'application du théorème d'Abel aux intégrales de première espèce.

Considérons un faisceau de courbes adjointes d'ordre $m-2$. Ce faisceau contiendra

$$\frac{(m-2)(m-1)}{2} - \sum x_i \frac{i(i-1)}{2} \quad \text{ou} \quad m-2+p$$

paramètres entrant d'une manière non homogène.

([1]) Cette forme du théorème d'Abel, ainsi que le théorème sur l'échange du paramètre et de l'argument, ont été donnés par Clebsch et Gordan dans leur Ouvrage classique : *Theorie der Abelschen Functionen* (1866).

Or le nombre des points de rencontre de f avec les courbes de ce faisceau est

$$m(m-2) - \sum z_i(i-1) \quad \text{ou} \quad m-2-2p.$$

On pourra donc prendre $m-2-p$ points arbitrairement et les p autres s'ensuivront, leurs coordonnées étant fonctions algébriques des coordonnées des premiers. Ceci posé, nous pouvons établir que *la somme d'un nombre quelconque d'intégrales abéliennes de première espèce est égale à une somme de p intégrales dont les limites sont des fonctions algébriques des limites des premières.* Nous voulons dire par là que la somme des k intégrales

$$\sum_{h=1}^{h=k} \int_{x_0,y_0}^{x_h,y_h} d\Lambda,$$

où (x_0, y_0) est un point fixe de la courbe, peut s'exprimer par une somme de p intégrales

$$\sum_{k=1}^{k=p} \int_{x_0,y_0}^{\xi_k,\eta_k} d\Lambda,$$

où les (ξ_k, η_k) sont des fonctions algébriques des (x_h, y_h).

La démonstration est immédiate : il suffit de montrer l'exactitude du théorème pour $p+1$ intégrales. Or, parmi les $m-2-p$ points de rencontre dont nous disposons arbitrairement, supposons que $p+1$ coïncident avec les limites données de nos intégrales, les autres étant des points fixes. L'application du théorème d'Abel nous permettra d'exprimer la somme des $p+1$ intégrales par une somme de p intégrales dont les limites sont fonctions algébriques des $p+1$ premières limites. La proposition est donc établie.

CHAPITRE XV.

DES FONCTIONS UNIFORMES SUR UNE SURFACE
DE RIEMANN [1].

I. — Décomposition des fonctions rationnelles de x et y
en éléments simples.

1. Les fonctions uniformes F sur la surface de Riemann, dont nous allons nous occuper dans ce Chapitre, n'ont d'autres points singuliers que des pôles; ce sont, par conséquent, *des fonctions rationnelles de x et y*, en désignant toujours par

$$f(x, y) = 0$$

l'équation de la courbe algébrique de degré m qui définit la surface de Riemann.

Nous commencerons par définir le *degré* d'une fonction F, en montrant que l'équation

$$(1) \qquad F = C,$$

C étant une constante arbitraire, a toujours le même nombre μ de racines, quelle que soit la constante C; ce nombre μ sera le *degré* de la fonction. Il suffit, pour l'établir, de faire voir que le nombre des racines de cette équation est égal au nombre des pôles de F. Considérons à cet effet l'intégrale

$$(2) \qquad \int_K \frac{dF}{F - C},$$

---

[1] Après les Mémoires déjà cités de Riemann, un travail capital sur ce sujet est celui de MM. Brill et Nœther (*Mathematische Annalen*, t. VII); les questions y sont traitées à un point de vue purement algébrique.

prise le long du contour K qui rend la surface de Riemann simplement connexe. D'après un théorème fondamental de Cauchy étendu aux surfaces de Riemann, cette intégrale sera égale à la différence entre le nombre des racines de l'équation (1) et le nombre des pôles de F; or l'expression (2) est nulle, puisque, F étant uniforme sur la surface, les éléments se détruisent deux à deux. Le nombre des racines de (1) est donc indépendant de C; c'est ce que nous appellerons le *degré de la fonction* F. Il est clair que le théorème précédent peut être considéré comme la généralisation du théorème fondamental de la théorie des équations. Dans le cas du plan simple de Cauchy et d'un polynôme en x de degré m, on a une fonction ayant m pôles (un pôle multiple d'ordre m à l'infini); elle a donc m racines.

2. Les intégrales normales de seconde espèce vont nous servir d'éléments simples pour décomposer une fonction F. Supposons que cette fonction ait μ pôles que nous supposerons simples [1], $\xi_1, \xi_2, \ldots, \xi_\mu$, et soient $\alpha_1, \alpha_2, \ldots, \alpha_\mu$ les résidus correspondants. Formons les intégrales normales de seconde espèce

$$E_1, \quad E_2, \quad \ldots, \quad E_\mu$$

correspondant à ces μ pôles. La différence

$$F - (\alpha_1 E_1 + \alpha_2 E_2 + \ldots + \alpha_\mu E_\mu)$$

n'a manifestement plus de pôle; elle doit donc se réduire à une intégrale de première espèce. Or les périodes de cette intégrale de première espèce correspondant aux coupures D sont nulles, puisque F n'a pas de périodes, et que les périodes relatives aux coupures D des intégrales normales de seconde espèce sont nulles. Mais nous savons qu'une intégrale de première espèce, pour laquelle les périodes relatives aux D sont nulles, se réduit nécessairement à une constante (§ 13, Chap. XIV). Nous avons donc *l'identité fondamentale*

$$(3) \qquad F = \alpha_1 E_1 + \alpha_2 E_2 + \ldots + \alpha_\mu E_\mu + \alpha_{\mu+1},$$

les α étant des constantes.

---

[1] Dans la suite, sauf dans la note de la page 430, nous supposerons toujours que les pôles dont il sera parlé sont des pôles simples.

On voit qu'on obtient ainsi une décomposition de la fraction rationnelle dans laquelle les intégrales normales de seconde espèce jouent le rôle d'*éléments simples*. La formule précédente peut être considérée comme la généralisation de la décomposition des fractions rationnelles en fractions simples.

3. La fonction F étant uniforme sur la surface de Riemann, les périodes relatives aux coupures C doivent être nulles. Nous avons donc les p relations

$$(4) \quad z_1 \Omega_k(\xi_1, \eta_1) + z_2 \Omega_k(\xi_2, \eta_2) + \ldots + z_p \Omega_k(\xi_p, \eta_p) = 0 \quad (k = 1, 2, \ldots p).$$

Nous devons d'abord remarquer que l'expression (3) sera certainement une fonction rationnelle de x et y, si les constantes z vérifient les relations (4), car celles-ci expriment que les périodes de

$$z_1 E_1 + z_2 E_2 + \ldots + z_p E_p$$

relatives aux coupures C sont nulles; comme, d'autre part, les périodes relatives aux coupures D sont aussi nulles, l'expression précédente n'a pas de périodes, et est, par suite, une fonction uniforme.

Nous allons faire, tout à l'heure, une étude approfondie de ces relations. Pour le moment, déduisons-en la remarque capitale, qu'*il ne peut exister de fonction rationnelle de x et y ayant μ pôles simples* ARBITRAIREMENT *donnés*, si

$$\mu \leqq p + 1.$$

Il suffira de le montrer pour $\mu = p$. Les p relations précédentes entraîneraient

$$\begin{vmatrix} \Omega_1(\xi_1, \eta_1) & \Omega_1(\xi_2, \eta_2) & \ldots & \Omega_1(\xi_p, \eta_p) \\ \Omega_2(\xi_1, \eta_1) & \Omega_2(\xi_2, \eta_2) & \ldots & \Omega_2(\xi_p, \eta_p) \\ \ldots & \ldots & \ldots & \ldots \\ \Omega_p(\xi_1, \eta_1) & \Omega_p(\xi_2, \eta_2) & \ldots & \Omega_p(\xi_p, \eta_p) \end{vmatrix} = 0,$$

et nous avons déjà dit que ce déterminant ne pouvait être nul si les p points (ξ_k, η_k) sont arbitraires. Dans ses Leçons sur la théorie des fonctions abéliennes, qui n'ont malheureusement jamais été publiées, M. Weierstrass prend le théorème précédent comme définition du genre. Se plaçant à un point de vue purement algébrique, il commence par établir qu'il y a un certain minimum au-dessous duquel ne peut descendre le nombre des pôles simples, supposés *arbitrairement* choisis, d'une fonction rationnelle de x et y. Ce nombre minimum, diminué d'une unité, est ce que M. Weierstrass désigne par la lettre ϱ et appelle le *rang* de la courbe : ce nombre ϱ n'est autre que le nombre p de Riemann, d'après la remarque que nous venons de faire (1).

Si l'on a $p + 1$ points arbitraires, on pourra obtenir une fonction F n'ayant d'autres pôles que ces points. Les x seront alors déterminés (ou du moins leurs rapports) par les équations écrites plus haut.

Il est facile de *former effectivement une fonction ayant $p + 1$ pôles arbitraires*. On peut, en effet, faire passer par $p + 1$ points arbitrairement donnés une adjointe d'ordre $m - 2$, soit $\mathrm{P}(x, y)$;

---

(1) A la vérité, M. Weierstrass donne une définition un peu différente dans la forme, car il suppose que les points sont confondus et considère alors les fonctions rationnelles de x et y ayant en un point *arbitraire* un pôle multiple d'ordre μ et n'ayant pas d'autres pôles; le nombre μ a un minimum qui est $p + 1$. Il est clair que ce cas n'est qu'un cas limite de celui que nous avons étudié dans le texte; il suffit de supposer que les p points coïncident. Au point de vue où nous sommes placé, la démonstration pourrait être faite en détail, en remarquant que l'intégrale normale E correspondant au point ξ est une fonction de ξ; la formule (3), s'il s'agit d'un pôle d'ordre μ, se remplace immédiatement par la suivante

$$ \mathrm{F} = \alpha_1 \mathrm{E} + \alpha_2 \frac{d\mathrm{E}}{d\xi} + \cdots + \alpha_p \frac{d^{p-1}\mathrm{E}}{d\xi^{p-1}} + \alpha_{p+1} $$

Les périodes de $\dfrac{d\mathrm{E}}{d\xi}, \ldots$ seront les dérivées successives des périodes de E par rapport à ξ, et l'on verra tout de suite que si une fonction F a comme pôle unique un pôle multiple d'ordre p en ξ, on doit avoir

$$ \begin{vmatrix} Q_1 & DQ_1 & D^2Q_1 & \ldots & D^{p-1}Q_1 \\ Q_2 & DQ_2 & D^2Q_2 & \ldots & D^{p-1}Q_2 \\ \cdots & \cdots & \cdots & \cdots & \cdots \\ Q_p & DQ_p & D^2Q_p & \ldots & D^{p-1}Q_p \end{vmatrix} = 0, $$

les D désignant les dérivées successives de $Q(\xi, \eta)$ considérée comme fonction de ξ [on a, bien entendu, $f(\xi, \eta) = 0$]. Or la relation précédente, où par hypothèse ξ est arbitraire, entraîne nécessairement une relation homogène et linéaire entre $Q_1, Q_2, \ldots, Q_p$, ce qui est impossible, puisque ces polynômes adjoints sont linéairement indépendants. Il ne peut donc y avoir de fonction F ayant un pôle unique *arbitraire* d'ordre inférieur à $p + 1$.

elle rencontrera la courbe, en dehors de ces points et des points multiples, en

$$m + p - 3$$

autres points. Par ces derniers, on peut au moins faire passer *deux* adjointes distinctes d'ordre $m - 1$, comme le montre de suite le dénombrement des conditions. Prenons l'adjointe $P(x, y)$ pour l'une d'elles, et désignons par $P_1(x, y)$ la seconde, le quotient

$$\frac{P_1(x, y)}{P(x, y)}$$

a pour pôles les $p + 1$ points primitivement donnés.

II. — Théorème de Riemann-Roch. Des fonctions spéciales.

4. Nous allons maintenant approfondir l'étude des relations (1) pour résoudre le problème suivant, qui est fondamental dans la théorie des fonctions algébriques :

Étant donnés μ points sur une surface de Riemann, de combien de constantes arbitraires dépendent les fonctions rationnelles qui n'ont d'autres pôles (supposés tous simples) que ces μ points ou quelques-uns d'entre eux ?

La recherche de ce nombre reviendra à la discussion des équations (1), que j'écris de nouveau

$$z_1 Q_k(\xi_1, \eta_1) + \cdots + z_\mu Q_k(\xi_\mu, \eta_\mu) = 0 \quad (k = 1, 2, \ldots, p).$$

Si les premiers membres de ces p relations, regardés comme fonctions linéaires et homogènes de $z_1, z_2, \ldots, z_\mu$, sont linéairement indépendants, on pourra tirer de ces équations p des lettres z en fonction des $\mu - p$ autres, et, par suite, l'expression générale (3) de F *renfermera*

$$\mu - p + 1$$

constantes arbitraires. Ce résultat est dû à Riemann ; il convient en quelque sorte au cas général. Il est facile de le compléter, de manière à avoir un énoncé applicable à tous les cas, comme l'a indiqué Roch [1].

Supposons que, parmi les polynômes (4) du premier degré en $\alpha_1, \alpha_2, \ldots, \alpha_p$, il y en ait seulement $p-\sigma$ linéairement indépendants. On pourra exprimer alors σ d'entre eux en fonction des $p-\sigma$ autres ; soit les σ derniers en fonction des $p-\sigma$ premiers. On aura ainsi les identités

$$\left.\begin{array}{r} Q_{p-\sigma+1}(\xi_k, \eta_k) = \lambda_1 Q_1(\xi_k, \eta_k) + \ldots + \lambda_{p-\sigma} Q_{p-\sigma}(\xi_k, \eta_k) \\ Q_{p-\sigma+2}(\xi_k, \eta_k) = \mu_1 Q_1(\xi_k, \eta_k) + \ldots + \mu_{p-\sigma} Q_{p-\sigma}(\xi_k, \eta_k) \\ \ldots\ldots\ldots\ldots\ldots\ldots\ldots\ldots\ldots\ldots\ldots\ldots \\ Q_p(\xi_k, \eta_k) = \nu_1 Q_1(\xi_k, \eta_k) + \ldots + \nu_{p-\sigma} Q_{p-\sigma}(\xi_k, \eta_k) \end{array}\right\} \quad (k = 1, 2, \ldots, \mu),$$

les constantes $\lambda, \mu, \ldots, \nu$ ne changeant pas avec k.

Or ces relations montrent que les σ courbes adjointes d'ordre $m-3$,

$$\begin{array}{l} R_1(x, y) = Q_{p-\sigma+1}(x, y) - \lambda_1 Q_1(x, y) - \ldots - \lambda_{p-\sigma} Q_{p-\sigma}(x, y), \\ \ldots\ldots\ldots\ldots\ldots\ldots\ldots\ldots\ldots\ldots\ldots\ldots \\ R_\sigma(x, y) = Q_p(x, y) - \nu_1 Q_1(x, y) - \ldots - \nu_{p-\sigma} Q_{p-\sigma}(x, y), \end{array}$$

passent par les μ points considérés de la surface de Riemann. Ces σ polynômes adjoints sont d'ailleurs bien évidemment, par leur forme même, linéairement indépendants. On voit donc qu'il y aura σ polynômes adjoints d'ordre $m-3$ linéairement indépendants s'annulant pour les μ points. Il n'y en aura pas davantage, car, dans cette hypothèse, on aurait un polynôme

$$B_1 R_1 + \ldots + B_\sigma R_\sigma + A_1 Q_1 + \ldots + A_{p-\sigma} Q_{p-\sigma},$$

où les constantes A ne seraient pas toutes nulles, qui s'annulerait pour $(\xi_1, \eta_1), \ldots, (\xi_\mu, \eta_\mu)$. Il s'ensuivrait

$$A_1 Q_1(\xi_k, \eta_k) + \ldots + A_{p-\sigma} Q_{p-\sigma}(\xi_k, \eta_k) = 0 \qquad (k = 1, 2, \ldots, \mu).$$

On conclut de là qu'un des polynômes $Q_1, Q_2, \ldots, Q_{p-\sigma}$ pour (ξ_k, η_k), soit par exemple le dernier, s'exprimerait, quel que soit k, par une même combinaison linéaire des autres. Les expressions

$$Q_{p-\sigma}(\xi_k, \eta_k), \quad Q_{p-\sigma+1}(\xi_k, \eta_k), \quad \ldots, \quad Q_p(\xi_k, \eta_k),$$

pour $k = 1, 2, \ldots, \mu$, s'exprimeraient par des combinaisons linéaires de

$$Q_1(\xi_k, \eta_k), \quad \ldots, \quad Q_{p-\sigma-1}(\xi_k, \eta_k),$$

et, par suite, il y aurait moins de $p - \sigma$ polynômes (4) linéairement indépendants.

Nous arrivons donc à la conclusion suivante : Si, par les μ points donnés, on peut faire passer un faisceau de courbes adjointes d'ordre $m - 3$ renfermant (d'une manière homogène) σ constantes arbitraires, les équations (4) se réduiront à $p - \sigma$ d'entre elles, et, par suite, parmi les constantes

$$z_1, \quad z_2, \quad \ldots, \quad z_\mu,$$

$p - \sigma$ pourront s'exprimer à l'aide des autres. *Le nombre des constantes arbitraires figurant dans* F *sera donc*

$$\mu - (p - \sigma) + 1 \quad \text{ou} \quad \mu - p + 1 + \sigma,$$

en tenant compte de la constante $z_{\mu+1}$: *c'est le théorème généralement désigné sous le nom de théorème de Riemann-Roch.*

On remarquera que, parmi les constantes z, il peut y en avoir de nécessairement nulles, comme conséquence des équations (4). La fonction dont nous venons de trouver l'expression générale et de dénombrer les constantes arbitraires aura alors moins de μ pôles; aussi avons-nous eu soin d'indiquer dans l'énoncé du problème de Riemann-Roch que la fonction cherchée avait pour pôles les μ points donnés ou quelques-uns d'entre eux.

5. Lorsque le nombre σ n'est pas nul, le nombre μ des points est évidemment au plus égal à

$$2p - 2,$$

puisqu'une adjointe Q d'ordre $m - 3$ rencontre la courbe f seulement en $2p - 2$ points en dehors des points multiples. Le *degré* de la fonction est alors au plus égal à $2p - 2$. Quand σ est différent de zéro, nous dirons que la fonction F est une *fonction spéciale.*

Nous allons établir que *toute fonction spéciale peut se mettre sous la forme* $\dfrac{Q_1}{Q}$, Q et Q_1 étant deux polynômes adjoints d'ordre $m - 3$.

Soit, en effet, $Q(x, y)$ un polynôme adjoint d'ordre $m - 3$ s'annulant pour les pôles de la fonction F. Envisageons l'intégrale

$$\int \frac{QF\,dx}{f'_y};$$

le produit QF reste fini pour les pôles de F; d'autre part, pour le point à l'infini sur chacun des feuillets, il est infini de l'ordre de x^{m-3}. On voit donc que l'intégrale précédente restera finie sur toute la surface de Riemann. On a par suite

$$QF = Q_1,$$

Q_1 étant encore un polynôme adjoint d'ordre $m - 3$. Cette démonstration si simple est due à M. Klein [1]. Il est bien clair que, inversement, tout quotient de deux polynômes adjoints d'ordre $m - 3$ est une fonction spéciale, puisque, pour ce quotient, τ est au moins égal à l'unité.

6. MM. Brill et Nöther ont complété le théorème de Riemann-Roch en indiquant une loi de réciprocité, relative au cas où τ n'est pas nul, que nous allons maintenant faire connaître [2]. Considérons une fonction spéciale avec les pôles

$$\xi_1, \ \xi_2, \ \ldots, \ \xi_\mu;$$

par ces μ points passent τ courbes Q linéairement indépendantes, soient

$$Q_1, \ Q_2, \ \ldots, \ Q_\tau.$$

Une de ces courbes, la première par exemple, rencontrera, en dehors des points multiples, f en μ' autres points

$$\xi'_1, \ \xi'_2, \ \ldots, \ \xi'_{\mu'} \qquad (\mu + \mu' = 2p - 2).$$

Formons le quotient

$$\varphi = \frac{c_1 Q_1 + c_2 Q_2 + \ldots + c_\tau Q_\tau}{Q_1},$$

---

[1] *Voir les Leçons de M. Klein sur la théorie des fonctions elliptiques modulaires*, t. I. Le troisième Chapitre est consacré à un exposé général de la théorie des fonctions algébriques; l'étude de cette large esquisse ne saurait être trop recommandée.

[2] BRILL et NÖTHER, *Math. Annalen*, t. VII.

où les c sont des constantes arbitraires. Cette fonction φ ne peut devenir infinie qu'aux points ζ. Or la fonction uniforme la plus générale ne pouvant devenir infinie qu'aux points ζ contient, d'après le théorème de Riemann-Roch,

$$\mu' = p - 1 + \sigma'$$

constantes arbitraires, en désignant par σ' le nombre des courbes adjointes d'ordre $m - 3$ linéairement indépendantes passant par les points ζ. On a donc, puisque φ contient τ arbitraires,

$$(5) \qquad \tau \leqq \mu' - p + \sigma' + 1.$$

Mais, en partant des points ζ, on pourrait raisonner comme nous l'avons fait en partant des points ξ, en considérant la fonction

$$\varphi = \frac{\gamma_1 Q_1 + \gamma_2 Q_2 + \ldots + \gamma_\sigma Q_\sigma}{Q_1}$$

et en désignant par $Q_1, Q_2, \ldots, Q_\sigma$ les σ polynômes adjoints d'ordre $m - 3$ s'annulant aux points ζ.

On aurait alors

$$(6) \qquad \tau' \leqq \mu - p + \sigma + 1.$$

Des deux inégalités précédentes, on conclut

$$\tau - \tau' \leqq \mu' - \mu.$$

Il faut donc que les deux inégalités (5) et (6) soient des égalités, et, par suite,

$$\tau = \mu' - p + \sigma' + 1,$$
$$\tau' = \mu - p + \sigma + 1,$$

ce qui revient à l'unique relation

$$2(\tau - \tau') = \mu' - \mu,$$

C'est la loi de réciprocité de Brill et Nöther.

Des relations ainsi obtenues, on peut déduire le théorème démontré dans le paragraphe précédent. La relation

$$\sigma' = \mu - p + \tau + 1$$

montre que la fonction φ' est la fonction la plus générale ayant pour pôles les points ξ ou une partie d'entre eux : toute fonction spéciale est donc bien un quotient de deux polynômes adjoints d'ordre $m - 3$.

7. Le *degré* d'une fonction spéciale est au plus égal à $2p - 2$. Il n'est pas inutile de montrer qu'*il peut effectivement atteindre cette limite*. Ceci revient à dire qu'il n'y a pas, en dehors des points multiples, de points par lesquels passent toutes les adjointes d'ordre $m - 3$: ce que nous avons vu précédemment (Chap. XIV, § 44).

III. — Des transformations birationnelles des courbes en elles-mêmes.

8. Avant d'étudier les transformations birationnelles d'une courbe en une autre courbe, comme nous le ferons dans la section suivante, arrêtons-nous sur les transformations birationnelles d'une courbe en elle-même. Une courbe

$$f(x, y) = 0$$

admettra une transformation *birationnelle* en elle-même si, posant

$$(7) \qquad \begin{cases} x' = P(x, y), \\ y' = R(x, y), \end{cases}$$

P et R étant des fonctions rationnelles de x et y, le point (x', y') décrit la courbe f quand (x, y) la décrit lui-même et que, de plus, on puisse tirer de ces deux équations

$$\begin{aligned} x &= P_1(x', y'), \\ y &= R_1(x', y'), \end{aligned}$$

P_1 et R_1 étant encore rationnelles, en tenant compte, s'il est nécessaire, des relations $f(x, y) = 0$ et $f(x', y') = 0$.

Un cas intéressant est celui où la transformation précédente dépend d'un paramètre arbitraire. M. Schwarz a montré ([1]) que *les courbes du genre zéro et du genre un sont les seules qui*

---

[1] Schwarz, *Journal de Crelle*, t. LXXXVII.

puissent être transformées en elles-mêmes par une substitution birationnelle renfermant un paramètre arbitraire.

Je vais démontrer le théorème de M. Schwarz en suivant la voie qui m'a servi à établir une proposition analogue pour les surfaces algébriques ([1]). Soit

$$(8) \qquad \begin{cases} x' = P(t, x, y), \\ y' = R(t, x, y) \end{cases}$$

la transformation birationnelle où nous mettons en évidence le paramètre t dont P et R sont des fonctions analytiques d'ailleurs quelconques. Considérons p intégrales distinctes de première espèce

$$\int \frac{Q_1(x, y)\, dx}{f_y}, \quad \dots, \quad \int \frac{Q_p(x, y)\, dx}{f_y} \qquad (p > 0),$$

en supposant la courbe de genre supérieur à *un*.

L'élément

$$\frac{Q_1(x', y')\, dx'}{f_{y'}},$$

quand on remplace x' et y' par leurs valeurs (8) en x et y, prendra la forme

$$A_1 \frac{Q_1(x, y)\, dx}{f_y} + \dots + A_p \frac{Q_p(x, y)\, dx}{f_y},$$

puisqu'une intégrale de première espèce doit nécessairement, après la transformation, rester encore une intégrale de première espèce. Écrivons donc

$$(9) \qquad \frac{Q_1(x', y')\, dx'}{f_{y'}} = A_1 \frac{Q_1(x, y)\, dx}{f_y} + \dots + A_p \frac{Q_p(x, y)\, dx}{f_y}.$$

Les coefficients A, qui sont des constantes par rapport à x et y, pourraient *a priori* être des fonctions du paramètre t, mais nous allons montrer qu'ils n'en dépendent pas. On le verra tout de suite par la considération des périodes. Donnons en effet à t une valeur arbitraire, mais fixe, et faisons décrire un cycle au point (x, y), auquel correspondent pour les p intégrales envisagées

---

([1]) E. PICARD, *Mémoire sur la théorie des fonctions algébriques de deux variables indépendantes* (*Journal de Mathématiques*, Chap. III, 1889, et *Comptes rendus*, 1886).

les périodes

$$\omega_1, \ \omega_2, \ \ldots, \ \omega_p;$$

le point (x', y') décrira aussi un cycle, et soit ω'_1 la période correspondante évidemment indépendante de t. On aura donc

$$\omega'_1 = A_1\omega_1 + A_2\omega_2 + \ldots + A_p\omega_p.$$

En faisant décrire à (x, y) $(p - 1)$ autres cycles, nous obtiendrons $p - 1$ autres équations de cette forme, et, comme on peut toujours supposer les p cycles tellement choisis que le déterminant des périodes correspondant à ces p cycles soit différent de zéro (on pourra prendre par exemple les cycles correspondant aux périodes relatives aux coupures C), on voit que les quantités A se trouvent complètement déterminées par des relations où ne figure pas le paramètre t : elles sont donc indépendantes de ce paramètre.

On aura de même

$$(10) \qquad \frac{Q_2(x', y')\,dx'}{f'_y} = B_1\frac{Q_1(x, y)\,dx}{f_y} + \ldots + B_p\frac{Q_p(x, y)\,dx}{f_y},$$

les coefficients B étant aussi indépendants de t. De (9) et (10), on conclut

$$(11) \qquad \frac{Q_2(x', y')}{Q_1(x', y')} = \frac{A_1Q_1(x, y) + \ldots + A_pQ_p(x, y)}{B_1Q_1(x, y) + \ldots + B_pQ_p(x, y)}.$$

Or une telle égalité amène à une contradiction, car elle établit entre (x, y) et (x', y') une relation où *ne figure pas de paramètre arbitraire*. A tout point (x, y) de la courbe ne pourrait correspondre alors qu'un nombre limité de points (x', y') de cette même courbe, tandis que, par les relations (8), le point (x', y') varie d'une manière continue avec t, quand (x, y) reste fixe. L'hypothèse $p > 1$ est donc impossible, et le théorème est établi.

On pourrait établir que les A ne dépendent pas de t sans recourir aux périodes, mais je me contenterai de renvoyer pour ce point à mon Mémoire cité plus haut.

9. La démonstration qui vient d'être donnée du théorème de M. Schwarz permet d'établir immédiatement une proposition énoncée, je crois, pour la première fois par M. Klein : Peut-il

arriver qu'une courbe de genre supérieur à l'unité admette une infinité *discontinue* (¹) de transformations birationnelles en elle-même? La réponse est encore négative, et on peut la légitimer en adoptant la voie que j'ai suivie pour établir (*loc. cit.*) un théorème analogue relatif aux surfaces. Supposons que nous ayons une courbe admettant une infinité de transformations birationnelles en elle-même. Prenant une quelconque de ces transformations

$$x' = \mathrm{R}(x,y),$$
$$y' = \mathrm{P}(x,y)$$

et opérant comme plus haut, nous serons conduit à une relation de la forme (11). Toutes les transformations qui transforment la courbe en elle-même doivent donc être données par une relation de cette forme où l'on donne aux constantes A et B des valeurs convenables. Or, partant *a priori* de cette équation (11), nous pouvons chercher à quelles conditions elle définira une correspondance birationnelle entre (x, y) et (x', y'). Ces conditions établissent évidemment un certain nombre de relations algébriques entre les A et les B. Alors, de deux choses l'une : ou bien ces relations déterminent un nombre *fini* de valeurs de A et B, et il n'y a dans ce cas qu'un nombre limité de transformations de la courbe en elle-même ; ou bien une ou plusieurs des quantités A et B restent arbitraires, et alors la courbe admet une transformation birationnelle renfermant un paramètre arbitraire. Or cette dernière circonstance est impossible si le genre est supérieur à *un*. Il ne peut donc y avoir pour les courbes de genre supérieur à *un* qu'un nombre *limité* de transformations birationnelles de la courbe en elle-même (²).

10. Il est facile de voir que les courbes de genre *zéro* et *un* admettent une suite continue de transformations birationnelles en elle-même. La chose est évidente pour les courbes de genre

---

(¹) Nous entendons, par *une infinité discontinue*, des transformations en nombre infini ne dépendant pas de paramètres arbitraires.

(²) Pour l'étude des courbes de genre supérieur à l'unité admettant un nombre fini de transformations birationnelles en elle-même, on lira l'intéressant Mémoire de M. Hurwitz (*Göttinger Nachrichten*, 1887).

zéro pour lesquelles on peut, comme on sait (¹), exprimer x et y en fonction rationnelle d'un paramètre θ et de telle manière qu'à un point arbitraire de la courbe ne corresponde qu'une valeur de θ. Soient donc

$$x = f(\theta), \qquad y = \varphi(\theta);$$

en remplaçant θ par $\frac{a\theta + b}{c\theta + d}$, où a, b, c, d sont des constantes quelconques, nous aurons

$$x' = f\left(\frac{a\theta + b}{c\theta + d}\right), \qquad y' = \varphi\left(\frac{a\theta + b}{c\theta + d}\right),$$

et il est manifeste qu'il y aura entre (x, y) et (x', y') une correspondance birationnelle dépendant de trois paramètres arbitraires.

Passons aux courbes de genre *un*. Cette courbe, supposée de degré m, a alors

$$\frac{m(m-3)}{2}$$

points doubles. Marquons sur la courbe $m-2$ points A en dehors des points doubles (²). Par ceux-ci et les points A, on peut faire passer un faisceau d'adjointes d'ordre $m-2$ dépendant d'un paramètre arbitraire, puisque

$$\frac{m(m-3)}{2} + m - 2 = \frac{(m-2)(m+1)}{2} - 1.$$

Soit

$$P_1 + \lambda P_2 = 0 \tag{12}$$

l'équation de ce faisceau où λ est un paramètre arbitraire. Le nombre des points de rencontre variables des courbes de ce faisceau avec la courbe est

$$m(m-2) - m(m-3) - (m-2), \quad \text{c'est-à-dire } 2.$$

Ces points sont certainement *tous deux* mobiles avec λ. L'un de ces points peut en effet être choisi arbitrairement puisqu'on peut

(¹) Ce théorème élémentaire sera établi au Chapitre XVII.

(²) Nous faisons l'hypothèse que la courbe a seulement des points doubles uniquement pour simplifier les calculs.

choisir λ de telle manière que la courbe (12) passe en un point
arbitraire, et le second point ne peut pas être indépendant de λ,
car alors la courbe serait unicursale.

Cette remarque faite, les deux points (x, y) et (x', y') de rencontre variables avec λ se correspondent uniformément, et cette
correspondance définit par suite une transformation birationnelle
de la courbe en elle-même. Or cette transformation dépend de
la position des points A bases du faisceau (12). Supposons que
parmi ces points un seul varie, soit A_1; on voit de suite que la
correspondance entre (x, y) et (x', y') varie aussi, sinon nous
aurions un faisceau de courbes d'ordre $m - 2$, passant par les
points fixes (x, y), (x', y') et les points $A_2, \ldots, A_{m-2}$, qui aurait
le seul point de rencontre mobile A_1, et la courbe serait unicursale.

Nous avons donc formé, pour la courbe de genre un considérée,
une transformation birationnelle dépendant d'un paramètre arbitraire. Ajoutons quelques remarques importantes. J'écris la transformation sous la forme

$$x' = P(x, y, x_1, y_1),$$
$$y' = R(x, y, x_1, y_1),$$

laissant en évidence les coordonnées (x_1, y_1) du point que nous
avons désigné par A_1. En prenant (x'_1, y'_1) à la place de (x_1, y_1),
on aura

$$x'' = P(x, y, x'_1, y'_1),$$
$$y'' = R(x, y, x'_1, y'_1),$$

et de ces deux transformations résulte une transformation birationnelle entre (x', y') et (x'', y''). On peut la regarder comme
une transformation dépendant d'un paramètre arbitraire (x'_1, y'_1),
et, pour une certaine valeur de ce paramètre $(x'_1 = x_1, y'_1 = y_1)$,
elle se réduit à la substitution identique. Nous pouvons donc,
supprimant maintenant un accent, former une transformation
birationnelle de notre courbe

$$(13) \qquad \begin{cases} x' = P(x, y, t), \\ y' = R(x, y, t) \end{cases}$$

dépendant d'un paramètre arbitraire t et se réduisant, pour une certaine valeur de t, soit t_0, à la substitution identique

$$x' = x, \quad y' = y.$$

Or prenons l'intégrale de première espèce : en raisonnant comme plus haut, nous avons

$$\frac{Q(x, y)\, dx}{f_y} = A\, \frac{Q(x', y')\, dx'}{f_{y'}},$$

A ne dépendant pas de t. Or, pour $t = t_0$, on a $x' = x$, $y' = y$, donc $A = 1$; nous pouvons donc écrire

$$\frac{Q(x, y)\, dx}{f_y} = \frac{Q(x', y')\, dx'}{f_{y'}},$$

et la transformation (13) donne l'intégrale générale de cette équation différentielle, t étant le paramètre arbitraire. On peut encore dire que la relation algébrique (13) équivaut à la relation transcendante

$$\int_{x_0, y_0}^{x, y} \frac{Q(x, y)\, dx}{f_y} = \int_{x_0, y_0}^{x', y'} \frac{Q(x', y')\, dx'}{f_{y'}} + h,$$

où h est une constante arbitraire. Dans le cas de l'intégrale elliptique, l'équation différentielle que nous venons ainsi d'intégrer est la célèbre équation d'Euler.

IV. — Des classes de courbes algébriques. Courbes normales.

11. Riemann a introduit dans la Science l'importante notion de *classes de courbes algébriques*.

Deux courbes algébriques,

$$f(x, y) = 0, \qquad F(x', y') = 0,$$

sont dites appartenir à la même classe *quand elles se correspondent point par point*, c'est-à-dire, comme nous avons déjà eu l'occasion de l'indiquer, quand on a entre les points des deux courbes la correspondance

$$x' = R(x, y),$$
$$y' = R_1(x, y),$$

R et R_1 étant rationnelles en x et y, et qu'inversement ces relations peuvent s'écrire, en tenant compte des équations des courbes,

$$x = P(x', y'),$$
$$y = P_1(x', y'),$$

P et P_1 étant encore rationnelles en x' et y'.

Faisons d'abord la remarque capitale que *toutes les courbes d'une même classe sont de même genre*. On le démontrera tout de suite en considérant que toute intégrale de première espèce de F se transforme en une intégrale de première espèce de f et inversement; le nombre de ces intégrales linéairement indépendantes est donc le même pour les deux courbes, ce qui revient à dire qu'elles sont du même genre.

On a cherché les courbes les plus simples que l'on puisse considérer comme les représentants d'une classe de courbes algébriques. Le problème n'est évidemment pas déterminé (tout dépend de l'idée que l'on veut se faire de la simplicité d'une courbe), aussi a-t-il été traité dans des directions différentes. Nous commencerons par la transformation, étudiée d'abord, quoique d'une manière trop sommaire, par Clebsch et Goedan [1].

12. Nous partons de la courbe algébrique

$$f(x, y) = 0,$$

de degré m et de genre p au moins égal à *trois*. Prenons sur elle $p - 3$ points arbitraires; on pourra faire passer par ces points au réseau

$$(14) \qquad z_1 Q_1 + z_2 Q_2 + z_3 Q_3 = 0$$

de courbes adjointes d'ordre $m - 3$, puisqu'une adjointe de cet ordre est déterminée par $p - 1$ points arbitraires. Faisons alors la transformation

$$(15) \qquad \begin{cases} X = \dfrac{Q_2(x, y)}{Q_1(x, y)}, \\[2mm] Y = \dfrac{Q_3(x, y)}{Q_1(x, y)}. \end{cases}$$

---

[1] Clebsch et Goedan, *Theorie der Abelschen Functionen*, p. 65.

À la courbe f va correspondre une courbe

$$F(X, Y) = 0.$$

Ces courbes, *en général*, se correspondront point par point.
Dans quels cas pourrait-il en être autrement? Il faudrait qu'à tout
point (X, Y) de F correspondissent au moins deux points de f,
et, par suite, que les deux adjointes

$$X Q_1(x, y) - Q_3(x, y) = 0,$$
$$Y Q_1(x, y) - Q_2(x, y) = 0,$$

où X et Y désignent des constantes, aient, dès qu'elles ont un
point commun avec f, au moins un autre point commun (en dehors des points multiples et des $p - 3$ points bases du réseau).

Ceci revient à dire que toutes les adjointes du réseau (14), qui
passent par un point d'ailleurs arbitraire de f ont nécessairement
au moins un autre point commun sur f. Nous verrons dans un
moment que cette circonstance ne peut se rencontrer que pour
une famille particulière parfaitement caractérisée de courbes de
genre p que l'on appelle *courbes hyperelliptiques*. Sous le béné-
fice de ce résultat supposé acquis, nous pouvons dire que les
courbes f et F se correspondent point par point, si la courbe f
n'est pas hyperelliptique.

Cherchons quel sera le degré de la courbe F. Les intersections
d'une droite quelconque

$$AX + BY + C = 0$$

correspondront aux points de rencontre de la courbe

$$A Q_3(x, y) + B Q_2(x, y) + C Q_1(x, y) = 0$$

avec f, en laissant de côté les points multiples et les $p - 3$ points
base du réseau. Nous aurons donc un nombre de points égal à

$$2p - 2 - (p - 3) \quad \text{ou} \quad p + 1.$$

Le degré de la courbe F *est donc égal à* $p + 1$. On peut donc
faire correspondre point par point toute courbe de genre p à une
courbe de degré $p + 1$, sauf le cas exceptionnel réservé.

La courbe F aura des points doubles provenant des solutions distinctes (x, y), (x', y') des deux équations

$$\frac{Q_1(x, y)}{Q_1(x', y')} = \frac{Q_2(x, y)}{Q_2(x', y')} = \frac{Q_3(x, y)}{Q_3(x', y')}.$$

L'étude de ces deux équations ne présente pas de difficultés, mais il est inutile de la faire; car le nombre des points doubles est immédiatement déterminé, puisque le genre de F est égal à p, les deux courbes f et F se correspondant point par point. Le nombre δ de ces points doubles sera donc donné par l'équation

$$\frac{p(p-1)}{2} - \delta = p \quad \text{ou} \quad \delta = \frac{p(p-3)}{2}.$$

13. Nous devons maintenant faire l'étude approfondie du cas exceptionnel où la transformation (15) n'est pas birationnelle. Dans ce cas, toute courbe du réseau (14) qui passe par un point de f passera nécessairement par un ou plusieurs autres points; ou bien encore, toutes les adjointes passant par $p - 2$ points arbitrairement choisis sur f, rencontreront encore cette courbe en un ou plusieurs autres points fixes (sans parler, bien entendu, des points multiples).

Soient A_1, A_2, ..., A_{p-2} les $p - 2$ points arbitrairement choisis. Plusieurs circonstances pourraient, a priori, se présenter [1]. Admettons d'abord que toutes les adjointes passant par les A aient encore un point fixe commun B; les coordonnées de ce point unique B seront des fonctions rationnelles des coordonnées de A_1, A_2, ..., A_{p-2}, et la position de B dépendra de tous les points A; car, si elle dépendait seulement de quelques-uns d'entre eux, soit μ, les adjointes considérées auraient plus d'un point fixe commun (elles en auraient autant qu'il y a de combinaisons de $p - 2$ lettres μ à μ). On aura donc, en désignant par (X, Y) les

____

[1] On n'a jamais pris, que je sache, la peine de faire la discussion que nous croyons indispensable d'effectuer pour être complètement rigoureux. Il semble qu'on ait toujours admis a priori que, dans le cas où la réduction à une courbe normale d'ordre $p + 1$ n'est pas possible, toute adjointe d'ordre $m - 3$ passant par un point passe nécessairement par un ou plusieurs autres. (Voir, par exemple, BRILL et NÖTHER, Math. Annalen, t. VII, p. 286.)

coordonnées de B,

$$X = P(x_1, y_1, x_2, y_2, \ldots, x_{p-2}, y_{p-2}),$$
$$Y = R(x_1, y_1, x_2, y_2, \ldots, x_{p-2}, y_{p-2}),$$

P et R étant rationnelles, et x_i, y_i désignant les coordonnées de A_i.

Il y a d'ailleurs évidemment réciprocité, c'est-à-dire que l'on aura

$$x_1 = P(X, Y, x_2, y_2, \ldots, x_{p-2}, y_{p-2}),$$
$$y_1 = R(X, Y, x_2, y_2, \ldots, x_{p-2}, y_{p-2}).$$

En considérant $x_2, \ldots, x_{p-2}$ comme des paramètres variables, nous avons donc une transformation birationnelle entre

$$(x_1, y_1) \quad \text{et} \quad (X, Y).$$

La courbe admettra donc une transformation birationnelle dépendant de paramètres arbitraires, ce qui est impossible d'après ce que nous avons vu dans la Section précédente. L'hypothèse faite du point *unique* B est donc à écarter.

Supposons donc que nos adjointes passent par k points ($k > 1$). Les positions de ces k points ne pourront pas toutes dépendre à la fois des positions des A; car, si l'on fait passer une adjointe par $p-1$ points α arbitraires, on aurait, en considérant successivement cette adjointe comme passant par les $p-1$ groupes de $p-2$ points formés par les α.

$$k(p-1)$$

points distincts par lesquels elle devrait passer, ce qui est impossible, puisque $k > 1$. Les k points se partagent donc nécessairement en groupes de k' points dépendant des positions d'un certain nombre λ ($\lambda < p-2$) de points A. Ainsi, nous sommes amené à l'hypothèse que toutes les adjointes passant par λ points ($\lambda < p-2$) de f auraient en commun encore k' points, qui *tous* dépendent des λ points considérés. Or considérons encore, comme plus haut, $p-1$ points α arbitrairement choisis et une adjointe passant par ces points, on aura, en regardant successivement cette adjointe comme passant par les groupes de λ points formés par les α,

$$k'\frac{(p-1)(p-2)\dots(p-\lambda)}{1.2\dots\lambda}$$

points distincts (¹) par lesquels elle devra passer. En y ajoutant les $p-1$ points α, on devra avoir

$$k'\frac{(p-1)(p-2)\dots(p-\lambda)}{1.2\dots\lambda} + p - 1 < 2p - 2,$$

or cette inégalité ne peut avoir lieu que si

$$k' = \lambda = 1.$$

Ces relations sont capitales pour nous. Elles montrent que, dans le cas exceptionnel dont nous faisons l'étude, *toutes les adjointes d'ordre $m-3$ passant par un point passent nécessairement par un autre point*, puisque à chacun des points A correspond un point dont la position dépend de ce point seulement. Le nombre désigné plus haut par k est manifestement égal à $p-2$.

14. Nous pouvons maintenant caractériser très nettement la classe de courbes pour lesquelles la réduction à une courbe de degré $p+1$ d'après la méthode du § 12 est impossible. Si C désigne une telle courbe, prenons, sur C, $p-2$ points fixes d'ailleurs arbitraires; toutes les adjointes passant par ces points passent par $p-2$ autres points fixes d'après ce que nous venons de dire : *il restera donc seulement* deux *points mobiles* de rencontre. Soit

$$(16) \qquad\qquad Q_1 + \lambda Q_2 = 0$$

l'équation du faisceau considéré des adjointes. Les coordonnées x et y des points de rencontre seront données par une équation du second degré; on aura, par suite, pour x et y des expressions de la forme

$$x = R\left[\lambda, \sqrt{\Gamma(\lambda)}\right],$$
$$y = R_1\left[\lambda, \sqrt{\Gamma(\lambda)}\right],$$

(¹) Ils sont distincts, puisque les α sont arbitraires et que chaque groupe de k' points dépend de tous les λ points qui le définissent.

R et R_1 étant des fonctions rationnelles de λ et de $\sqrt{P(\lambda)}$, en désignant par $P(\lambda)$ un polynôme en λ qu'on peut supposer n'avoir que des racines *simples*, après avoir fait sortir du radical les racines multiples. Les deux déterminations du radical correspondent aux deux points de rencontre de la courbe proposée f avec le faisceau (16). Il en résulte qu'à un point arbitraire (x, y) de f correspond une valeur de λ et de $\sqrt{P(\lambda)}$; nous pouvons donc dire que *la courbe f correspond point par point à une courbe entre λ et μ de la forme*

$$\mu^2 = P(\lambda).$$

On donne à une telle courbe le nom de *courbe hyperelliptique*; aussi la classe de courbes qui nous occupe peut-elle prendre ce nom.

15. Nous avions fait, dans le Tome I (p. 42), l'étude des intégrales abéliennes relatives à une courbe

$$(17) \qquad\qquad y^2 = P(x).$$

On a vu que les cas où $P(x)$ est de degré $2p + 2$ et $2p + 1$ se ramènent immédiatement l'un à l'autre. En supposant que $P(x)$ soit de degré $2p + 1$, nous avons montré qu'il y avait p intégrales de première espèce pour la courbe (17); ce sont les intégrales

$$\int \frac{x^k\,dx}{\sqrt{P(x)}} \qquad (k = 0, 1, 2, \ldots, p-1).$$

Nous pouvons donc dire que la courbe (17) est de genre p. Si nous revenons à la relation

$$\mu^2 = P(\lambda)$$

du paragraphe précédent, nous pouvons déterminer tout de suite le degré de $P(\lambda)$. La courbe f et la courbe précédente se correspondant point par point, les courbes seront du même genre, et le degré de $P(\lambda)$ (dont toutes les racines sont simples) sera égal à $2p + 1$ ou à $2p + 2$.

Il est facile de vérifier, pour la courbe (17), la propriété des adjointes, dont nous avons parlé plus haut, relative aux courbes

hyperelliptiques. Les courbes qui remplacent ici les adjointes
d'ordre $m-3$ sont les $p-1$ droites représentées par l'équation

$$A_0 x^{p-1} + \ldots + A_{p-1} = 0,$$

les A étant des constantes arbitraires, comme le montre la forme
ci-dessus des intégrales de première espèce. Les $2p-2$ points de
rencontre mobiles d'une adjointe avec la courbe, qui jouent dans
la théorie le rôle essentiel, sont les points de rencontre des
$p-1$ droites précédentes avec la courbe. On voit que les points
se correspondent deux à deux, puisqu'à un point de rencontre
(x, y) correspond nécessairement le point $(x, -y)$.

16. La courbe hyperelliptique

$$\mu^2 = P(\lambda)$$

de degré $2p+1$ ou $2p+2$, que nous venons de faire correspondre uniformément à la courbe f de la classe hyperelliptique,
n'est pas la courbe du plus bas degré que nous puissions indiquer.
Les adjointes d'ordre $m-3$ ne pouvant conduire, dans ce cas, à
une transformation birationnelle, employons des adjointes d'ordre
$m-2$: ces courbes ont avec f

$$m + 2p - 2$$

points de rencontre, en dehors des points multiples. Si nous les
assujettissons à passer par $m+p-4$ points pris arbitrairement
sur la courbe, nous aurons un réseau à trois paramètres

$$(18) \qquad z_1 P_1(x, y) + z_2 P_2(x, y) + z_3 P_3(x, y) = 0,$$

et les points de rencontre mobiles seront au nombre de

$$p+2.$$

Posons alors

$$X = \frac{P_2(x, y)}{P_1(x, y)},$$

$$Y = \frac{P_3(x, y)}{P_1(x, y)},$$

La courbe f se transformera en une courbe F, et les deux
courbes se correspondront point par point. Pour établir en toute

rigueur cette correspondance birationnelle entre f et F, il faut montrer que toutes les adjointes d'ordre $m - 2$ passant par $m + p - 3$ points quelconques ne passent pas par un ou plusieurs autres points.

Or cela est impossible; car prenons $p + 1$ points arbitraires $A_1, A_2, \ldots, A_{p+1}$, et faisons passer par ceux-ci une adjointe d'ordre $m - 2$; elle rencontrera la courbe en dehors de ces points et des points multiples en $m + p - 3$ autres points, que nous désignerons par B. Si toutes les adjointes d'ordre $m - 2$ passant par les B passent par un ou plusieurs autres points fixes, ceux-ci devront être compris nécessairement parmi les points A, et, en prenant alors une adjointe $P_1(x, y)$ distincte de l'adjointe $P(x, y)$ dont nous sommes parti, le quotient

$$\frac{P_1(x, y)}{P(x, y)}$$

n'aura pas pour pôles tous les points A, mais seulement quelques-uns d'entre eux. On aurait donc une fonction ayant moins de $p + 1$ pôles arbitrairement choisis, ce qui est impossible.

Le degré de la courbe F *est égal à* $p + 2$, puisque le réseau (18) rencontre la courbe en $p + 2$ points mobiles.

Nous n'avons pas supposé jusqu'ici, dans ce paragraphe, que la courbe fût hyperelliptique. Si nous revenons à cette hypothèse, nous obtiendrons une courbe particulièrement remarquable en procédant de la manière suivante. On prend $m - 2$ des $m + p - 4$ points bases du réseau (18) en ligne droite. Par les $p - 2$ autres points on peut faire passer deux adjointes distinctes Q_1 et Q_2 d'ordre $m - 3$, et ces courbes du réseau $Q_1 + \lambda Q_2 = 0$ ont seulement *deux* points de rencontre mobiles avec λ. Posons alors

$$P_1(x, y) = (ax + by + c)\, Q_1(x, y),$$
$$P_2(x, y) = (ax + by + c)\, Q_2(x, y),$$

en désignant par $ax + by + c = 0$ la droite des $m - 2$ points. Parmi les $p + 2$ valeurs de (x, y) correspondant à X, deux seulement varient avec X, et les valeurs de Y correspondant aux p autres sont infinies. Il ne correspond ainsi que deux valeurs finies de Y à une valeur arbitraire de X. Notre courbe de degré $p + 2$

a donc un point multiple d'ordre p à l'infini. Nous pouvons donc énoncer le théorème suivant :

Toute courbe de genre p hyperelliptique correspond point par point à une courbe de degré $p + 2$ ayant un point multiple d'ordre p.

On peut d'ailleurs vérifier que, inversement, toute courbe de degré $p + 2$, avec un point multiple d'ordre p à tangentes distinctes, est de genre p et du type hyperelliptique.

Le genre de notre courbe sera donc

$$\frac{p(p+1)}{2} - \frac{p(p-1)}{2} \quad \text{ou} \quad p.$$

Les adjointes d'ordre $p + 2 - 3$ ou $p - 1$ seront ici des courbes d'ordre $p - 1$, ayant le point multiple O d'ordre p de la courbe comme point multiple d'ordre $p - 1$: elles sont donc formées de $p - 1$ droites arbitraires passant par O. La courbe est hyperelliptique, car toute adjointe d'ordre $p - 1$ passant par un point A de la courbe va nécessairement passer par un autre point qui est le point (en dehors de A et O) où la droite AO rencontre la courbe.

17. Nous avons fait correspondre, avec Clebsch et Gordan, une courbe *arbitraire* de genre p à une courbe normale de degré $p + 1$. On peut encore obtenir des courbes normales de degré moindre, comme l'ont indiqué MM. Brill et Nöther dans le Mémoire que nous avons déjà plusieurs fois cité (¹). Sans entrer dans une discussion approfondie de cette question, qui ne me paraît pas d'ailleurs avoir été jamais faite complètement, indiquons au moins les considérations qui peuvent conduire à ces courbes normales de degré inférieur à $p + 1$. Nous trouverons là l'occasion d'appliquer le théorème de Riemann-Roch et le théorème de réciprocité de MM. Brill et Nöther.

Soient considérés μ points $(x_1, y_1) \ldots (x_\mu, y_\mu)$ sur une courbe algébrique f. Cherchons à déterminer ces points de manière qu'il leur corresponde un nombre τ différent de zéro (*voir* § 4), c'est-

---

(¹) Brill et Nöther, *Math. Annalen*, t. VII. Voir le § 9 intitulé : *Das Problem der Special-Gruppen*, et les paragraphes suivants.

à-dire qu'on puisse faire passer par eux ϖ courbes adjointes Q linéairement indépendantes. On aura les μ équations

$$a_1 Q_1(x_h, y_h) + a_2 Q_2(x_h, y_h) + \ldots + a_p Q_p(x_h, y_h) = 0 \quad (h = 1, 2, \ldots, \mu).$$

Ces μ équations entre les a doivent se réduire à $p - \varpi$ d'entre elles, et l'on aura, par suite, entre $(x_1, y_1) \ldots (x_\mu, y_\mu)$ un nombre d'équations de condition égal à

$$(\mu - p + \varpi)\varpi.$$

Ces équations (E) devront être vérifiées pourque, par les μ points, que je désigne par A, on puisse faire passer des adjointes Q dépendant de ϖ paramètres arbitraires. Prenons une de ces adjointes; elle rencontrera (en dehors des points multiples) f en μ' autres points que nous désignerons par B, et l'on a

$$\mu + \mu' = 2p - 2.$$

Aux points B correspond un nombre ϖ', et nous avons établi les relations, revenant d'ailleurs à une seule,

$$\mu - p + \varpi + 1 = \varpi',$$
$$\mu' - p + \varpi' + 1 = \varpi.$$

Par les points B, on peut faire passer des adjointes Q dépendant de ϖ' paramètres arbitraires. Ces adjointes rencontrent f en μ points auxquels correspond le nombre primitif ϖ. Ces μ points satisfont donc aux équations (E), et, parmi eux, il y en a $\varpi' - 1$ d'arbitraires; mais, d'autre part, le nombre des points satisfaisant aux équations (E) et restant arbitraires est au moins

$$\mu - (\mu - p + \varpi)\varpi.$$

Il faut donc que l'on ait l'inégalité

$$\mu - (\mu - p + \varpi)\varpi \geq \varpi' - 1.$$

De cette inégalité fondamentale nous déduisons, en nous servant des relations écrites plus haut,

$$\mu \geq (\mu - p + \varpi)(\varpi + 1).$$

Un cas particulièrement intéressant est celui où $\varpi' = 3$; *on* aura alors

$$\mu - p + \tau = \lambda$$

par suite,

$$\mu > \lambda(\lambda + 1),$$

d'où, en remplaçant τ par sa valeur en μ et p,

$$\mu \geq \lambda(\lambda + p - 2),$$

et enfin

$$(19) \qquad \mu \geq \frac{n}{7}(p - 3).$$

18. Nous arrivons maintenant à la recherche des courbes normales. Pour que l'on puisse avoir $\sigma' \geq \lambda$, la plus petite valeur que puisse prendre μ est donnée par l'inégalité précédente. En suivant la marche du paragraphe précédent, on prendra alors des points B, en nombre μ', obtenus comme il a été dit, et par ces points passera un réseau d'adjointes

$$x_1 Q_1 + x_2 Q_2 + \dots + x_3 Q_3 = 0,$$

qui auront μ points de rencontre mobiles avec f. En posant

$$X = \frac{Q_1(x, y)}{Q_0(x, y)},$$
$$Y = \frac{Q_2(x, y)}{Q_0(x, y)},$$

on fera la transformation de f en une courbe V qui sera de degré μ. Nous nous contenterons de dire que cette transformation sera birationnelle si la courbe f n'est pas *spéciale*; il en est bien certainement ainsi, mais on n'a pas approfondi l'étude des cas exceptionnels qui pourraient se présenter.

Le point intéressant est d'avoir la plus petite valeur possible pour μ. Reportons-nous, à cet effet, à l'inégalité (19). On peut avoir

$$p = 3x, \qquad 3x - 1, \qquad 3x + 1.$$

Dans les trois cas, le minimum de l'entier μ satisfaisant à l'inégalité (19) est

$$\mu = n - 3.$$

Nous pouvons donc énoncer le théorème suivant :

Une courbe arbitraire de genre p correspond point par point *à une courbe de degré*

$$p - \pi + 2,$$

en posant $p = 3\pi$, *ou* $3\pi + 1$, *ou* $3\pi + 2$.

19. Terminons cette Section sur la transformation birationnelle des courbes par quelques remarques.

Étant donnée une courbe

$$f(x, y) = 0,$$

et la substitution simplement rationnelle

$$X = R(x, y),$$
$$Y = R_1(x, y).$$

Quand (x, y) décrit la courbe f, le point (X, Y) décrit une courbe

$$F(X, Y) = 0.$$

On voit immédiatement que le genre q de F est au plus égal au genre p de f : en effet, à chaque intégrale de première espèce de F correspond une intégrale de première espèce de f, et, par suite, le nombre des intégrales de première espèce distinctes de f est au moins égal au nombre des intégrales de première espèce de F. On a donc bien

$$q \leqq p.$$

Examinons le cas où

$$q - p > 1.$$

On peut établir alors que *la transformation est nécessairement birationnelle* [1].

Considérons, en effet, les intégrales de première espèce

$$\int \frac{P(X, Y)\,dX}{F_Y} \quad \text{et} \quad \int \frac{Q(x, y)\,dx}{f_y}$$

des courbes F et f. On aura

$$\frac{P_1(X, Y)\,dX}{F_Y} = a_1 \frac{Q_1(x, y)\,dx}{f_y} + a_2 \frac{Q_2(x, y)\,dx}{f_y} + \ldots + a_p \frac{Q_p(x, y)\,dx}{f_y},$$

---

[1] Ce théorème a été démontré pour la première fois par M. Weber (*Journal de Borchardt*, t. 76).

les a étant des constantes, et, par suite, en supposant $q > 1$, on aura

$$\frac{P_1(X, Y)}{P_2(X, Y)} = \frac{a_1 Q_1(x, y) + \ldots + a_p Q_p(x, y)}{b_1 Q_1(x, y) + \ldots + b_p Q_p(x, y)},$$

les a et b étant des constantes. Aux points de F pour lesquels

$$P_1(X, Y) = o,$$

correspondront des points pour lesquels

$$a_1 Q_1(x, y) + \ldots + a_p Q_p(x, y) = o.$$

Si à un point *arbitraire* de F correspondent μ points de f, il faudra donc que

$$\mu(2q - 1) \geqq 2p - 2,$$

et, par suite, si $p = q > 1$, on aura nécessairement

$$\mu = 1,$$

c'est-à-dire que la transformation est birationnelle : c'est le théorème de M. Weber.

Dans le cas où $p = 1$, les choses se passent d'une manière entièrement différente. On trouvera d'importants développements sur les transformations simplement rationnelles des courbes avec des applications à la théorie des équations différentielles dans le Mémoire de M. Painlevé sur les équations différentielles du premier ordre ([1]).

V. — Des courbes de genre *deux*.

20. Dans tout ce qui précède, on a supposé $p \geqq 3$. Quelques-unes des considérations précédentes s'appliquent toutefois au cas de $p = 2$. Dans ce cas, *la courbe est hyperelliptique*. Le raisonnement fait au § 14 peut, en effet, être employé ici. On a un faisceau

$$Q_1 + \lambda Q_2 = o$$

d'adjointes d'ordre $m - 3$ avec le seul paramètre λ. Les courbes de ce faisceau ne rencontrent f qu'en *deux* points variables; par

---

([1]) P. PAINLEVÉ, *Annales de l'École Normale supérieure*, 1891-92.

suite, la courbe f correspond point par point à une certaine courbe hyperelliptique

$$(20) \qquad \mu^2 = \mathrm{P}(\lambda),$$

et, d'après ce que nous avons dit (§ 14), *le degré du polynôme* $\mathrm{P}(\lambda)$, *qui n'a que des racines simples, est cinq ou six.*

On peut encore employer, pour faire la transformation, des adjointes d'ordre $m - 2$, et la courbe de degré $p + 2$ avec un point multiple d'ordre p devient ici une courbe du quatrième degré avec un point double. Nous pouvons donc énoncer le théorème suivant :

Toute courbe de genre deux correspond point par point à une courbe du quatrième degré ayant un point double.

Les remarques qui précèdent épuisent la question de la représentation paramétrique des courbes de genre *deux*; mais il n'est pas sans intérêt de montrer d'une manière purement algébrique que le degré du polynôme $\mathrm{P}(\lambda)$ dans l'équation (20) est au plus égal à *six*; c'est ce que nous allons faire en supposant, pour simplifier, que la courbe f n'ait que des points doubles. Changeons seulement un peu les notations; soit, pour éviter les indices,

$$Q + \lambda R = 0$$

le faisceau des adjointes d'ordre $m - 3$ de la courbe de genre *deux*

$$f(x, y) = 0;$$

x et y sont des fonctions rationnelles de λ et $\sqrt{\mathrm{P}(\lambda)}$, en désignant par $\mathrm{P}(\lambda)$ un polynôme qui est supposé n'avoir que des racines simples. C'est le degré de $\mathrm{P}(\lambda)$ que l'on se propose d'évaluer. L'équation du second degré donnant x sera de la forme

$$\mathrm{A}(\lambda)x^2 + 2\mathrm{B}(\lambda)x + \mathrm{C}(\lambda) = 0,$$

A, B, C étant des polynômes en λ. L'équation en x aura des racines doubles pour les valeurs de λ annulant

$$\mathrm{B}^2 - \mathrm{AC} = 0.$$

Ces racines sont de deux sortes : ou bien elles correspondent aux valeurs α de λ pour lesquelles deux points de rencontre de la courbe correspondante avec f sont distinctes et sur une même parallèle à Oy, ou bien elles correspondent aux valeurs β de λ pour lesquelles la courbe correspondante du faisceau est tangente à f.

Dans le premier cas, y aura deux valeurs distinctes, c'est-à-dire que y, dans le voisinage de $\lambda = \alpha$, sera uniforme; x le sera donc également (puisque x peut s'exprimer rationnellement en y et λ, si, comme on peut le supposer, la courbe et le faisceau n'occupent aucune position particulière par rapport aux axes). Par suite, $\lambda = \alpha$ sera certainement une racine *de degré pair* de $B^2 - AC$, et elle ne figure pas alors parmi les racines de $P(\lambda)$.

Le degré de $P(\lambda)$ est donc égal au nombre des courbes du faisceau

$$Q + \lambda R = o$$

tangentes à f : calculons ce nombre. Nous avons les équations

$$f(x,y) = o,$$
$$Q + \lambda R = o,$$
$$\frac{Q_x + \lambda R_x}{f_x} = \frac{Q_y + \lambda R_y}{f_y},$$

et nous devons, par suite, chercher les points de rencontre des deux courbes

$$f(x,y) = o, \qquad f_y(Q_x R - R_x P) - f_x(Q_y R - R_y Q) = o.$$

Évaluons le nombre des points de rencontre de ces deux courbes en supprimant les solutions étrangères au problème.

La seconde courbe est d'ordre

$$m - 1 + m - 1 + m - 3 = 3m - 5.$$

Il est facile de vérifier que les points doubles de f sont des points doubles de la seconde courbe avec les mêmes tangentes. Pour le voir, mettons le point double à l'origine avec Ox et Oy comme tangentes; on aura

$$f(x,y) = xy + \varphi_3(x,y) + \dots$$
$$Q(x,y) = ax + by + \dots$$
$$R(x,y) = a'x + b'y + \dots$$

on a donc, pour la seconde courbe,

$$\left[x + \frac{\partial \varphi_3}{\partial y} + \ldots\right]\left[a(a'x + b'y) - a'(ax + by) + \ldots\right]$$
$$- \left[y + \frac{\partial \varphi_3}{\partial x} + \ldots\right]\left[b(a'x + b'y) - b'(ax + by) + \ldots\right] = 0;$$

l'ensemble des termes du second degré est donc xy.

Nous allons voir, de plus, que les m points à l'infini de f appartiennent à la courbe de degré $3m - 8$. On a, en effet, comme terme de degré $3m - 8$,

$$q_x(q'_x r - q r'_x) - q_x(q'_y r - r'_y q),$$

en désignant par q, q, r l'ensemble des termes homogènes du plus haut degré dans f, Q, R.

Si l'on remplace q et r par $xq'_x + yq'_y$ et $xr'_x + yr'_y$, on aura

$$(q'_x r'_y - q'_y r'_x)(xq'_x + yq'_y);$$

donc $\varphi(x, y)$ sera bien en facteur.

Les solutions que nous venons de trouver sont manifestement étrangères au problème. En les laissant de côté, il reste pour le problème proposé un nombre de solutions égal à

$$m(3m - 8) - 6\left[\frac{m(m-3)}{2} - 1\right] - m, \qquad \text{c'est-à-dire} \quad six.$$

Le polynôme $P(\lambda)$ *est donc du sixième degré.*

CHAPITRE XVI.

THÉORÈMES GÉNÉRAUX RELATIFS A L'EXISTENCE
DES FONCTIONS SUR UNE SURFACE DE RIEMANN.

I. — Position de la question; théorèmes préliminaires

1. Nous avons jusqu'ici considéré une surface de Riemann définie en partant d'une certaine relation algébrique

$$f(x, y) = 0.$$

Nous avons alors étudié sur la surface certaines fonctions, intégrales des diverses espèces ou fonctions uniformes.

Nous allons nous proposer maintenant des problèmes en quelque sorte inverses. On peut concevoir une surface de Riemann définie *a priori* et d'une manière purement géométrique : ce seront m feuillets réunis les uns aux autres par un certain nombre de lignes de croisement et formant une surface connexe. Il s'agit d'établir qu'à une telle surface correspond une classe de courbes algébriques et de démontrer *a priori* l'existence de ces fonctions dont nous parlions plus haut. Nous rentrerons ainsi dans la pensée profonde de Riemann, dont nous nous sommes écarté dans les Chapitres précédents en faisant l'étude des intégrales de différentielles algébriques relatives à une courbe. Les deux études doivent, d'ailleurs, évidemment être faites l'une et l'autre ; jusqu'ici nous sommes parti de la courbe ou de la relation algébrique, *nous prenons maintenant pour point de départ le concept de la surface riemannienne à m feuillets.*

Malheureusement la méthode si simple de Riemann pour établir les théorèmes généraux d'existence ne présente pas la rigueur qu'on exige aujourd'hui dans la théorie des fonctions. Elle repose sur la considération du minimum de certaines intégrales tout à fait analogues à celles que nous avons déjà étudiées dans le problème de Dirichlet (p. 36) et on lui a adressé les mêmes objections. Il a donc fallu chercher dans une autre voie : M. Neumann et M. Schwarz y sont parvenus chacun de son côté. La méthode de M. Neumann est exposée dans son grand Ouvrage sur la théorie des fonctions abéliennes ([1]); j'y renverrai le lecteur. M. Schwarz, à la suite de ses recherches sur le procédé alterné et le problème de Dirichlet, ajoute que l'on peut par ce procédé arriver aux théorèmes généraux d'existence. Dans une lettre à M. Klein, que nous aurons à citer dans un moment, il revient rapidement sur la question. On peut avec ces données restituer complètement la méthode de M. Schwarz, et je ne crois pas dans les pages qui suivent m'écarter de la pensée de l'illustre géomètre.

2. Nous allons avoir à compléter l'étude des conditions d'existence d'une fonction harmonique. Quelques théorèmes préliminaires nous seront indispensables. Nous avons déjà exposé (p. 77) le procédé alterné; il va jouer dans la suite un rôle capital. Nous l'avons, en particulier, appliqué dans le cas d'une aire limitée par deux contours C et C' (p. 82) et nous généraliserons d'abord la recherche faite à cet endroit.

Reprenons donc, avec M. Schwarz ([2]), l'aire limitée par les deux contours C et C'. Traçons la ligne mn joignant un point de C à un point de C', et donnons-nous sur chacune des deux courbes une succession de valeurs que nous supposerons, en général, continue (il pourrait y avoir des points en nombre fini pour lesquels il y aurait un saut brusque d'une valeur à une autre).

Nous traçons une courbe mn joignant un point de C à un point de C' ($fig.$ 55) : désignons par mn^+ le bord droit de cette coupure et par mn^- son bord gauche. Nous allons chercher à déterminer une fonction harmonique u, continue dans l'aire limitée par C, C'

([1]) NEUMANN, *Vorlesungen über Riemann's Theorie der Abelschen Integrale* (2e Aufl., 1884).

([2]) SCHWARZ, *Auszug aus einem Briefe an Herrn F. Klein* (Œuvres complètes, t. II, p. 363).

et mn, prenant des valeurs données sur C et C', et pouvant se prolonger analytiquement des deux côtés de mn, de telle sorte que le
prolongement analytique de u^- soit égal à

$$u^+ - h,$$

h étant une constante donnée, en représentant par u^- et u^+ les
valeurs de la fonction dans le voisinage de la coupure à gauche et
à droite.

Nous appellerons A l'aire limitée par C, C', mn^+, mn^-; traçant
alors une seconde coupure pq, appelons B l'aire limitée par C, C',

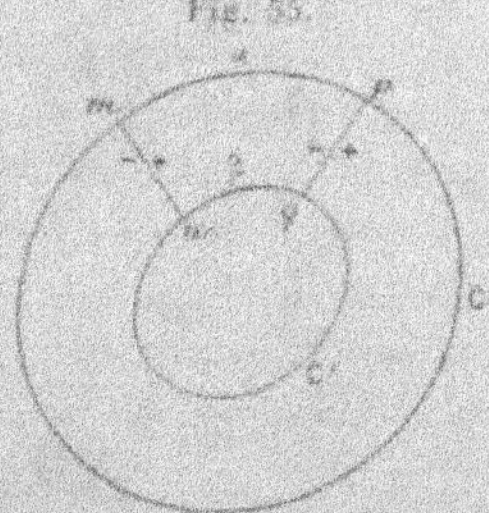
Fig. 55.

pq^+, pq^-. Nous allons d'abord former une première fonction harmonique u_1, définie dans l'aire A, prenant les valeurs données sur
C et C', puis des valeurs arbitrairement choisies sur mn^- et les
mêmes valeurs augmentées de h sur mn^+. La fonction u_1 prendra
certaines valeurs sur pq. Nous formons alors une fonction harmonique v_1, déterminée dans l'aire B, prenant sur pq^+ les valeurs de
u_1 et sur pq^- les mêmes valeurs diminuées de h; de plus, v_1 prend
sur les arcs α et β de C et C' les valeurs de u_1 diminuées de h, et
sur le reste des courbes C et C' les mêmes valeurs que u_1: la
fonction v_1 est ainsi complètement déterminée. On va continuer
ainsi indéfiniment; la fonction u_2 sera la fonction harmonique
déterminée dans A prenant sur mn^- les valeurs de v_1 et sur mn^+
les mêmes valeurs augmentées de h, et égale à u_1 sur C et C'. On
formera v_2 en partant de u_2, comme on a formé v_1 en partant de
u_1, et ainsi de suite. Les fonctions u_n et v_n ont respectivement
deux limites u et v, comme nous l'établirons sans peine. Or on a

$$u_n = v_n \qquad (\text{sur } pq^+),$$
$$u_n = v_{n-1} \qquad (\text{sur } mn^-).$$

D'ailleurs tous les u et v ont même valeur sur les arcs $C = \alpha$ et $C' = \beta$. Il en résulte que

$$u = v$$

sur le contour formé par ces deux arcs et mn^-, pq^+; il en est donc de même à l'intérieur de ce contour. Pareillement, on a

$$v_n = u_n - h \qquad (\text{sur } pq^-),$$
$$v_{n-1} = u_n - h \qquad (\text{sur } mn^+),$$

On a donc, dans l'aire limitée par α, β, mn^+, pq^-,

$$v = u - h.$$

Or la fonction v n'a pas mn pour coupure; nous allons donc pouvoir, avec les résultats précédents, étudier immédiatement le prolongement analytique de u quand on traverse de gauche à droite la coupure mn. Puisque, à droite de celle-ci, on a

$$u = v + h,$$

tandis qu'à gauche

$$u = v,$$

le prolongement analytique de u^- sera donc égal à $u^+ - h$, comme nous l'avons dit dans l'énoncé. Il est clair que semblablement le prolongement analytique de u^+ est égal à $u^- + h$. La fonction u prend sur C et C' les valeurs données; il est clair que, si l'on traverse la coupure mn, les valeurs de u sur ces deux courbes augmenteront ou diminueront de h, suivant le sens dans lequel la coupure aura été traversée (¹).

3. Nous avons admis l'existence de limites pour u_n et v_n. La démonstration est la même qu'au § 2 du Chapitre III, et il suffira de faire ressortir brièvement l'analogie entre les deux cas. Nous pouvons dresser le Tableau

$$u_1 \quad u_2 \quad \dots \quad u_n \quad \dots$$
$$v_1 \quad v_2 \quad \dots \quad v_n \quad \dots$$

____

(¹) Si la succession donnée des valeurs sur C et C' admet la période h, on pourra regarder la fonction comme parfaitement déterminée en m et n sur le bord droit et sur le bord gauche de la coupure. Dans le cas contraire, la fonction n'aura pas, à proprement parler, de valeurs en ces points.

qui rappelle que u_n et v_n prennent les mêmes valeurs sur pq^+, tandis que u_n et v_{n-1} prennent les mêmes valeurs sur mn^-. Tous les u prennent les mêmes valeurs sur les arcs C et C', et il en est de même pour les v, ces valeurs n'étant d'ailleurs les mêmes pour les u et les v que sur les arcs $C - \alpha$ et $C' - \beta$.

Remarquons maintenant que

$$u_3 - u_2 = v_2 - v_1 \qquad (\text{sur } mn^-).$$

Or $v_2 - v_1$ est nulle sur C et C', et l'on a

$$v_2 - v_1 = u_2 - u_1 \qquad (\text{sur } pq^+).$$

On en conclut de suite, en raisonnant comme à la page 80,

$$|u_3 - u_2| < q^2 g \qquad (\text{sur } mn^-),$$

en désignant par g le maximum de $|u_2 - u_1|$ sur mn^-; pour la définition du nombre $q < 1$, on se reportera au Chapitre III et particulièrement à la page 83. On a, d'une manière générale,

$$|u_n - u_{n-1}| < q^{2(n-2)} g \qquad (\text{sur } mn^-),$$

et la convergence des u_n vers une limite s'en déduit immédiatement; on raisonne de même pour les v_n.

4. Les considérations précédentes s'étendent d'elles-mêmes. Si, au lieu d'une aire limitée par deux contours, nous avons une aire limitée par une courbe extérieure C et par p courbes intérieures $C_1, C_2, \ldots, C_p$, nous tracerons p coupures $m_1 n_1, m_2 n_2, \ldots, m_p n_p$, joignant C à $C_1, C_2, \ldots, C_p$. On pourra former une fonction harmonique continue dans l'aire limitée par les C, les mn^+ et les mn^-, prenant des valeurs données sur les C et pouvant se prolonger analytiquement au delà de $m_i n_i$ ($i = 1, 2, \ldots, p$), de telle sorte que le prolongement analytique de u^- soit égal à

$$u^+ - h_i,$$

h_i étant une constante donnée.

Il n'est pas besoin d'insister sur ce cas général; la question étant traitée pour le cas de deux contours, on traitera le cas de trois contours en s'appuyant sur le cas précédent, c'est-à-dire en prenant comme fonctions successives u et v des fonctions ayant la périodicité donnée par une des courbes intérieures. Aucune difficulté ne pourra provenir de ce que les u et v ont déjà des périodes, car la différence de deux fonctions u ou de deux fonctions v, sur laquelle porte seulement le raisonnement, n'aura plus de période : cette remarque évidente fait le succès de la méthode et permet de l'étendre de proche en proche de façon à traiter, comme nous venons de l'énoncer, le cas général d'une aire limitée par $p+1$ contours (¹). Un cas particulier très important est celui où tous les h seraient nuls et où, par suite, la fonction est uniforme dans l'aire après la suppression des coupures.

5. Rappelons encore, pour terminer ces préliminaires, une proposition fondamentale relative aux fonctions harmoniques. Pour une telle fonction, la valeur au centre d'une circonférence est égale à la moyenne des valeurs sur la circonférence, ce qui s'exprime, en prenant le centre comme origine des coordonnées polaires r et φ et désignant la fonction par $u(r, \varphi)$, au moyen de l'égalité

$$u(\circ) = \frac{1}{2\pi} \int_0^{2\pi} u(r, \varphi)\, d\varphi,$$

$u(\circ)$ désignant la valeur au centre.

Nous aurons encore besoin d'avoir une limite de l'expression

$$|u(r, \varphi) - u(\circ)|.$$

On peut trouver diverses limites de l'expression précédente. La

---

(¹) On pourrait traiter bien plus simplement la question précédente, comme l'a fait remarquer M. Jules Riemann dans sa Thèse déjà citée (p. 44). Si nous désignons par (x_i, x'_i) un point situé à l'intérieur du contour C_i ($i = 1, 2, ..., p$), la fonction harmonique

$$U = \sum \frac{h_i}{\pi} \operatorname{arc\,tang} \frac{y - x'_i}{x - x_i}$$

jouit évidemment de la propriété cherchée, et, par suite, la différence $u - U$ n'aura plus de périodes. Le problème se ramène donc au cas où tous les h_i sont nuls, c'est-à-dire au problème de Dirichlet sous sa forme classique. Nous avons dû cependant exposer la méthode qu'on a lue dans le texte, car nous nous trouverons bientôt dans des circonstances où nous ne pourrons pas faire usage de la remarque qui précède et où nous devrons recourir au procédé alterné.

suivante, quoique peu approchée, nous suffira : c'est celle que nous avons donnée (p. 17). On a

$$|u(r, \varphi) - u(o)| < \frac{4\,R\,r}{(R - r)^2}\,g \qquad (r < R),$$

en désignant par g la valeur absolue maxima de la fonction sur la circonférence de rayon R.

II. — Existence des fonctions harmoniques sur une surface de Riemann ouverte.

6. Nous allons d'abord considérer une surface de Riemann *ouverte* : voici ce que nous entendons par là. On tracera sur un des feuillets une courbe fermée γ qu'on prendra généralement très petite. La surface de Riemann ouverte est la surface dont on a enlevé l'aire limitée par γ ; on peut dire de la surface ouverte qu'elle a un *bord* γ.

Nous traçons sur la surface de Riemann les rétrosections (C_h, D_h). Ces rétrosections limitent avec γ une aire T. Nous allons d'abord nous proposer de *trouver une fonction harmonique bien déterminée et continue sur* T, *et prenant sur* γ *et les deux bords des rétrosections des valeurs données.*

Il importe de prévenir tout de suite une première difficulté relative aux points de ramification. Désignons par z la variable complexe sur la surface de Riemann, et soit a un point de ramification. En posant

$$z - a = z'^2,$$

nous transformons le voisinage du point de ramification a sur la surface de Riemann dans le voisinage du point $z' = o$ sur le plan simple z' [nous avons déjà fait, d'ailleurs (p. 383), cette transformation]. En posant

$$z = x + iy \qquad \text{et} \qquad z' = x' + iy',$$

l'équation

$$\frac{\partial^2 u}{\partial x^2} + \frac{\partial^2 u}{\partial y^2} = o$$

se transforme en

$$\frac{\partial^2 u}{\partial x'^2} + \frac{\partial^2 u}{\partial y'^2} = o,$$

P. — II. 3o

et nous sommes ramené alors à une aire située sur un plan simple (¹).

Quant au point à l'infini sur chacun des feuillets, on fera pour eux la transformation habituelle

$$z = \frac{1}{z'},$$

et il n'y a de ce côté aucune difficulté.

Revenons au problème proposé. Nous pouvons considérer l'aire T comme limitée par $p + 1$ contours, à savoir γ et les p rétrosections (C, D). D'après le § 4, on sait résoudre le problème de Dirichlet pour une telle aire quand on peut le résoudre pour cette aire rendue simplement connexe par p coupures; on prendra ici pour ces coupures des lignes, ne se coupant pas, joignant un point de chaque rétrosection à un point de γ (celui-ci joue ici le rôle de contour extérieur C du § 4, et tous les h sont nuls) (²). Or, pour l'aire simplement connexe que nous venons de définir, il n'y a aucune difficulté. On décomposera, comme dans la méthode de Schwarz pour la solution du problème ordinaire de Dirichlet (p. 289), l'aire en un nombre limité d'aires partielles empiétant les unes sur les autres de manière à pouvoir appliquer le procédé alterné. Cette décomposition est indispensable, à cause des points de ramification; on s'arrangera de manière qu'un certain nombre des aires partielles contiennent chacune un point de ramification, et l'on pourra les supposer assez petites pour faire la transformation indiquée plus haut.

7. Abordons maintenant le problème fondamental. Nous voulons former *une fonction harmonique bien déterminée et continue dans l'aire* T, *prenant sur* γ *des valeurs données et ad-*

(¹) Il faut remarquer seulement que la fonction u continue, ainsi que ses dérivées dans le plan simple (x', y') autour de $x' = y' = 0$, n'aura pas ses dérivées continues pour le point d'affixe a quand on reviendra à la surface de Riemann. Les dérivées $\frac{\partial u}{\partial x}$ et $\frac{\partial u}{\partial y}$ deviendront, en général, infinies de l'ordre de $\frac{1}{\sqrt{r}}$, en désignant par r la distance de (x, y) au point d'affixe a.

(²) C'est pour ce point du raisonnement qu'il est indispensable que la surface soit ouverte.

mettant les *périodicités* c_h et d_h *relativement à* C_h *et* D, ($h = 1, 2, \ldots, p$). Nous entendons par là qu'après avoir marqué sur les rétrosections C et D un bord positif et un bord négatif (conformément, par exemple, aux conventions faites au § 12 du Chapitre XIV), le prolongement analytique de la fonction, considérée du côté négatif d'une coupure C_h, coïncidera avec la fonction, considérée du côté positif, à $-c_h$ près, ce que nous exprimons, comme plus haut (§ 2), par

$$u = u'' - c_h,$$

et pareillement pour toutes les autres parties des rétrosections.

Donnons d'abord la solution, dans l'hypothèse où $p = 1$. Suivant notre habitude, faisons dans l'espace le schéma de la surface de Riemann correspondante ; ce sera un tore, sur lequel nous traçons un parallèle C et un méridien D (*fig.* 56), et nous désigne-

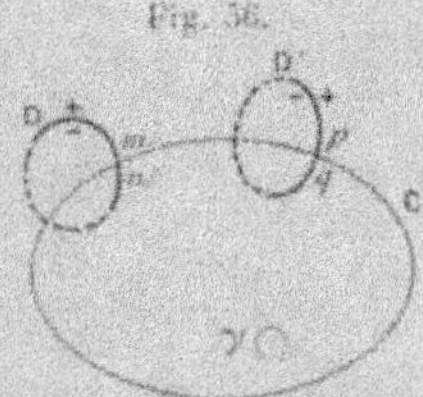

Fig. 56.

rons par c et d les périodes qui doivent leur correspondre ; figurons aussi la courbe γ rendant la surface ouverte.

Nous allons, en premier lieu, former une fonction harmonique prenant sur les deux bords de C des valeurs données, ainsi que sur γ, et admettant la périodicité d par rapport à D. Pour éviter toute difficulté relative aux points (géométriquement confondus) m et n des deux côtés de C, nous supposerons que les valeurs données sur les deux bords de C aient aussi d pour période [*]. Pour résoudre ce premier problème, traçons une coupure auxiliaire D' et raisonnons absolument comme au § 4, en partant d'une fonction harmonique prenant sur les deux bords de C et sur γ les valeurs données, et sur les deux bords de D des valeurs arbitraire-

---

[*] Voir la Note au § 2.

d'un côté et les mêmes valeurs augmentées de h de l'autre côté (D et D' remplacent les coupures mn et pq du paragraphe cité). La fonction u_1 prend certaines valeurs sur D'^+; nous formons alors une fonction v, égale à u_1 sur D'^+ ainsi que sur les portions des deux bords de C comprises entre D'^+ et D^- et enfin sur γ, tandis qu'elle est égale à $u_1 - d$ sur D'^-, et sur les portions de C comprises entre D^+ et D'^-. On formera de la sorte une suite indéfinie de fonctions u, v, et la limite des fonctions u résout le problème posé; il me paraît inutile d'insister, l'analogie étant complète avec le cas traité au § 4.

Ce premier problème résolu, nous considérons maintenant, outre C et D, un second parallèle C' (*fig.* 57). Ce sont mainte-

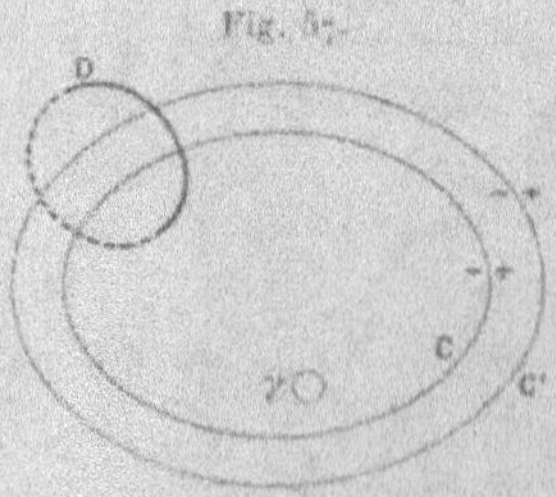

nant C et C' qui vont jouer le rôle de mn et de pq, et toutes les fonctions harmoniques que l'on va considérer auront la périodicité d par rapport à D et prendront les valeurs données sur γ. On partira d'une fonction u_1 prenant des valeurs arbitraires sur C (sauf la périodicité d correspondant au passage par D) et les mêmes valeurs augmentées de c sur C^+; cette fonction prendra sur C^+ certaines valeurs. On formera la fonction v_1, prenant ces valeurs sur C^+ et les mêmes valeurs diminuées de c sur C^-, et l'on continuera ainsi indéfiniment, dirigeant toujours opérations et raisonnements comme au § 4. La limite des u sera la fonction cherchée; *elle prendra sur γ les valeurs données, sera continue sur toute la surface de Riemann, et admettra les périodicités données c et d relativement à C et à D.*

8. Après avoir traité le cas de $p = 1$, il n'y a aucune difficulté à traiter le cas général. La marche est la même que pour

passer d'une aire limitée par deux contours à une aire limitée par
$p+1$ contours. Soient, par exemple, $p=2$ et les deux rétrosections (C_1, D_1), (C_2, D_2) et le contour γ. En nous donnant des
valeurs sur les deux bords de C_1 et D_1 ainsi que sur γ, nous pouvons d'abord, d'après ce qui précède, déterminer une fonction
harmonique prenant sur C_1 et D_1 ainsi que sur γ les valeurs données, et ayant les périodicités c_2 et d_2 relativement à C_2 et D_2.
N'employant alors comme fonctions approchées u et v que des
fonctions ayant cette périodicité, nous obtiendrons, par un nouvel
emploi du procédé alterné, relativement à C_1 et D_1, la fonction
cherchée.

Le raisonnement est général, et nous avons ainsi complètement
résolu le problème proposé pour une surface ouverte. Nous avons
formé une fonction harmonique continue sur la surface de Riemann limitée par γ et les p rétrosections (C, D): *cette fonction
prend sur γ des valeurs données et admet des périodicités
données relativement aux C et D.*

III. — Existence des fonctions harmoniques sur la surface
de Riemann fermée.

9. Le problème que nous venons de traiter dans la Section
précédente n'est qu'un problème préliminaire. Nous avons maintenant à étudier le cas de la surface fermée, et nous chercherons d'abord à démontrer l'existence d'une fonction harmonique
bien déterminée et continue sur la surface de Riemann considérée avec les rétrosections C et D, et ayant des périodicités
données c_h et d_h correspondant aux $2p$ coupures C_h et D_h
$(h = 1, 2, \ldots, p)$. Nous entendons toujours de la même manière
le mot *périodicité*. Nous répétons que la fonction pourra être
prolongée analytiquement au delà des C et D, et cela de telle manière qu'en désignant par u^+ et u^- la valeur de la fonction à
droite et à gauche dans le voisinage d'une coupure, soit C_h, on
ait, comme prolongement analytique de u^+,

$$u^- + c_h,$$

et de même pour toutes les autres coupures. Dans ces conditions,
la fonction u, qui reste toujours finie, aura sur la surface de Rie-

mann, débarrassée des rétrosections, une infinité de déterminations qui rentreront dans le type

$$u + \sum_{k=1}^{k=p} (m_k c_k + n_k d_k),$$

les m_k et n_k étant des entiers positifs ou négatifs, et u désignant une de ses déterminations.

10. Nous allons encore employer le procédé alterné, mais dans des conditions différentes de celles où nous l'avons employé jusqu'ici (¹). Prenons sur un des feuillets deux cercles concentriques Γ et γ de rayon R et r. Nous allons former une succession de fonctions harmoniques u et v. Les fonctions v seront définies et bien déterminées sur la portion de la surface de Riemann, munie des rétrosections C et D, extérieure à γ, et elles admettront les périodicités données à ces rétrosections; quant aux fonctions u, elles seront déterminées à l'intérieur du cercle Γ.

Ceci posé, donnons sur Γ une succession de valeurs arbitraires. Nous formerons une fonction u_1 prenant ces valeurs sur Γ; cette fonction prendra certaines valeurs sur γ. On formera une fonction v_1 prenant les mêmes valeurs que u_1 sur γ (nous savons, d'après la Section précédente, former une telle fonction). Nous considérerons ensuite la fonction u_2 prenant sur Γ les mêmes valeurs que v_1, et l'on continuera ainsi indéfiniment. Nous avons donc deux suites de fonctions

$$u_1, \; u_2, \; \ldots, \; u_n, \; \ldots$$
$$v_1, \; v_2, \; \ldots, \; v_n, \; \ldots$$

Si l'on admet que u_n et v_n ont des limites u et v, il est clair que ces deux fonctions coïncident dans la couronne annulaire comprise entre γ et Γ, puisqu'on a

$$u_n = v_{n-1} \qquad (\text{sur } \Gamma),$$
$$u_n = v_n \qquad (\text{sur } \gamma).$$

<hr>

(¹) Les passages des Mémoires de M. Schwarz, qui se rapportent à la question qui nous occupe actuellement, sont aux pages 168, 169 et 356 du tome II (*Gesammelte mathematische Abhandlungen*, von H.-A. Schwarz).

d'où résulte l'égalité $u = v$ sur Γ et sur γ et, par suite, dans l'aire limitée par ces deux courbes. Ainsi, la fonction v pourra se prolonger analytiquement à l'intérieur du cercle γ, et ce prolongement analytique n'aura aucune singularité à l'intérieur de ce cercle. Nous obtenons donc bien la fonction cherchée.

11. Nous avons à démontrer que u_n et v_n ont des limites. La démonstration sera moins simple que dans les cas analogues rencontrés jusqu'ici, et nous devons d'abord faire plusieurs remarques. Montrons, en premier lieu, que les moyennes des valeurs de toutes les fonctions u_n et v_n sur les circonférences γ et Γ sont les mêmes. Il est d'abord bien clair que les valeurs moyennes de u_1 sur Γ et de v_1 sur γ sont les mêmes, puisque $u_1 = v_1$ sur γ. Prenons alors une circonférence G de rayon ρ comprise entre Γ et γ, et considérons la fonction v_1 à l'extérieur de G; si nous traçons le contour K sur la surface de Riemann, nous aurons, par la formule de Green,

$$\int_K \frac{dv_1}{dn}\,dt + \int_G \frac{dv_1}{da}\,ds = 0.$$

Or la première intégrale est nulle; les éléments s'y détruisent, en effet, deux à deux, puisque les dérivées de v_1 ont une périodicité nulle relativement aux rétrosections. Il reste donc

$$\int_G \frac{dv_1}{dn}\,ds = 0,$$

ce qui peut s'écrire, la ligne G étant un cercle,

$$\int_0^{2\pi} \frac{dv_1}{d\rho}\,d\varphi = 0,$$

et, par suite, l'intégrale

$$\int_0^{2\pi} v_1(\rho, \varphi)\,d\varphi$$

est indépendante de ρ. Ceci veut bien dire que la valeur moyenne de la fonction v_1 sur la circonférence γ est égale à celle de u_2 sur la circonférence Γ.

Or déjà la moyenne de v_1 sur γ est, comme nous l'avons dit, égale à celle de u_1 sur Γ; on a donc bien

$$\int_0^{2\pi} u_1(\mathrm{R}, \varphi)\, d\varphi = \int_0^{2\pi} u_2(\mathrm{R}, \varphi)\, d\varphi,$$

et ainsi de suite. Tous les u ont même moyenne sur Γ et ont, par suite, même valeur au centre O de cette circonférence.

Considérons, en second lieu, deux fonctions harmoniques U et V continues dans Γ et prenant dans cette circonférence des valeurs ayant même moyenne. Il en résulte évidemment que ces fonctions ont même valeur au centre; ceci va nous permettre de trouver une limite de $|\mathrm{U}_\mathrm{A} - \mathrm{V}_\mathrm{A}|$ pour un point A quelconque du cercle γ. Reportons-nous à l'inégalité rappelée au § 5 de ce Chapitre. Appliquons-la à la fonction U — V qui est nulle au centre. En appelant M le maximum de $|\mathrm{U} - \mathrm{V}|$ sur la circonférence Γ, on aura

$$|\mathrm{U}_\mathrm{A} - \mathrm{V}_\mathrm{A}| < \frac{4\,\mathrm{R}r}{(\mathrm{R}-r)^2}\,\mathrm{M}.$$

Or supposons $\dfrac{r}{\mathrm{R}}$ assez petit pour que l'on ait

$$\frac{4\,\mathrm{R}r}{(\mathrm{R}-r)^2} < q,$$

q étant un nombre fixe inférieur à l'unité. Dans ces conditions, l'inégalité précédente pourra s'écrire

$$|\mathrm{U}_\mathrm{A} - \mathrm{V}_\mathrm{A}| \leqq q\,\mathrm{M},$$

inégalité fondamentale entre les maxima de $|\mathrm{U} - \mathrm{V}|$ sur les circonférences Γ et γ; elle suppose essentiellement que les valeurs moyennes de U et V sur Γ soient les mêmes.

12. Nous pouvons aborder maintenant la démonstration de l'existence de la limite pour u_n et v_n. Grâce aux remarques précédentes, nous nous trouvons dans les mêmes conditions que précédemment. On a

$$u_3 - u_2 = v_2 - v_1 \qquad (\text{sur } \Gamma).$$

Or la fonction $v_2 - v_1$ est une fonction bien déterminée à l'extérieur de γ, *sans périodicité* (la périodicité des v disparaissant dans la soustraction); le maximum de $|v_2 - v_1|$ sur Γ est donc au plus égal au maximum de $|v_2 - v_1|$ sur γ, mais

$$v_2 - v_1 = u_2 - u_1 \qquad (\text{sur } \gamma).$$

Le maximum de $|v_2 - v_1|$ sur γ est donc moindre que le produit par q du maximum de $|u_2 - u_1|$ sur Γ. En combinant ces résultats, nous avons

$$\text{maximum de } |u_3 - u_2| < q \cdot \text{maximum de } |u_2 - u_1| \qquad (\text{sur } \Gamma).$$

L'existence d'une limite vers laquelle converge uniformément u_n sur Γ est alors évidente, et l'existence des limites u et v est établie. *Le problème posé au § 9 est donc complètement résolu.*

La fonction trouvée prend au point O, centre de Γ, une valeur égale à la moyenne des valeurs initiales données au début sur Γ. La valeur de la fonction cherchée en O et les périodicités la déterminent d'ailleurs nécessairement d'une manière unique; car, dans le cas contraire, la différence de deux telles fonctions serait nulle en O et n'aurait pas de périodicité. Or nous savons qu'une fonction harmonique uniforme et continue sur la surface de Riemann tout entière se réduit nécessairement à une constante (Chap. XIII, § 27).

Appelons *fonction harmonique de première espèce* une fonction harmonique de la nature de celle que nous venons d'étudier, continue sur la surface de Riemann. Il existe $2p$ fonctions harmoniques de première espèce linéairement indépendantes. On peut, en effet, se donner arbitrairement les $2p$ périodes de ces fonctions, et il est clair qu'entre $2p$ fonctions à périodes arbitraires ne peut exister de relation linéaire à coefficients constants. Réciproquement, toute autre fonction harmonique de première espèce sera une combinaison linéaire de ces $2p$ fonctions; il suffit de choisir les coefficients de manière que la combinaison ait les mêmes périodes que la fonction proposée.

13. Il est facile de traiter le cas où la fonction harmonique aurait une singularité de la nature suivante :

Proposons-nous de rechercher une fonction harmonique admettant des périodicités données et continue sur la surface, sauf au point O, dans le voisinage duquel elle sera de la forme (le point O étant pris pour origine des coordonnées polaires r et θ),

$$\frac{\cos\theta}{r} + \mathrm{U},$$

U étant continue en O, et nécessairement harmonique (comme $\frac{\cos\theta}{r}$).

On va suivre la même marche que précédemment. La seule différence sera que les fonctions $u_1, \ldots, u_p$, au lieu d'être continues dans le cercle Γ, deviendront infinies en O comme $\frac{\cos\theta}{r}$. On formera donc une première fonction u_1, prenant des valeurs données sur Γ et continue dans Γ, sauf au point O où elle devient infinie comme $\frac{\cos\theta}{r}$; elle s'obtiendra tout de suite en posant

$$u_1 = \frac{\cos\theta}{r} + \mathrm{U}_1,$$

et en déterminant la fonction U_1 continue dans le cercle Γ tout entier, et prenant sur sa circonférence les valeurs $u_1 - \frac{\cos\theta}{\mathrm{R}}$. Nous formerons donc de la même manière nos deux suites

$$u_1, \ u_2, \ \ldots, \ u_n, \ \ldots$$
$$v_1, \ v_2, \ \ldots, \ v_n, \ \ldots$$

Toutes les inégalités fondamentales subsistent, et les valeurs moyennes des fonctions sur γ et sur Γ sont toutes égales à la valeur moyenne de la fonction initiale u_1 sur Γ, puisque la valeur moyenne de $\frac{\cos\theta}{r}$ est évidemment nulle.

Nous pouvons donc former une fonction harmonique devenant infinie en O comme

$$\frac{\cos\theta}{r}$$

(au sens indiqué plus haut) *et admettant des périodicités données.* Cette fonction sera déterminée à une constante près variant avec la moyenne des valeurs initiales sur la circonférence Γ. Nous la dirons une *fonction harmonique de seconde espèce.*

IV. — Des fonctions de la variable complexe sur la surface de Riemann.

14. Nous pouvons aborder maintenant l'étude des fonctions d'une variable complexe sur une surface de Riemann. A chaque solution u de l'équation

$$\Delta u = o$$

correspond, en effet, une fonction v déterminée par la formule (p. 6)

$$v = \int_{x_0, y_0}^{x, y} \frac{\partial u}{\partial x}\, dy - \frac{\partial u}{\partial y}\, dx,$$

et $u + iv$ est une fonction analytique de $x + iy$.

A chaque fonction harmonique u de première espèce va correspondre une fonction v qui sera aussi de première espèce. Pour s'en assurer, il n'y a qu'à examiner les cas où (x, y) est en un point de ramification ou à l'infini. Dans le premier cas, nous avons dit (*voir* la note de la p. 466) que $\frac{\partial u}{\partial x}$ et $\frac{\partial u}{\partial y}$ sont de l'ordre de $\frac{1}{\sqrt{r}}$, r désignant la distance de (x, y) au point de ramification : v reste donc finie. Si le point (x, y) est à l'infini sur un des feuillets, on fera le changement de variable $x' + iy' = \frac{1}{x + iy}$; u devient une fonction de (x', y') régulière à l'origine, et la formule

$$v = \int_{x_0', y_0'}^{x', y'} \frac{\partial u}{\partial x'}\, dy' - \frac{\partial u}{\partial y'}\, dx'$$

montre que v est finie pour $x' = y' = o$.

Soient donc deux fonctions harmoniques associées u et v de première espèce; elles seront linéairement indépendantes. Si l'on avait, en effet, une relation, à coefficients constants a, b, c, de la forme

$$au + bv = c,$$

a et b n'étant pas nuls tous deux, on en déduirait

$$a\frac{\partial u}{\partial x} + b\frac{\partial v}{\partial x} = o, \qquad a\frac{\partial u}{\partial y} + b\frac{\partial v}{\partial y} = o,$$

ce qui est impossible à cause des relations

$$\frac{\partial u}{\partial x} = \frac{\partial v}{\partial y}, \qquad \frac{\partial u}{\partial y} = -\frac{\partial v}{\partial x}.$$

15. Partons d'une première fonction u_1 de première espèce, et soit v_1 la fonction associée. J'envisage une fonction harmonique u_2 qui ne soit pas une combinaison linéaire de u_1 et v_1. Soit v_2 l'associée de u_2; montrons que les quatre fonctions

$$u_1, \ v_1, \ u_2, \ v_2$$

sont linéairement indépendantes. Dans l'hypothèse contraire, on aurait une combinaison

$$(1) \qquad\qquad a_1 u_1 + b_1 v_1 + a_2 u_2 + b_2 v_2$$

qui se réduirait à une constante. Or cette expression est la partie réelle de la fonction analytique

$$(a_1 - i b_1)(u_1 + i v_1) + (a_2 - i b_2)(u_2 + i v_2).$$

Il s'ensuit que la combinaison

$$(2) \qquad\qquad -b_1 u_1 + a_1 v_1 - b_2 u_2 + a_2 v_2$$

se réduit aussi à une constante. On en conclut que

$$(a_1 a_2 + b_1 b_2) u_1 + (b_1 a_2 - a_1 b_2) v_1 + (a_2^2 + b_2^2) u_2$$

est constant, et comme a_2 et b_2 ne peuvent être nuls à la fois (puisque autrement u_1 et v_1 ne seraient pas indépendants), il en résulterait que u_2 est une combinaison linéaire de u_1 et v_1, ce qui est contre notre hypothèse.

On continuera de la même manière, en prenant une fonction u_3 qui ne soit pas une combinaison linéaire de u_1, v_1, u_2, v_2; en adjoignant à u_3 son associée v_3, on aura *six* fonctions linéairement indépendantes. La démonstration se poursuit de proche en proche, et *nous arriverons finalement à* $2p$ *fonctions harmoniques de première espèce*

$$u_1, \ v_1, \ u_2, \ v_2, \ \ldots, \ u_p, \ v_p$$

deux à deux associées et linéairement indépendantes. Elles forment un système de $2p$ fonctions harmoniques de première espèce, avec lesquelles on peut former toutes les autres.

16. Portons maintenant notre attention sur les p fonctions analytiques de $x + iy = z$,

$$(3) \qquad u_1 + iv_1, \quad u_2 + iv_2, \quad \ldots, \quad u_p + iv_p.$$

On peut les appeler des *fonctions analytiques de première espèce de la variable complexe z sur la surface de Riemann*. Ces p fonctions sont linéairement indépendantes, car autrement les u et v ne le seraient pas; elles sont continues sur toute la surface et admettent certaines périodicités au sens déjà tant de fois indiqué. D'autre part, il n'existe pas sur la surface de Riemann de fonction de z, uniforme et continue dans le voisinage de chaque point et admettant des périodicités, qui ne se réduise à une combinaison linéaire de ces fonctions.

On peut répéter, sans y rien changer, à propos des fonctions (3), tout ce que nous avons dit des périodes des intégrales de première espèce (Chap. XIV). L'inégalité fondamentale provenant de la formule de Green peut, en effet, être appliquée ici. On pourra notamment, avec les fonctions (3), former un système de fonctions normales.

17. Passons aux *fonctions analytiques de seconde espèce*. Nous partirons pour cela d'une fonction harmonique de seconde espèce (§ 13) devenant infinie en un point O, pris un moment pour origine des coordonnées, comme

$$\frac{\cos\theta}{r},$$

qui est la partie réelle de $\dfrac{1}{z}$ en posant $z = re^{i\theta}$.

La fonction associée v deviendra infinie comme

$$-\frac{\sin\theta}{r},$$

et, par suite, $u + iv$ se mettra dans le voisinage de $z = 0$, sous la forme

$$\frac{1}{z} - \mathrm{P},$$

P étant holomorphe. Donc $z = 0$ est un pôle simple de $u + iv$, le résidu étant *un*.

Nous formons donc ainsi une fonction $u + iv$ de z ayant pour pôle le point O avec *un* pour résidu ; cette fonction est continue pour tout autre point et elle admet des périodicités relativement aux rétrosections de la surface de Riemann.

Parmi les fonctions analytiques de seconde espèce, il en est de particulièrement remarquables ; ce sont celles qui n'ont pas de périodes. On peut obtenir une telle fonction en partant d'un nombre suffisant k de fonctions de seconde espèce

$$H_1, \quad H_2, \quad \ldots, \quad H_k$$

avec les pôles simples respectifs O_1, O_2, ..., O_k.

Formons la combinaison linéaire

$$A_1 H_1 + A_2 H_2 + \ldots + A_k H_k.$$

Si k est supérieur à $2p$, on pourra certainement annuler toutes les périodes, sans que les A soient tous nuls. La fonction ainsi obtenue ne se réduira d'ailleurs certainement pas à une constante, puisque, tous les A n'étant pas nuls, la fonction admet an moins un pôle. Nous aurons ainsi *une fonction analytique* U *uniforme sur toute la surface de Riemann et n'ayant que des pôles.*

18. Nous sommes maintenant en mesure de démontrer le théorème fondamental de ce Chapitre :

A une surface de Riemann arbitrairement donnée correspond une classe de courbes algébriques.

A cet effet, cherchons d'abord quelle sera la nature de la fonction U du paragraphe précédent. Si l'on considère le plan simple sur lequel sont placés les feuillets, nous voyons qu'à chaque valeur de l'affixe z sur ce plan correspondent m valeurs de la fonction U, à savoir les valeurs de la fonction U aux m

points de la surface de Riemann qui correspondent à la même valeur de z. Il est essentiel de remarquer que nous pouvons choisir U de telle manière que ces m valeurs soient distinctes pour une valeur arbitraire de z. En effet, les k pôles de U sont arbitraires (k étant suffisamment grand). L'équation $U = \infty$ a donc k racines qui sont k points arbitrairement choisis de la surface de Riemann et qu'on peut, par suite, supposer ne pas correspondre à la même valeur de z. L'équation $U = A$, qui a aussi k racines variant avec A, d'une manière continue (Chap. XV, § 1) n'aura donc pas, en général, de racines correspondant à des points de la surface de Riemann ayant même z : ceci ne pourrait arriver que pour des valeurs particulières de A. Il en résulte que, z étant arbitraire, les m valeurs de U aux m points de la surface de Riemann, correspondant à cette valeur de z, sont distinctes.

Ceci posé, cherchons quelle sera la nature de U considérée comme fonction de z sur le plan simple P. Cette fonction a m valeurs en chaque point; d'autre part, elle n'a que des pôles et des points critiques algébriques (correspondant aux points de ramification) : elle est donc une fonction algébrique de z, et l'on a

$$(4) \qquad\qquad f(U, z) = 0.$$

f étant un polynôme de degré m en U. A une valeur arbitraire de z correspondent, avons-nous dit, m valeurs distinctes de U. La relation précédente est irréductible, puisque les m valeurs peuvent s'échanger en passant d'un feuillet à l'autre de la surface de Riemann.

Nous pouvons donc regarder la courbe algébrique (4) *comme correspondant à la surface à m feuillets donnée*; à un point arbitraire de cette dernière correspond un seul point (U, z) de la courbe, et inversement, à un point arbitraire de la courbe correspond un seul point de la surface de Riemann. Nous avons donc atteint, dans cette question des existences, le but essentiel de notre recherche, qui était de montrer qu'*à une surface donnée de Riemann on peut faire correspondre une relation algébrique*. A la fonction U on peut évidemment substituer une fonction rationnelle quelconque de U et z, soit

$$V = R(U, z).$$

Sauf pour des formes particulières de R, la fonction V aura m valeurs différentes pour une valeur arbitraire de z. La fonction V a les mêmes points de ramification que la fonction U; elle est *ramifiée* comme U, suivant l'expression de Riemann. Inversement d'ailleurs, V pourra se mettre sous la forme d'une fonction rationnelle de U et de z. On peut donc dire qu'il y a une classe de fonctions algébriques, ramifiées de la même manière, correspondant à une surface arbitrairement donnée de Riemann.

J'ajoute encore que deux surfaces de Riemann, S et S_1, seront dites se correspondre point par point quand les deux relations algébriques

$$(S) \qquad\qquad f(U, z) = 0,$$
$$(S_1) \qquad\qquad f_1(U_1, z_1) = 0,$$

qu'on peut associer à chacune d'elles auront entre elles une correspondance birationnelle. Nous dirons aussi que les surfaces qui se correspondent ainsi point par point forment une *classe* de surfaces.

19. La relation (4) est de degré m en U; quant à son degré en z, il est égal à k, puisqu'à une valeur arbitraire de U correspondent k valeurs de z. Nous avons donc une relation

$$f(\overset{m}{U}, \overset{k}{z}) = 0,$$

de degré m en U et de degré k en z. Riemann, comme nous l'avons déjà dit (p. 366), suppose, dans sa théorie des fonctions algébriques, que les degrés du polynôme f ne sont pas les mêmes en U et z. Cette forme plus générale amène bien peu de modifications avec les hypothèses que nous avons faites dans les Chapitres précédents. Il n'est pas inutile, cependant, d'en dire un mot. En désignant toujours par ϖ le nombre des points de ramification de la fonction U de z, où l'on suppose encore que deux racines seulement se permutent, on aura nécessairement, comme précédemment,

$$\varpi = 2(m + p - 1),$$

relation purement géométrique. On admet, comme cela a lieu dans l'exemple qui nous occupe ici, que les points à l'infini sur chaque feuillet ne sont pas des points de ramification. L'élimination de U entre les équations

$$f = 0, \qquad \frac{\partial f}{\partial U} = 0$$

conduit à une équation $\Delta = 0$, de degré

$$2(m - 1)k$$

en z, puisque le discriminant d'une équation de degré m est du degré $2(m - 1)$ par rapport aux coefficients de cette équation, et que ces coefficients sont ici de degré k en z.

L'équation $\Delta = 0$ admettra, comme racines simples, les w points de ramification; mais elle admettra aussi d'autres racines correspondant aux points multiples de la courbe qui ne sont pas, par hypothèse, des points de ramification. Ces dernières racines seront d'un degré pair de multiplicité; ainsi, par exemple, un point multiple d'ordre i (à tangentes distinctes), donne, pour $\Delta = 0$, une racine d'ordre $i(i - 1)$. En désignant donc par $2r$ le nombre des racines de Δ ne provenant pas des points de ramification, on aura

$$w + 2r = 2(m - 1)k.$$

20. Je termine par une remarque générale relative aux surfaces de Riemann. Quand nous avons étudié ces surfaces au Chapitre XIII, nous avons pu supposer, conformément au théorème de Lüroth, que les m feuillets de la surface étaient liés à la manière d'une chaîne, le premier feuillet étant seulement lié au second, le second au troisième, et ainsi de suite. Nous sommes, dans ces conditions, arrivé à la formule générale (*voir*, en particulier, le § 19 du Chapitre XIII)

$$w = 2(m + p - 1).$$

Dans les théorèmes d'existence que nous venons d'établir, nous n'avons besoin de faire aucune hypothèse particulière sur la surface. Les points de ramification étant seulement toujours supposés simples, les feuillets peuvent être réunis les uns aux autres d'une manière quelconque par des lignes de croisement. Quelle est alors, dans ce cas, la signification du nombre p? Nous pouvons y arriver de suite en recourant à la relation algébrique

$$f(U, z) = 0,$$

qui correspond uniformément à la surface. En raisonnant sur la fonction U comme nous l'avons fait pour établir le théorème de Lüroth, on pourra transformer la surface de Riemann en une autre où les feuillets seront liés à la manière d'une chaîne, ce qui revient à joindre autrement les points de ramification pour former les lignes de croisement. Dans cette transformation, le nombre des points de ramification ne change pas, et nous avons toujours la même formule pour le nombre p, c'est-à-dire pour le nombre des trous de la surface dilatée dans l'espace.

V. — Modules d'une classe de courbes algébriques.

21. Une des applications les plus intéressantes du théorème général d'existence des fonctions algébriques correspondant à une surface de Riemann est la recherche du nombre des *modules* des fonctions algébriques d'un genre donné p.

Commençons par une remarque préliminaire. Si l'on se donne dans le plan de la variable z les

$$w = 2(m + p - 1)$$

points de ramification d'une surface de Riemann à m feuillets, on peut se demander quel sera le nombre des surfaces, ayant ce nombre de feuillets, qu'il sera possible de former. Nous voulons seulement faire observer que ce nombre sera fini; la recherche de ce nombre sera une question de Géométrie de situation et d'Analyse combinatoire. La fonction qui le représente est sans doute une fonction compliquée de m et de p. M. Hurwitz, qui s'est occupé avec succès de cette recherche, l'a déterminée pour les valeurs les plus simples de m [1]; nous renverrons à son Mémoire. Il nous suffit de savoir que ce nombre est fini.

22. Nous voulons chercher de combien de paramètres arbitraires dépend *essentiellement* une classe de surfaces de Riemann d'un genre donné p. Par le mot *essentiellement*, nous entendons que toutes les surfaces de cette classe pourront être ramenées à l'une d'elles, qui se trouvera définie par certaines valeurs de ces paramètres, et qu'*inversement* à des valeurs arbitrairement données de ces paramètres correspondra seulement une classe ou un

---

[1] Hurwitz, *Mathematische Annalen*, Bd. 39.

nombre limité de classes de surfaces. Ces paramètres ont été appelés par Riemann *les modules*. Ils jouissent évidemment d'un caractère d'invariance relativement aux transformations uniformes.

Nous ferons connaître successivement les deux méthodes employées par Riemann (¹). Voici, en précisant seulement quelques détails, la première de ces méthodes.

Tout d'abord, étant donnée une surface de Riemann (u, z), nous pouvons la transformer en une autre qui lui corresponde point par point, et où le nombre μ des feuillets soit supérieur à $2p - 1$; ceci est évident, puisqu'on peut prendre μ arbitrairement (pourvu qu'il soit supérieur à $p + 1$) en prenant pour nouvelle variable une fonction rationnelle de u et z ayant μ pôles (p. 430).

Nous supposons donc que les surfaces de Riemann de genre p, dont nous voulons étudier l'ensemble, ont μ feuillets; μ va rester fixe et est d'ailleurs un nombre quelconque supérieur à $2p - 1$ (on verra dans un moment pourquoi nous faisons cette dernière hypothèse).

Le nombre des points de ramification de notre surface sera alors

$$w = 2(\mu + p - 1).$$

Nous pouvons nous donner arbitrairement ces points de ramification; donc, le nombre des surfaces étant fini pour des positions données de ces points, nous pouvons dire que nous avons une surface dépendant de

$$2\mu + 2p - 2$$

constantes arbitraires. Mais toutes ces surfaces ne sont pas distinctes; je veux dire qu'il y en a parmi elles qui se correspondent point par point; en désignant par (u, z) un point de la surface, nous pouvons remplacer la variable z par une autre variable

$$z_1 = R(u, z),$$

R étant une fonction rationnelle ayant μ pôles, de façon que u, considérée comme fonction de z_1, soit une fonction à μ valeurs. De combien de constantes arbitraires dépendra R? D'abord ses μ pôles peuvent être pris arbitrairement sur notre surface; en-

<hr>

(¹) Voir, dans les *Œuvres de Riemann*, le § 12 de la *Théorie des Fonctions abéliennes*.

suite, d'après le théorème de Riemann-Roch, elle contiendra

$$\mu - p + 1$$

constantes arbitraires. Nous n'avons pas à nous préoccuper ici du nombre σ, puisque nous avons supposé $\mu > 2p - 2$. Par suite, il y aura dans R

$$2\mu - p + 1$$

constantes arbitraires. On peut donc, en général, s'arranger de manière que $2\mu - p + 1$ points de ramification aient des positions données que l'on regarderait comme numériques; il reste alors

$$2\mu - 2p - 2 - (2\mu - p + 1) = 3p - 3$$

autres points de ramification arbitraires. Nous pouvons donc dire que *notre classe de surfaces de Riemann de genre p dépend de*

$$3p - 3$$

constantes essentielles arbitraires; ce sont les *modules* de la surface. A chaque système de valeurs de ces modules correspondra seulement une classe ou un nombre limité de classes de courbes algébriques.

On a admis, dans ce qui précède, qu'on pouvait choisir les $2\mu - p + 1$ constantes arbitraires figurant dans R, de manière que, dans la surface transformée, $2\mu - p + 1$ points de ramification aient des positions données. Dans quel cas pourrait-il en être autrement? Ceci ne pourra arriver que si une transformation

$$z_1 = \mathrm{R}(u, z),$$

où restent des arbitraires, conduit à des surfaces ayant les mêmes points de ramification. Or ces surfaces sont en nombre fini; il y en aura donc nécessairement parmi elles qui pourront se transformer uniformément en elle-même à l'aide d'une transformation dépendant de ces arbitraires. Réciproquement, d'ailleurs, si la surface admet une telle transformation avec ρ paramètres arbitraires, le nombre des modules sera augmenté de ρ; en effet, le nombre des constantes figurant dans la fonction R considérée plus haut devra être diminué de ρ, puisque, parmi les $2m - p + 1$ arbitraires entrant dans R, on peut considérer que ρ d'entre elles correspondent seulement à la transformation de la surface en elle-même. On a donc alors à faire la différence

$$3(p + p - 1) - (3p - p - 1 - \rho),$$

ce qui conduit à $3p - 3 + \rho$ modules [1]. Cette formule générale s'applique alors, même aux cas de $p = o$ et $p = 1$. Quand $p > 1$, on a $\rho = o$, d'après le théorème de Schwarz, ce qui donne les $3p - 3$ modules de Riemann. Pour $p = 1$, on a $\rho = 1$, comme nous l'avons dit (Chap. XV, § 10) en étudiant les transformations en elles-mêmes des courbes du genre *un*; il y a donc, dans ce cas, un seul module, comme nous le démontrerons d'ailleurs bien facilement d'une manière directe en étudiant, dans le Chapitre suivant, les courbes de genre *un*. Enfin, pour $p = o$, nous avons vu (*loc. cit.*) que $\rho = 3$; il n'y a pas, dans ce cas, de module, résultat évident *a priori*, puisque la surface de Riemann peut être ramenée alors au plan simple de Cauchy.

23. J'ai dit que Riemann avait donné une seconde méthode pour trouver le nombre des modules. Cette méthode est trop intéressante pour que nous la passions sous silence; elle va nous conduire au premier exemple de représentation conforme d'une surface de Riemann sur un polygone, représentation qui, dans les travaux récents de M. Poincaré et de M. Klein, joue un rôle si important. C'est au moyen d'une intégrale de première espèce que Riemann effectue cette représentation. Prenant une intégrale de première espèce, posons

$$\int_{x_0, y_0}^{x, y} \frac{Q(x, y)\,dx}{f'_y} = z.$$

Quand le point (x, y) parcourt la surface sur laquelle on a tracé les coupures C et D, le point z décrit dans son plan un certain polygone, se recouvrant partiellement lui-même, et dont les côtés (correspondant aux deux bords de chaque coupure) se correspondent deux à deux, de telle sorte qu'on passe du premier au second par l'addition d'une période à z. Ce polygone *se recouvrira partiellement lui-même*, puisque, en regardant x comme

---

[1] M. Klein a, le premier, appelé l'attention sur cette formule. *Voir* le Chapitre III de son Ouvrage déjà cité : *Ueber Riemann's Theorie der algebraischen Functionen.*

fonction de z, on a nécessairement pour cette variable $2p-2$ points de ramification qui correspondent aux $2p-2$ racines de l'équation (en dehors des points multiples)

$$Q(z, x) = 0.$$

À chacune des p rétrosections correspond un parallélogramme curviligne. On peut donc concevoir, à titre schématique, le polygone comme formé de p parallélogrammes distincts dont les plans seraient superposés, le passage de l'un à l'autre ayant lieu au moyen de lignes de croisement se terminant aux $(2p-2)$ points de ramification. Quant à la nature des côtés du polygone, elle est évidemment indéterminée, comme les rétrosections elles-mêmes, et l'on peut, si l'on veut, les supposer rectilignes. Inversement, si l'on a une telle surface polygonale, il résulte des théorèmes d'existence qu'on peut lui faire correspondre une classe de courbes algébriques. On peut, en effet, démontrer l'existence de fonctions harmoniques uniformes sur la surface polygonale multiple, qui prennent les mêmes valeurs aux points correspondants de deux côtés opposés et qui se comportent comme les fonctions étudiées au § 7, la périodicité étant nulle. Il suffit d'employer pour cela les mêmes méthodes qui nous ont permis d'établir l'existence des fonctions uniformes sur une surface de Riemann; nous nous arrêterons dans un moment sur le cas particulier le plus simple de $p = 1$. Ce point étant établi, voyons de combien de constantes dépend la surface polygonale. La position du point de rencontre d'une ligne C et d'une ligne D dans chaque rétrosection est arbitraire sur la surface; nous n'avons donc pas à compter comme constantes arbitraires les paramètres définissant les positions d'un sommet de chaque parallélogramme. Les arbitraires, définissant réellement l'aire polygonale qui nous occupe, sont les $2p$ périodes et les positions des points de ramification, ce qui nous donne

$$4p - 2$$

arbitraires. Mais l'intégrale de première espèce dont on est parti est arbitraire. On a

$$\int \frac{Q(x, y)\, dx}{f'_y} = c_1 \int \frac{Q_1(x, y)\, dx}{f'_y} - \cdots - c_p \int \frac{Q_p(x, y)\, dx}{f'_y} = c_{p+1}$$

On peut choisir les constantes C de manière que p des périodes aient des valeurs numériques données, et, si $p > 1$, on peut, de plus, choisir C_{p+1} de manière qu'un des points de ramification ait une position donnée. Il reste donc alors un nombre de constantes essentielles égal à

$$3p - 3 >$$

ce sont les $3p - 3$ *modules*.

Quand $p = 1$, il n'y a pas de points de ramification; on peut choisir la constante C_1 de manière qu'une des périodes ait une valeur donnée. L'autre période sera le seul arbitraire restant. On aura, dans ce cas, *un* module (¹).

24. Le point essentiel, dans la démonstration précédente, est le fait de l'existence d'une classe de fonctions algébriques correspondant à la surface polygonale multiple. Il suffira d'examiner le cas de $p = 1$; la question une fois traitée dans ce cas, on passera au cas général, comme on l'a fait pour tous les théorèmes d'existence, en raisonnant toujours de la même manière de proche en proche.

Nous partirons donc d'un parallélogramme ABCD (*fig.* 58), et

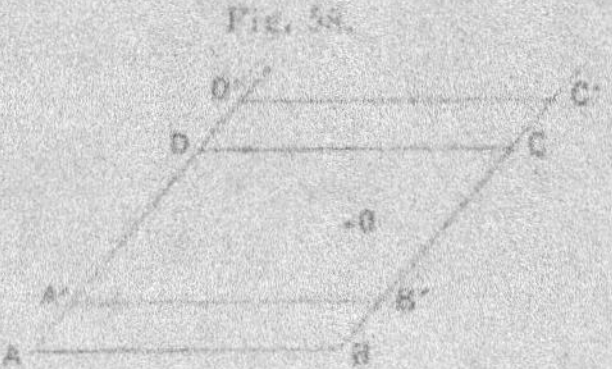

FIG. 58.

nous voulons, en définitive, démontrer *directement* et *a priori* l'existence d'une classe de fonctions algébriques correspondant à ce parallélogramme. Nous avons pour cela à démontrer l'existence d'une fonction harmonique de seconde espèce, devenant infinie en

---

(¹) On trouvera dans le § 11 du Mémoire de Brill et Nöther (*Math. Annal.* t. VII) une interprétation géométrique des modules regardés comme rapports anharmoniques. Si intéressantes que soient ces considérations, elles ne sont pas si rigoureuses que les méthodes s'appuyant sur les théorèmes d'existence.

O (pris comme origine des coordonnées polaires r et θ), comme $\frac{\cos\theta}{r}$, admettant, relativement à AB et CD, la périodicité h, et, relativement à AD et BC, la périodicité k; nous entendons par là que le prolongement analytique de la fonction au delà de DC est égal à la valeur de la fonction dans le voisinage de AB, augmentée de la constante h, et pareillement avec la constante k pour les deux autres côtés. L'analogie va être complète avec les méthodes employées dans la Section précédente. Nous formerons d'abord une fonction harmonique prenant des valeurs arbitrairement données sur AD et BC (on suppose seulement que les valeurs en D et A d'une part, en C et B d'autre part, diffèrent de h), et ayant la périodicité h par rapport à AB et CD. A cet effet, on prendra A'B' parallèle à AB, et C'D' parallèle à CD, de manière que les deux parallélogrammes ABCD et A'B'C'D' soient identiques. Toutes les fonctions harmoniques qu'on va considérer deviendront infinies en O de la manière indiquée ; les u seront définis dans ABCD et les v dans A'B'C'D'. On part d'une première fonction u_1 prenant sur AD et BC les valeurs données, prenant sur AB des valeurs arbitraires, et sur DC les mêmes valeurs augmentées de h. La fonction u_1 prendra certaines valeurs sur A'B'; nous formons une fonction v_1 prenant ces valeurs sur A'B', les mêmes valeurs augmentées de h sur D'C', sur A'D et B'C les mêmes valeurs que u_1, et sur DD' et CC' les valeurs de u_1 respectivement en AA' et BB' augmentées de h. On formera ensuite u_2, prenant sur DC les valeurs de v_1, sur AB ces valeurs diminuées de h, et sur AD et BC les mêmes valeurs que u_1. On continuera ainsi indéfiniment, formant deux suites de fonctions

$$u_1, \ u_2, \ \ldots, \ u_n, \ \ldots$$
$$v_1, \ v_2, \ \ldots, \ v_n, \ \ldots$$

On démontrera, toujours par les mêmes raisonnements, l'existence d'une limite u pour les fonctions de la première ligne, et d'une limite v pour celles de la seconde. On a

$$u_n = v_n \qquad \text{(sur A'B')},$$
$$u_{n+1} = v_n \qquad \text{(sur DC)}.$$

Tous les u et v prennent d'ailleurs les mêmes valeurs sur A'D et B'C. On a donc

$$u = v$$

dans le parallélogramme A'B'CD. D'autre part, v_n prend sur D'C'
les mêmes valeurs que u_n sur A'B', mais avec addition de la constante h; pareillement, u_{n+1} prend sur AB les mêmes valeurs que
v_n sur DC, mais avec diminution de h. Il en résulte que les valeurs de u sur le périmètre du parallélogramme ABA'B', augmentées de h, seront égales aux valeurs de v sur le périmètre du parallélogramme DCD'C'. Il est clair alors que le prolongement
analytique de u au delà de DC, pour lequel on peut se servir de
la fonction v, remplit bien les conditions requises.

D'une fonction harmonique de seconde espèce, on passera à
une fonction analytique de seconde espèce. L'analogie est maintenant complète avec la démonstration de l'existence de la classe de
fonctions algébriques correspondant à une surface de Riemann.

On voit aussi que les considérations précédentes démontrent *a
priori* l'existence des fonctions doublement périodiques correspondant à un réseau donné de parallélogrammes.

VI. — Des théorèmes d'existence pour l'équation de Beltrami correspondant à une surface quelconque.

25. Nous avons déjà indiqué (p. 8) comment M. Beltrami a
généralisé l'équation de Laplace pour une surface quelconque.
Voulant nous placer ici dans les circonstances les plus simples,
quoique suffisamment générales, nous allons supposer que l'on
considère une surface fermée sans lignes multiples, ayant un
nombre fini de trous, et telle que, dans une région suffisamment
petite tracée autour d'un point quelconque de la surface, on
puisse représenter les coordonnées x, y, z par des fonctions *analytiques* de deux paramètres p et q, ce que nous pouvons exprimer en disant que la surface fermée est régulièrement analytique.
Un tore fournit un exemple simple correspondant au cas d'un
seul trou.

Nous avons défini (*loc. cit.*) ce que l'on doit entendre par
fonction complexe $u + iv$ d'un point mobile sur la surface. L'élément d'arc de celle-ci étant représenté par

$$ds^2 = E\,dp^2 + 2F\,dp\,dq + G\,dq^2,$$

on a pour u et v les deux équations

$$(2)\qquad\left\{\begin{aligned}\frac{\partial v}{\partial p} &= \frac{F\dfrac{\partial u}{\partial p} - E\dfrac{\partial u}{\partial q}}{\sqrt{EG - F^2}},\\[2ex]\frac{\partial v}{\partial q} &= \frac{G\dfrac{\partial u}{\partial p} - F\dfrac{\partial u}{\partial q}}{\sqrt{EG - F^2}},\end{aligned}\right.$$

et la fonction u satisfait par suite à l'équation

$$(3)\qquad\frac{\partial}{\partial p}\left(\frac{F\dfrac{\partial u}{\partial q} - G\dfrac{\partial u}{\partial p}}{\sqrt{EG - F^2}}\right) + \frac{\partial}{\partial q}\left(\frac{F\dfrac{\partial u}{\partial p} - E\dfrac{\partial u}{\partial q}}{\sqrt{EG - F^2}}\right) = 0.$$

Il est important de remarquer que cette équation a un caractère invariant par rapport à ds^2, c'est-à-dire que, si l'on prend à la place de p et q de nouvelles variables, la nouvelle équation se déduira du ds^2 transformé, comme la première se déduit du ds^2 primitif. Ceci résulte de la manière même dont l'équation a été obtenue.

26. D'après nos hypothèses sur la nature analytique de la surface, on peut, dans le voisinage d'un point quelconque A de celle-ci, exprimer p et q par des fonctions analytiques de X et Y de manière à avoir la carte de la portion de surface voisine de A sur le plan (X, Y), cette carte étant faite avec conservation des angles (*voir* le t. I, p. 452). On aura

$$E\,dp^2 + 2F\,dp\,dq + G\,dq^2 = \lambda(dX^2 + dY^2).$$

Si maintenant on considère u et v non plus comme fonctions de p, q, mais comme fonctions de X et Y, on conclut, de l'équation précédente et de l'équation (p. 8 de ce Volume)

$$du^2 + dv^2 = \lambda(E\,dp^2 + 2F\,dp\,dq + G\,dq^2),$$

que les équations (2) deviennent

$$\frac{\partial u}{\partial X} = \frac{\partial v}{\partial Y},$$
$$\frac{\partial u}{\partial Y} = -\frac{\partial v}{\partial X}.$$

et, par suite, l'équation (β) se transforme en l'équation de Laplace

$$\frac{\partial^2 u}{\partial X^2} + \frac{\partial^2 u}{\partial Y^2} = 0.$$

Il résulte de là que, si l'on se borne à une aire suffisamment petite sur la surface, l'équation de Beltrami peut, au moyen de la carte géographique indiquée, être transformée en l'équation de Laplace. Les problèmes d'existence que nous avons résolus pour cette dernière sont, par suite, résolus pour l'équation (β).

Il serait sans intérêt de se borner à une portion suffisamment petite de la surface, mais le procédé alterné peut évidemment être appliqué à l'équation (β), qui jouit, d'après ce que nous venons de dire, des propriétés essentielles de l'équation de Laplace. Aucune explication n'est alors nécessaire pour voir que l'on pourra considérer sur la surface non plus seulement une aire suffisamment petite, mais une aire quelconque. Tous les problèmes traités dans les Sections précédentes peuvent donc être posés et résolus de la même manière.

Si nous appelons *fonction potentielle* sur la surface toute solution de l'équation (β), *nous pourrons former, après avoir tracé des rétrosections* C *et* D *sur notre surface, une fonction potentielle de première espèce admettant des périodicités données.* La signification de cet énoncé est immédiate et a été déjà rencontrée en remplaçant seulement *potentielle* par *harmonique*. La fonction potentielle dont nous parlons sera continue sur toute la surface; elle admet une périodicité h par rapport à une coupure C, si son prolongement analytique au delà de la coupure est identique à la valeur qu'elle a de l'autre côté de cette coupure augmentée de $\pm h$ suivant le sens dans lequel la coupure est traversée.

Des fonctions potentielles de première espèce, on passera, en considérant la fonction associée v, aux fonctions complexes

$$u - iv,$$

d'un point variable sur la surface. On aura ainsi la notion de *fonctions complexes de première espèce*, continues sur toute la surface, et admettant des périodes dont la partie réelle peut être arbitrairement choisie. Il n'y a pas à insister sur tous ces points;

l'analogie est complète avec le cas où, au lieu d'envisager une surface quelconque, nous avions affaire à l'équation de Laplace et
aux feuillets multiples d'une surface de Riemann. On aura aussi
p fonctions complexes de première espèce linéairement indépendantes, et p seulement; c'est, comme précédemment, une conséquence de ce que, le long du contour K, dont il a été tant de fois
parlé, on a

$$\int_K u \, ds > 0,$$

l'intégrale étant prise dans un sens convenable.

Quant à la démonstration de cette inégalité, elle est immédiate
en décomposant la surface en portions assez petites. On a pour
chacune d'elles l'inégalité précédente avec l'aide de la carte de
cette petite portion, et il suffit d'ajouter les inégalités.

27. On obtiendra de la même manière les *fonctions complexes
de seconde espèce*, mais il faut définir un pôle d'une fonction
complexe de seconde espèce. Un point de la surface sera un pôle
pour la fonction complexe $u + iv$, si dans la carte géographique,
relative au voisinage de ce point, sur le plan (X, Y), la fonction
$u + iv$ qui devient une fonction analytique ordinaire de $X + iY$
a pour pôle le point correspondant au point donné de la surface.
Nous arriverons enfin, suivant toujours la même marche que dans
la Section III, à des fonctions complexes $u + iv$, *uniformes sur
toute la surface et n'ayant que des pôles*.

Relativement à une fonction complexe $F = u + iv$, nous pouvons établir le même théorème qu'à la page 487 : *L'équation*

$$F = C,$$

*C étant une constante arbitraire, a toujours le même nombre
de racines sur la surface.* On pourrait encore employer ici une
formule analogue à celle de Cauchy pour trouver le nombre des
racines, mais il suffit de remarquer qu'il n'est pas possible que le
nombre des racines diminue (les racines étant comptées avec
leur degré de multiplicité) quand C varie d'une manière continue. On pourrait seulement craindre que des racines ne dispa-
russent au moment où deux ou plusieurs racines deviennent égales,
mais ceci est impossible si l'on se reporte à la carte géographique

pour laquelle on sait, en appliquant les théorèmes classiques, que les racines d'une fonction d'une variable complexe ne peuvent pas disparaître en devenant égales.

28. Considérons maintenant deux fonctions complexes

$$u + iv \quad \text{et} \quad u_1 + iv_1$$

sur la surface, fonctions uniformes et n'ayant que des pôles. Si l'on donne à $u + iv$ une valeur *arbitraire*, il y aura un certain nombre m de points de la surface correspondant à cette valeur de $u + iv$, et si la seconde fonction $u_1 + iv_1$ a été prise arbitrairement, elle aura m valeurs distinctes. Or nous savons (p. 8) que, si l'on pose

$$F = u + iv, \quad F_1 = u_1 + iv_1,$$

F_1 est une fonction analytique ordinaire de F. Quelle sera la nature de cette fonction ? A une valeur de F correspond un nombre fini de valeurs de F_1; d'autre part, F_1 est une fonction de F qui ne peut avoir d'autres points singuliers que des pôles et des points critiques algébriques. *Il y a donc entre F et F_1 une relation algébrique*

$$f(F, F_1) = 0,$$

et à un point arbitraire de la surface correspond un seul point (F, F_1) de cette courbe.

Nous avons donc établi ce théorème fondamental ([1]) :

A la surface S donnée dans l'espace et ayant p trous correspond uniformément une courbe algébrique de genre p.

([1]) Ce théorème a été énoncé par M. Klein dans son Ouvrage déjà bien des fois cité sur la *Théorie des surfaces de Riemann*. Le mode de démonstration de M. Klein est extrêmement intéressant, quoiqu'il ne prétende pas à être rigoureux au point de vue analytique. C'est à une expérience électrique fictive faite sur la surface que l'illustre auteur emprunte les éléments de ses démonstrations. L'existence des fonctions potentielles avec leurs singularités diverses se trouve ainsi démontrée en quelque sorte expérimentalement. On vient de voir que les considérations employées pour les surfaces de Riemann et l'équation de Laplace s'étendent sans peine à l'équation de Beltrami et à une surface quelconque. Relativement à celle-ci, nous avons seulement fait l'hypothèse qu'elle était régulièrement analytique; on pourrait traiter, je crois, de la même manière, des cas moins simples, ceux notamment où la surface a des arêtes, mais je ne veux pas ici approfondir cette question.

Nous disons que le genre de la courbe f est égal au nombre p des trous de la surface S; ce qui résulte immédiatement de ce qu'il y a p fonctions complexes de première espèce sur la surface linéairement indépendantes (§ 26).

29. Nous avons encore à faire une remarque importante. Envisageons la surface Σ de Riemann à m feuillets représentative de la fonction algébrique F_1 de F. Nous avons dit que S et Σ se correspondaient point par point; mais, de plus, la relation

$$du^2+dv^2=\lambda(E\,dp^2+2F\,dp\,dq+G\,dq^2)$$

montre que cette correspondance a lieu avec conservation des angles. On peut donc dire que l'on a *une carte géographique de la surface* S *sur la surface de Riemann* Σ.

30. Appliquons au tore les généralités qui précèdent. Désignons par r le rayon du cercle générateur et par R la distance de son centre à l'axe ($r<R$). On pourra représenter le tore par les équations

$$\begin{aligned} x &= (R-r\cos\varphi)\cos\psi,\\ y &= (R-r\cos\varphi)\sin\psi,\\ z &= r\sin\varphi, \end{aligned}$$

où la signification géométrique des angles φ et ψ, qui varient de 0 à 2π, se voit immédiatement. On aura donc pour l'élément d'arc de la surface

$$ds^2=dx^2+dy^2+dz^2=r^2\,d\varphi^2+(R-r\cos\varphi)^2\,d\psi^2,$$

que l'on peut écrire

$$ds^2=(R-r\cos\varphi)^2\left[\frac{r^2\,d\varphi^2}{(R-r\cos\varphi)^2}+d\psi^2\right],$$

ou, enfin, en posant,

$$X=\int_0^\varphi\frac{r\,d\varphi}{R-r\cos\varphi},\qquad Y=\psi,$$

$$ds^2=(R-r\cos\varphi)^2[dX^2+dY^2].$$

Cette dernière formule nous donne tout de suite la carte géographique, avec conservation des angles, de la surface du tore sur la surface d'un rectangle. En effet, quand φ et ψ varient de 0 à 2π, le point (X, Y) décrit dans son plan l'aire d'un rectangle dont les quatre côtés sont

$$Y = 0, \qquad Y = 2\pi,$$
$$X = 0, \qquad X = \int_0^{2\pi} \frac{r\,d\alpha}{(R - r\cos\alpha)^2}.$$

Quels sont ici les fonctions complexes $u + iv$ uniformes sur le tore? Ce sont nécessairement des fonctions analytiques de $X + iY$, elles admettront les périodes

$$2\pi i \quad \text{et} \quad \int_0^{2\pi} \frac{r\,d\alpha}{R - r\cos\alpha}.$$

Les fonctions doublement périodiques ayant ces deux périodes définissent une classe de courbes algébriques [1] : *c'est la classe correspondant au tore*.

31. Indiquons un exemple d'une surface ayant p trous, auquel on puisse appliquer les considérations générales que nous venons de développer. Je considère, comme au Chapitre XIII, un disque plan à p trous, limité par une courbe extérieure C et p courbes intérieures $C_1, \ldots, C_p$, et tracé dans le plan (x, y).

Toutes ces lignes sont supposées régulièrement analytiques. On peut concevoir une fonction analytique $f(x, y)$ des deux variables réelles x et y s'annulant, en changeant de signe, quand (x, y) traverse les courbes C, $C_1, \ldots, C_p$, et étant positive et différente de zéro dans l'aire A limitée par ces courbes. Si, par exemple, les courbes sont des cercles, $f(x, y)$ sera le produit pris avec un signe convenable des premiers membres des équations de ces cercles. J'envisage maintenant la surface

$$z^2 = f(x, y).$$

Cette surface sera symétrique par rapport au plan des (x, y), elle passera par les courbes considérées et aura visiblement p trous. Elle sera régulièrement analytique. On le voit de suite

---

[1] Ce point a été démontré à la fin de la Section précédente. Nous le retrouverons d'une manière plus élémentaire au Chapitre suivant.

pour tout point (x, y) de l'intérieur de l'aire A; la chose est moins immédiate pour un point d'une courbe limite. Pour le voir, (x_0, y_0) étant un tel point, posons

$$f(x, y) = \alpha,$$

α étant une quantité très petite. Pour $x = x_0$, $\alpha = 0$, nous avons une racine simple $y = y_0$. Nous pouvons donc développer y suivant les puissances de x et α, dans le voisinage de $x = x_0$ et $\alpha = 0$; soit $\psi(x, \alpha)$ ce développement. On aura alors la surface définie par les équations

$$y = \psi(x, \alpha),$$
$$z = \alpha,$$

ce qui montre que la surface est analytique dans le voisinage du point (x_0, y_0, O). On a supposé seulement qu'en (x_0, y_0) la tangente à la courbe limite n'est pas parallèle à Oy, mais, s'il en était ainsi, on intervertirait x et y dans les raisonnements. Nous avons donc bien un exemple d'une surface à p trous régulièrement analytique dans toute son étendue. A cette surface correspond, d'après le théorème général, une classe de courbes algébriques.

32. Un cas limite de la surface précédente est extrêmement intéressant. Je considère la surface

$$z^2 = \varepsilon f(x, y),$$

où ε est une constante positive. Supposons que ε tende vers zéro; nous aurons une surface se rapprochant de plus en plus des deux côtés du disque plan. La classe de courbes algébriques correspondant à notre surface deviendra pour $\varepsilon = 0$ une certaine classe limite, et l'on est ainsi conduit au théorème suivant :

A tout disque plan à p trous on peut faire correspondre une classe de courbes algébriques.

Il y a une correspondance uniforme entre les points d'une courbe algébrique de cette classe et les points du disque considéré comme ayant deux faces. Le remarquable théorème qui pré-

cède est dû à M. Schottky (^{1}), qui y est arrivé par une tout
autre voie, en rattachant la question au principe classique de
Dirichlet.

Le résultat précédent est très important pour l'étude de la représentation conforme des aires limitées par plusieurs contours.
Étant donnés deux disques plans ayant le même nombre p de
trous, *peut-on faire une représentation conforme de ces deux
disques l'un sur l'autre, de manière qu'à un point du premier disque ne corresponde qu'un point du second et inversement?* La question était difficile, mais nous sommes maintenant
en mesure d'y répondre en quelques lignes. Nous pouvons faire
la carte géographique de chaque disque (pris avec ses deux
bords) sur une surface de Riemann convenable; cette surface de
Riemann est relative à une courbe quelconque de la classe correspondant au disque. Si l'on peut faire, de la manière indiquée,
la représentation conforme des deux disques l'un sur l'autre, les
deux surfaces de Riemann et, par suite, les deux courbes se correspondront point par point. On voit donc que la représentation
conforme des deux disques est en général impossible; *les conditions
reviennent à l'identité des deux classes de courbes algébriques
correspondant à l'un et l'autre disque.* Je me borne sur ce
point à ces vues, peut-être un peu rapides, en renvoyant au Mémoire de M. Schottky pour l'étude de la représentation conforme
des aires multiplement connexes.

(^{1}) Nous avons déjà eu l'occasion de citer (p. 385) le beau travail de
M. Schottky; c'est un Mémoire fondamental à plus d'un titre.

CHAPITRE XVII.

COURBES DES GENRES *ZÉRO* ET *UN*.

I. — Des courbes unicursales.

1. Nous terminerons ce Volume par une étude des propriétés essentielles des courbes de genre *zéro* et des courbes de genre *un*. Commençons par les courbes correspondant à $p = 0$, qu'on appelle *courbes unicursales* [*].

D'après la formule générale (p. 374)

$$p = \frac{(m-1)(m-2)}{2} - \sum z_i \frac{i(i-1)}{2},$$

on aura pour les courbes unicursales

$$\sum z_i \frac{i(i-1)}{2} = \frac{(m-1)(m-2)}{2}.$$

Telle est la condition nécessaire et suffisante pour que le genre soit nul. Il n'y aura pas dans ce cas de courbe adjointe d'ordre $m - 3$.

Les courbes unicursales jouissent d'une remarquable propriété : *on peut exprimer les coordonnées (x, y) d'un quelconque de leurs points en fonctions rationnelles d'un paramètre.*

Pour le démontrer, considérons une adjointe d'ordre $m - 2$: elle dépend d'une manière non homogène de $m - 2$ constantes [†]. Nous pouvons donc former un réseau

$$P_1 + \lambda P_2 = 0$$

---

[*] Les mots de *courbes unicursales* ont été employés pour la première fois par M. Cayley (*voir* CAYLEY, *Comptes rendus*, t. LXII).

[†] On a vu dans un Chapitre antérieur que le nombre de ces constantes est, pour p quelconque, $m - 2 + p$. La numération est d'ailleurs immédiate.

d'adjointes d'ordre $m-2$ passant, quel que soit λ, par $m-3$ points choisis arbitrairement sur la courbe. Combien y aura-t-il de points de rencontre variables avec λ? On a déjà un nombre de points de rencontre fixes représenté par

$$\sum z_i \, i(i-1) = m-3 \qquad \text{ou} \qquad m(m-2)-1.$$

Il reste donc *un seul* point de rencontre mobile, et, par suite, ses coordonnées x et y sont des fonctions rationnelles de λ.

Considérons inversement une courbe définie par deux équations

$$(1) \qquad x = R(\lambda), \qquad y = R_1(\lambda),$$

R et R_1 étant des fonctions rationnelles d'un paramètre λ. *Cette courbe sera de genre zéro.*

Si le genre n'était pas nul, la courbe aurait une intégrale de première espèce

$$\int \frac{Q(x,y)\,dx}{f'_y}.$$

Or, en remplaçant x et y par les expressions (1), on aurait une intégrale portant sur une fraction rationnelle $P(\lambda)$

$$\int P(\lambda)\,d\lambda,$$

qui devrait rester finie pour toute valeur, finie ou infinie, de λ, ce qui est impossible.

2. Nous avons exprimé plus haut les coordonnées x et y d'un point arbitraire de la courbe en fonctions rationnelles d'un paramètre. Pour trouver ces expressions, il a fallu introduire en général certaines irrationnelles par rapport aux coefficients de la courbe, puisqu'on doit prendre $m-3$ points sur la courbe. On peut se demander comment on pourrait faire la représentation paramétrique pour une courbe unicursale, en introduisant le moins possible d'*irrationalités* par rapport aux coefficients de l'équation de la courbe unicursale. Pour répondre à cette question, M. Nöther procède très élégamment de la manière suivante [1].

---

[1] Nöther, *Math. Annalen*, t. III.

Prenons trois adjointes arbitraires d'ordre $m - 2$, ce qui peut se faire sans introduire aucune irrationalité par rapport aux coefficients; soient $P_1(x, y)$, $P_2(x, y)$, $P_3(x, y)$ les trois polynômes adjoints correspondants. Je pose

$$X = \frac{P_2(x, y)}{P_1(x, y)},$$
$$Y = \frac{P_3(x, y)}{P_1(x, y)}.$$

À la courbe unicursale proposée

$$f(x, y) = 0$$

va correspondre une courbe

$$F(X, Y) = 0,$$

et, si les trois polynômes adjoints d'ordre $m - 2$ sont arbitraires, les deux courbes se correspondront point par point. Cherchons le degré de la courbe F; il est égal au nombre des points de rencontre, avec f, du réseau

$$\alpha_1 P_1(x, y) + \alpha_2 P_2(x, y) + \alpha_3 P_3(x, y) = 0,$$

en dehors des points multiples, c'est-à-dire à

$$m(m - 2) - \sum \alpha_i \, i(i - 1) \quad \text{ou} \quad m - 2.$$

Nous avons donc transformé la courbe en une courbe d'ordre $m - 2$. On peut continuer ainsi de proche en proche. Si m est impair, on arrivera à une cubique; si m est pair, à une conique,

Dans le premier cas (m impair), les coordonnées de la cubique unicursale, qui a un seul point double, peuvent être exprimées en fonctions rationnelles d'un paramètre, sans introduction d'aucune irrationalité par rapport aux coefficients de son équation, qui sont eux-mêmes des fonctions rationnelles des coefficients de la courbe proposée. Donc, *pour une courbe unicursale d'ordre impair, on peut n'introduire aucune irrationalité par rapport aux coefficients dans la représentation paramétrique.*

Il n'en va pas de même pour m pair. Nous sommes ramené dans ce cas à une conique, et, en général, nous ne pouvons pas faire la recherche des expressions des coordonnées en fonctions rationnelles d'un paramètre, sans introduire une irrationalité *qui*

sera une racine carrée d'une fonction rationnelle des coefficients. Il en sera donc de même pour la courbe unicursale proposée.

3. Dans la représentation paramétrique donnée au § 1, nous
avons pour une courbe unicursale

$$x = R(\lambda), \qquad y = R_1(\lambda),$$

et, d'après la manière même dont nous avons procédé, on a pour λ
une fonction rationnelle $= \dfrac{P_1}{P_2}$ de x et y. A un point *arbitraire* de
la courbe ne correspond donc qu'une seule valeur de λ. Il y a des
points particuliers pour lesquels il en est autrement : ce sont les
points multiples. En un point multiple d'ordre i, les deux polynômes adjoints P_1 et P_2 sont nuls, et il y a i valeurs pour λ correspondant aux i branches de la courbe au point multiple.

Imaginons qu'on ait une seconde représentation paramétrique

$$x = r(\theta), \qquad y = r_1(\theta),$$

de telle sorte aussi que θ soit fonction rationnelle de x et y. La
nature de la dépendance entre λ et θ s'aperçoit immédiatement ;
à une valeur arbitraire de λ ne correspondra qu'une valeur de θ
et inversement. La relation est d'ailleurs algébrique. Donc λ est
une fonction rationnelle de θ, et θ est une fonction rationnelle de λ ;
on doit, par suite, avoir

$$\theta = \frac{a\lambda + b}{c\lambda + d},$$

a, b, c, d étant des constantes. On peut donc dire que, abstraction faite d'une substitution linéaire sur le paramètre, il n'y a
qu'une seule représentation paramétrique, *de la nature indiquée*, pour une courbe unicursale (¹).

Je n'insisterai pas davantage sur les courbes unicursales. Une

---

(¹) On pourrait avoir une représentation paramétrique rationnelle telle qu'à
un point arbitraire (x, y) de la courbe correspondissent plusieurs valeurs de λ.
On verra (LÜROTH, *Math. Annalen*, t. IX) comment on peut, par un calcul régulier, introduire un autre paramètre, de façon à avoir une nouvelle représentation qui soit du type étudié plus haut.

étude très complète en a été faite par Clebsch dans un Mémoire auquel nous renverrons ([1]).

II. — Des courbes de genre un.

4. Les courbes de genre *un* sont particulièrement intéressantes à cause de leurs rapports avec la théorie des fonctions doublement périodiques. Pour $p = 1$, on aura

$$\sum z_i \frac{i(i-1)}{2} = \frac{m(m-3)}{2}.$$

On a ici *un seul* polynôme adjoint d'ordre $m - 3$ et, par suite, une seule intégrale de première espèce (à un facteur constant près).

Nous commencerons par chercher si les adjointes d'ordre $m - 2$ ne peuvent pas, comme pour les courbes unicursales, conduire à une représentation paramétrique intéressante. Les courbes adjointes d'ordre $m - 2$ dépendent ici, d'une manière non linéaire, de $m - 1$ paramètres entrant d'une manière non homogène. On peut donc former un faisceau d'adjointes d'ordre $m - 2$

$$(2) \qquad\qquad P_1 - \lambda P_2 = 0$$

passant par $m - 2$ points arbitrairement choisis sur la courbe f. Le nombre des points de rencontre variables avec λ sera

$$m(m - 2) - (m - 2) - \sum z_i \, i(i - 1) \quad \text{ou} \quad 2.$$

Nous n'aurons donc, pour déterminer x et y en fonction de λ, qu'à résoudre une équation du *second* degré. On aura, par suite,

$$x = f\left[\lambda, \sqrt{R(\lambda)}\right],$$
$$y = \varphi\left[\lambda, \sqrt{R(\lambda)}\right],$$

f et φ étant des fonctions rationnelles de λ et de $\sqrt{R(\lambda)}$, en désignant par $R(\lambda)$ un polynôme en λ qu'on peut supposer n'avoir que des racines simples (le facteur de puissance paire, pour les racines multiples, étant sorti du radical).

([1]) CLEBSCH, *Ueber diejenigen ebenen Curven deren Coordinaten rationale Functionen eines Parameters sind* (*Journal de Crelle*, t. 64).

A une valeur de λ correspondent deux points (x, y) à cause des deux déterminations du radical. A un point arbitraire (x, y) de la courbe f correspondra une seule valeur de λ, ce qui est évident d'après (2); il correspondra aussi une seule valeur de $\sqrt{R(\lambda)}$, l'autre détermination du radical donnant le second point de rencontre de l'adjointe (2) avec f.

Une question très intéressante se présente : *Quel est le degré du polynôme* $R(\lambda)$? On peut, pour y répondre, suivre deux voies différentes, entièrement analogues à celles que nous avons suivies en étudiant les courbes du genre *deux* (p. 455).

Je dis que le degré de $R(\lambda)$ ne pourra être que *trois* ou *quatre*. En effet, d'après ce que nous venons de dire, les deux courbes

$$f(x, y) = 0, \qquad \mu^2 = R(\lambda)$$

se correspondent point par point, puisqu'à un point arbitraire (λ, μ) de la seconde courbe ne correspond qu'un point (x, y) de f, et inversement. Les deux courbes sont donc du même genre, c'est-à-dire du genre *un*, et, par suite, le *degré du polynôme* $R(\lambda)$ *sera nécessairement égal à* trois ou à quatre, les deux cas se ramenant d'ailleurs, comme nous l'avons vu autrefois, l'un à l'autre.

La seconde démonstration est plus directe, mais plus longue. On procédera comme nous l'avons fait dans l'étude des courbes de genre *deux* (p. 456). Le nombre cherché sera égal au nombre des courbes du faisceau

$$P_1 + \lambda P_2 = 0$$

tangentes à la courbe f. Après avoir supprimé les mêmes solutions étrangères, il restera *quatre* courbes de ce faisceau tangentes à f, et le degré du polynôme $R(\lambda)$ est, par suite, égal à *quatre*. On a donc le théorème suivant :

Les coordonnées d'un point quelconque d'une courbe de genre un *sont des fonctions rationnelles d'un paramètre et de la racine carrée d'un polynôme du quatrième degré par rapport à ce paramètre* (1).

---

(1) Ce théorème est dû à Clebsch. Voir son Mémoire : *Ueber diejenigen Curven deren Coordinaten sich als elliptische Functionen eines Parameter darstellen lassen* (*Journal de Crelle*, t. 64).

5. On peut donner une autre forme à l'important théorème qui précède. Si l'on pose

$$\int_{\lambda_0}^{\lambda} \frac{d\lambda}{\sqrt{\mathrm{R}(\lambda)}} = z,$$

nous avons vu (p. 334) que cette relation définit une fonction doublement périodique de z, soit

$$\lambda = \varphi(z),$$

et l'on a évidemment

$$\frac{d\lambda}{dz} = \varphi'(z) = \sqrt{\mathrm{R}(\lambda)}.$$

Il en résulte que x et y sont des fonctions doublement périodiques du paramètre z; de plus, à un point arbitraire (x, y) et, par suite, à une valeur de λ et de $\sqrt{\mathrm{R}(\lambda)}$, ne correspondra qu'une valeur de z, abstraction faite de multiples de périodes. Nous pouvons alors énoncer le théorème suivant :

Dans une courbe de genre un, *les coordonnées* x *et* y *peuvent s'exprimer en fonctions doublement périodiques d'un paramètre* z, *et cela de telle manière qu'à un point arbitraire de la courbe ne corresponde qu'une valeur de* z, *abstraction faite de multiples des périodes.*

6. Nous aurons bientôt à étudier une sorte de réciproque du théorème précédent; mais, pour le moment, proposons-nous de retrouver le même théorème en nous plaçant à un autre point de vue que le point de vue algébrique du § 4. Nous allons considérer, à cet effet, l'intégrale de première espèce relative à la courbe de genre un, et chercher la nature de la fonction obtenue en faisant l'inversion de cette intégrale. Soit donc la relation

$$(4) \qquad \int_{x_0, y_0}^{x, y} \frac{Q(x, y)\,dx}{f_y} = z - z_0,$$

équivalente à l'équation différentielle

$$\frac{Q(x, y)\,dx}{f_y} = dz.$$

Les conditions initiales étant $x = x_0$, $y = y_0$ pour $z = z_0$, quelle sera la nature de la fonction x de z ainsi définie? Nous voulons montrer que x *est une fonction, uniforme dans tout le plan, n'ayant d'autres points singuliers que des pôles.*

En supposant que (x_0, y_0) ne soit pas un point de ramification ou un point multiple de la courbe, la fonction x sera une fonction holomorphe de z dans le voisinage de $z = z_0$, d'après le théorème fondamental (p. 504) sur l'existence de l'intégrale des équations différentielles. En étendant de proche en proche la fonction, le théorème fondamental cessera d'être applicable quand la variable z atteindra une valeur pour laquelle $Q(x, y) = 0$; mais cette circonstance ne peut se présenter pour un point simple de la courbe, puisque l'adjointe d'ordre $m - 3$, dans les courbes du genre *un*, ne rencontre la courbe qu'aux points multiples. Nous devons maintenant examiner le cas où le point correspondant (x, y) de la courbe serait un point multiple ou bien un point de ramification, ou serait à l'infini. Il n'y a aucune difficulté dans le cas du point multiple, car, lorsque (x, y) se rapproche d'un point multiple sur une branche déterminée, le quotient $\dfrac{Q(x, y)}{f_y}$ reste une fonction holomorphe de x ne s'annulant pas en ce point, puisque la courbe $Q = 0$ ne peut avoir aucune tangente commune avec f en un point multiple [sinon, le nombre des points de rencontre de f et de Q s'élèverait au-dessus de $m(m - 3)$]; x restera donc fonction holomorphe de z.

Pour le cas du point de ramification (a, b), on posera

$$x = a - x'^2,$$

et l'on aura alors, pour $\dfrac{dx'}{dz}$, une fonction holomorphe de x' dans le voisinage de $x' = 0$; il en résulte que x', et par suite x, resteront des fonctions holomorphes de z, dans le voisinage de la valeur de z pour laquelle $x = a$.

Enfin, si, pour $z = z_1$, x devient infinie, le point (x, y) s'éloignant à l'infini sur une des branches de courbe, on posera

$$x = \frac{1}{x'},$$

et l'on voit encore de suite que $\dfrac{dx'}{dz}$ sera une fonction holomorphe de x' dans le voisinage de $x' = 0$; aucun point critique ne peut encore apparaître.

Nous pouvons ici faire les mêmes observations qu'à la page 336 ; les remarques précédentes ne suffisent pas à établir que x est une fonction uniforme de z dans tout le plan ; mais il n'y a qu'à procéder comme à l'endroit cité pour rendre la démonstration rigoureuse. En isolant les points de ramification et les points à l'infini, on prouvera, sans rien changer aux raisonnements, que l'extension de la fonction pourra se faire de proche en proche *à l'aide d'un cercle de rayon ρ invariable*, de telle sorte que *la fonction ou son inverse* soit holomorphe à l'intérieur d'un cercle ayant pour centre un point quelconque du plan et un rayon égal à ρ. Il en résulte que *x est alors une fonction, uniforme dans tout le plan, n'ayant pour points singuliers que des pôles.*

Le même raisonnement s'applique sans modification à y, qui sera aussi une fonction uniforme de z.

7. Il est facile de se rendre compte de la nature des fonctions uniformes x et y de z que nous venons de rencontrer. *Leur propriété capitale est la double périodicité.*

Rappelons-nous, en effet, que l'intégrale

$$\int_{x_0,y_0}^{x,y} \frac{Q(x,y)\,dx}{f_z}$$

a deux périodes ω et ω' (Chap. XIV). En posant

$$\omega = c' + ic'', \qquad \omega' = d' + id'',$$

on a l'inégalité fondamentale (p. 408)

$$c'd'' - c''d' > 0,$$

inégalité qui exclut l'égalité. Il en résulte que *le rapport des périodes*

$$\frac{\omega'}{\omega}$$

est nécessairement imaginaire.

On voit alors qu'à une même valeur de x correspondent, en choisissant convenablement le chemin allant de x_0 à x, une infinité de déterminations de l'intégrale différant de sommes de multiples des périodes ω et ω'. *On aura donc, pour x et y, des fonctions doublement périodiques de z :* c'est le théorème auquel nous étions déjà arrivé par une autre voie. A un point arbitraire

(x, y) de la courbe ne correspond manifestement, d'après la relation (3), qu'une seule valeur de z, abstraction faite de sommes des multiples des périodes [1].

8. Je réserve, pour une autre partie de cet Ouvrage, l'inversion effective de l'intégrale de première espèce pour laquelle il est nécessaire d'introduire les transcendantes de Jacobi. Nous avons montré, au § 12 du Chapitre XII, comment, dans le cas de l'intégrale elliptique, on peut former certaines fonctions entières jouissant, par rapport aux périodes, d'une propriété remarquable. On peut ici former une combinaison analogue que je me contenterai d'indiquer [2]; il est facile de former une fonction

$$P(x, y)$$

de degré $m - 1$ en x et y, et telle que *la combinaison*

$$\int_{z_0}^{z} z \int_{z_0}^{z} \frac{P(x, y)}{q(x, y)} dz$$

soit une fonction entière de z. Cette fonction entière joue ici le même rôle que la fonction $\mathrm{Al}(z)$ de M. Weierstrass.

9. Nous aurons encore à signaler plus tard certaines propriétés des courbes de genres *zéro* et *un*. Ainsi l'on peut faire, avec M. Hermite [3], la remarque que les courbes de genre *zéro* et *un* sont les seules pour lesquelles l'inversion de l'intégrale abélienne

$$\int^{} \lambda(x, y) dx = z$$

(λ étant rationnelle en x et y) donne, pour x et y, des fonctions uniformes de z. Ce sont des questions qui trouveront leur place dans l'étude des équations différentielles de Briot et Bouquet. J'ai même

---

[1] Si l'on veut reprendre le point de vue auquel nous nous sommes placé, avec Riemann, au § 23 du Chapitre XVI, on dira que l'inversion de l'intégrale de première espèce permet, pour $p = 1$, de faire d'une manière uniforme la représentation conforme de la surface de Riemann sur la surface d'un parallélogramme.

[2] Voir le § 10 du Chapitre III de mon Mémoire *Sur les fonctions algébriques de deux variables*.

[3] Hermite, *Cours lithographié de l'École Polytechnique*, 1873.

montré ([1]), d'une manière plus générale, que les courbes des genres *zéro* et *un* sont les seules pour lesquelles l'inversion d'une expression

$$(4) \qquad \int^{x,y} e^{\int^{x,y} \lambda(x,y)\,dx}\,dx = z$$

(λ étant rationnelle en x et y) donne pour x et y des fonctions uniformes de z.

III. — Généralités sur les fonctions doublement périodiques.

10. Nous avons déjà parlé des fonctions doublement périodiques (Chap. XII). Les généralités sur ces fonctions, œuvre de Liouville et surtout de M. Hermite, sont devenues si classiques, et ont été tant de fois exposées ([2]) que nous ne croyons pas devoir reprendre ce qui a été déjà si bien dit. Supposant donc connus les théorèmes fondamentaux, je vais seulement faire quelques remarques qui auront trait aux courbes de genre *zéro* ou *un*.

Considérons deux fonctions doublement périodiques aux mêmes périodes

$$(5) \qquad x = \psi(z), \qquad y = \varphi(z).$$

Tout d'abord il existe entre elles une relation algébrique, comme l'ont remarqué simultanément Briot et Bouquet et M. Méray. La démonstration de ce résultat est immédiate. A une valeur arbitraire de x correspond, dans chaque parallélogramme de périodes, un nombre limité (toujours le même) de valeurs de z. La fonction y de x n'a donc qu'un nombre limité de valeurs pour chaque valeur de x; elle n'a d'autre part évidemment que des pôles ou des points critiques algébriques. On en conclut que y est une fonction algébrique de x. Nous aurons donc

$$f(x,y) = o.$$

---

[1] Voir le Chapitre VI de mon Mémoire cité plus haut. J'y étudie incidemment d'une manière très sommaire les expressions (4) dont M. Appell faisait à la même époque une étude très approfondie dans son grand Mémoire *Sur les intégrales des fonctions à multiplicateurs* (*Acta mathematica*, t. XIII).

[2] Consulter, en particulier, le *Cours lithographié* de M. Hermite, le *Traité sur les fonctions elliptiques* de Briot et Bouquet et le *Traité d'Analyse* de M. Camille Jordan.

Ceci posé, montrons que *le genre de la courbe f est au plus égal à l'unité*. Si la courbe était de genre supérieur à *un*, on aurait deux intégrales distinctes de première espèce

$$\int \frac{Q_1(x,y)\,dx}{f_y}, \qquad \int \frac{Q_2(x,y)\,dx}{f_y}.$$

La première de ces intégrales peut s'écrire

$$\int \frac{Q_1(x,y)}{f_y}\frac{dx}{dz}\,dz.$$

En substituant à x et y les expressions (3), le multiplicateur de dz, sous le signe d'intégration,

$$\frac{Q_1(x,y)}{f_y}\frac{dx}{dz}$$

est une fonction doublement périodique de z. Il faut que cette fonction se réduise à une constante; sinon elle aurait des pôles, et l'intégrale deviendrait infinie. On aura donc

$$\frac{Q_1(x,y)}{f_y}\frac{dx}{dz}=a_1,$$

et, de même,

$$\frac{Q_2(x,y)}{f_y}\frac{dx}{dz}=a_2,$$

a_1 et a_2 étant des constantes. Des deux identités précédentes, on conclut

$$\frac{Q_1(x,y)}{Q_2(x,y)}=\frac{a_1}{a_2},$$

égalité impossible, puisque les deux intégrales de première espèce ont été supposées linéairement indépendantes. Le théorème est donc établi ([1]).

11. Il peut arriver que le genre de la courbe soit égal à *zéro* ou à *un*. Faisons la remarque importante que, si à un point *arbitraire* (x, y) de f ne correspond qu'*une seule* valeur de z dans un parallélogramme de périodes, *le genre de la courbe sera certainement égal à l'unité*. En effet, dans le cas contraire, la courbe serait unicursale, et l'on aurait

$$x = R(\theta), \qquad y = R_1(\theta),$$

([1]) J'ai donné pour la première fois la démonstration précédente avec un théorème analogue pour les surfaces algébriques au t. XCII des *Compt. rend.*, p. 1196.

R et R_1 étant rationnelles en θ, et θ pouvant se mettre sous la
forme d'une fonction rationnelle de x et y. On aurait donc

$$(6) \qquad \theta = F(z),$$

$F(z)$ étant une fonction doublement périodique de z. A un point
arbitraire (x, y) correspond une seule valeur de θ; les valeurs
de z correspondant à un point arbitraire (x, y) seraient donc les
racines de l'équation (6). Mais, pour une valeur arbitraire donnée
à θ, correspondent *au moins deux racines* de (6) dans un parallélogramme. L'hypothèse faite que la courbe est unicursale est
donc inadmissible.

12. Plaçons-nous dans le cas où à un point arbitraire (x, y)
ne correspondrait qu'une seule valeur de z, abstraction faite de
sommes des multiples de périodes, et considérons une fonction
doublement périodique quelconque Ψ de z, aux mêmes périodes
que φ et Φ. A chaque point (x, y) de la surface de Riemann relative à la courbe f ne correspondra qu'une seule valeur de Ψ.
Cette fonction sera donc une fonction uniforme sur la surface de
Riemann; elle n'a nécessairement que des pôles; elle est donc
une fonction rationnelle de x et y (p. 385). *Toute fonction doublement périodique de z sera donc une fonction rationnelle
de $\varphi(z)$ et $\Phi(z)$.* Ce théorème est dû à Liouville.

13. Nous avons vu (p. 446) que les courbes de genre *un*
admettent une transformation birationnelle en elle-même dépendant d'un paramètre arbitraire. Il est facile de retrouver d'une
autre manière ce résultat. Considérons les équations

$$x = \Phi(z), \qquad y = \varphi(z),$$
$$X = \Phi(z+h), \qquad Y = \varphi(z+h),$$

h étant une constante arbitraire; X et Y sont des fonctions doublement périodiques de z. On aura donc, d'après le paragraphe
précédent,

$$(7) \qquad \begin{cases} X = R(x, y, h), \\ Y = R_1(x, y, h), \end{cases}$$

R et R_1 étant rationnelles en x et y, et évidemment d'ailleurs,
pour la même raison, x et y sont des fonctions rationnelles de

X et Y. Nous voyons donc bien que la courbe f admettra une transformation birationnelle en elle-même dépendant du paramètre arbitraire h. Il n'est pas inutile de rappeler ici le résultat obtenu (p. 442) relatif à l'équation différentielle

$$\frac{Q(x,y)\,dx}{f_y} = \frac{Q(X,Y)\,dX}{f_Y}$$

$Q(x,y)$ étant le polynôme adjoint figurant dans l'intégrale de première espèce relative à f. L'intégrale générale de cette équation, qu'on peut appeler l'équation d'Euler, est algébrique et est précisément fournie par les équations (7) avec la constante arbitraire h.

14. Terminons par l'examen du cas particulier où l'on aurait

$$x = \Phi(z), \qquad y = \Phi'(z),$$

Φ' étant la dérivée de Φ. Écrivons la relation

$$f\left(x, \frac{dx}{dz}\right) = 0.$$

Quelle que soit la fonction doublement périodique $\Phi(z)$, on peut affirmer que *le genre de f sera égal à l'unité*. Il faut montrer qu'à un point arbitraire (x, y) ne correspondra qu'une valeur de z dans un parallélogramme. Dans le cas contraire, nous pourrions prendre un couple de points z_0, z_1 dans un même parallélogramme correspondant à un même point *simple* de la courbe. En z_0 et z_1, la fonction Φ et sa dérivée Φ' auraient respectivement les mêmes valeurs; d'après l'équation différentielle, il en serait de même de toutes les dérivées de Φ. Donc le développement de $\Phi(z)$ dans le voisinage de z_0 suivant les puissances de $z - z_0$ et le développement de $\Phi(z)$ dans le voisinage de z_1 suivant les puissances de $z - z_1$ auraient les mêmes coefficients. Il en résulte que $z_0 - z_1$ serait une période de Φ, ce qui est absurde.

Nous reprendrons bientôt l'étude des équations de la forme

$$f\left(x, \frac{dx}{dz}\right) = 0$$

qui ont fait l'objet d'un travail mémorable de Briot et Bouquet. Pour le moment, nous nous contenterons d'indiquer la forme de cette relation, si l'on a

$$x = \Phi(z),$$

$\Phi(z)$ étant une fonction doublement périodique ayant deux pôles simples dans un parallélogramme de périodes. Dans ce cas, l'équation sera du second degré en $\dfrac{dx}{dz}$, puisqu'à une valeur de x correspondent *deux* valeurs de z dans un parallélogramme. De plus, les deux valeurs de $\dfrac{dx}{dz}$ sont égales et de signes contraires. Soit, en effet, l'équation

$$\Phi(z) = a,$$

a étant une constante arbitraire; désignons par α et β ses deux racines dans un parallélogramme. Les résidus de la fonction doublement périodique

$$\frac{1}{\Phi(z) - a}$$

par rapport à α et β sont, d'après un théorème général, égaux et de signes contraires. On en conclut que

$$\Phi'(\alpha) \quad \text{et} \quad \Phi'(\beta)$$

sont égaux et de signes contraires. On a donc nécessairement

$$\left(\frac{dx}{dz}\right)^2 = \mathrm{R}(x),$$

$\mathrm{R}(x)$ étant une fonction rationnelle de x. Cette fonction rationnelle devra être un polynôme, car $\dfrac{dx}{dz}$ est nécessairement fini quand x est fini. Enfin ce polynôme doit être du quatrième degré, car, s'il était d'un autre degré, les pôles ne pourraient pas être du même ordre dans les deux membres.

On a donc finalement une relation de la forme

$$\left(\frac{dx}{dz}\right)^2 = \mathrm{A}x^4 + \mathrm{B}x^3 + \mathrm{C}x^2 + \mathrm{D}x + \mathrm{E},$$

les coefficients étant des constantes.

FIN DU TOME II.

1894. Paris. — Imprimerie GAUTHIER-VILLARS ET FILS, quai des Grands-Augustins, 55.